植物保护与脱贫攻坚

陈万权　主编

中国农业科学技术出版社

图书在版编目（CIP）数据

植物保护与脱贫攻坚／陈万权主编．—北京：中国农业科学技术出版社，2019.9

ISBN 978-7-5116-4373-5

Ⅰ.①植…　Ⅱ.①陈…　Ⅲ.①植物保护-文集　Ⅳ.①S4-53

中国版本图书馆 CIP 数据核字（2019）第 191257 号

责任编辑　姚　欢
责任校对　马广洋

出 版 者　中国农业科学技术出版社
北京市中关村南大街 12 号　邮编：100081
电　　话　(010)82106636(编辑室)　(010)82109702(发行部)
(010)82109709(读者服务部)
传　　真　(010) 82106631
网　　址　http://www.castp.cn
经 销 者　各地新华书店
印 刷 者　北京富泰印刷有限责任公司
开　　本　787 mm×1 092 mm　1/16
印　　张　20.5
字　　数　440 千字
版　　次　2019 年 9 月第 1 版　2019 年 9 月第 1 次印刷
定　　价　100.00 元

《植物保护与脱贫攻坚》

编　委　会

主　编： 陈万权

副主编： 郑传临　文丽萍　冯凌云

编　委：（以姓氏笔画为序）

王　勇　叶恭银　刘文德　刘晓辉　杨　松

李香菊　何永福　张正光　张礼生　张永军

陆宴辉　胡静明　姜道宏　董丰收

前　言

2019年是新中国成立70周年，是决胜全面建成小康社会第一个百年奋斗目标的关键之年。

党的十八大以来，以习近平同志为核心的党中央把脱贫攻坚摆在治国理政的突出位置。习近平总书记亲自部署、亲自挂帅、亲自出征、亲自督战，作出了一系列重大决策部署，推动脱贫攻坚取得了决定性进展，谱写了人类反贫困史上的辉煌篇章。2019年中央一号文件《关于坚持农业农村优先发展做好“三农”工作的若干意见》明确指出，今明两年是全面建成小康社会的决胜期，“三农”领域有不少必须完成的硬任务，并把脱贫攻坚放在了全文的第一部分，到2020年确保现行标准下农村贫困人口实现脱贫、贫困县全部摘帽、解决区域性整体贫困，对脱贫攻坚的重视程度前所未有。

中国植物保护学会学术年会是我国植物保护领域覆盖面最广、学术水平最高的综合性学术盛会，是启迪智慧、碰撞思想、交流经验的盛会，已成为学会最具影响力的学术活动，是学会学术交流的品牌项目。2019年学术年会以“植物保护与脱贫攻坚”为主题，坚持以习近平新时代中国特色社会主义思想为指导，全面贯彻党的十九大精神，深入贯彻习近平总书记关于脱贫攻坚的重要论述，认真贯彻党中央决策部署，把中央精神落实到扶贫攻坚再思考、再动员、再部署的实际行动，坚持突出“精准”要求，以扶贫为主题，以扶智为主线，以励志为目标，充分发挥学会优势，广泛调动智力资源，深入开展定点扶贫，努力打好脱贫攻坚的收官之战。科学技术是社会进步的重要动力，在国家提出的脱贫攻坚的战略中，有相当重要的影响力，可以说科技扶贫已经渗透到了目前脱贫攻坚的方方面面。中国植物保护学会作为专业技术类的学会，坚持为科技工作者服务、为创新驱动发展服务、为提高全民科学素质服务、为党和政府科学决策服务的职责定位，团结引领广大植物保护科技工作者以及全国农业科研院所、高等院校、技术推广以及相关企业等部门、单位积极进军科技创新，组织开展创新争先行动，坚持问题导向、提高脱贫质量，在科技扶贫与扶贫攻坚方面开展了富有成效的工作，在全面贯彻落实农业绿色发展理念，有效保障国家粮食安全、农产品质量安全和农业生态安全等方面取得了显著研究进展和一批标志性科技成果，并在农业安全生产中得到广泛应用，为确保脱贫攻坚目标任务如期完成提供了强有力的科技支撑，将作为本次年会的重要交流内容。

2019 年学术年会得到中国植物保护学会各分支机构和各省、自治区、直辖市植物保护学会的大力支持，广大会员和植物保护科技工作者投稿积极、参会踊跃。因论文摘要集在会前出版，时间紧、任务重、编辑工作量大，编委会本着文责自负的原则，对来稿未作修改。错误之处在所难免，敬请读者批评指正。因受时间限制，部分投稿未能录用，敬请谅解。

编　者

2019 年 9 月

目 录

大会特邀报告

植物病害

农业害虫

生物防治

有害生物综合防治

其　他

大会特邀报告

中国工程院定点澜沧科技扶贫报告

朱有勇
（云南农业大学，昆明　650224）

2015年以来，在中国工程院领导下，一大批院士专家对我国边境直过民族深度贫困地区云南省普洱市澜沧拉祜族自治县（以下简称澜沧县）进行了深入调研。澜沧县与缅甸接壤，水资源、土地资源和光热资源非常丰富，是一个不应贫困却又深度贫困的边疆地区，这个地区的短板和优势都十分显著，直过民族的素质性贫困是短板中的短板，而丰富的资源则是最大的优势。根据这里的实际情况，院士专家对科技扶贫进行了定位——立足该地区的资源禀赋，围绕热带雨林生态环境和气候条件，依靠科技建设特色农业扶贫产业。通过开发创新（科技扶贫的核心），把当地的资源优势转化为经济效益，用新的生产方式替代传统的生产方式，换道前行，把青山变成金山，帮助边境直过民族尽快脱贫致富。这一大批院士专家并肩奋战在脱贫攻坚的第一线，千里迢迢扎根在边疆的田间地头，“晴天一身汗，雨天一身泥”把科技成果送到千家万户，把论文写在边疆贫困地区的大地上，身体力行地诠释着科技扶贫的光荣职责。

中国农药绿色发展现状与展望*

宋宝安**
（贵州大学绿色农药与农业生物工程教育部重点实验室，贵阳　550025）

农药是农业生产、农业经济发展中不可或缺、难以替代的重要组成部分，是关系到全球粮食安全、食品安全、生态安全的重大战略物资。党的十八大报告指出总布局是“五位一体”，要把生态文明建设融入经济建设、政治建设、文化建设、社会建设各方面和全过程，建设美丽中国。2015 年 3 月，农业部（现农业农村部）提出了《到 2020 年农药使用量零增长行动方案》；党的十九大和 2018 年中央 1 号文件同时都明确提出农业绿色发展、乡村振兴、质量兴农等战略思想。这对农药行业绿色发展提出了更高的要求。农药行业的持续创新、产业健康发展以及农药产品的高效化使用关系到我国农业可持续发展和生态环境安全，是推动我国现代农业绿色可持续发展的战略武器，对于建设美丽中国和我国乡村振兴战略，具有重大战略意义。

经过近 20 年来的发展，我国农药绿色发展已在研究平台建设、品种创新、产业关键技术、智能清洁化生产以及高效化使用等方面已经取得系列重要突破，已经成为具有自主创新能力的国家。但我国农药绿色发展在源头创新、创制基础理论、前沿技术、交叉学科的融合度以及高效化利用技术等方面，与发达国家存在较大差距。从今后农药产业发展的趋势看，高效低风险小分子农药将是农药绿色发展的主流方向，加速构建农药产业体系，研发创新更绿色高效、更环保、更安全的小分子农药来替代高毒农药，研发绿色制剂以及绿色使用技术，是实现未来我国农药减量使用的有效途径，同时也是提升绿色农药产业市场竞争力的新要求。

本报告对我国农药绿色发展取得的成绩进行了总结，分析了我国农药行业发展面临的问题、绿色发展趋势，并对我国农药绿色发展方向和趋势进行展望。

---

* 基金项目：国家自然科学基金重点项目；国家重点研发计划“高效低风险小分子农药和制剂研发与示范”项目

** 第一作者：宋宝安；E-mail：basong@ gzu. edu. cn

Body Coloration and Group Defense in Locusts

Kang Le
(Institute of Zoology, Chinese Academy of Sciences, Beijing 100101, China)

Changes of body color have important effects for animals in adapting to variable environments. The migratory locust exhibits body color polyphenism between solitary and gregarious individuals, with the former displaying a uniform green coloration and the latter having a prominent pattern of black dorsal and brown ventral surface. We found that a β-carotene-binding protein carrying a red pigment regulates body-color transition between green and black in locusts. This finding of animal coloration corresponds with trichromatic theory of color vision. Gregarious locusts with black dorsal and brown ventral surface can release a specially smell of phenylacetonitrile (PAN). We reveal that phenylacetonitrile (PAN) acts as an olfactory aposematic signal and precursor of hypertoxic HCN to protect gregarious locusts from predation. When locusts are attacked by birds, PAN is converted to HCN, which causes food poisoning in birds. Our results indicate that green solitary locusts and black locusts develop a different defense strategy to adapt environmental changes.

作物重要病毒单克隆抗体创制与高灵敏检测技术

周雪平
（中国农业科学院植物保护研究所，北京 100193）

作物病毒病害种类多、为害重、缺乏有效防控药剂，制约粮食、蔬菜、花卉及果树等产业的健康发展。国内外均采用生产无毒种子种苗、病情监测预警、开展绿色防控、强化进境检疫等措施防控作物病毒病发生与为害，而快速、准确、实用、灵敏的病毒检测技术是建立防控体系的关键。长期以来，我国检测试剂盒只能从欧美等发达国家进口，不仅针对性差、价格昂贵、难以及时供货，更重要的是多种病毒国外也没有检测试剂盒。为此，笔者开展了作物重要病毒单克隆抗体创制，并建立了高灵敏检测技术。

建立了“瘤状组织”和“茎基组织”粗提液及表达病毒重组衣壳蛋白特异肽段作为免疫原制备作物病毒单克隆抗体及高效筛选作物病毒高质量单克隆抗体的新方法。基于该技术创制了广谱性好、特异性强、灵敏度高的针对南方水稻黑条矮缩病毒等 40 多种作物重要病毒的单克隆抗体，突破了我国水稻、小麦、大麦、玉米、马铃薯、甘蔗、蔬菜、花卉、果树等作物上病毒检测无优质抗体可用的困境，同时为自主创建作物病毒高灵敏快速检测技术提供了核心材料。

建立了以单克隆抗体为核心的 dot-ELISA、胶体金免疫试纸条等 7 种高灵敏、高通量作物病毒快速检测技术，检测灵敏度、稳定性和广谱性处于同类产品国际领先水平；研制出 40 多种快速检测作物病毒的 dot-ELISA 检测试剂盒、6 种作物病毒胶体金免疫检测试纸条，攻克了作物病毒快速检测灵敏度和准确率低及检测试剂盒无法国产化的瓶颈。

揭示了传毒介体数量、带毒率与病害流行的关联性，成功构建了以检测传毒介体带毒率为核心的作物病毒病害发生与流行的数字化监测预警模型，不但实现对我国作物病毒病害的减灾保产，还走出国门，探索出重大作物病害跨境联合监测预警的新模式，用中国的标准和技术指导东南亚水稻安全生产。

大豆根腐病绿色防控技术研究*

叶文武，杨　波，王　燕，郑小波，王源超**

（南京农业大学植物保护学院，南京　210095）

我国大豆生产过程中病虫害发生频繁、单产低，严重影响了农民种植大豆的积极性，是我国大豆生产缺乏国际竞争力的重要原因。我国大豆生产中发生最为普遍的病害之一是根腐病，导致早期的缺苗断垄和后期的早衰，对大豆产量和品种危害严重，造成的产量损失通常在 10%~30%，严重时甚至绝收。由于根腐病是土传病害，病原种类复杂，发病后难以治疗等原因导致病害防控非常困难。

南京农业大学作物疫病研究团队以大豆根腐病的高效防控为目标，系统研究了根腐病的发生规律，构建了高效综合防控的技术体系，鉴定了多个新的广谱抗病基因，为大豆根腐病的可持续治理提供了技术储备。主要工作包括：①澄清了我国主产区大豆根腐病的病原菌种类，研制了 23 种主要病原菌的快速分子诊断、监测和检疫的技术体系，实现了对带菌种子、发病植株和根际土壤中病原菌的快速检测。在此基础上筛选了包括精歌等系列高效、安全、便捷、低成本的大豆根腐病专用种衣剂。②创建了高效鉴定大豆疫霉无毒基因的新技术体系，连续 10 年监测了我国大豆主产区大豆疫霉无毒基因的分布和变化规律；构建了大豆抗病基因快速精准鉴定技术，根据不同产区大豆根腐病的主要无毒基因型，遴选了适宜不同地区种植的携带不同抗病基因的系列大豆品种，为大豆抗病基因的精准使用提供了理论支撑。在此基础上以病原监测、抗病品种和种子处理三项关键技术为核心，构建了适宜于我国东北、黄淮海和南方等三大主产区的配套技术模式，形成对根腐病的绿色高效可持续防控。③解释了大豆疫霉侵染寄主早期胞外致病因子的作用机制，提出了病原攻击寄主的全新机制——诱饵模式；鉴定了多个能诱导植物抗性的病原分子模式，鉴定了 *RXEG*1 等能识别多种卵菌和真菌的广谱抗病基因，为改良植物的广谱抗性提供了重要的新基因资源。

---

* 基金项目：国家大豆产业体系、国家重点研发计划、基金委创新研究群体项目

** 通信作者：王源超；E-mail：wangyc@ njau. edu. cn

杜仲抗菌肽基因克隆与利用研究*

赵德刚**

（贵州省农业科学院，贵州省农业生物技术重点实验室，贵阳　550006；贵州大学山地植物资源保护与种质创新教育部重点实验室，贵阳　550025）

抗菌肽（antimicrobial peptides，AMPs）是生物体先天免疫系统的重要组成部分，广泛存在于包括细菌、植物和动物体中。由于抗生素的过度使用，病原微生物对抗生素的耐药性不断增强，迫切需要找到可以替代传统抗生素的药剂。研究发现，来源于植物的抗菌肽类型很多，包括硫堇、植物防御素、橡胶蛋白、Knottins、脂转移蛋白和 Snakins 等 12 类。植物抗菌肽具有广泛的生物活性，包括抗细菌、抗真菌、抗病毒、杀虫和抗癌，还具有酶抑制活性、重金属耐性、抵抗环境胁迫等作用。所以，植物抗菌肽有希望成为治疗由病原体引起的动物和人类感染的药物候选者，也同样用于植物保护。

杜仲（*Eucommia ulmoides* Oliv.）是我国传统的名贵中药材，也是备受关注的胶源植物。研究表明，杜仲总蛋白具有显著的抗真菌活性，说明杜仲抗菌肽（*Eucommia ulmoides* antimicrobial peptides，Eu-AMPs）的存在。我们利用 SDS-PAGE 分离杜仲小分子量蛋白，经 GC-MS 测定末端序列，结合杜仲转录组和全基因组分析，鉴定出具有抗菌肽 DNA 结构域的候选基因 32 个，经过基因克隆和转基因分析鉴定，确定了包括 *EuCHIT*1、*EuCHIT*2、*EuCHIT*3、*EuCHIT*4 和 *EuCHIT*5 等编码几丁质酶的多个 Eu-AMPs 编码基因。转基因研究证明，杜仲几丁质酶编码基因对小麦锈病、烟草及番茄的灰霉病和白粉病具有较强抗性。基因组结构分析表明，已研究的杜仲几丁质酶编码基因均是断裂基因，如 *EuCHIT*1、*EuCHIT*2、*EuCHIT*3 分别有 3 个外显子、2 个较长内含子。*EuCHIT*2 等 4 个 Eu-AMPs 基因含有橡胶蛋白典型序列。本研究为杜仲抗菌肽的开发利用奠定了基础。

* 国家高技术研究发展计划（863）项目（No. 2013AA102605－05）；国家自然科学基金项目（31360272，31870285）和国家转基因生物新品种培育科技重大专项（2016ZX08010003-009）

** 通信作者：赵德刚；E-mail：dgzhao@ gzu. edu. cn

植物病害

植物病虫害识别方法的优化*

常　月**，马占鸿***

（中国农业大学植物保护学院，北京　100193）

摘　要：农作物病虫害的田间管理及防治工作对于农作物的产量和品质有着至关重要的影响，帮助农户快速且正确地识别田间病虫害可以最大程度地提高管理措施的有效性和及时性，减少灾害程度和为害面积，有力保障农产品安全，降低经济损失，这对种植业及相关行业的发展有着非常重要的意义。我国农业种植户的知识水平普遍偏低，对于植保信息的获取能力较差，本项目拟开发一款病虫害自动识别的手机软件，让农户通过手机端上传图片便可以轻轻松松地得到病虫害诊断结果，并获知相应的防治措施。

本研究正在建立多个常见病虫害的图像数据库，利用深度学习等技术实现特征的自动提取，利用人工智能技术构建识别模型。在模型训练的过程中总结数据库大小及图像质量对识别正确率的影响，探究一套系统的数据库构建方法——适用于农作物病虫害识别模型。

探究数据库大小及图像质量对识别效果的影响。在训练模型的过程中，调整数据库的大小及图像质量，感受数据库的变化对识别效果的影响，对后续数据库的建立提供技术指导。比如，在保障一定识别准确率的情况下，一个数据库该有多少数据，图像该包括怎样的典型特征，怎样的数据质量能适当降低模型对数据数量的依赖，模型对上传的什么样的图像识别效果好，在识别同样的验证集时如何调整数据库中照片的丰富度能提供识别正确率。从目前所得试验结果表明，对病害进行识别时，对重度发病的识别正确率高于轻度发病；识别的图像中病状特征占图比例较大时，识别效果更佳。因此，拍摄图像时要减少背景所占画面的比例，尽可能多地凸显发病症状。前期的图像拍摄及收集过程中，要收集尽可能多的照片，要保障最基本的数据量。后期模型训练过程中，通过数据库的调整与识别效果的变化来改善数据库，并指导后续图像数据的采集和处理工作。

关键词：自动识别；图像数据库；数据采集

---

* 基金项目：国家重点研发计划项目（2016YFD0201302、2018YFD0200501）；宁夏重点研发计划项目（国家园区专项）

** 第一作者：常月，硕士研究生，主要从事植物病害流行学研究；E-mail：239654967@ qq. com

*** 通信作者：马占鸿，教授、博士生导师，主要从事植物病害流行和宏观植物病理学研究；E-mail：mazh@ cau. edu. cn

水稻病害图像自动化识别软件的开发与应用

周惠汝*，原　恺，呼美娜，蔡定洲，吴波明**

（中国农业大学植物保护学院，北京　100193）

摘　要：病害严重影响着水稻的产量与质量，及时正确地诊断病害是病害防控的前提。但目前我国植保专业人员短缺，无法保证诊断的正确及时，容易造成施药时机延误或错误施药。本研究旨在建立一个共享水稻病害图像数据库，并开发一款手机软件辅助农户识别病害以及制定施药策略。研究人员使用智能手机与单反相机在辽宁、江西、湖南及北京各地拍摄到感染五种常见病害（稻瘟病、水稻胡麻叶斑病、水稻纹枯病、稻曲病、水稻细菌性条斑病）以及健康的水稻叶片共六类图像，每类数量不等，介于50~3 000张。分类整理后对图片进行统一格式、统一命名、统一尺寸及色彩修正等图片预处理，并对图片进行封装建立数据库。选取其中四类图片（稻瘟病、水稻胡麻叶斑病、水稻纹枯病、水稻健康叶片），每类图片各300张用于卷积神经网络模型的预试验。结果表明，3种常见图像识别模型（VGG-16，VGG-19，ResNet50）中VGG-19的训练效果最好，可得到97.95%的训练准确率和74.50%的测试准确率。但因为图像数据集较小，存在一定的过拟合现象。未来笔者将扩充图片数据集、完善图像数据库、优化模型参数以进一步提升模型性能，获得更高的水稻病害识别准确率。最后，笔者希望以此为核心开发一款适合农户和基层植保人员使用的水稻病害图像自动识别手机软件。

关键词：水稻病害；卷积神经网络；图像识别；人工智能；病害监测

* 第一作者：周惠汝，博士研究生，研究方向为植物病害图像识别及监测；E-mail: huiruz@cau.edu.cn

** 通信作者：吴波明，教授，博士生导师；E-mail：bmwu@cau.edu.cn

东北稻区抗性基因 *Pik*-1 对 *AVRPik* 基因的选择作用分析

王世维[1*]，孙　涛[2]，李　鹏[3]，吴波明[1]

（1. 中国农业大学植物保护学院，北京　100193；2. 吉林市农业科学院，吉林　132000；3. 黑龙江省农垦科学院植物保护研究所，哈尔滨　150000）

摘　要：根据“基因对基因”学说，水稻抗性基因 Pik-1 的 HMA（heavy-metal-associated）结构域的不同类型可特异性识别稻瘟病菌不同类型的无毒基因 *AVRPik*，表现出抗病反应。因此，通过检测该结构域的多样性与对应 *AVRPik* 效应因子多样性的关系，有助于不同品种的合理布局。本研究根据 *Pik*-1 基因中 HMA 结构域序列设计引物，选取 120 份采集自东北感染穗颈瘟的水稻材料，提取其基因组作为模板进行扩增。从其中 82 份材料中成功扩增获得 HMA 结构域，并通过峰图检测和序列比对方法发现 LTH-HMA 在内的 7 个纯合基因型和两个杂合基因型。其中 Pik-HMA 在 27 份水稻材料中被检测到，是东北稻区 *Pik*-1 基因携带的主要结构域，并构成了一个主要的类群；Piks-HMA 在 20 份水稻材料中被检测到，与 Pikm-HMA（2 份材料）和 PikN1-HMA（1 份材料）组成第二个类群；类似于 LTH-HMA 的 PikN3-HMA、类似于 Pikp-HMA 的 PikN2-HMA 和 LTH 组成第三个类群，但是这个群体仅在 5 份材料检测到；第四类群包括剩余的 27 份材料中检测到的杂合基因型。另外，从相应样本分离到的稻瘟病菌株扩增 AVRPik 也检测到多个基因型，它们一样可以分成 4 个类群。卡方检验结果显示，不同的 Pik-HMA 类群对于 AVRPik 类群选择的影响具有显著差异。用 A，B，F（1 群），C（2 群），D（3 群）和 A&D（双拷贝群），6 个主要 *AVRPik* 基因型的菌株接种单基因系品种的结果也表明 Pik-HMA 对 AVRPik 的群体有一定的选择作用。

关键词：HMA 结构域；定向选择；类群

* 第一作者：王世维；E-mail：wsw20112549@126.com

稻瘟病菌有性后代致病性遗传分析*

张晓玉**，张亚玲，靳学慧***

（黑龙江八一农垦大学，黑龙江省植物抗性研究中心，大庆　163319）

摘　要：通过对稻瘟病菌有性杂交获得有性后代群体进行致病性遗传分析，结合分子标记手段构建菌株的遗传图谱，可为无毒基因的克隆提供清晰的遗传背景。本研究采用CO39近等基因系水稻品种C101LAC（*Pi*-1）、C101A51（*Pi*-2）、C104PKT（*Pi*-3）、C101PKT（*Pi-4a*）、C105TTP-4L-23（*Pi-4b*）、CO39对稻瘟病菌菌株HLJ6122和KA3及其有性后代群体进行毒性分析。结果表明，亲本菌株HLJ6122对CO39近等基因系水稻品种均产生毒性，亲本菌株KA3对CO39近等基因系水稻品种均无毒性，表明菌株KA3含有*Avr*-*Pi*1、*Avr*-*Pi*2、*Avr*-*Pi*3、*Avr*-*Pi*4*a*、*Avr*-*Pi*4*b*、*Avr*-*CO*39等无毒基因，菌株HLJ6122则不含上述的无毒基因，其杂交后代在*Pi*-1、*Pi*-2、*P*-*i*3、*Pi*-4*a*、*Pi*-4*b*、*CO*39的无毒、有毒个体比例分别为37：27、37：27、38：26、55：9、36：19、29：33，χ^2测验表明，有性后代无毒性、毒性比例分别符合1：1、1：1、1：1、7：1、9：7、1：1的期望比，表明供试菌株对不同水稻品种的无毒性/毒性是受不同基因控制的。推断出稻瘟病亲本菌株对品种C101LAC（*Pi*-1）、C101A51（*Pi*-2）、C104PKT（*Pi*-3）、CO39分别持有1个无毒基因；对品种C101PKT（*Pi-4a*）、C105TTP-4L-23（*Pi-4b*）分别持有2个以上的无毒基因。

关键词：稻瘟病菌；有性后代；致病性；遗传分析

* 基金项目：黑龙江八一农垦大学学成、引进人才科研启动计划（XDB-2016-05）；黑龙江省农垦总局科技攻关项目（HNK125A-08-06，HNK135-02-02）；黑龙江省教育厅项目（12521376）

** 第一作者：张晓玉，研究生，主要从事植物病理学的研究工作；E-mail：1593091233@ qq. com

*** 通信作者：靳学慧；E-mail：Jxh2686@ 163. com

超级早稻品种抗瘟性丧失机制研究*

兰　波[1,2**]，孙　强[3]，杨迎青[2]，陈　建[2]，李湘民[2***]，霍光华[1***]
（1. 江西农业大学菌物资源保护与利用江西省重点实验室，南昌　330045；
2. 江西省农业科学院植物保护研究所，南昌　330200；
3. 中华人民共和国黄岛海关，青岛　266555）

摘　要：为探明超级稻品种对稻瘟病抗性丧失的机制，本研究对10个超级稻品种在不同生态环境下对稻瘟病的抗性连续4年进行监测。监测结果发现，所有供试品种稻瘟病病情指数都呈上升趋势，抗性水平逐年降低。以感病品种淦鑫203和抗病品种株两优02为例，两个超级稻品种经过4年的定点栽培，分离到的稻瘟病菌优势小种菌株数逐年增加，淦鑫203上分离的菌株优势小种ZB15从2014—2017年的出现频率分别为40%、48%、62%、66%，株两优02分离菌株优势小种ZB13在这4年中的出现频率分别为70%、74%、76%、82%；所测菌株的平均毒力频率也呈现逐年上升趋势，淦鑫203分离菌株连续4年的毒力频率分别为55.36%、58.69%、63.15%、65.21%，株两优02分离菌株4年中的毒力频率分别为40.25%、42.13%、42.98%、45.39%；无毒基因检测发现，分离自两个品种的稻瘟病菌无毒基因出现频率4年来均逐步下降，在与品种的抗瘟基因检测结果对比发现，株两优02不仅比淦鑫203含有更多的抗瘟基因，分离到的菌株中与抗瘟基因相对应的无毒基因数量也高于赣鑫203，并且这些无毒基因还都具有较高的出现频率。研究表明，超级稻品种抗性丧失的主要原因是品种对稻瘟病菌某一优势生理小种的定向选择，以及致病菌中诱导品种抗瘟基因发生抗病反应的无毒基因出现频率逐年降低有关。该研究结果对超级稻品种的抗病布局与延长使用寿命具有重要的科学指导意义。

关键词：超级稻；稻瘟病；抗性

---

* 基金项目：国家重点研发计划（2016YFD0200808，2016YFD0300707，2017YFD0301604）；江西水稻产业技术体系（JXARS-02-04）；江西省现代农业协同创新项目（JXXTCX2019-01）

** 第一作者：兰波，副研究员，博士研究生，主要从事水稻稻瘟病研究；E-mail: Lanbo611@163.com
*** 通信作者：霍光华，教授，主要从事生物资源的开发与利用研究；E-mail：yyq8294@163.com
李湘民，研究员，主要从事水稻真菌病害研究；E-mail：xmli1025@aliyun.com

2014—2018年吉林省水稻新品种（系）对稻瘟病的抗性评价[*]

李　莉[**]，刘晓梅，姜兆远，王继春，朱　峰，孙　辉，任金平[***]
（吉林省农业科学院，长春　130024）

摘　要：稻瘟病是威胁水稻生产安全的主要障碍因素之一，选育和利用抗病品种是防治稻瘟病的最经济有效的方法，而科学准确地鉴定与评价品种的抗病性是选育和利用抗病品种的基础。水稻稻瘟病抗病性鉴定技术是水稻抗稻瘟病育种和新品种审定必不可少的一种技术手段，从抗源筛选、后代选择、直到品种的推广都离不开抗病性鉴定。通过此项技术，直接反映水稻品种的抗性类型，为新品种的推广提供安全保障，为品种的选育和布局，农药减施以及病害控制提供理论依据。

笔者于2014—2018年选用7群15个稻瘟病菌生理小种进行苗期人工接种鉴定，同时利用在省内不同熟期、不同生态栽培带所设立的9个田间异地自然诱发抗病鉴定技术示范点对吉林省水稻新品种（系）进行田间异地自然诱发鉴定。结果表明，5年内对1335份区试品种（系）进行了抗稻瘟病鉴定和评价，其中苗瘟表现为HR的材料有91份，占鉴定总数的6.82%，表现为R以上的有886份，占鉴定总数的66.37%；田间异地自然诱发表现为R以上的材料为713份，占鉴定总数的53.40%。

关键词：水稻稻瘟病；抗性鉴定

---

[*] 基金项目：国家科技部"十三五"粮食丰产增效科技创新重点专项（2017YFD0300606和2017YFD0300608）；农业部作物种质资源保护项目（2018NWB036-12）

[**] 第一作者：李莉，博士，研究员，研究方向：植物病理生理和植物源诱导剂筛选于应用；E-mail：lililanjun@126.com

[***] 通信作者：任金平

吉林省稻瘟病菌种群动态分析*

刘晓梅**，李　莉，姜兆远，王继春，朱　峰，孙　辉，任金平***
（吉林省农业科学院，公主岭　136100）

摘　要：水稻是吉林省最重要的粮食作物，年种植面积1 300余万亩。每年稻瘟病发生面积300万~500万亩，一般减产5%~10%；重发生年可减产50%~80%，甚至绝收。全省每年因稻瘟病损失稻谷在1.5亿kg以上。为水稻的安全生产带来巨大隐患。实践证明，选育和种植抗病品种是防治该病最经济有效的措施，但由于品种的单一化种植和稻瘟病菌的易变性，为稻瘟病的发生提供有利条件，最终导致病害的大面积流行。因此，掌握稻瘟病菌生理小种的变化动态是防治稻瘟病的重要环节，为抗病品种的选育和推广提供有利的技术支持。

笔者对2016—2017年吉林省水稻主产区采集的稻瘟病标样进行分离，采用全国统一的7个鉴别品种进行鉴定，结果表明：2016年的优势小种为ZE1，出现频率为42.42%，次要小种为ZG1，出现频率为22.73%；2017年的优势小种为ZG1，出现频率为46.3%，次要小种为ZF1，出现频率为14.81%，ZE1的出现频率仅为9.26%。小种类型主要以粳稻致病型为主，两年间的优势小种出现了转换，这一现象与环境条件的差异密切相关，而2017年生理小种的组成趋于复杂化，但种群间保持相对稳定的状态。

关键词：水稻稻瘟病；生理小种

---

* 基金项目：国家科技部“十三五”粮食丰产增效科技创新重点专项（2017YFD0300606和2017YFD0300608）；农业部作物种质资源保护项目（2018NWB036-12）

** 第一作者：刘晓梅，副研究员，研究方向：水稻病害防治；E-mail：xmsuliu@163.com
*** 通信作者：任金平

两个锌指转录因子基因在调控小麦条锈菌耐高温反应中的作用*

李　雪[1**]，王凤涛[1]，冯　晶[1]，庞云星[1]，贾　湘[1,2]，
吴艳琴[1]，朗晓威[1]，蔺瑞明[1***]，徐世昌[1]
（1. 中国农业科学院植物保护研究所，植物病虫害生物学国家重点实验室，
北京　100193；2. 河北农业大学植物保护学院，保定　071000）

摘　要：小麦条锈病是由条形柄锈菌小麦专化型（*Puccinia striiformis* f. sp. *tritici* Erikes，*Pst*）引起的气传真菌病害，它最适宜在冷凉潮湿的气候条件下发生和流行。中国是小麦条锈病最大且相对独立的流行区，大部分小麦种植区受到条锈病流行暴发的严重为害。在病害侵染循环及流行过程中，病原菌在越夏易变区（即秋季菌源基地）的越夏情况是决定冬季繁殖区初侵染菌源数量的关键环节。近年来全球气候变暖，然而我国条锈菌越夏海拔下限逐年下降，越夏和越冬地区范围进一步扩大。同时，世界其他条锈病流行地区也出现了耐高温型菌株。*Pst* 耐高温胁迫能力增强给未来小麦条锈病流行学研究以及制定相应的防控策略产生深远影响，并带来新的挑战。

锌指转录因子在调控病原真菌生长发育、抗逆反应以及致病性中发挥重要作用。本研究利用实时荧光定量 PCR 技术对两个锌指转录因子基因（*PSTG_* 11249，*PSTG_* 06705）进行表达谱分析，并利用 BSMV Agro/LIC 寄主诱导的基因沉默（HIGS）技术体系验证候选基因在 *Pst* 耐高温胁迫反应中的作用。结果显示，C_3HC_4 型锌指转录因子基因 *PSTG_* 11249 在耐高温型菌株 A4 中受高温（21℃）处理诱导表达，当该基因被沉默后，高温条件下接种并潜育培养的高感条锈病品种 Local Red 幼苗叶片单位面积夏孢子堆密度显著低于对照处理组，能显著降低高温培养条件下 *Pst* 耐高温型菌株的发病严重度（$P<0.05$），说明 *PSTG_* 11249 基因正调控 *Pst* 应答高温胁迫过程。对于属于 Zn_2-Cys_6 型双锌指结构转录因子基因 *PSTG_* 06705，高温条件下接种并潜育培养能抑制该基因在耐高温型菌株中表达，当沉默了耐高温型菌株 A4 基因 *PSTG_* 06705 后，导致在高温条件下接种并潜育培养的高感病品种 Local Red 幼苗叶片单位面积平均夏孢子堆密度显著高于对照处理，显著增加了高温条件下 *Pst* 耐高温型菌株 A4 的发病严重度（$P<0.05$）。说明 *PSTG_* 06705 对 *Pst* 耐高温胁迫起负调控作用。本研究结果对明确锌指转录因子在 *Pst* 耐高温反应中的调控作用，以及揭示小麦条锈菌适应高温胁迫的调控机制具有重要意义。

关键词：小麦；条锈病；耐高温性；锌指转录因子；HIGS

---

* 基金项目：国家重点研发计划长江流域冬小麦双减项目（2018YFD0200500）

** 第一作者：李雪，硕士研究生，主要从事分子植物病理学研究；E-mail：caaslixue@163.com

*** 通信作者：蔺瑞明，副研究员，主要从事麦类作物抗病遗传研究；E-mail：linruiming@caas.cn

103 份小麦品种遗传多样性分析及其抗条锈病基因检测*

徐默然**，冯　晶***，蔺瑞明，王凤涛，徐世昌
（中国农业科学院植物保护研究所，植物病虫害生物学国家重点实验室，北京　100193）

摘　要：小麦条锈病是由条形柄锈菌小麦专化型（*Puccinia striiformis* f. sp. *tritici*）引起的一种世界性的真菌病害，危害我国广大麦区。了解小麦品种资源的条锈病抗性水平及遗传多样性，掌握条锈病抗性基因的分布与利用情况，可为培育和合理利用优良抗条锈新品种提供理论依据。本研究选用小麦条锈病流行生理小种 CYR32、CYR33 和 CYR34 对 103 份供试小麦品种进行苗期抗条锈病分小种鉴定、成株期接种 CYR32 进行抗性鉴定，并利用 SSR 分子标记技术进行遗传多样性分析，同时利用小麦抗条锈病已知基因的分子标记，对供试小麦品种进行抗条锈病基因检测。苗期抗性鉴定表明，103 份供试品种中，有 19 份品种对生理小种 CYR32 表现为抗病，占供试材料的 18.44%；有 34 份品种对 CYR33 表现为抗病，占供试品种的 33.01%；有 29 份品种对 CYR34 表现为抗病，占 28.15%。供试的品种中只有郑 6 辐、宁麦 3 号、老兰麦、京 411、京作 278、扬麦 158 等 6 个品种对 3 个生理小种 CYR32、CYR33 和 CYR34 均表现抗病。成株期抗性鉴定表明老兰麦等 18 份品种表现为全生育期抗性，郑州 021 等 64 份品种表现为成株期抗性。在遗传多样性分析中，103 份品种的遗传相似系数变异范围为 0.5~0.93，平均为 0.66，但小麦品种遗传相似系数与来源地之间无明显差异。通过聚类分析发现，103 份品种被分为三大类，来源于同一系谱的品种被聚在同一亚类，品种间的亲缘关系与来源地存在一定的相关性。同时，笔者还对供试小麦品种进行已知抗病基因检测，检测到含有 *Yr*9、*Yr*10、*Yr*15、*Yr*18 和 *Yr*26 特征带的品种分别占 18.45%、9.71%、0.97%、27.18%、0.97%，供试品种中未检测到含有 *Yr*5 特征带的品种。由于供试品种的抗性水平较低，携带抗性基因 *Yr*5 和 *Yr*15 频率较低，因此小麦育种工作应充分利用优质已知抗性资源，发掘新抗性材料，培育多基因聚合的持久抗性品种。

关键词：小麦条锈病；抗性鉴定；遗传多样性；*Yr* 基因

---

* 基金项目：国家自然科学基金（31871923）；国家重点研发计划（2018YFD0200504，2016YFD0300705）

** 第一作者：徐默然，硕士研究生，主要从事植物抗病遗传机制研究；E-mail: moran0225@163.com

*** 通信作者：冯晶，副研究员；E-mail：jingfeng@ippcaas.cn

不同小麦品种混种对小麦条锈菌夏孢子扩散的影响*

何少清**，初炳瑶，马占鸿***
（中国农业大学植物病理学系，农业部植物病理学重点开放实验室，北京 100193）

摘 要：小麦条锈病（病原菌 *Puccinia striiformis* f. sp. *tritici*）是为害我国小麦生产安全最主要的病害之一，它是典型的气传病害，病原孢子可随气流进行传播，反复侵染小麦造成为害。小麦品种混种在一定程度上可以阻挡条锈菌夏孢子的扩散，降低条锈病发生的严重程度。但是，不同小麦品种混种阻挡条锈菌夏孢子的扩散是否存在较为明显的差异，目前尚不清楚。为探究不同小麦品种混种组合对条锈菌夏孢子扩散的影响，笔者设计了 3 个不同小麦品种混种组合，包括河南小麦品种矮抗 58（高感）、逐选 101（中抗）、周麦 22（高抗）按 1∶1∶1 和 1∶2∶2 两个比例混种，四川小麦品种绵农 4 号（高感）、绵阳 31（中感）、蓉麦 4 号（高抗）、绵麦 1403（高抗）、川麦 55（高抗）按 1∶1∶1∶1∶1 等比例混种，各混种小区面积为 15m×15m，设置 3 个重复，在各小区中心种植铭贤 169 作为诱发中心。笔者于拔节期人工接种小麦条锈菌流行生理小种 CYR32、CYR33 和 CYR34（1∶1∶1），在各小区距发病中心不等距离的位置分别放置玻片，于发病后进行多次孢子捕捉和病情调查。结果表明，与两个比例的河南小麦品种混种组合相比，四川品种混种区域对小麦条锈菌夏孢子的扩散表现出更明显的阻挡作用；而两个比例的河南小麦品种混种组合中，按 1∶1∶1 混种的区域夏孢子扩散的范围和速度均高于 1∶2∶1 的混种区域，与病情的结果一致。综上所述，不同小麦品种混种可能对小麦条锈菌夏孢子的扩散产生一定的影响，进而影响品种混种对病害的防治效果。

关键词：小麦条锈病；品种混种；夏孢子扩散

---

* 基金项目：国家重点研发计划（2017YFD0201700）

** 第一作者：何少清，硕士研究生，主要从事植物病害流行学研究；E-mail：1319650648@ qq. com

*** 通信作者：马占鸿，教授，主要从事植物病害流行和宏观植物病理学研究；E-mail：mazh@ cau. edu. cn

2000—2016 年黄淮海麦区审定的 66 个普通小麦品种抗条锈病基因推导*

黄 亮[1,2**]，肖星芷[1]，刘 博[1]，高 利[1]，龚国淑[2]，
陈万权[1]，张 敏[2***]，刘太国[1***]
（1. 中国农业科学院植物保护研究所，植物病虫害生物学国家重点实验室，
北京 100193；2. 四川农业大学农学院，成都 611130）

摘 要：小麦条锈病是由小麦条锈菌（*Puccinia striiformis* f. sp. *tritici*，Pst）引起的一种小麦真菌病害，在我国黄淮海麦区尤为严重。为了解黄淮海麦区小麦品种对小麦条锈病的抗性水平和抗条锈病基因状况，笔者选用 15 个毒性各异的条锈菌菌株和一套以 Avocet S 为遗传背景的单基因系，对 66 个 2000—2016 年审定的黄淮海麦区普通小麦品种进行基因推导，并利用 *Yr*5、*Yr*9（1BL/1RS）、*Yr*10、*Yr*15、*Yr*18 和 *Yr*26 对应的分子标记进行分子检测，结合品种系谱分析明确测试品种的 *Yr* 基因组成。此外，利用条锈菌生理小种 CYR32、CYR33 和 CYR34 分小种对这些品种进行成株期抗性水平评价。结果表明，*YR*9、*YR*10、*YR*26 和 *YR*32 等 4 个基因以单基因或基因组合的形式存在于 24 个小麦品种中，6 个小麦品种可能不含有任何 *Yr* 基因，其余 36 个品种可能含有未知 *Yr* 基因。其中 *Yr*9 基因的检出比最高，达 28.8%，但是没有检测出 *Yr*5、*Yr*15 和 *Yr*18 基因。仅有 14 个品种对 CYR32、CRY33 或 CYR34 表现出成株抗性的特点。综上所述，黄淮海麦区小麦品种条锈病抗性水平仍然偏低，需加大条锈病抗病育种的研究力度，研究结果对这些品种的布局具有一定的指导意义，并且可以为新品种的繁育发掘有效抗源。

关键词：小麦条锈病；*Yr* 基因；基因推导；分子检测；成株抗性

---

* 基金项目：国家自然科学基因（31871906，31371884，31611130039）；国家重点研发计划（2018YFD0200500，2016YFD0300705）；现代农业产业技术体系（CARS-03）；中国农业科学院科技创新工程（CAAS-ASTIP）

** 第一作者：黄亮，在读博士生；E-mail：huangliang1024@163.com

*** 通信作者：刘太国，研究员；E-mail：tgliu@ippcaas.cn
张敏，教授；E-mail：yalanmin@126.com

陕西省小麦白粉菌群体毒性结构及遗传多样性*

宫丹丹**，吴　蕾，申雪雪，李　强***，王保通***
（西北农林科技大学植物保护学院，旱区作物逆境生物学
国家重点实验室，杨凌　712100）

摘　要：为了明确陕西省小麦白粉菌群体的毒性频率和遗传多样性，利用34个含有已知抗白粉病基因的小麦品种（系）和5对多态性较好的ISSR分子标记，分别对2016年采集、分离自陕西省渭南、西安、咸阳、宝鸡、汉中和安康等6个市15个乡镇的小麦白粉菌160个单孢子菌株进行了毒性频率和遗传多样性分析。结果显示，供试小麦白粉菌群体对*Pm*1、*Pm*2、*Pm3b*、*Pm3c*、*Pm3e*、*Pm3f*、*Pm*6、*Pm*7、*Pm*8、*Pm*19和*Pm*1+2+19的毒性频率在60%~100%之间，表明这些抗性基因在生产上已经丧失利用价值，对*Pm4b*、*Pm*24、*Pm*2+6、*Pm*2+*Mld*、*Pm*2+6+?、*Pm4b*+*Mli*、*Pm*"*Era*"、*Pm*"*XBD*"、*Pm*21的毒性频率低于20%，表明这些抗性基因抗性良好，可以在抗病育种中利用。渭南群体、西安群体、咸阳群体、宝鸡群体、汉中群体和安康群体等小麦白粉菌6个地理群体间的遗传距离在0.0204~0.1037，其中宝鸡群体和渭南群体的遗传距离最近，汉中群体和咸阳群体的遗传距离最远。群体间的遗传变异占总体变异的12.82%，群体内的遗传变异占87.12%，表明遗传变异主要来自于群体内。UPGMA的聚类分析结果显示，小麦白粉菌的遗传结构与地理位置之间存在着一定的相关性。

关键词：陕西省；小麦白粉菌；毒性频率；遗传多样性

---

* 基金项目：国家重点研发计划（2016YFD0300705）；国家公益性行业（农业）科研专项（201303016）

** 第一作者：宫丹丹，硕士研究生，研究方向为植物病理学

*** 通信作者：李强；E-mail：qiangli@nwsuaf.edu.cn
王保通；E-mail：wangbt@nwsuaf.edu.cn

利用 SLAF 和 BSR-seq 技术筛选农家种红蚰麦抗白粉病候选基因*

王俊美**，徐　飞，宋玉立***，李亚红，韩自行，刘露露，李丽娟，张娇娇
（河南省农业科学院植物保护研究所，农业部华北南部作物有害生物综合治理重点实验室，郑州　450002）

摘　要：由 *Blumeria graminis* f. sp. *tritici* 引起的小麦白粉病是小麦生产中的一种重要病害。种植抗病品种是控制白粉病最经济、安全和有效的措施。红蚰麦是河南省农家品种，多年的室内和田间试验结果表明其对白粉病具有优良的抗性，在抗病育种中具有重要应用价值。通过对红蚰麦与辉县红构建的 $F_{2:3}$ 分离群体分析，其抗性由一对隐性抗病基因 *pmHYM* 控制，利用 SSR 标记技术将该基因定位在 7B 染色体的长臂上，但目前还没有其抗病候选基因的相关报道。本研究通过利用 SLAF 技术对亲本红蚰麦和辉县红及其后代感、抗池的分析，获得了一个位于 7BL 染色体上长度为 12.95 Mb 的抗病候选区域，该区域与 SSR 标记定位结果一致，且与共分离标记 *Xmp*1207 对应的 scaffold TGACv1_ scaffold_ 578754_ 7BL 有 5 个区域相匹配。进一步利用 BSR-seq 分析感、抗池的转录表达情况，获得了差异表达转录本。通过 SLAF 与 BSR-seq 的联合分析，在候选区域内获得 11 个上调表达，28 个下调表达转录本，其中包含一个抗病相关基因 a disease resistance protein RGA4（Wheat_ Chr_ Trans_ newGene_ 16173），该基因位于 scaffold TGACv1_ scaffold_ 578754_ 7BL 对应区域。利用 QRT-PCR 分析 Wheat_ Chr_ Trans_ newGene_ 16173 的表达情况，结果表明基因在亲本红蚰麦和辉县红接种白粉菌后 16h、24h、48h 和 72h 差异表达倍数分别为 $2^{3.4}$、$2^{3.08}$、$2^{3.29}$ 和 $2^{2.38}$，存在显著差异。利用电子克隆技术获得了两个亲本中基因的全长序列，序列全长 3 780bp 编码完整的 ORF 框，通过蛋白结构分析其包含一个 NB-ARC，5 个 leucine-rich repeat 和 1 个 LRR_ 3，两个亲本编码的氨基酸序列在 510 位存在差异。该候选基因在抗病中的作用机制正在进一步研究中。

关键词：小麦白粉病；抗病基因；特异性位点扩增片段测序技术（specific-locus amplified fragment sequencing，SLAF）；分离群体分组转录组测序（Bulked segregant RNA-seq，BSR-Seq）；基因表达

---

* 基金项目：国家重点研发计划（2016YFD0300705）；河南省现代农业产业技术体系（S2010-01-05）

** 第一作者：王俊美，副研究员，主要从事小麦病害研究；E-mail：935669594@ qq. com

*** 通信作者：宋玉立，研究员，主要从事小麦病害研究；E-mail：songyuli2000@ 126. com

小麦白粉菌效应蛋白研究*

薛敏峰**，龚双军，袁　斌，曾凡松，史文琦，杨立军，喻大昭***
（农业部华中作物有害生物综合治理重点实验室，农作物重大病虫草害可持续控制
湖北省重点实验室，湖北省农业科学院植保土肥研究所，武汉　430064）

摘　要：由禾谷科布氏白粉菌小麦专化型（*Blumeria graminis* f. sp. *tritici*）引起的小麦白粉病是为害小麦的重要病害。小麦白粉病菌为专性活体寄生菌，在侵染过程中分泌功能多样的效应蛋白，在多个层次抑制寄主的防卫反应。对菌株 21-2 基因组序列进行蛋白注释，并分析蛋白的分泌性，跨膜结构等特性，预测出 602 个效应子候选基因。通过比较大麦白粉菌基因组序列，发现其中 63 个为小麦白粉菌特有。收集小麦白粉菌侵染关键时期的组织样品，进行 RNAseq 测序，获得侵染各时期基因表达谱数据，进一步发现上述效应子基因中，有 35 个在初生吸器发育早期高表达。从中挑选效应子候选基因 *BEC*3122，利用 HIGS 基因沉默技术降低其表达水平，导致吸器发育受阻，次生吸器形成率下降 70%、叶片病斑面积减少 60%，说明该基因是影响小麦白粉菌致病力的重要基因。部分初生吸器可以发育为成熟的吸器形态，并且在定殖点附近长出气生菌丝，说明初生吸器的基本功能是完好的。降低该基因的表达水平，会显著减弱白粉菌的致病力，是小麦白粉菌致病力的重要组成部分。

关键词：小麦白粉菌；效应蛋白；转录组

---

* 基金项目：小麦产业体系项目（CARS-3-1-2）资助

** 第一作者：薛敏峰，助理研究员，研究方向为病原真菌比较基因组；E-mail: xueminfeng@ 126.com

*** 通信作者：喻大昭；E-mail：dazhaoyu@ china. com

高温胁迫下小麦白粉病菌不同温度敏感性菌株 *Hsp* 基因表达的研究*

张美惠**，刘　伟，王振花，韩翠仙，范洁茹***，周益林**
（中国农业科学院植物保护研究所，植物病虫害生物学国家重点实验室，北京　100193）

摘　要：小麦白粉病是由专性寄生真菌 *Blumeria graminis* f. sp. *tritici* 引起的一种重要的全球性小麦真菌病害，其流行年份可导致严重的小麦产量损失。本研究通过设置 5 个不同温度梯度在室内筛选出 4 个温度敏感菌株 13-14-7-2-②、13-10-11-1-①、13-11-4-2-2-①、13-1-1-①以及 4 个耐高温菌株 13-1-4-1-1-①、13-14-8-2-②、13-10-3-2-②、13-11-4-2-1-①，并采用 Real-time RT-PCR 技术对高温胁迫下接种不同菌株 0h、6h、12h、24h 和 48h 其病菌的热激蛋白基因 *BgtHsp*40、*BgtHsp*70、*BgtHsp*90 和 *BgtHsp*104 的表达量进行了分析，探究了 *BgtHsp*40、*BgtHsp*70、*BgtHsp*90 和 *BgtHsp*104 与小麦白粉病菌耐高温性的相关性。结果显示接种小麦白粉病菌 6h 后（孢子萌发阶段）、24h 后（附着胞形成阶段）、48h 后（吸器形成阶段），高温胁迫下耐高温菌株的 *BgtHsp*40 和 *BgtHsp*70 相对表达量显著高于敏感菌株，而耐高温菌株的 *BgtHsp*90 和 *BgtHsp*104 相对表达量与敏感菌株相比差异均不显著。此结果说明高温胁迫下，在孢子萌发、附着胞形成和吸器形成阶段 *BgtHsp*40 和 *BgtHsp*70 与小麦白粉病菌的耐高温性可能有关。

关键词：小麦白粉病菌；温度敏感菌株；耐高温菌株；热激蛋白基因

* 基金项目：国家重点研发计划（2018YFD0200500）
** 第一作者：张美惠，硕士，主要从事分子植物病害流行学研究；E-mail：13998991215@163.com
*** 通信作者：周益林，研究员，主要从事麦类病害流行学研究；E-mail：ylzhou@ippcaas.cn
范洁茹，助理研究员，主要从事麦类病害研究；E-mail：jrfan@ippcaas.cn

跨膜NAC转录因子TaNTL5-7B对小麦抗条锈病和叶斑病的正调控作用*

张慧丽[1,2]**，王凤涛[1]，蔺瑞明[1]***，马东方[2]，冯　晶[1]，徐世昌[1]
（1. 中国农业科学院植物保护研究所，植物病虫害生物学国家重点实验室，农业部作物有害生物综合治理重点实验室，北京　100193；2. 长江大学农学院，荆州　434025）

摘　要：具有跨膜结构域的NAC转录因子NTL（NAC with trans-membrane motif-like，NTM-LIKE）类转录因子是NAC转录因子家族的一员，其特征是除NAC结构域外，C末端具有一个跨膜结构域，属于膜结合转录因子。NTL转录因子在调控植物生长发育及响应生物和非生物胁迫发挥重要的作用。本文利用实验室前期条锈菌小种CY32侵染诱导的小麦抗条锈病基因*Yr*5的近等基因品系Taichung29＊6/*Yr*5的cDNA文库筛选克隆得到1个全新的小麦NAC家族的转录因子基因*TaNTL5*－*7B*，在小麦基因组中的编号为TraesCS7B02G196900.1属于NTL类转录因子，其基因组序列包含5个外显子，4个内含子。实时荧光定量PCR分析显示，在小麦与条锈菌（*Puccinia striiformis* f. sp. *tritici*）互作过程中，*TaNTL5-7B*受条锈菌侵染诱导，在侵染后96h开始上调表达。利用病毒介导的基因沉默（BSMV-VIGS）和超量表达技术明确了*TaNTL5-7B*在小麦抗条锈菌侵染过程中起正调控作用。研究结果表明，沉默*TaNTL5-7B*基因表达的植株接种亲和条锈菌小种，条锈病严重度明显升高，单位叶面积内夏孢子堆数量增多且病原菌的生物量明显增多。超量表达*TaNTL5-7B*基因的T_3代转基因株系接种亲和条锈菌小种，病害严重度降低，单位叶面积的夏孢子密度减少且条锈菌生物量明显降低。接种条锈菌非亲和小种，超量表达植株的病害严重度降低，同时病原菌的生物量减少，DAB染色观察发现过表达植株能较快的清除小麦中的过氧化氢物的积累，使植物表现为更抗病。另外，野生型受体材料对小麦蠕孢叶斑病菌（*Bipolaris sorokiniana*）表现为中感，超量表达*TaNTL5-7B*的转基因小麦植株接种后表现为中抗，且超量表达*TaNTL5-7B*的转基因植株的病斑面积明显小于野生型。因此，*TaNTL5-7B*在小麦抗专性及兼性寄生真菌引起的病害反应中发挥正调控作用。

关键词：小麦；条锈病；蠕孢菌叶斑病；膜结合NAC转录因子；基因沉默；超量表达

＊ 基金项目：国家重点研发计划（2016YFD0100102，2018YFD0200408）

＊＊ 第一作者：张慧丽，硕士研究生，主要从事植物分子病理学研究；E-mail：598815072@qq.com

＊＊＊ 通信作者：蔺瑞明，副研究员，主要从事分子病理学研究；E-mail：linruiming@caas.cn

麦根腐平脐蠕孢菌（*Bipolaris sorokiniana*）致病性变异的 Label-free 蛋白质组学分析[*]

陈　琳[**]，姚全杰，庞云星，冯　晶，王凤涛，朗晓威，蔺瑞明[***]，徐世昌
（中国农业科学院植物保护研究所，植物病虫害生物学国家重点实验室，北京　100193）

摘　要：麦根腐平脐蠕孢菌［*Bipolaris sorokiniana*（Sacc.）Shoemaker］侵染引起大麦和小麦叶部病害——蠕孢菌叶斑病（bipolaris spot blotch）。该病害分布区域非常广泛，世界范围内各大麦或小麦种植区均有发生。随着小麦种植区域不断扩大，*B. sorokiniana* 引起的叶斑病逐渐扩展到印度东北部、尼泊尔境内高海拔麦区、我国北方春麦区、欧洲东部、非洲西北部和北美等气候冷凉潮湿地区。近 20 年来，叶斑病是内蒙古东部地区和黑龙江省境内大麦产区的首要病害，在一般流行年份平均造成减产 10%～20%，在感病品种地块甚至减产 50%。

B. sorokiniana 群体内存在丰富的致病性变异，且对不同寄主致病性存在较大差异。为了探索引起 *B. sorokiniana* 致病性变异及其寄主专化性的原因，本研究利用液相色谱串联质谱技术（LC-MS/MS）和非标记定量技术对 11 个分离自大麦和小麦的毒性差异菌株进行蛋白质组分析，获得 *B. sorokiniana* 致病性不同菌株的差异表达蛋白，比较研究大麦强毒性和弱毒性菌株、小麦强毒性和弱毒性菌株、大麦强毒性和小麦强毒性菌株、大麦弱毒性和小麦弱毒性菌株、强毒弱毒中大麦和小麦菌株、大麦小麦中强毒性和弱毒性菌株的差异表达蛋白，对这些差异表达蛋白分别进行基因本体分析（Gene Ontology analysis，GO 分析）和代谢通路（Kyoto Encyclopedia of Genes and Genomes，KEGG）富集分析。

在代谢通路上富集到的差异蛋白中，*COCSADRAFT_* 89878（编码 NADPH），*COCSADRAFT_* 32931（编码乙酰 CoA 乙酰转移酶），*COCSADRAFT_* 33992（编码法尼基二磷酸合酶），*COCSADRAFT_* 37658（编码角鲨烯单加氧酶）参与倍半萜类化合物合成。已有研究证明 *B. sorokiniana* 合成的有毒次生代谢物质是由法尼醇合成的倍半萜类化合物。*COCSADRAFT_* 40886、*COCSADRAFT_* 92915、*COCSADRAFT_* 139339 参与编码过氧化氢酶，调控 H_2O_2 降解，在寄主与 *B. sorokinian* 互作时，寄主细胞中会积累大量活性氧以抵抗病原菌的侵入，病原菌可利用过氧化氢酶使 H_2O_2 降解为 H_2O。因此，本研究中通过筛选与 *B. sorokinianna* 致病变异相关蛋白质，能为揭示调控 *B. sorokiniana* 致病变异的可能途径提供参考信息。

关键词：麦类作物；蠕孢叶斑病菌；致病性变异；寄主专化性；蛋白质组学

---

* 基金项目：现代农业产业技术体系（CARS-05）

** 第一作者：陈琳，硕士研究生，主要从事分子植物病理学研究；E-mail：lin170521@ 163. com

*** 通信作者：蔺瑞明，副研究员，主要从事麦类作物抗病遗传研究；E-mail：linruiming@ caas. cn

黄淮冬麦区小麦主栽品种赤霉病综合抗性鉴定及其 FHB1 抗性基因检测*

徐　飞**，王俊美，杨共强，宋玉立***，
刘露露，李丽娟，李亚红，韩自行，张姣姣
（河南省农业科学院植物保护研究所，农业部华北南部作物
有害生物综合治理重点实验室，郑州　450002）

摘　要：小麦赤霉病（*Fusarium* head blight）是由禾谷镰刀菌（*Fusarium graminearum* Schwabe）引起的小麦上的重要真菌病害，在北美洲、欧洲和亚洲广泛流行。我国20世纪中后期，小麦赤霉病在长江中下游麦区和东北春麦区普遍发生，在黄淮冬麦区和北方冬春麦区仅零星发生。近年来，小麦赤霉病在我国冬小麦主要种植区的黄淮冬麦区也流行成灾。小麦赤霉病不仅可造成产量损失10%~50%，而且病菌产生真菌毒素污染籽粒，危害人畜健康。本研究旨在明确黄淮冬麦区主栽小麦品种对赤霉病的抗侵染、抗扩展、抗毒素积累和抗籽粒侵染能力以及几种抗性之间的相互关系，以及是否带有 *FHB*1 抗性基因，为该区小麦赤霉病抗性鉴定、育种策略和病害控制提供新的思路。小麦赤霉病综合抗性鉴定结果表明：‘良星66’，‘泰山27’等22个黄淮冬麦区主栽品种中，有20个为感病品种，只有‘郑麦9023’和‘西农979’为中感品种，均不含有 *FHB*1 基因；长江中下游麦区的7个品种中‘扬麦14’，‘宁麦9号’等6个品种为中抗品种，‘扬麦23’为中感品种，其中‘扬麦14’，‘扬麦17’和‘扬麦23’不含有 *FHB*1 基因，其他品种均含 *FHB*1 基因。小麦品种的抗扩展能力与抗侵染能力没有显著相关性（$r=0.27$，$P>0.05$）；两种接种条件下小麦品种的抗籽粒侵染能力与抗脱氧雪腐镰刀菌烯醇（DON）毒素积累能力呈极显著正相关（$r=0.86$，$P<0.01$；$r=0.88$，$P<0.01$）；小麦品种的抗扩展能力与单小花滴注法接种条件下的病粒率和籽粒中 DON 含量都呈极显著正相关（$r=0.71$，$P<0.01$；$r=0.81$，$P<0.01$），而与喷雾条件下的病粒率和籽粒中 DON 含量都没有显著的相关性（$r=0.27$，$P>0.05$，$r=0.3$，$P>0.05$）；小麦品种的抗侵染能力与喷雾条件下的病粒率和籽粒中 DON 含量都呈极显著正相关（$r=0.73$，$P<0.01$；$r=0.78$，$P<0.01$）。同时筛选出黄淮冬麦区抗籽粒侵染能力和抗毒素积累能力强的‘衡观35’等7个感病品种，在目前黄淮冬麦区没有中抗品种的情况下，可以增加育种和鉴定目标为抗籽粒侵染和抗毒素积累的品种，在小麦品种推广过程中加以运用，可以达到较好的效果。

关键词：小麦品种；赤霉病；抗性鉴定；抗扩展；抗侵染；病粒率；毒素

---

* 基金项目：国家重点研发计划（2017YFD0201703）；河南省现代农业产业技术体系（S2010-01-05）

** 第一作者：徐飞，副研究员，主要从事小麦病害研究；E-mail：xufei198409@163.com

*** 通信作者：宋玉立，研究员，主要从事小麦病害研究；E-mail：songyuli2000@126.com

中国不同生态区 129 个小麦品种赤霉病抗性与毒素积累*

闫 震[1,2,3]**，张 昊[1]**，Theo A. J. van der Lee[4]，Cees Waalwijk[4]，
Anne D. van Diepeningen[4]，邓 云[5]，冯 洁[1]，刘太国[1]***，
陈万权[1]***

（1. 植物病虫害生物学国家重点实验室，农业农村部农产品质量安全生物性危害因子（植物源）控制重点实验室，中国农业科学院植物保护研究所，北京 100193；
2. 中国农业科学院果树研究所，兴城 125100；3. 甘肃农业大学植物保护学院，兰州 730070；4 瓦格宁格大学与研究中心，荷兰瓦格宁根 6700AA；
5. 南平农业科学研究所，建阳 354200）

摘 要：自然发病条件下，评价了来自中国 4 个生态区 129 个小麦品种的赤霉病抗性，通过 UPLC-MS／MS 测定了 7 种毒素含量。研究表明，病情指数介于 6.3～80.9，且品种来源地区与病情指数之间存在较强的相关性。来自长江中下游地区的小麦品种抗病能力最强，其次是长江上游地区。黄淮北部和南部地区品种的赤霉病抗性最低，几乎所有品种都表现高度或中度感染赤霉病。整体来看，病情指数与毒素积累存在显著相关性，但大多数生态区域内小麦品种间二者没有明显的相关性。毒素积累与抗性水平无较高相关性。由于在过去十年中赤霉病发生面积急剧增加，因此迫切需要提高赤霉病品种抗性。笔者建议除了对病情指数或病害级别进行评估外，还应将品种中的耐真菌毒素积累纳入育种程序和品种评价中。

关键词：小麦赤霉病；抗病性；毒素；病情指数；小麦

---

* 基金项目：国家重点研发计划（2018YFD0200500）；中国农业科学院科技创新工程（Y2017XM01）；国家现代农业产业技术体系（CARS-03）

** 第一作者：闫震、张昊为同等贡献作者

*** 通信作者：刘太国；E-mail：tgliu@ippcaas.cn
陈万权；E-mail：wqchen@ippcaas.cn

不同麦区小麦6种镰刀菌毒素测定及污染*

徐　哲[1,2]，刘太国[1,2**]，刘　博[2]，高　利[2]，陈万权[2**]
（1. 农业农村部农产品质量安全生物性危害因子（植物源）控制重点实验室，
中国农业科学院植物保护研究所，北京　100193；2. 植物病虫害生物学
国家重点实验室，中国农业科学院植物保护研究所，北京　100193）

摘　要：小麦赤霉病是小麦受镰刀菌侵染的流行性病害，严重威胁小麦生产，在病害大流行年份造成大规模减产。并且，镰刀菌代谢产生的镰刀菌毒素会在麦粒中残留，人畜食用后会引起呕吐、腹泻等不良反应，对健康造成损害。小麦赤霉病主要发生在温暖湿润地区，近年来，随着气候的变化，黄淮海地区发病也逐渐加重。为明确小麦镰刀菌毒素在我国主要小麦产区的污染与分布情况，利用超高效液相色谱—串联质谱仪测定我国不同小麦产区小麦样品中6种重要镰刀菌毒素含量并进行比较分析。结果显示：在供试的小麦样品中，DON、15ADON和T-2毒素的污染率较高；ZEN、3ADON污染率较低；HT-2毒素未检出。不同麦区间6种毒素的含量也表现出不同的差异性。其中，DON和T-2毒素在长江中下游冬麦组的含量与其他麦区相比具有显著性差异；3ADON毒素与ZEN毒素污染率不高，在长江中下游冬麦区与其他3个麦区间毒素含量差异显著；15ADON毒素含量在不同麦区间差异不显著。

关键词：超高效液相色谱-串联质谱；镰刀菌毒素；小麦

---

* 基金项目：国家重点研发计划（2018YFD0200500）；中国农业科学院科技创新工程（Y2017XM01）；国家现代农业（小麦）产业技术体系（CARS-03）

** 通信作者：刘太国；E-mail：tgliu@ippcaas.cn
陈万权；E-mail：wqchen@ippcaas.cn

小麦光腥黑粉菌（*Tilletia foetide*）侵染小麦分蘖期的显微观察*

陈德来[1,2]**，高　利[1]***，刘长仲[2]，陈万权[1]***，刘　博[1]，刘太国[1]

（1. 中国农业科学院植物保护研究所，植物病虫害生物学国家重点实验室，北京 100193；2. 甘肃农业大学植物保护学院，甘肃省农作物病虫害生物防治工程实验室，兰州　730070）

摘　要：小麦光腥黑粉菌隶属于担子菌亚门（Basidiomycotina）腥黑粉菌科（Tilletiaceae）腥黑粉菌属（*Tilletia*），可导致小麦发生光腥黑穗病，是麦类黑粉病中分布范围广、潜在流行风险大、危害程度高、防治困难大的非限制性检疫病害之一。病原物在分蘖期侵染小麦会对小麦的生长发育产生深远的影响，研究 *Tilletia foetide* 在分蘖期对小麦的侵染过程，有助于掌握小麦光腥黑粉病早期病程特征，揭示该真菌的致病过程，对该系统性侵染病害的早发现、早治理具有重要意义。本研究结合扫描电子显微镜、透射电子显微镜和激光扫描共聚焦显微镜技术在小麦分蘖期对 *Tilletia foetide* 侵染进行显微观察，初步确定其在分蘖期小麦体内的侵染过程。经观察发现，在小麦生长过程中 *Tilletia foetide* 菌丝从小麦根部侵染到居间分生组织再到叶片等部位，被该真菌侵染后的小麦叶片细胞超微结构发生了显著变化，如根部细胞畸形、内质网膜结构松散，叶肉细胞畸形、质膜内陷及断裂、细胞器基质的电子密度下降以及细胞核结构破坏等。分蘖期 *Tilletia foetide* 菌丝侵染小麦根部、叶鞘、叶片等成熟组织，未侵染根尖、根毛、胚芽鞘、幼叶等幼嫩组织，小麦根部不同区段的菌丝着生量不同，在整个植株体内的菌丝着生量呈增多趋势。本项目研究结果将为后续深入研究该真菌对小麦的侵染机制奠定基础，并为研究其他病原真菌在寄主植物体内的侵染过程提供可借鉴的思路和方法。

关键词：*Tilletia foetide*；侵染过程；超微结构；激光扫描共聚焦显微镜

---

* 基金项目：国家自然科学基金（31761143011，31571965）；北京市自然科学基金（6162022）；现代农业产业技术体系（CARS-3）；中国农业科学院科技创新工程（CAAS-ASTIP）

** 第一作者：陈德来，博士研究生，主要从事植物病理学研究；E-mail：cdl829@126.com

*** 通信作者：高利，研究员；E-mail：lgao@ippcaas.cn

陈万权，研究员；E-mail：wqchen@ippcaas.cn

小麦光腥黑粉菌最优培养条件筛选*

李丹丹[1,2**]，玄元虎[2]，陈万权[1***]，刘　博[1]，刘太国[1]，高　利[1***]
（1. 中国农业科学院植物保护研究所，植物病虫害生物学国家重点实验室，
北京　100193；2. 沈阳农业大学，沈阳　110866）

摘　要：小麦光腥黑粉菌［*Tilletia foetida*（Walle.）Lindr.］可引起小麦光腥黑穗病，该病是一种全球性、毁灭性的麦类病害，在北京市被划为检疫对象。小麦光腥黑穗病对小麦的安全生产有着破坏性危害，会造成严重的农业经济损失。因此，为了研究 *T. foetida* 与其寄主的相互作用，为后续对该菌的研究奠定生物学基础，本试验对小麦光腥黑粉菌的培养条件、抗生素浓度以及 *T. foetida* 冬孢子的浓度进行筛选。结果表明，培养小麦光腥黑粉菌的最佳培养条件为：光照强度为7 000lx，光照时间为全光照，培养温度为16℃，培养时间为7d，青霉素—链霉素抗生素浓度为1%，*T. foetida* 冬孢子浓度为10^6个/mL，在此条件下 *T. foetida* 冬孢子的萌发率可达到98% 以上。

关键词：小麦光腥黑粉菌；培养条件；青霉素—链霉素浓度；冬孢子浓度

---

* 基金项目：国家自然科学基金国际（地区）合作与交流项目（31761143011）；国家自然科学基金面上项目（31571965）；现代农业产业技术体系（CARS-3）；中国农业科学院科技创新工程（CAAS-ASTIP）

** 第一作者：李丹丹，硕士研究生，主要从事植物病理学研究；E-mail：1710895542@ qq. com

*** 通信作者：高利，研究员；E-mail：lgao@ ippcaas. cn
陈万权，研究员；E-mail：wqchen@ ippcaas. cn

小麦光腥黑粉菌侵染小麦子房的激光共聚焦显微观察方法*

刘俭俭[1,2**]，张建民[2]，陈万权[1***]，刘太国[1]，刘　博[1]，高　利[1***]

（1. 中国农业科学院植物保护研究所，植物病虫害生物学国家重点实验室，北京　100193；2. 长江大学农学院，荆州　434023）

摘　要：由小麦光腥黑粉菌（*Tilletia foetida*）引起的小麦光腥黑穗病是一种世界性病害，具有分布广、流行性强等特点，是北京市的检疫对象之一。TFL冬孢子因含有剧毒性的三甲胺类物质，能散发出类似“鱼腥”的刺激性气味，已严重影响我国小麦的品质和产量。子房作为小麦雌蕊的主要生殖器官，显著影响着小麦的产量和品质，雌蕊也成为致病性真菌侵染和破坏植物生殖器官的理想载体，而且病原菌也可以通过种子将病菌孢子传播给下一代。本试验过程中利用碘化丙啶和Alexa Flour 488标记的麦胚凝集素（WGA）对小麦光腥黑粉菌侵染的小麦子房细胞进行染色，并结合激光共聚焦显微镜成像系统获取小麦子房的三维立体图像。该技术可获得清晰的小麦子房细胞图像，并观察小麦光腥黑粉菌在小麦子房中的侵染状况。该方法将为研究病原菌在寄主体内的分布提供参考依据。

关键词：小麦光腥黑穗病菌；激光共聚焦显微镜；碘化丙啶；麦胚凝集素

---

* 基金项目：国家自然科学基金国际（地区）合作与交流项目（31761143011）；国家自然科学基金面上项目（31571965）；现代农业产业技术体系（CARS-3）；中国农业科学院科技创新工程（CAAS-ASTIP）

** 第一作者：刘俭俭，硕士研究生，主要从事植物病理学研究；E-mail：1343725104@qq.com

*** 通信作者：高利，研究员；E-mail：lgao@ippcaas.cn

陈万权，研究员；E-mail：wqchen@ippcaas.cn

小麦光腥黑粉菌对小麦侵染发病率的研究*

秦丹丹**，陈万权***，刘　博，刘太国，高　利***

（中国农业科学院植物保护研究所，植物病虫害生物学国家重点实验室，北京　100193）

摘　要：由小麦光腥黑粉菌（*Tilletia foetida*）引起的小麦光腥黑穗病是一种全球性病害，具有分布广、流行性强等特点。小麦光腥黑穗病的发生已严重影响我国小麦的品质和产量。受侵染的小麦生长后期，颖壳向外扩张，感病麦粒小且硬，里面充满黑粉（厚垣孢子），有明显鱼腥味。试验通过对易感小麦品种东选 3 号分两组分别进行土壤及穗部接种：将萌发好的 *T. foetida* 菌丝用灭菌水冲下，在 600nm 波长下检测并用蒸馏水调整其 OD 值，制成菌丝悬浮液，于一叶期对小麦进行土壤接菌；对穗部接菌的小麦，待其抽穗后用注射器将菌丝悬浮液注入穗部，待小麦成熟后调查发病率。结果表明，进行土壤接菌的小麦发病率为 10.26%，穗部接菌发病率可达 60%以上，穗部接菌的发病率明显高于土壤接菌。通过本试验的研究，确定了穗部接种 *T. foetida* 的发病率更高，对成功获得 *T. foetida* 发病植株具有借鉴作用，为研究 *T. foetida* 与小麦的互作机理奠定了基础。

关键词：小麦光腥黑粉菌；土壤接菌；穗部接菌；发病率

---

* 基金项目：国家自然科学基金国际（地区）合作与交流项目（31761143011）；国家自然科学基金面上项目（31571965）；现代农业产业技术体系（CARS-3）；中国农业科学院科技创新工程（CAAS-ASTIP）

** 第一作者：秦丹丹，硕士研究生，研究方向为植物病理学；E-mail：1286064275@ qq. com

*** 通信作者：高利，研究员；E-mail：lgao@ ippcaas. cn

陈万权，研究员；E-mail：wqchen@ ippcaascn

小麦矮腥黑粉菌最优培养条件筛选*

张　菡[1,2**]，赵思峰[2]，陈万权[1***]，刘　博[1]，刘太国[1]，高　利[1***]
（1. 中国农业科学院植物保护研究所，植物病虫害生物学国家重点实验室，北京　100193；2. 石河子大学，石河子　832000）

摘　要：由小麦矮腥黑穗病菌（*Tilletia controversa*）侵染造成的小麦矮腥黑穗病是一种重要的国际检疫性病害。在生产上，小麦矮腥黑穗病是麦类黑穗病中危害最大、极难防治的检疫性病害之一，通常流行年份的发病率约等于减产率，部分发病严重的地块产量损失可达70%以上，甚至绝收。该病对小麦的安全生产有着破坏性危害，会造成严重的农业经济损失。因此，为了研究小麦矮腥黑粉菌与其寄主的互作，本试验对其最优培养条件进行了筛选，筛选条件包括青霉素—链霉素抗生素浓度、光照强度、光照时间、冬孢子悬浮液浓度、菌体培养温度、培养时间进行筛选。结果表明，培养小麦矮腥黑粉菌最佳青霉素—链霉素抗生素浓度为1%，光照强度为7 000lx，光照时间为全光照，最佳冬孢子浓度为10^8个/mL、最佳温度为5℃，培养时间为40d，在此条件下小麦矮腥黑粉菌的萌发率可达到98% 以上。

关键词：小麦矮腥黑粉菌；青霉素—链霉素抗生素；冬孢子悬浮液；培养条件

---

* 基金项目：国家自然科学基金国际（地区）合作与交流项目（31761143011）；国家自然科学基金面上项目（31571965）；现代农业产业技术体系（CARS-3）；中国农业科学院科技创新工程（CAAS-ASTIP）

** 第一作者：张菡，硕士研究生，主要从事植物病理学研究；E-mail：932311039@ qq. com

*** 通信作者：高利，研究员，主要从事植物病理学研究；E-mail：lgao@ ippcaas. cn
陈万权，研究员；E-mail：wqchen@ ippcaas. cn

小麦矮腥黑粉菌原生质体制备条件的优化*

宗倩倩[1,2**]，郭庆元[2]，陈万权[1***]，刘　博[1]，刘太国[1]，高　利[1***]
（1. 中国农业科学院植物保护研究所，植物病虫害生物学国家重点实验室，
北京　100193；2. 新疆农业大学，乌鲁木齐　833000）

摘　要：遗传转化技术是实现大规模定点突变的重要方法之一，原生质体是很多真菌进行遗传转化的受体细胞。为了能成功建立小麦矮腥黑粉菌（*Tilletia controversa* Kühn，TCK）的遗传转化体系，本文优化了 TCK 原生质体的制备条件。结果表明，TCK 冬孢子在土壤浸提液固体培养基中培养 45d 收集菌丝，用 1.5%崩溃酶 + 1.5% 溶壁酶 + 1.5% 蜗牛酶复合酶液 28℃酶解 2.5h 获得原生质体的数量最多，以 1.2mol/L 的氯化钾为渗透压稳定剂，所得原生质体数量最多，同时可在 TB3 培养基上长出单菌落。这为建立遗传转化体系，定向突变病原真菌，研究基因功能奠定基础。

关键词：小麦矮腥黑粉菌；原生质体；制备；再生

---

* 基金项目：国家自然科学基金国际（地区）合作与交流项目（31761143011）；国家自然科学基金面上项目（31571965）；现代农业产业技术体系（CARS-3）；中国农业科学院科技创新工程（CAAS-ASTIP）

** 第一作者：宗倩倩，硕士研究生，研究方向为植物病理学；E-mail：1147960656@ qq. com

*** 通信作者：高利，研究员；E-mail：lgao@ ippcaas. cn
陈万权，研究员；E-mail：wqchen@ ippcaas. cn

761个河南省小麦品种成株期综合抗病性鉴定与评价*

宋玉立**，徐　飞，王俊美，李亚红，韩自行，刘露露，李丽娟，张姣姣
（河南省农业科学院植物保护研究所，农业部华北南部作物
有害生物综合治理重点实验室，郑州　450002）

小麦是河南省最重要的粮食作物，常年种植面积8 000万亩以上，面积和总产量均居全国第一位。河南省小麦品种繁多且每年都有新品种推出，小麦品种推广前的中间试验是验证小麦新品种在接近大田生产条件下的丰产性、适应性和抗逆性等，为品种审定和推广利用提供依据。抗病性是小麦中间试验的一项重要内容，为此我们常年在河南省内多地设立异地病圃，用自然发病结合人工接种的方法都对这些小麦品种进行成株期抗白粉病、条锈病、叶锈病、纹枯病和赤霉病等5种病害的综合抗病鉴定，其结果为小麦品种审定和利用提供依据。

1　材料和方法

供试小麦品种761个，其中包括参加2016—2017年度河南省小麦区域试验和品比试验小麦品种448个，由河南省种子管理站提供；小麦联合体区域试验和品比试验品种295个，外地引种试验小麦品种18个，均有相应的参试单位提供。

在河南省郑州、温县、泛区、商丘、南阳、信阳、洛阳、漯河等地设立异地病圃，病圃设在历年发病较重，地力均匀的田块。每个鉴定材料种两行，行长2m，行距0.2m，每行用种4g；垂直于鉴定材料种植诱发行两行（津丰1号、铭贤169），周围种植当地小麦推广品种做保护行。田间管理同当地大田，要注意水肥充足，按当地时间适时播种。小麦生长期可以用杀虫剂防治虫害，但不能用杀菌剂防治病害。

条锈病和叶锈病采用混合优势小种喷雾接种法，赤霉病采用禾谷镰孢分生孢子单小花定量注射接种法，白粉病采用田间栽种病苗法，其他病害采用病圃自然发病法进行鉴定。

评价标准参照2007年农业部发布的《小麦抗病虫性评价技术规范》，各病害发病盛期调查记载1~2次，以最重一次为准。多点自然发病的鉴定供试材料的抗病性以发病最重的点病情为准。

---

* 基金项目：国家重点研发计划（2017YFD0201703）；河南省现代农业产业技术体系（S2010-01-05）

** 通信作者：宋玉立，研究员，主要从事小麦病害研究；E-mail：songyuli2000@126.com

2 结果与分析

2.1 多病害综合抗病性

供试761个小麦品种中，没有对这5种病害都抗和都不抗的品种；抗4种病害的小麦品种有鹤麦1618（中抗条锈病、叶锈病、白粉病和纹枯病，高感赤霉病）和豫农806（中抗条锈病、白粉病、纹枯病和赤霉病，中感叶锈病）2个品种，占供试品种的0.26%；抗3种病害的小麦品种有昌麦13、宝景麦162和瑞麦196等27个，占供试品种数3.55%；抗2种病害的有丹麦128、瑞星麦618和豫麦766等125个，占供试品种数16.43%；单抗1种病害的有周麦35号、焦麦5号和豫金麦017等607个，占供试品种数79.76%。

2.2 单一病害抗性

条锈病：表现高抗的有粮源A1、创星26号和陈明1号等63个，占供试品种数的8.3%；表现中抗的有农大2018、平安0602和田禾66等184个，占供试品种数的24.2%；表现中感的有浚5366、科林麦969和泛育麦18等439个，占供试品种数的57.7%；表现高感的有农丰111、许农9号和矮丰369等72个，占供试品种数的9.5%。

叶锈病：没有表现高抗的品种，表现中抗的有才智16号、西农668和西农583等34个，占供试品种数的4.5%；表现中感的有商都麦166、轮选88和硕麦8号等372个，占供试品种数的48.9%；表现高感的有百农365、锦麦33和百农963等355个，占供试品种数的46.6%。

白粉病：表现高抗的有商都麦166、百农365、百农963、锦麦33和轮选88等5个，占供试品种数的0.7%；表现中抗的有创星26号、陈明1号和赛德麦8号等190个，占供试品种数的25.0%；表现中感的有粮源A1、许研4号和信麦112等469个，占供试品种数的61.6%；表现高感的有硕麦8号、宛麦362和轩麦8号等97个，占供试品种数的12.7%。

赤霉病：没有免疫和高抗的品种；表现中抗的有鼎研161、锦麦44和豫农508等29个，占供试品种数的3.8%；表现中感的有百农963、粮安5号和轮选200等62个，占供试品种数的8.1%；表现高感的有百农365、锦麦33和鑫地丰208等640个，占供试品种数的84.1%。

纹枯病：表现高抗的有丹麦128、周麦35号和焦麦5号等9个，占供试品种数的1.2%；表现中抗的有华麦1号、锦麦41和泛农19等101个，占供试品种数的13.2%；表现中感的有锦麦33、许农9号和绿源麦1号等499个，占供试品种数的65.6%；表现高感的有百农365、鑫地丰208和偃科068等202个，占供试品种数的26.5%。

玉米大斑病在大尺度上的空间分布

柳　慧*，郭芳芳，王世维，吴波明**
（中国农业大学植物病理系，北京　100193）

摘　要：由凸脐蠕胞菌（*Exserohilum turcicum*）引起的玉米大斑病是一种分布广泛的世界性病害，造成严重的玉米产量和质量损失。为了制定更有效的防治措施，探讨该病害在大尺度上的空间分布是十分必要的。2015—2017 年在华北和东北玉米主产区，笔者共调查了山西省、河南省、山东省、辽宁省、吉林省、黑龙江省、内蒙古自治区、天津市和北京市的1 327个田块的玉米大斑病发病情况，记录田块的经纬度坐标和发病率。利用 ArcGIS 10.5 软件，采用地统计分析、热点分析和半变异函数三种方法分析玉米大斑病在我国北方的空间分布。结果表明，在 2015—2017 年 3 年，玉米大斑病的发病率总体呈南低北高趋势。聚类分析结果显示，我国北方的高风险区包括东北地区、山西中部地区和河北北部地区。热点分析结果表明热点区域和高风险区分布相似，但有些高风险点既不是热点也不是冷点。半变异函数分析结果表明，玉米大斑病发病率具有明显的二级趋势，去除趋势后呈较强的空间依赖性。玉米大斑病的空间聚集范围在 2015 年为 144.56km，2016 年为 225.49km，2017 年为 110.56km。本研究阐明了我国华北和东北玉米大斑病的空间分布，为制定科学的采样方法和防治策略提供了依据。

关键词：玉米大斑病；空间分布；地统计分析

* 第一作者：柳慧，博士研究生，主要从事植物病害流行学研究；E-mail：liuhui199199@163.com
** 通信作者：吴波明，教授，博士生导师，主要从事植物病害病理学研究；E-mail: bmwu@cau.edu.cn

玉米致死性“坏死病”（MLN）的研究现状与防治*

赵　璞**，温之雨，董文琦，马红霞，马春红***

（河北省农林科学院遗传生理研究所，河北省植物转基因中心，石家庄　050051）

摘　要：玉米致死性“坏死病”（MLN）先后在美洲和非洲严重暴发成灾，造成重大经济损失，该病在我国存在着巨大的潜在隐患。根据近年来国内外有关 MLN 的研究报道，对其病原种类、地理分布、发病症状、检测方法、生物学特性和防治技术等进行了综述，并就我国对于该病害的预防和控制提出了建议。

关键词：玉米；致死性坏死病；褪绿斑驳病毒；防治

玉米致死性“坏死病”（MLN）给玉米生产带来毁灭性灾害，可造成 75% 以上的产量损失，甚至绝收，它的发生将对玉米生产构成严重威胁，因此 MLN 研究现状与防治具有必要性。

1　玉米致死性“坏死病”（MLN）的发现

1.1　玉米致死性“坏死病”病原

玉米褪绿斑驳病毒（*Maize chlorotic mottle virus*，MCMV）属于番茄丛矮病毒科（Tombusviridae）玉米褪绿斑驳病毒属（Machlomovirus），可通过昆虫介体和种子传播，主要寄主为玉米、小麦、大麦、燕麦、高粱等 19 种植物，是中国重要的对外检疫性病毒，严重为害玉米的生产，影响玉米的产量和质量，造成巨大的经济损失。因感病植株症状表现为叶片逐渐失绿、变黄，整片叶表现呈黄绿相间的斑驳条斑，故命名为玉米褪绿斑驳病毒。MCMV 寄主为玉米、甘蔗和高粱，其单独侵染玉米仅引起玉米褪绿斑驳症状。当 MCMV 与其他病毒，小麦线条花叶病毒（*Wheat streak mosaic virus*，WSMV）、甘蔗花叶病毒（*Sugarcane mosaic virus*，SCMV）[1]或玉米矮花叶病毒（*Maize dwarf mosaic virus*，MDMV）复合侵染，能导致玉米致死性“坏死病”（Maize lethal necrosis，MLN），并造成严重的产量损失，影响玉米制种和粮食生产安全[2]。

1.2　玉米致死性“坏死病”分布

MCMV 最早于 1973 年在秘鲁的玉米病株上发现，玉米产量损失率达到 10%～15%。1976 年在美国 Kansas 和 Nebraska 发现 MCMV 可单独侵染或者 MCMV 与 MDMV 复合侵染玉米。1978 年，可与 MCMV 复合侵染引起致死的另外一些病毒——马铃薯 Y 病毒科（Potyviridae）的病毒被鉴定出来。1982 年，MCMV 在墨西哥首次被发现。1989—1990

---

* 基金项目：国家重点研发计划专项（2017YFD0300400）；科技部科技伙伴计划资助（KY201402017）；河北省科技计划项目（17396301D）；河北省农林科学院创新工程项目（2019-4-1B-5）

** 第一作者：赵璞，硕士，助理研究员，主要从事作物遗传育种研究；E-mail: zhaopu2009@126.com

*** 通信作者：马春红，研究员，主要从事玉米育种与种质创新工作；E-mail：mch0609@126.com

年，MCMV 在美国 Kauai 的冬季种子繁育基地上严重暴发，并蔓延到堪萨斯—内布拉斯加边界。2004 年，亚洲最早报道了泰国（Stenger and French，2008）发现 MCMV 病毒，2009 年传至中国（Xie *et al.*，2011），但仅限于中国云南省和台湾地区（Deng *et al.*，2014）。非洲最早发现于肯尼亚（Wangai *et al.*，2011），甘蔗和玉米是肯尼亚的两大主要作物，两者紧邻易造成复合侵染，发病严重。至 2015 年该病害分别传至乌干达、坦桑尼亚、埃塞俄比亚、布隆迪、卢旺达和刚果等国。

MCMV 可与 WSMV、SCMV 或 MDMV 复合侵染而引发 MLN，其症状会比单独侵染的症状严重，对玉米生产造成巨大的损失。而 MDMV 和 SCMV 是中国玉米产区常见的病毒，所以要防止 MLN 在中国发生和危害的根本措施之一就是要加强对 MCMV 的检疫。MCMV 发生的报道长期局限于美洲，近年在肯尼亚也有发生的报道。从泰国、德国进口的种子中也有检出 MCMV[2-5]。这说明在目前国际种子贸易发达的情况下，不仅仅是美洲的种子具有传递 MCMV 的可能，故必须重视对其他国家进口种子的检疫[6]。2011 年 4 月，福建出入境检验检疫局技术中心从一批阿根廷进境玉米种子上同时检出 MCMV 和 MDMV。这是福建口岸首次检出上述 2 种病毒，由于玉米褪绿斑驳病毒属于我国禁止进境的植物检疫性有害生物，福建检验检疫部门已对这批玉米种子及时进行了销毁处理[7]。此病毒一旦传入中国，将可能带来极大的经济损失[8]，因此已被列入进境植物检疫性有害生物名单。

1.3 MCMV 的传播途径

MCMV 容易通过叶或根机械接种传播[8-9]。MCMV 的主要传毒昆虫有蓟马、多种叶甲、蚜虫和根虫等，容易在田间扩散。玉米甲虫是通过唾液传播病毒，且玉米甲虫传毒效率的高低与甲虫的种类有关，某些甲虫的幼虫传毒率高，成虫传毒率低或不传毒。MCMV 可土传的推论尚未得到证实。Bockelman 等（1982）报道，MCMV 不会由玉米种子传毒。Jensen 等（1991）报道，MCMV 可通过种子传播，但是传毒率较低，且与玉米的品种有关。肯尼亚研究发现，调查 42 000粒玉米种子中，仅 17 粒携带 MCMV 病毒，但通过病种可实现远距离扩散。农民进行自留种时，该病毒会大面积扩散。MDMV 可在雀麦、牛鞭草等田间杂草上越冬，这也是该病毒重要的初侵染源，然后再由麦二叉蚜、玉米蚜、桃蚜和高粱蚜等迁飞传毒。据报道，蚜虫传毒为非持久性传播，该病毒也可种子传播。SCMV 主要通过蚜虫、种子传播。SCMV 的传毒介体有玉米蚜、桃蚜、麦长管蚜、棉蚜、叶蝉等。SCMV 不能通过花粉传播[10]。WSMV 由郁金香瘿螨携带传播，若虫从感病植株获毒，以若虫及成虫形态传毒，卵不传毒。

依据国外的 MLN 发生生态环境来看，主要发生在温度较高的区域，从云南省生态环境来看，特别是海拔1 800m以下地区能满足发病条件，因此，MLN 在未来的几年里可能是我国云南省乃至其他玉米产区的一种潜在威胁。MCMV 可通过西花蓟马传播[2]，西花蓟马在中国云南省和北京市部分地区广泛分布，在山东、浙江等地也有少量分布。因此，MCMV 在云南省具备扩散的条件。玉米是云南省的重要作物之一，云南省的热带和亚热带地区玉米种子调运频繁。加强对国内调运种子的健康检测，将有利于减少损失。

2　关于 MLN 田间表现

2.1　MLN 症状

MLN 的发病症状开始为玉米叶片，后期茎和雌、雄穗表现明显。其中，叶片症状为黄化、坏死、变红、枯心、花叶、斑点和条纹等；茎部症状表现为水浸状病变，有时扩展至展开的叶片；穗部常见症状为授粉减少、籽粒不饱满和霉粒，多从穗基部开始霉烂，严重者可导致全株死亡。

2.2　MLN 危害分级

对于 MLN 造成损失危害进行的分级，以叶片或植株整体为依据分级如下，共分 5 级：

1 级：没有 MLN 症状；2 级：在下部老叶上有细的褪绿条纹；3 级：整株均有褪绿斑点；4 级：大量褪绿斑点和出现枯心；5 级：全株坏死。

以穗种子量为依据，穗粒数的多少共分 5 级。

2.3　发病规律

根据 MLN 的传播途径可知，该病暴发常与传毒昆虫的生活周期相关。以肯尼亚为例。肯尼亚玉米种植时间分别为两个雨季初期，即 3 月和 9 月。全年共分两个雨季，长雨季为每年的 3—8 月和短雨季为 10—12 月，两个雨季的降雨量明显不同，长雨季降雨量较大，几乎每天降雨，而短雨季仅有少量降雨发生。总体来看，长雨季 MLN 发生较轻至不发生，短雨季 MLN 发生较重，究其原因主要有以下两个方面：

（1）长雨季到来前的干旱季节长达 4~5 个月，这段时间很多杂草、作物均干枯已死亡，造成了大量的传毒昆虫死亡，至长雨季来临时，传毒昆虫的种群数量较低；而短雨季来临前，仅有 1 个月或不到 30d 的干旱，因而，短雨季玉米种植时，大量传毒昆虫存活，能成功传毒。

（2）长雨季时，雨量较大，几乎每天都有降雨，传毒昆虫的种群很难繁殖起来，并顺利达到较高的水平，而短雨季降雨较少，适宜传毒昆虫的发生与繁殖。

3　综合防治

一旦暴发 MLN 病毒，需综合防治以达到灭除病毒和防止传播的目的。

（1）烧毁　由于一家一户农民各自种植自家的土地，农民科学种田的意识差，只买少量杂交种，大部分种子通过自留，达不到预期防治效果。一旦病害蔓延，唯一的建议就是将玉米全部清除，集中烧毁，不能再给其他牲畜喂，以免引起连锁反应。

（2）轮作　建议农民实行轮作，不能在同一地块连续种植玉米，不要播种前一年收获的玉米种子。改种其他农作物，轮作种植有马铃薯、大豆、向日葵等，两年后再种植玉米。并通过肯尼亚政府指导具体种植。

（3）铲除田边杂草和其他 MLN 的中间寄主，控制杂草。

（4）正确使用化肥。

（5）选择抗逆、抗病虫的种子以提高产量。利用抗病作物品种是最经济、高效、环保的病害防控措施。

（6）化学药剂控制传毒介体。

（7）尽量在长雨季进行玉米的种植，在短雨季进行轮换。

4 肯尼亚 MLN 防治研究现状

肯尼亚作为 MLN 暴发最严重的地区之一，其 MLN 防治方法值得借鉴。2011 年起，CIMMYT 与 Kenya Agricultural Livestock Research Organization（KALRO）、私营部门的公司和美国病毒学专家等合作伙伴密切沟通，通过控制寄主的抗性来防治 MLN 病害[11]。

从 2012 年开始，CIMMYT 和 KALRO 进行筛选 MLN 抗性试验，旨在发现有前途的抗 MLN 的自交系和预商业化玉米杂交种。2013 年 9 月，CIMMYT-KALRO 联合机构在肯尼亚奈瓦沙（Naivasha）建立开展 MLN 筛选设施，并使用人工接种的方法，评价大量玉米种质资源的抗病性。

2014 年，中方河北省农林科学院主持的项目与肯尼亚联合开展了耐旱抗 MLN 研究。与肯尼亚 Rongo University、Kenya Agricultural Livestock Research Organization（KALRO）下属的食品作物研究所（Food Crops Reasearch Insitute，FCRI）开展合作研究，旨在控制玉米致死性“坏死病”（MLN）。在肯尼亚进行田间接种药效和施肥试验以及引进中国杂交种对比试验。发现了一些抗性优异的苗头组合和品系，这些种质资源均含有对 MLN 潜在抗性基因，为今后选育 MLN 抗性品系提供了参考和数据支撑，可加快双方 MLN 制定控制病害发展与传播的对策[12-15]。

5 MLN 未来防治发展建议

首先，玉米种质的检验检疫必不可少。对 MLN 病毒的检疫可以有效的限制 MLN 的传播，降低国内玉米被感染的几率，从而降低玉米生产的风险。其次，抗 MLN 育种将成为防治 MLN 的重要手段之一。通过选择含有热带血缘、抗性优良自交系，组配、筛选、培育出适合 MLN 高发区栽培的抗 MLN 玉米杂交组合，将从根本上阻断 MLN 的传播，保障我国玉米产业健康发展。

参考文献

［1］ 高文臣，魏宁生，吴云峰．甘蔗花叶病毒 MDB 株系传播特性的研究［J］．北京师范大学学报：自然科学版，1999，35（1）：97-101.

［2］ 雷屈文，李旻，丁元明，等．泰国进口玉米种子玉米褪绿斑驳病毒的检测［J］．华中农业大学学报，2013，32（6）：51-54.

［3］ 李莉，王锡锋，郝宏京，等．甘蔗花叶病毒在玉米种子中的分布及其与种子传毒的关系［J］．植物病理学报，2004，34（1）：37-42.

［4］ 刘洪义，刘忠梅，张金兰，等．进境玉米种子中玉米褪绿斑驳病毒的检测鉴定［J］．东北农业大学学报，2011，42（10）：36-40.

［5］ 马占鸿，李怀方，裘维蕃，等．玉米种子携带 MDMV 的检测［J］．玉米科学，1997（2）：72-76.

［6］ 马占鸿，周广和．玉米种子中矮花叶病毒分布部位的研究［J］．中国农业大学学报，1998（S1）：27-30.

［7］ 沈建国，郑荔，王念武，等，福建口岸首次截获玉米褪绿斑驳病毒和玉米矮花叶病毒［J］．植物检疫，2011，25（5）：95.

[8] 赵明富，黄菁，吴毅，等．玉米褪绿斑驳病毒及传播介体研究进展［J］．中国农业科技导报，2014，16（5）：78-82.

[9] 于洋，何月秋，李旻，等．玉米致死性坏死病研究进展［J］．安徽农业科学，2011，39（20）：12192-12194，12266.

[10] 王海光，马占鸿．玉米花粉传播SCMV的遗传学鉴定［J］．作物杂志，2003（5）：11-12.

[11] 李耀发，高占林，党志红，等．玉米致死性坏死病研究进展［J］．河北农业科学，2016，20（5）：45-50.

[12] 王文桥，李耀发，孟润杰，等．应用抗病毒剂及杀虫剂对玉米致死性坏死病（MLN）的田间防治效果［J］．山西农业科学，2017，45（1）：101-104.

[13] 郭衍龙，周广成，赵璞，等．非洲抗病优异玉米种质的鉴定及其与自育骨干系高产优势组合的筛选［J］．河北农业科学，2017，21（2）：77-80，98.

[14] 周广成，郭衍龙，王世才，等．抗病玉米新品种湖广123的选育与应用［J］．中国种业，2016（10）：55-57.

[15] 马春红，赵璞，李梦，等．玉米外来种质资源对玉米致死性“坏死病”的抗性筛选［C］//绿色生态可持续发展与植物保护．北京：中国农业科学技术出版社，2017：273-274.

基于高光谱遥感技术的玉米南方锈病监测*

张书铭**，何少清，马占鸿***
（中国农业大学植物病理学系，北京 100193）

玉米南方锈病是由多堆柄锈菌（*Puccinia polysora* Underw.）侵染引起的一种气传性玉米病害，该病害大发生时，能够造成严重的产量和经济损失。病害的监测预警有利于及时对该病害进行有效的控制，是病害防控的重要的方面，然而，由于该病害的研究起步较晚，迄今为止，仍未有快速有效的方法对该病害的发生情况做出快速评估。玉米在遭受到逆境条件时，其生理生化参数都会发生一定的改变，遥感技术恰好是一种可以观测到此种变化的远距离的快速无损的探测方法，开发基于遥感技术的玉米南方锈病监测方法对病害的防控具有重要的意义。本研究利用手持地物光谱仪采集玉米南方锈病的室内冠层光谱和田间冠层光谱，探寻玉米南方锈病可能的冠层特征光谱，建立基于遥感监测数据的预测模型，并对比田间光谱和室内光谱数据的异同，具体结果如下。

（1）通过室内冠层光谱模拟实验并运用 MLSR、PLSR 和 SVR 三种方法按照不同建模比运用原始光谱数据进行病情指数反演，发现 MLSR 所建模型最优，其平均拟合 R^2 为 0.867，*RMSEP* 为 1.290，且最优模型为 8：2 建模比下以 661nm、674nm、675nm、718nm、785nm、933nm、976nm、1 000 nm、1 004 nm、1 013 nm、1 033 nm、1 064 nm、1 071nm和 1 072nm14 个波长点的反射率为变量时所建模型（拟合 R^2 为 0.946，*RMSEP* 为 0.784）。证明了通过光谱数据建模反演玉米南方锈病的具体发病情况是可行的。

（2）在田间环境下，通过比较 SVR、PLSR 和 MLSR 3 种方法在 5 种建模比下所得模型的平均拟合 R^2 和 *RMSEP* 时，发现 PLSR 方法所建模型有最大的 R^2 和最小的 *RMSEP*，预测能力最优，其平均拟合 R^2 为 0.513，平均 *RMSEP* 为 4.372。在对 PLSR 模型的预测值做残差分析时，发现模型对样本集中分布的小病情指数范围有较好的预测精度，说明了在样本充足的病情指数指分布区间，通过玉米南方锈病高光谱遥感数据建立偏最小二乘回归模型反演其病害情况是可行的。

（3）经由 MLSR 分析和 CARS 方法筛选得到的室内和田间特征波长变量分别为 29 个和 78 个，并通过 PLSR、SVR 重建模证明了其确实能够成为监测玉米南方锈病的特征光谱，但在不同的环境条件下，所选取的光谱变量点位及数量有所不同。通过比对，发现室内、田间特征波长变量之间有 719nm、933nm、976nm、1 004 nm、1 021 nm、1 070nm 和 1 072nm 处的 7 个波长共用点。

本研究证明了运用遥感技术对玉米南方锈病进行病害监测预警的可行性，对玉米南方锈病遥感监测技术及病害防治体系的构建奠定了基础。

关键词：玉米南方锈病；冠层；特征光谱；模型预测

---

* 基金项目：国家重点研发计划项目（2016YFD0300702）和国家自然科学基金项目（31772101）

** 第一作者：张书铭，硕士研究生，主要从事植物病害流行学研究；E-mail：15002333254@163.com

*** 通信作者：马占鸿，教授，博士生导师，主要从事植物病害流行学和宏观植物病理学研究；E-mail：mazh@cau.edu.cn

不同抗性级别的玉米抗粗缩病品种在河北省的安全播期研究

田兰芝*，路银贵，邸垫平

（河北省农林科学院植物保护研究所，河北省农业有害生物综合防治工程技术研究中心，保定 071000）

摘　要：利用田间自然发病鉴定法鉴定了河北省81个主推玉米品种的抗粗缩病性，评定了抗性级别。其后，选择郑单958、浚单20、蠡玉68、纪元1号作为高感玉米粗缩病的代表品种，先玉335、中科11为感病代表品种，德玉18、金海5号、济单7号为中抗代表品种，青农105为抗病代表品种研究了不同抗性级别玉米品种的安全播期（病情指数约小于5的播期）。结果说明：高感玉米粗缩病品种的安全播期为6月10日以后；感玉米粗缩病品种的安全播期在6月10日之后和4月10日之前；中抗玉米粗缩病品种的安全播期在6月10日之后和4月30日之前；抗玉米粗缩病品种安全播期在5月30日之后和5月10日之前。

关键词：玉米；玉米粗缩病；抗性评价；安全播期

玉米粗缩病是由水稻黑条矮缩病毒引起，灰飞虱作为传毒介体传播的一种暴发流行性病毒病害。20世纪60年代初，在河北、浙江首次发生。70年代，河北、河南、山东和北京等省市大流行[1]。90年代末，随着种植结构和气象条件的变化，玉米粗缩病在河北、山东、陕西、山西、河南、江苏和浙江等10省市再度发生流行。生产上因缺乏抗病品种而损失严重[2-3]。2004年以来，玉米粗缩病明显回升，河北、江苏、山东和浙江等地均有大发生和严重为害的报道[4-7]。玉米粗缩病在局部地区仍是威胁玉米生产的重要病害之一。

调整播期是目前防治玉米粗缩病比较有效的措施，大量研究已明确早播或晚播能够有效降低玉米粗缩病的为害[9-11]，但未有针对不同抗性级别品种开展安全播期的研究报道。鉴定并评定玉米品种抗粗缩病级别并明确不同抗性级别玉米品种的安全播期（病情指数约小于5的播种时期），以指导农民根据播种时间选择适宜抗性品种播种以降低玉米粗缩病所致的减产幅度，无疑对玉米生产深有意义。

1　材料和方法

1.1　试验材料

玉米品种：从河北省种子市场收集的81个主推玉米品种。通过田间抗病鉴定从中筛选出不同抗性级别品种的代表品种。高感代表品种：郑单958、浚单20、蠡玉68、纪元1号；感病代表品种：先玉335、中科11；中抗代表品种：德玉18、金海5号、济单7号；

* 第一作者：田兰芝，副研究员，主要从事玉米粗缩病及抗病育种研究工作；E-mail：tianlanzhi888@163.com

抗病品种：青农 105。

1.2 试验方法

1.2.1 抗粗缩病鉴定

试验地点选择在玉米粗缩病常年发生的河北省曲阳县塔头村，播种时间为 5 月底。每份材料采取双行种植，行长 7m，行距 0.60m，每小区 50 株，无重复，顺序排列，以“郑单 958”杂交种为对照，每隔 20 份材料种植 2 行对照。玉米抽雄后进行病情调查。玉米粗缩病按 5 级分级标准逐棵进行调查，记载发病级别，然后计算病指。鉴定材料的病指再根据其前后对照病指平均数与对照总平均数的比值进行调整。调整后再根据病指大小和评价标准将鉴定材料分为高抗、抗、中抗、感、高感。

玉米粗缩病严重度分级标准：0 级，健株；1 级，株高为健株株高的 4/5 左右，仅上部几个叶片叶背面有蜡白条突起；2 级，株高为健株株高的 2/3 左右，整株显症；3 级，株高为健株株高的 1/2 左右，整株显症；4 级，株高为健株株高的 1/3 以下，整株显症或提早枯死。

玉米抗粗缩病评价标准：高抗（HR），病情指数 0~3.0；抗病（R），病情指数 3.1~10.0；中抗（MR），病情指数 10.1~20；感病（S），病情指数 20.1~40.0；高感（HS），病情指数 40.1~100。

1.2.2 不同抗性级别玉米品种安全播期研究

试验地点选择在玉米粗缩病常年发生的河北省赵县贤门楼村。从 4 月 12 日始至 6 月 18 日约每 10 天播种一个重复，每品种每重复播种约 90 株。成株期调查发病情况，严重度分级标准同抗病鉴定。试验将病情指数小于 5 的播期为安全播期。

2 试验结果与分析

2.1 生产品种抗玉米粗缩病级别评价

81 个玉米抗粗缩病生产品种鉴定结果及抗性评级见表 1。结果说明：81 个生产品种中，只有“青农 105”病情指数小于 10，仅为 4.61，抗性级别为抗，占鉴定品种的 1.23%；病情指数在 10.1~20，抗性评价为中抗的品种有 7 个，这 7 个品种分别是德玉 18、蠡玉 16、邯丰 7 号、济单 7 号、冀植 5 号、3138 和金海 5 号，占鉴定品种的 7.41%；抗性评价为感病的品种 31 个，占鉴定品种 38.27%；抗性评价为高感的品种 43 个，占鉴定品种 53.09%。这一结果说明：目前生产上已具有抗或中抗粗缩病的玉米品种，但仍缺乏高抗品种。

表 1　河北省玉米生产推广品种抗粗缩病鉴定结果

品种	病情指数	抗性评价	品种	病情指数	抗性评价
农 105	4.61	R	京单 28	41.40	HS
德玉 18 号	11.19	MR	浚单 20	42.13	HS
蠡玉 16	11.62	MR	衡单 11	42.63	HS
邯丰 7 号	15.00	MR	农大 62	42.67	HS
济单 7 号	16.18	MR	唐玉 15	43.72	HS

（续表）

品种	病情指数	抗性评价	品种	病情指数	抗性评价
冀植 5 号	17.85	MR	郑单 958	42.98	HS
农大 3138	18.67	MR	锐步一号	43.99	HS
金海 5 号	19.08	MR	邯丰 13	44.48	HS
秀青 73-1	21.22	S	万孚 7 号	45.21	HS
中单 18	25.72	S	蠡玉 68	45.47	HS
京品 6 号	26.46	S	鑫丰 388	46.51	HS
沈单 10	26.92	S	巡天 969	46.76	HS
齐单 6 号	27.90	S	新泰玉 2 号	47.58	HS
蠡玉 13	28.18	S	兆丰 268	48.52	HS
先玉 335	28.19	S	宽城 15 号	48.60	HS
宽城 10	28.56	S	永玉 8 号	49.74	HS
高优 1 号	29.77	S	兴农 998	50.31	HS
联丰 20	29.86	S	宁玉 311	50.44	HS
雅玉 12	30.39	S	蠡玉 35	51.65	HS
宽城 60	31.41	S	滑丰 8 号	54.78	HS
敦煌 988	32.55	S	安玉 13	54.83	HS
张玉 1355	32.69	S	农大 81	56.52	HS
中迪 985	32.82	S	邯丰 18	57.48	HS
中科 11 号	33.00	S	浚单 18	57.80	HS
平玉 5 号	33.01	S	滑 986	58.13	HS
沈 87	33.27	S	京单 951	58.86	HS
冀玉 10 号	33.35	S	衡单 6272	59.75	HS
纪元 128	33.50	S	燕单 202	61.60	HS
鑫丰 5 号	34.54	S	丰黎 58	62.47	HS
极峰 10 号	34.58	S	金秋 963	63.09	HS
科试 880	35.02	S	邯玉 66	63.14	HS
濮玉 3 号	35.05	S	源申 213	65.77	HS
永研 9 号	35.23	S	石玉 7 号	66.74	HS
豫禾 868	36.02	S	承玉 18	67.42	HS
永玉 6 号	36.16	S	道远 8 号	69.58	HS
冀农 619	37.88	S	秦单 5 号	70.02	HS

（续表）

品种	病情指数	抗性评价	品种	病情指数	抗性评价
浚单 22	38.75	S	蠡玉 37	70.80	HS
纪元 1 号	39.55	S	永研 1 号	73.17	HS
宁玉 309	39.96	S	石玉 9 号	74.37	HS
秀青 74-9	40.30	HS	三北 21	84.21	HS
鑫丰 3 号	40.78	HS			

2.2　不同抗性级别玉米品种安全播期研究

玉米粗缩病不同抗性级别。玉米品种在不同播期下的发病情况见表 2。试验结果说明：玉米品种发病严重度与播期有关，玉米早播或晚播均可减轻玉米粗缩病的发病严重度，5 月 20 日播种发病最严重。从 4 月 12 日至 5 月 20 日，播期越晚，发病越严重；从 5 月 20 日至 6 月 10 日，播种越晚发病越轻。10 个试验品种 6 月 10 日播种，合计病情指数最小，仅为 28.93；4 月 12 日播种，病情指数为 72.76；而 5 月 20 日播种时，病情指数则高达 575.05。高感、感、中抗和抗玉米粗缩病代表品种不同播期病情指数分别见图 1、图 2、图 3 和图 4。从图 1 可以看出：高感玉米粗缩病品种病指小于 5 的安全播期为 6 月 10 日以后；从图 2 可以看出：感玉米粗缩病品种的安全播期在 6 月 10 日之后和 4 月 12 日之前；从图 3 可以看出：中抗玉米粗缩病品种的安全播期在 6 月 10 日之后和 4 月 30 日之前；从图 4 可以看出：抗玉米粗缩病品种安全播期在 5 月 30 日之后和 5 月 10 日之前。

表 2　不同抗性级别玉米品种在不同播期下的发病严重度

品种	病情指数					
	4 月 12 日	4 月 30 日	5 月 10 日	5 月 20 日	5 月 30 日	6 月 10 日
郑单 958（HS）	18.60	21.01	60.23	77.60	44.05	1.90
浚单 20（HS）	11.34	13.64	49.36	78.88	48.30	4.93
蠡玉 68（HS）	12.63	18.13	66.18	82.14	47.58	3.85
纪元 1 号（HS）	16.98	19.55	62.67	83.68	46.28	6.25
中科 11（S）	5.21	16.47	45.35	75.72	31.53	3.21
先玉 335（S）	2.50	5.18	26.52	62.50	26.67	6.40
德玉 18（MR）	2.72	4.36	18.04	33.58	6.16	0.00
济单 7 号（MR）	1.44	4.72	20.07	42.39	16.89	0.35
金海 5 号（MR）	1.34	2.32	20.42	30.36	13.10	2.05
青农 105（R）	0.00	0.00	0.00	8.20	1.83	0.00
合计	72.76	115.38	368.84	575.05	282.38	28.93

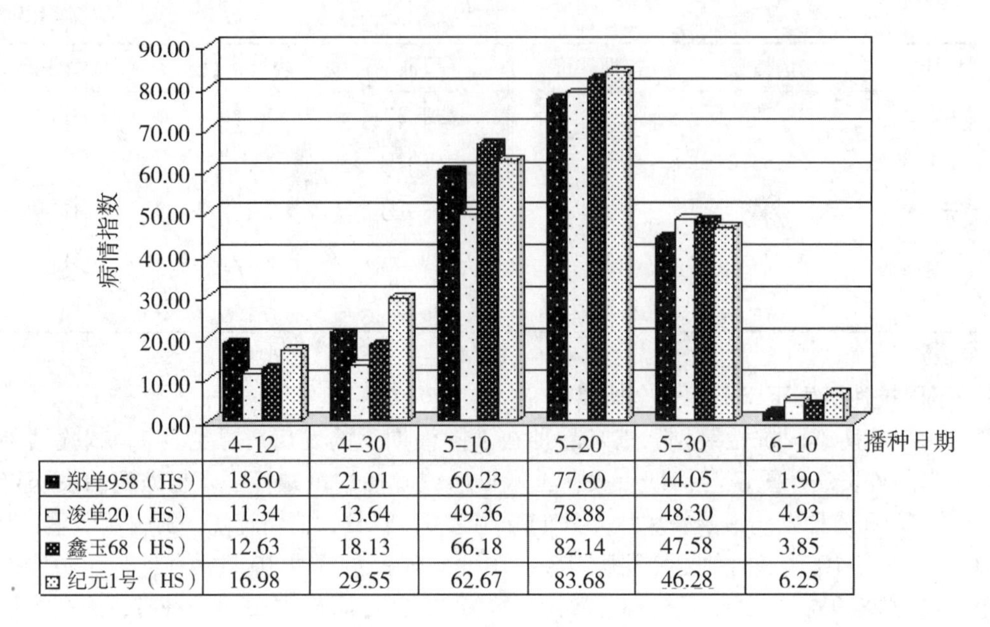

	4-12	4-30	5-10	5-20	5-30	6-10
■ 郑单958（HS）	18.60	21.01	60.23	77.60	44.05	1.90
□ 浚单20（HS）	11.34	13.64	49.36	78.88	48.30	4.93
▩ 鑫玉68（HS）	12.63	18.13	66.18	82.14	47.58	3.85
⊡ 纪元1号（HS）	16.98	29.55	62.67	83.68	46.28	6.25

图 1　高感品种不同播期下的发病严重度

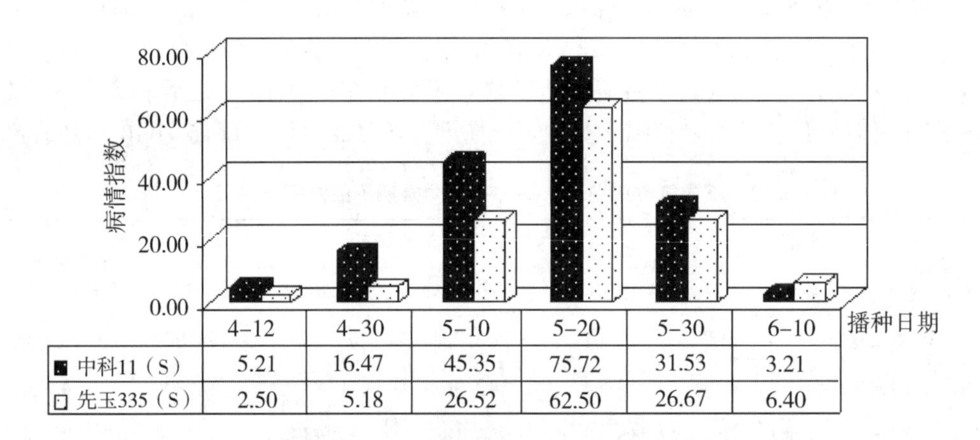

	4-12	4-30	5-10	5-20	5-30	6-10
■ 中科11（S）	5.21	16.47	45.35	75.72	31.53	3.21
⊡ 先玉335（S）	2.50	5.18	26.52	62.50	26.67	6.40

图 2　感病品种不同播期下的发病严重度

3　讨论

调整播期是防治玉米粗缩病的重要措施。以往研究都证明玉米粗缩病发生的严重度与播期有关，玉米早播或晚播可以减轻玉米发生粗缩病的严重度，但未曾提出不同抗性级别品种的安全播期，致使推广人员和农民在实际生产中不清楚在品种选定时，何时播种为安全或播种时期确定时（如借雨抢墒播种），不知选什么品种播种安全。本研究鉴定和评价了 81 份河北省主推玉米品种的抗性级别，并且通过研究确定了不同抗性级别玉米品种病情指数小于 5 的安全播期，无疑对农民在播种时期确定时，选择合适的抗性品种防治玉米粗缩病具有指导作用。

本研究的不同抗性级别玉米品种的安全播期试验是在赵县梨区完成的，该地区玉米粗

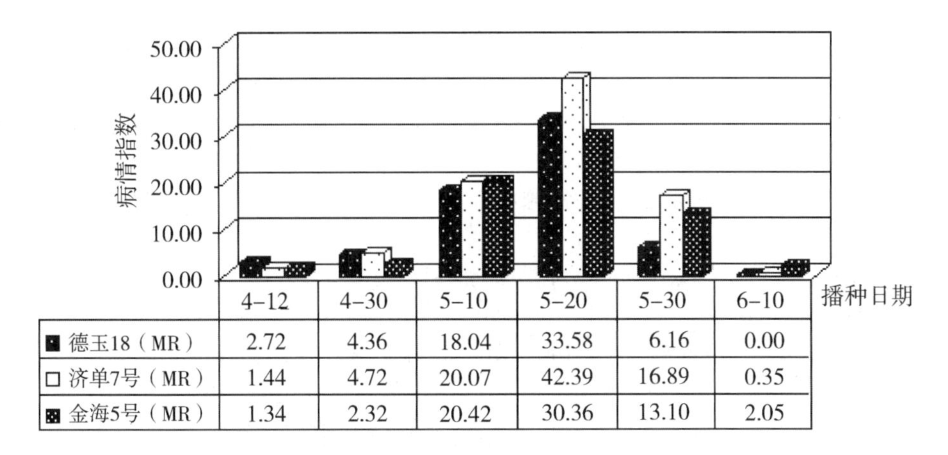

	4-12	4-30	5-10	5-20	5-30	6-10
■ 德玉18（MR）	2.72	4.36	18.04	33.58	6.16	0.00
□ 济单7号（MR）	1.44	4.72	20.07	42.39	16.89	0.35
▩ 金海5号（MR）	1.34	2.32	20.42	30.36	13.10	2.05

图 3　中抗品种不同播期下的发病严重度

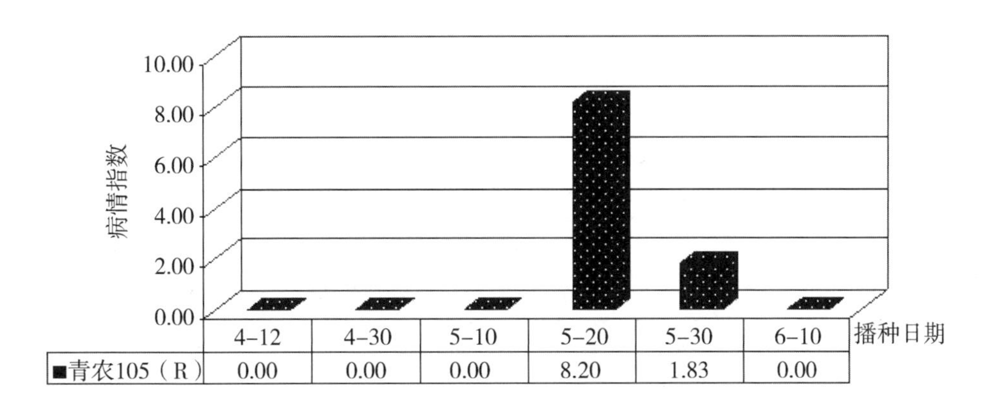

	4-12	4-30	5-10	5-20	5-30	6-10
■青农105（R）	0.00	0.00	0.00	8.20	1.83	0.00

图 4　抗病品种不同播期下的发病严重度

缩病常年发生且严重，试验年度高感玉米粗缩病品种（如郑单 958）5 月 20 日播种，病情指数高达 77.60，所以本研究制定的安全播期较为严苛。在实际应用中，技术人员可根据当地玉米粗缩病发生严重情况有所调整，发病轻的地方可适当增大安全播期范围。

参考文献

[1] 刘志增，池书敏，宋占权，等．玉米自交系及杂交种抗粗缩病性鉴定与分析［J］．玉米科学，1996，4（2）：68-70.

[2] 陈巽祯，杨满昌，刘信义，等．玉米粗缩病发病规律及综合防治研究［J］．华北农学报，1986，1（2）：90-97.

[3] 郭启唐，李钊敏，董哲生．晋南玉米粗缩病发生与品种抗病性的关系［J］．山西农业科学，1995，23（2）：40-44.

[4] 周广和，王锡锋，杜志强．我国玉米防治研究中有待解决的问题［J］．植物保护，1996，22（1）：32-34.

[5] 李常保，宋建成，姜丽君．玉米粗缩病及其研究进展［J］．植物保护，1999，25（5）：34-37.

[6] 苗洪芹，田兰芝，路银贵，等．简便易行的玉米粗缩病病情严重度分级标准［J］．植物保护，

2005（6）：87-89.

[7] 陈泮江，王士龙.2008年玉米粗缩病重发原因及防治对策探讨［J］. 中国农技推广，2009，25（2）：44-45.

[8] 赵芹，纪成杰，邓淑珍，等. 肥城玉米粗缩病的发生状况与综合防治措施［J］. 山东农业科学，2008，4：111-112.

[9] 刘延年，李相峰，岳越法，等. 玉米粗缩病发生与播期的关系［J］. 山西农业科学，1998，26（1）：42-44.

[10] 刘奎成，张成勇，邱金华. 玉米不同播期对粗缩病发生和产量的影响［J］. 山东农业科学，2011，3：94-95.

[11] 王国胜，侯 玮，陈举林，等. 不同播期对玉米粗缩病发病率及产量性状的影响［J］. 山东农业科学，2011，4：71-73.

[12] 苗洪芹，路银贵，田兰芝，等. 玉米粗缩病品种抗病性评价指标的初步研究［J］. 西北农林科技大学学报，2005，33（增刊）：67.

高粱种质资源对高粱炭疽病的抗性鉴定与评价*

徐 婧**，胡 兰，姜 钰***
（辽宁省农业科学院植物保护研究所，沈阳 110161）

摘 要：高粱是我国重要的粮食作物，也是饲用、酿造和工业原料。随着高粱产业的发展和高粱种植面积的扩大，高粱生产上病虫害逐年加重。由亚线孢炭疽菌（*Colletotrichum sublineolum*）引起的高粱炭疽病是高粱生产上的重要病害，可造成巨大产量损失。本文完善了人工接种条件下的高粱资源抗炭疽病筛选技术，建立辽宁省地方标准DB 21/T 2807—2017《高粱抗炭疽病鉴定技术规程》，利用该技术2017—2018年连续两年，对选自我国目前高粱育种上广泛应用的300份优良高粱种质资源或品系进行了抗炭疽病鉴定。结果表明：筛选出表现高抗（HR）品种42个，占鉴定品种总数的14%；抗病（R）品种64个，占鉴定品种总数的21.33%；中抗（MR）品种78份，占鉴定品种总数的26%；感病（S）品种59个，占鉴定品种总数的19.67%；高感（HS）品种57个，占鉴定品种总数的19%，但未筛选出表现免疫（IM）品种，且两年的抗性表现基本一致。由结果可知，我国抗炭疽病高粱种质资源较丰富，筛选出的高抗品系已提供利用，为高粱抗病育种、指导品种合理布局，以及病害有效防控提供了技术支撑和科学依据。

关键词：高粱；炭疽病；抗性鉴定

* 基金项目：现代农业产业技术体系建设专项资金（CARS-06）；辽宁省博士启动基金项目（20180540112）

** 第一作者：徐婧，博士，植物病理专业，主要从事旱粮作物病害研究；E-mail：mljasmine2004@163.com

*** 通信作者：姜钰，研究员，主要从事旱粮作物病害研究；E-mail：jiangyumiss@163.com

谷子 *SiMYB*100 转录因子的生物学特征与抗锈病表达分析*

白　辉[1**]，宋振君[2]，王永芳[1]，全建章[1]，董志平[1***]，李志勇[1***]
（1. 河北省农林科学院谷子研究所，国家谷子改良中心，河北省杂粮研究实验室，石家庄　050035；2. 上海电子信息职业技术学院，上海　050024）

摘　要：为了解谷子中 *SiMYB*100 转录因子的功能，本研究通过生物信息学软件、亚细胞定位与转录激活活性检测分析了其生物学特征；采用 Real-Time PCR 技术检测了 *SiMYB*100 在谷锈菌侵染谷子叶片 120h 内的表达丰度差异以及谷子外接水杨酸（salicylic acid，SA）和茉莉酸甲酯（methyl jasmonate，MeJA）后 24h 内的表达变化。结果表明，*SiMYB*100 基因的开放阅读框全长为 1 314bp，编码 437 个氨基酸，预测分子量为 47.27ku，理论等电点为 6.11，含有一个 SANT 保守结构域；该蛋白质二级结构的最大元件是无规则卷曲，最小元件为 β-转角；进化分析表明，SiMYB100 与狗尾草 *Setaria viridis*（TKW23571.1）的氨基酸序列同源性最高，为 99.8%；SiMYB100 蛋白质定位于细胞核中，具有转录激活活性。在谷子响应谷锈菌胁迫反应的 120h 内，*SiMYB*100 在抗病、感病反应的 48h 内表达模式相反，抗病反应显著下调表达，感病反应显著上调表达，以 12h 和 36h 差异最显著，说明该基因与抗病相关。*SiMYB*100 在 SA、MeJA 分别处理 24h 的叶片中表达模式相似，12h 下调表达，24h 恢复到 0h 表达量（SA）或上调表达至 0h 的 2 倍（MeJA）。根据 *SiMYB*100 在谷锈菌接种与激素处理的 4 种胁迫条件下的表达模式，推测该基因可能通过 SA 和 JA 信号途径参与谷子的早期抗病反应。上述试验结果为进一步研究 *SiMYB*100 基因功能与抗病机制奠定理论基础。

关键词：谷子；*SiMYB*100；谷子锈病；抗病；基因表达

---

* 基金项目：国家重点研发计划资助（2018YFD1000703，2018YFD1000700）；国家自然科学基金项目（31872880）；河北省农林科学院创新工程（2019-4-2-3）；国家现代农业产业技术体系（CARS-07-13.5-A8）

** 第一作者：白辉，主要从事谷子抗锈病分子生物学研究；E-mail：baihui_mbb@126.com

*** 通信作者：董志平，主要从事谷子病虫害研究；E-mail：dzping001@163.com
李志勇，主要从事谷子病害研究；E-mail：lizhiyongds@123.com

谷子 *SiRAR1* 的分子特征与抗病反应中的表达分析*

白 辉[1**]，宋振君[2]，王永芳[1]，全建章[1]，马继芳[1]，
刘 磊[1]，董志平[1***]，李志勇[1***]
（1. 河北省农林科学院谷子研究所，国家谷子改良中心，河北省杂粮研究实验室，
石家庄 050035；2. 上海电子信息职业技术学院，上海 050024）

摘 要： *RAR*1（required for Mla12 resistance）基因作为植物抗病信号途径中的重要元件，广泛参与植物的抗病反应。为研究谷子抗病相关基因 *SiRAR*1 的结构与表达特征，本研究利用生物信息学软件分析了其生物学特征，采用 Real-Time PCR 分析该基因在谷子响应谷锈菌胁迫反应中的表达模式。结果表明，*SiRAR*1 基因开放阅读框全长 765bp，编码 254 个氨基酸，预测分子量为 28. 04ku，理论等电点为 8. 13。该蛋白的最大二级结构为无规则卷曲，最小元件为 β-转角。氨基酸同源性的系统进化分析表明，SiRAR1 与糜子（*Panicum miliaceum*）第 12 号染色体的基因（*RLM*79685. 1）同源性最高，为 92. 44%。在谷锈菌侵染处理下，*SiRAR*1 基因在抗病反应 12h 开始上调表达，至 36h 表达量达到峰值，在感病反应中于 96h 上调表达，说明 *SiRAR*1 基因在抗病反应中比感病反应的上调表达时间更早、持续时间更长，推测 *SiRAR*1 基因可能在谷子抗病反应的早期起正调控作用。上述试验结果为进一步研究 *SiRAR*1 基因的抗病功能提供了重要的理论依据。

关键词： 谷子；*SiRAR*1；谷子锈病；抗病；基因表达

---

* 基金项目：国家重点研发计划资助（2018YFD1000703，2018YFD1000700）；国家自然科学基金项目（31872880）；河北省农林科学院创新工程（2019-4-2-3）；国家现代农业产业技术体系（CARS-07-13. 5-A8）

** 第一作者：白辉，主要从事谷子抗锈病分子生物学研究；E-mail：baihui_ mbb@ 126. com

*** 通信作者：董志平，主要从事谷子病虫害研究；E-mail：dzping001@ 163. com
李志勇，主要从事谷子病害研究；E-mail：lizhiyongds@ 123. com

谷子新发病害——赤霉病的初步研究*

郑　直[1**]，李志勇[1]，杨鑫璇[2]，董志平[1]，王永芳[1***]

（1. 河北省农林科学院谷子研究所，国家谷子改良中心，河北省杂粮研究重点实验室，石家庄　050035；2. 河北农业大学，保定　071001）

摘　要：谷子赤霉病（*Fusarium graminearum*）是谷子上的一种新病害，由本课题组 2014 年首次发现并报道。赤霉病不仅引起直接减产，而且使得品质降低，尤为严重的是由赤霉病产生的毒素被食用后会使人畜中毒，出现呕吐、腹痛、头晕等现象，还有致癌、致畸和诱变的作用，影响人类健康。近年来，我国免耕和秸秆还田等耕作制度的改变，以及气候变化等因素影响，加快了谷子赤霉病的发生。2015 年调查，有的品种感病率达到 40%，失去食用价值。

本研究首先从全国各地采集谷子穗腐标样，经过分离鉴定获得 56 份谷子赤霉病菌，选择产孢能力强的 5 个菌株进行接种试验，摸索谷子赤霉病的发病条件，分别如下。①赤霉病菌活化扩繁：赤霉病菌菌丝及孢子均能进行穗部侵染，为保证菌的活力及孢子量，至少要在接种前 15d 对赤霉病菌进行活化扩繁；②适宜接种的谷子穗部发育状态：赤霉病菌属于花器侵染，在抽穗后即将开花或少量开花时进行喷雾接菌最为适宜；③适宜接种的外部环境条件：高温高湿的天气条件有利于赤霉病菌的侵染和扩散，所以伏天是接种的最佳时期，田间接种在穗部喷雾后要套袋 24h 保湿，如果长期缺雨还需人工喷水促使发病。以此进行接种严重的发病率可达 80%以上。该菌株还可以侵染谷子根部引起根腐病，利用病菌与营养土蛭石混合制成菌土，播种谷子，20d 后感病品种发病及死苗率可达 80%，也能引起小麦根部发病，发病及死苗率可达 40%。

关键词：谷子；新病害；谷子赤霉病

---

* 项目资助：国家自然科学基金（31601373）；国家现代农业产业技术体系（CARS-06-13.5-A25）；河北省农林科学院创新工程（2019-4-02-03）

** 第一作者：郑直，副研究员，主要从事农作物病虫害研究；E-mail：zhengzhi1103@ aliyun. com

*** 通信作者：王永芳，副研究员，主要从事生物技术及农作物病虫害研究；E-mail：yongfangw2002@ 163. com

四川大豆主要病害及其防治措施*

曾华兰**，何　炼，叶鹏盛***，蒋秋平，华丽霞，王明娟，张　敏，何晓敏
（四川省农业科学院经济作物育种栽培研究所，成都　610300）

摘　要：大豆作为主要农作物，在四川乃至全国具有上千年的种植历史，四川省常年种植大豆面积500万亩左右。我国是大豆消费大国，大量依靠进口，对外依存度非常高。为了提高国产大豆自给率，四川的种植面积正在逐渐增加。但在大豆的种植过程中，常常受到多种病害和虫害的危害，造成产量减少、品质变劣。笔者通过研究明确大豆病害的发生为害规律，提出了相应的防治对策和措施，将为大豆的绿色生产提供技术支撑。

在四川成都、德阳、绵阳、南充、自贡等大豆产区，笔者在苗期、成株期、开花期、结荚鼓粒期和收获期分别调查研究大豆病害的发生情况。结果表明，四川大豆的主要病害为根腐病、花叶病毒病、炭疽病和白粉病。

大豆根腐病以苗期为害为主，造成植株根系不发达，初期表现为茎基部表皮出现红褐色不规则病斑，后期病斑凹陷坏死，导致植株矮小，严重者植株死亡。土壤黏重、湿度大的地块容易发病。

大豆花叶病毒病在整个生育期均有发生，以苗期到开花结荚期发生为害最重。造成叶片颜色斑驳、皱缩，植株生长受阻，结荚性差。田间蚜虫、蓟马多，容易传播病毒病。

大豆炭疽病从苗期到收获期均可为害，大豆开花期到鼓荚期为易感染期。在成株期，主要为害茎及豆荚。茎部感病后，产生具有黑色小点的褐色病斑；感病豆荚上密布轮纹状小黑点，不能正常发育，且导致种子被侵染，影响种子质量。种植密度大、高温高湿，容易发病。

大豆白粉病在全生育期均可发生，以为害叶片为主，一般从下部叶开始发病，逐渐向中上部叶蔓延。感病叶初由叶面产生白色小粉斑，逐步扩大为片状白粉斑，叶背产生褐色或紫色病斑，后期扩展成灰褐色，最后病叶变黄脱落，影响植株生长发育。早晚温差大、气温冷凉、降雨量少的情况下发生为害严重。

大豆作为粮食和经济作物，病害防治应采取“预防为主、生态防控”的策略，以选择抗病品种和种子处理为基础，在病害发生关键时期，优先选择宁南霉素、枯草芽孢杆菌等生物农药防治，在病害发生高峰期，及时采用嘧菌酯、吡唑醚菌酯、咯菌腈、噁霉灵等高效低毒化学药剂进行应急防治，以实现大豆病害的安全、高效和绿色防治，保障大豆生产的健康可持续发展。

关键词：大豆；病害；防治措施

---

* 基金项目：四川省育种攻关项目（2016NYZ0053-2）
** 第一作者：曾华兰，主要从事经济作物病虫害防治及评价研究；E-mail：zhl0529@ 126. com
*** 通信作者：叶鹏盛；E-mail：yeps18@ 163. com

马铃薯黑痣病发生规律及综合防治技术研究*

王喜刚**，郭成瑾，沈瑞清***
（宁夏农林科学院植物保护研究所，银川　750002）

摘　要：马铃薯黑痣病，又称立枯丝核菌病、茎基腐病、丝核菌溃疡病、黑色粗皮病，是由立枯丝核菌（*Rhizoctonia solani* Kühn）引起的一种真菌性病害，以带病种薯和土壤传播。马铃薯黑痣病在宁夏马铃薯主产区普遍发生，一般可造成马铃薯减产25%左右。2015—2018年，笔者对宁夏马铃薯黑痣病发生规律及综合防治技术进行了研究。结果表明，宁夏马铃薯黑痣病初侵染源主要为薯块带菌，病原菌主要以菌核形式在薯块上越冬，也可以菌丝体在土壤中越冬，在地下5~20cm均可存活，最适生长温度为25℃，病菌类型为立枯丝核菌的3号融合群（AG-3）。筛选出抗病品种、播期、密度等农业防控措施；最佳防治化学农药为300g/L氟唑菌酰胺·吡唑醚菌酯悬浮剂，以沟施效果最佳；筛选出高效拮抗立枯丝核菌的青霉菌菌株P19，抑制率达58.5%；在农业、化学和生物等单项防治方法的基础上进行组装，集成以抗病品种利用+播期+密度+多功能拌种剂应用+生物菌剂+无公害农药协同的马铃薯黑痣病综合防控技术，防治效果达到了85.5%以上。

关键词：马铃薯黑痣病；发生规律；越冬；防控技术

---

* 基金项目：宁夏农林科学院全产业链创新示范项目（NKYZ16-0104）；公益性行业（农业）科研专项（201503112-7）；宁夏农林科学院科技创新引导项目（NKYG-18-07）

** 第一作者：王喜刚，助理研究员，主要从事植物病理学及植物病虫害防治方面的研究；E-mail：wxg198712@163.com

*** 通信作者：沈瑞清，研究员，研究方向为主要从事植物病理学和真菌学研究；E-mail：srqzh@sina.com

黑龙江省黄瓜棒孢叶斑病发生分布及病菌生物学特性研究*

张　笛**，刘齐月，陶　磊，刘　东，刘大伟，张艳菊***
（东北农业大学农学院植物保护系，哈尔滨　150030）

摘　要：本研究对黑龙江省保护地黄瓜棒孢叶斑病的发生情况进行调查，对该病的致病菌进行形态学及分子生物学鉴定，同时用菌落生长法对病原菌的生物学特性进行测定。结果表明：该病在黑龙江省哈尔滨、齐齐哈尔、牡丹江、佳木斯、绥化等地均有发生。菌丝在 PDA 培养基上近圆形，菌落褐色，边缘颜色稍浅，气生菌丝发达，分生孢子单生或串生，呈褐色；用通用引物 ITS1/ITS4 和特异性引物 CIR5/CIF5 扩增，在 GenBank 上将测序结果进行比对，菌株与多主棒孢菌的序列同源性均达到了 99%，因此鉴定该病原菌为多主棒孢霉［*Corynespora cassiicola*（Berk & Curt）Wei.］；病原菌的菌丝生长最适温度为 25~28℃，最适碳源为甘露醇，最适氮源为甘氨酸，最适 pH 值为 6~8，光照条件有利于菌丝生长，菌丝致死条件为 55℃、5 min，分生孢子致死条件为 55℃、10 min，最适合产孢的培养基为 CMA（玉米粉培养基）。

关键词：黄瓜棒孢叶斑病；多主棒孢霉；生物学特性；黑龙江省

---

* 基金项目：黑龙江省自然科学基金项目（LH2019C034）

** 第一作者：张笛，硕士研究生，研究方向为蔬菜病害综合治理；E-mail：386615549@ qq. com

*** 通信作者：张艳菊

黄瓜棒孢叶斑病实时荧光定量 PCR 体系的建立与优化*

刘齐月**，张　笛，刘　东，刘大伟，张艳菊***

（东北农业大学农学院植物保护系，哈尔滨　150030）

摘　要：黄瓜棒孢叶斑病作为一种世界性的病害，具有传播迅速、难以防治的特点，对黄瓜的产量造成了巨大的危害。为了预防该病害，本研究旨在开发一种实时聚合酶链式反应方法（RT-PCR）用于快速、灵敏地检测和定量黄瓜叶片中的黄瓜棒孢叶斑病菌（*Corynespora cassiicola*）。本文基于黄瓜棒孢叶斑病菌（*C. cassiicola*）DNA 的肌动蛋白基因（actin）序列设计了特异性引物 CAF2 / CAR2，可用于区分黄瓜上的主要病害并扩增出 186bp 的特异性条带。为了建立最优体系，本研究测试了 3 种 DNA 浓度、3 种引物浓度以及 4 种退火温度：当退火温度为 60℃，DNA 模板量为 3μL、引物量加入 0.2μL（10mmol/L）时为最佳的体系条件，并利用阳性标准品建立了黄瓜棒孢叶斑病菌的标准曲线。此方法对黄瓜棒孢叶斑病 DNA 浓度检测范围为 1.36×（10^{-7}～10）ng /μL，比普通常规 PCR 可检测的灵敏度高 10^3 倍；验证荧光定量 PCR 体系组内与组间的重复性和稳定性，其变异系数均小于 2%，本研究为黄瓜棒孢叶斑病的预测预报和防治提供了技术手段。

关键词：黄瓜棒孢叶斑病；实时荧光定量 PCR；检测方法

* 基金项目：黑龙江省自然科学基金项目（LH2019C034）

** 第一作者：刘齐月，硕士研究生，研究方向为蔬菜病害综合治理；E-mail：244814732@ qq. com

*** 通信作者：张艳菊

番茄褪绿病毒在宁夏地区的鉴定和CP蛋白原核表达*

邓　杰**，王炜哲，杨璐嘉，马占鸿***
（中国农业大学植物保护学院，北京　100193）

摘　要：引起番茄植株严重褪绿萎黄的番茄褪绿病毒（*Tomato chlorosis virus*，ToCV）首先于1989年在美国的番茄上发现，它不可以由机械摩擦方式进行传播，而是通过烟粉虱（*Bemisia tabaci*）、温室白粉虱（*Trialeurodes vaporariorum*）和纹翅粉虱（*Trialeurodes abutilonea*）在自然界中以半持久方式传播。ToCV至少可感染30种植物，包括蔬菜、园艺作物和杂草，感染番茄的症状与植物营养不良的症状非常相似。本研究采用Dovas等报道的ToCV特异性引物（ToC-F：5′-GGTTTGGATTTTGGTACTACATTCAGT-3′；ToC-R：5′-AAACTGCCTGCATGAAAAGTCT-3′），对采自宁夏主要设施番茄产区的疑似病毒症状的72个样品进行RT-PCR鉴定，扩增ToCV编码的HSP70h基因部分序列（450bp），并进行克隆和序列测定，电泳结果显示产生450bp大小的特异性条带，共检测到8份样品携带ToCV，PCR产物测序后进行Blast，与ToCV参考序列同源性高达98%，证实了鉴定的正确性，首次通过分子手段在宁夏地区鉴定出ToCV。

由于ToCV是韧皮部病毒，难以直接从患病植株直接提取出足够的量和足够的纯度用于生产优质的多克隆抗血清。本研究将ToCV的CP蛋白克隆到pEASY-E1载体（全式金公司）中，构建了pEASY-E1_ ToCV_ CP质粒，并转化到大肠杆菌菌株BL21（DE3）中进行表达，并使用Ni-NTA树脂（Qiagen）通过亲和层析进行蛋白质纯化，生产大量高品质抗原用于多克隆抗体的制备。结果表明pEASY-E1_ ToCV_ CP在32ku处有特异性蛋白表达，而且存在于上清液中，可溶性极好。优化了表达条件后发现使用0.1mmol/L的IPTG诱导、37℃培养12h可大量表达目蛋白，并摸索出最佳洗脱条件是用15倍柱体积的含有10mmol/L咪唑的洗涤缓冲液洗脱杂蛋白，再用含有50mmol/L咪唑的洗脱缓冲液洗脱可得到高纯度蛋白，结果经过Western Blot验证，可用于日后生产高纯度多克隆抗血清，开发ELISA试剂盒或者胶体金快速检测试纸条。

关键词：番茄褪绿病毒；宁夏；番茄；原核表达；RT-PCR

---

* 基金项目：宁夏重点研发计划重大项目（2016BZ09）

** 第一作者：邓杰，硕士研究生，主要从事植物病害流行学研究；E-mail：djcc@cau.edu.cn

*** 通信作者：马占鸿，教授、博士生导师，主要从事植物病害流行和宏观植物病理学研究；E-mail：mazh@cau.edu.cn

番茄黄化曲叶病毒病防控研究进展*

杨艺炜**，刘　晨，陈志杰，李英梅***
（陕西省生物农业研究所，西安　710043）

摘　要：我国是世界上最大的番茄生产国及出口国。2017 年全国番茄种植面积约 2 000万亩，是我国蔬菜产业的重要组成部分。番茄黄化曲叶病毒病是影响番茄产量及品质的主要制约因素之一。本文根据作者多年来番茄黄化曲叶病毒病研究结果，结合前人的研究成果，综述了番茄黄化曲叶病毒病研究现状，包括番茄黄化曲叶病毒种类、症状特症、流行特点，着重介绍了番茄黄化曲叶病毒病防控技术，并对番茄黄化曲叶病毒病防控技术研究进行了展望。

关键词：番茄黄化曲叶病毒病；烟粉虱；防控

番茄黄化曲叶病毒病（*Tomato yellow leaf curl disease*，TYLCD）素有“番茄癌症”之称，该病是由番茄黄化曲叶病毒（*Tomato yellow leaf curl virus*，TYLCV；简称 TY 病毒）引起的，是一种毁灭性的蔬菜新病毒[1]。TY 病毒最早于 1939 年在以色列被发现，1959 年在约旦大面积暴发，1964 年希伯来大学 Harpaz 教授正式将该种病毒命名为 TYLCV[2]。1995 年该病传入我国[3]。有学者认为，我国发现的 TY 病毒是从韩国、日本等邻近国家传入[4]。随着全球变暖和国际贸易来往日渐频繁，到目前为止，该病害已在世界范围近 50 个国家和地区大暴发，其造成的经济损失严重时高达 100%[5]。有报道指出 2014 年，我国番茄黄化曲叶病毒病发生面积超过 20 万亩，每年造成十多亿元的经济损失[6]。近几年该病害的发生面积迅速蔓延，具有扩展迅速、暴发突然、危害严重、防治困难等特点[7]。因此，对于番茄黄化曲叶病毒病的防治研究刻不容缓。

1　番茄黄化曲叶病毒病的病原、症状及流行

1.1　病原及症状

番茄黄化曲叶病毒病病原为 TY 病毒，隶属于菜豆金色花叶病毒属（Begomovirus），双生病毒科（Geminiviridae）。与其他菜豆金色花叶病毒不同的是，TY 病毒是首次发现的单组份双生病毒，由单链环状 DNA 组成[8]。TY 病毒侵染番茄植株 7～10d 后，染病症状开始出现，初期表现为植株顶部叶片黄化卷曲；发病中期表现为植株发育迟缓，叶片变小变厚、节间变短、植株矮小、开花率小、开花期延迟；后期主要表现为坐果率少、畸形果较多、果实不能正常膨大与着色，使得果实小而僵硬，果实转色严重不均，出现“半边脸”。

* 项目基金：陕西省科学院重点项目：2019K-05；西安市农业科技创新工程：20193060YF048NS048
** 第一作者：杨艺炜，硕士研究生，研究方向：植物病虫害防治；E-mail：641067403@ qq. com
*** 通信作者：李英梅，副研究员；E-mail：liyingmei9@ 163. com

1.2 侵染与传播

TY 病毒可在番茄植株和烟粉虱内双生存活，自然条件下，该病毒只能由烟粉虱持久传播，且烟粉虱可通过交配及卵携带等途径在烟粉虱个体及世代间长时间传播。作为双生病毒的传播媒介，烟粉虱是一类具有较快进化速度的物种复合体。常见的 B 型和 Q 型烟粉虱均能传播该病毒，其中 B 型传毒能力强、繁殖能力强，Q 型烟粉虱易产生抗性[9]。除去烟粉虱作为传毒介体外，蔬菜嫁接也会造成 TY 病毒的传播[10]。但是在番茄嫁接中较少发生。该病害的发生随着烟粉虱群体的波动有明显的季节性。在持续高温干旱条件下，烟粉虱活动性强，繁殖速度快，TYLCD 发病严重。每年 4—5 月烟粉虱开始活动，数量增多，7 月至 8 月中下旬烟粉虱全面暴发，在无任何措施控制下，番茄植株从个别发病到 80%以上感病仅仅需要一个月时间，甚至更短。除此之外，番茄感染 TY 病毒与生长环境密切相关，贫瘠的土壤环境、不当的农事操作、杂乱的田园卫生均会给烟粉虱提供适宜的生存繁衍环境，从而会加重植株发病。

2 番茄黄化曲叶病毒病防治

2.1 农业防治

2.1.1 选育抗病品种

选育抗病品种是防治病毒病的根本措施，能够大大减少农户的资金投入，具有成本低、效果稳定、对环境无害等特点。目前已报道番茄黄化曲叶病的抗病基因有 7 个，分别是 Ty-1、Ty-2、Ty-3、Ty-3a、Ty-4、Ty-5 和 Ty-6[11]。育种专家通过多种育种方法进行品种选育，已取得很大进展。如樱桃番茄中台湾农友公司选育的“凤珠”系列，江苏农科院选育的“金陵”系列；大果番茄中以色列海泽拉种子公司的佳丽系列，美国圣尼斯公司的“欧冠”品种，先正达公司选育的雪莉和凯利系列等。

烟粉虱进化速度较快，由于抗病品种存在选育周期长，从而导致品种丧失抗性等难点。生产上选育推广的抗病品种均只含有 7 个抗性基因的其中一个基因，虽然这些品种均能对番茄黄化曲叶病毒病表现一定抗性，但是抗性水平不等[12]。同时，抗病品种还具有一定的局限性，具体表现为只对该病害表现出抗性，但是在产量及果形等商品性上很难达到理想效果。

2.1.2 合理安排茬口

TY 病毒除可为害番茄等蔬菜作物外，还能侵染多种植物，其中包括葫芦科、茄科植物及某些杂草，为防止其他作物作为烟粉虱的中间寄主，在种植番茄的大田周围应尽量避免种植。同理，可采用轮作与套作相结合的模式种植烟粉虱不喜食的韭菜、葱、蒜等作物。同时要注意及时清洁田园卫生，清除杂草及病株。

2.1.3 加强苗期管理，适当调整定植期

建立无病虫育苗基地，加强水肥管理，注意均衡营养，控制氮肥，适当增施磷钾肥，提高番茄抗病能力。早春茬番茄可适当提前定植，最佳定植期为 3 月中旬，避开烟粉虱高发期。定植时，要注意搞好田间卫生，挖好排水沟，防止田间积水。需要注意的是，苗期感病会造成植株绝收，所以在定植期一定要避免混入病株，妥善处理病苗。

2.2 物理防治

物理防治措施主要是利用烟粉虱的趋光性、趋黄性等措施进行防治。在育苗棚、定植

棚的通风口用 50~60 目防虫网进行隔离，隔离烟粉虱，从而避免植株感染。利用烟粉虱的趋光性可在大棚悬挂 10~15 个/亩荧光杀虫灯对烟粉虱进行诱杀。利用烟粉虱的趋黄性可在大棚悬挂 20~30 张/亩黄色粘虫板，苗期可适当增加黄板数量，悬挂高度高出植株顶端 10~15cm 为宜[13]。

另外，王笑等通过利用新型非化学农药杀虫剂纳米小刀对烟粉虱进行防治，防治效果较好[14]。该纳米小刀的作用原理是物理杀虫，通过高能电场处理矿物质粉，使其具有解构虫皮的动力，在虫体接触瞬间就能割破害虫体壁，使害虫脱水死亡。

2.3 生物防治

利用生物防治方法控制番茄黄化曲叶病毒病，主要通过以下几方面来实现。

2.3.1 植物源抗病毒剂及诱抗剂

对自身具有抑制病毒活性的植物部位进行分离纯化，提取有效物质来控制病害的方法。Hayam 发现橄榄树提取物对 TYLCV 有很好的抑制作用[15]。黄晓芳研究表明，植物源抗病毒剂丁香酚在室内盆栽试验中对 TYLCV 的防效高达 75.8%[16]。有报道指出，植物源抗病毒剂蛇床子素对番茄黄化曲叶病毒病的防效达 75%左右[17]。黑银秀等研究表明，用 2mg/mL 的核黄素接种番茄，可以增强植株对 TYLCV 抵抗力，防效最高可达 41.91%[18]。王承香试验表明，潍坊奥丰研制的新型纯中药生物制剂在 TYLCV 发病初期喷施能达到较好防治效果[19]。

2.3.2 微生物拮抗及诱抗

丁雪玲利用喷施法研究蜡质芽孢杆菌 3BY4 和阿氏肠杆菌 BQ9 对 TYLCD 的防治效果，结果表明两种细菌均能对 TYLCD 起到很好的拮抗作用，大田试验防治效果均在 40%以上，盆栽试验均在 50%以上，且对番茄有一定的增产作用[20]。刑卫峰等从 102 株生防潜在菌中筛选出 5 株对盆栽番茄黄化曲叶病毒病防效均在 50%以上的菌株[21]。赵玉华等研究表明，内生细菌 EBS05 可通过 SA 信号转导途径诱导番茄对 TYLCV 产生系统抗性[22]。除了在 TY 病毒的角度上筛选拮抗微生物外，由于烟粉虱是传播 TY 病毒的唯一中介，有些学者还会从烟粉虱的角度寻找有拮抗作用的微生物。细菌、病毒等微生物主要通过昆虫的口器进入昆虫体内，从而引起昆虫感染发病，因此对粉虱类害虫作用甚微。病原真菌主要通过穿透昆虫体壁，在昆虫体内存活并感染致病[23]。目前，对烟粉虱起拮抗作用的微生物中，病原真菌的研究较多。据陈巍巍报道，80 年代后期，美国研制出一株玫烟色拟青霉（*Paecilomyces fumosoroseus*）PF97 菌株，用于防治银叶粉虱，并取得较好防效[24]。陈斌研究表明，玫烟色拟青霉孢子悬乳剂对温室粉虱的防治具有显著效果[25]。谢婷等试验证实，球孢白僵菌 *Beauveria bassiana* 与苦参碱的协同促进作用较好，能用来防治田间烟粉虱[26]。但是在生产实践中，真菌往往会造成植株真菌病害，或者不能在外界环境下稳定繁殖，需要定期进行补充，所以在应用上具有一定的局限性。

2.3.3 天敌

因为烟粉虱是 TY 病毒的唯一中介，所以可通过释放天敌的方式防治烟粉虱，从而减少番茄黄化曲叶病毒病的发生。烟粉虱的天敌种类很多，已报道过的寄生性天敌昆虫有 20 多种，捕食性天敌种类有 21 种[27]。丽蚜小蜂是防治烟粉虱时最常用的一类寄生蜂。当烟粉虱密度较低时（平均 0.1 头/株以下），每亩释放丽蚜小蜂 1 000~2 000头，每 7~10 天释放一次，共挂蜂卡 5~7 次，就能对烟粉虱起到很好控制作用[28]。温度高于 20℃的情况下，桨角蚜小蜂对烟粉虱的防治效果高于丽蚜小蜂[29]。但在实际应用过程中，如果桨角蚜小蜂放蜂数量较少时，烟粉虱不能得到有效控制。这从另一角度说明，利用桨角蚜小蜂防治烟粉虱经济投入太大，不被农户所接受[30]。除了寄生性蜂外，近来新发现了一种捕食螨，对烟粉虱的控制具有很好的潜力，已被用于棚室防治烟粉虱[31]。吴希杰试验表明，捕食螨能够大大提高烟粉虱的防治效果。但相对于化学防治成本高出 1.15 倍，应用推广相对较困难[32]。

2.4 化学防治

化学药剂因其操作便捷、见效快等特点成为目前生产中防治烟粉虱的主要措施。生产中常用于防治烟粉虱的化学农药有 2.5%天王星乳油、25%扑虱灵、25%阿克泰、1.8%阿维菌素、3%啶虫脒[33]。郁伟表示，用 5%尼索朗 2 000倍液或者 0.5%海正三令 1 500倍液可以有效防治烟粉虱[34]。胡亚萍表示，5%d-柠檬烯 1 000倍液能够很好的防治烟粉虱[35]。洪志慧试验表明，10%烯啶虫胺水剂可以作为生产上防治烟粉虱的理想药剂[36]。吴亚胜研究表明，50%烯啶虫胺水分散粒剂 45g/hm^2 对烟粉虱防治效果最好[37]。张秀霞等试验表明，10%氰虫酰胺可分散油悬浮剂对烟粉虱有很好的防治效果，表现出良好的速效性和持效性[38]。生产上选用的化学药剂种类较多，且烟粉虱可在短时间内产生抗性，随着消费者对蔬菜品质的需求越来越高，筛选出高效低毒低残留的化学药剂也显得尤为重要。靳改龙通过对比 8 种不同类型杀虫剂对烟粉虱的防治效果及残留检测，结果筛选出两种高效低毒低残留的化学农药，即 10%溴氰虫酰胺和 50%氟啶虫胺腈[39]。但根据笔者研究结果认为，上述药剂单就防治烟粉虱效果很好，但对控制番茄黄化曲叶病毒病效果较差，甚至无效果，而且还增加了种植者经济负担。

3 展望

随着设施农业发展及番茄重茬栽培面积的扩大，黄化曲叶病毒病发生及为害有逐年加重的趋势，逐步成为番茄生产上常发性病害，由于番茄黄化曲叶病毒变异较快，抗病品种货架寿命短，加之栽培环境条件的变化以及全球气候变暖，传毒昆虫烟粉虱分布逐步北移，数量逐年不断增加，番茄黄化曲叶病毒病的防治愈加困难，在未来一定时间内，番茄黄化曲叶病毒病防治仍然是一项重要而十分艰巨的任务，基于此，要树立绿色植保的理念，贯彻“预防为主，综合防治”的植保八字方针，利用先进的鉴定检测手段，强化检疫意识，控制随种苗传播，减少人为传播。改变传统依靠杀虫剂灭杀传毒昆虫烟粉虱的防治思路，积极挖掘植物抗性资源，提高植物自身抗性，加快选育适合不同茬口栽培的抗病番茄品种的速度，开发阻诱或趋避传毒昆虫烟粉虱的技术，恶化烟粉虱生态环境，尽可能的减少番茄植株上传毒昆虫烟粉虱的数量，减轻因番茄黄化曲叶病毒病所造成的相关经济损失。

参考文献

[1] Polston J E，Rosebrock T R，Sherwood T. Appearance of Tomato yellow leaf curl virus in North Carolina ［J］. Plant Disease，2002，86（1）：73.

[2] Cohen S，Harpaz I. Periodic，rather than continual acquisition of a new tomato virus by its vector，the tobacco whitefly（*Bemisia tabaci* Gennadius） ［J］. Entomologiaexperimentalis et Applicata，

1964，7（2）：155-166.

［3］ 蔡健和，王苏燕，王小凤，等．番茄曲叶病及其血清学和 PCR 测定［J］．微生物学报，1995，35（5）：394-396.

［4］ Mabvakure B，Martin D P，Kraberger S，*et al.* On going geographical spread of Tomato yellow leaf curl virus［J］．Virology，2016，498：257-264.

［5］ Just N，Latzer M. Governance by algorithms：reality construction by algorithmic selection on the Internet［J］．Media，Culture & Society，2017，39（2）：238-258.

［6］ 柯红娇．番茄黄化曲叶病毒病的生物防治［D］．南京：南京农业大学，2014.

［7］ 倪光荣，胡会英，陈永顺，等．番茄黄化曲叶病毒病的发生规律与防控措施［J］．西北园艺（蔬菜），2010（5）：34-35.

［8］ Fauquet C M，Bisaro D M，Briddon R W，*et al.* Virology division news：revision of taxonomic criteria for species demarcation in the family Geminiviridae，and an updated list of begomovirus species［J］．Archives of virology，2003，148（2）：405-421.

［9］ Schuster D J，Mann R S，Gilreath P R. Whitefly resistance update and proposed mandated burn down rule［J］．Proceedings of the Florida Tomato Institute，2006，6：24-28.

［10］ Schuster D J，Stansly P A，Polston J E，*et al.* Management of white-flies，whitefly-vectored plant virus，and insecticide resistance for vegetable production in southern Florida.［M］．UF/IFAS Extension：ENY-735. 2007，http：//edis. ifas. ufl. edu/pdffiles/IN/IN69500. pdf.

［11］ 张前荣，李大忠，朱海生，等．番茄黄化曲叶病毒研究进展［J］．分子植物育种，2017，15（9）：3709-3716.

［12］ Vidavski F，Czosnek H，Gazit S，*et al.* Pyramiding of genes conferring resistance to Tomato yellow leaf curl virus from different wild tomato species［J］．Plant Breeding，2008，127（6）：625-631.

［13］ 李英梅，陈志杰，张锋，等．番茄黄化曲叶病毒病防治关键技术［J］．西北园艺（蔬菜），2011（1）：42-43.

［14］ 王笑，王剑，崔丽利，等．新型非化学农药杀虫剂纳米小刀防治番茄烟粉虱试验［J］．浙江农业科学，2018，59（1）：49-50.

［15］ Hayam，Abdelkader S，Rofaat M，Mahmoud. 2016. Antiviral activity of olive leaf extract（OLExts）against *Tomato yellow leaf curl virus*（TYLCV）［J］．Journal of American Science，12（4）：56-63.

［16］ 黄晓芳．丁香酚通过调控 LePerl 抗番茄黄化曲叶病毒病的机制研究［D］．南京：南京师范大学，2013.

［17］ 佚名．蛇床子素——新型杀虫抑菌高效植物源有机农药在江苏开发成功［J］．中国蔬菜，2011（1）：41.

［18］ 黑银秀，朱为民，郭世荣，等．核黄素和接种番茄黄化曲叶病毒对番茄叶片防御酶活性的影响［J］．西北植物学报，2011，31（11）：2252-2258.

［19］ 王承香，刘振龙，于小换．新型纯中药生物制剂对番茄黄化曲叶病病毒的田间药效试验［J］．北方园艺，2012（17）：139-140.

［20］ 丁雪玲，柯红娇，刘红霞，等．生防菌 3BY4 和 BQ9 对番茄黄化曲叶病毒病的防病增产效果［J］．中国农学通报，2013，29（31）：179-183.

［21］ 邢卫锋，丁雪玲，柯红娇，等．番茄黄化曲叶病毒病生防菌的筛选及防治效果研究［J］．江苏农业科学，2013，41（9）：110-112.

［22］ 赵玉华，李俊州，冯慧静，等．内生细菌 EBS05 对番茄植物的促生和诱导抗病性信号转导途径的研究［J］．河南农业大学学报，2018，52（1）：59-65.

[23] 孟瑞霞，张青文，刘小侠．烟粉虱生物防治应用现状［J］．中国生物防治，2008（1）：80-85.
[24] 陈巍巍，冯明光．玫烟色拟青霉的研究与应用现状［J］．昆虫天敌，1999（3）：140-144.
[25] 陈斌，李正跃，孙跃先，等．玫烟色拟青霉孢子悬乳剂对大棚生菜粉虱的防效及其对昆虫群落的影响［J］．云南农业大学学报，2005（6）：40-43.
[26] 谢婷，姜灵，洪波，等．球孢白僵菌与苦参碱混配对烟粉虱的毒力与田间防效［J］．西北农业学报，2019（5）：1-7.
[27] 赵鑫，姚润鹏，李明英，等．烟粉虱的为害及综合防治措施分析［J］．南方农业，2018，12（18）：36-37.
[28] 褚栋，张友军．近10年我国烟粉虱发生为害及防治研究进展［J］．植物保护，2018，44（5）：51-55.
[29] Qiu Y T，Lenteren J C V，Drost Y C，*et al.* Life-history parameters of *Encarsia formosa*，*Eretmocerus eremicus* and *E. Mundus*，aphelinid parasitoids of *Bemisia argentifolii*（Hemiptera：Aleyrodidae）［J］. European Journal of Entomology，2004，101（1）：83-94.
[30] Hoddle M S，Driesche R G V. Evaluation of Inundative Releases of *Eretmocerus eremicus* and *Encarsia formosa* Beltsville Strain in Commercial Greenhouses for Control of *Bemisia argentifolii*（Hemiptera：Aleyrodidae）on Poinsettia Stock Plants［J］. Journal of Economic Entomology，1999，92（4）：811-824.
[31] Adar E，Inbar M，Gal S，*et al.* Plant cell piercing by a predatory mite：evidence and implications［J］. Experimental & Applied Acarology，2015，65（2）：181.
[32] 吴希杰，徐瑞芹．捕食螨防治棚室烟粉虱效果［J］．现代农业，2017（6）：24-25.
[33] 丁雪玲．番茄黄化曲叶病毒病的生物防治研究［D］．南京：南京农业大学，2013.
[34] 郁伟，陶先东，黄彩萍．烟粉虱的发生与药剂防治［J］．上海蔬菜，2005（2）：48-50.
[35] 胡亚萍，赵驾浩，梁启好．5%d-柠檬烯可溶液剂防治甜椒烟粉虱药效试验［J］．上海蔬菜，2017（5）：45.
[36] 洪志慧，赵帅锋，何建红，等．辣椒烟粉虱药剂防治试验［J］．浙江农业科学，2011（2）：380-381.
[37] 吴亚胜，王其传，祁红英，等．不同药剂对大棚辣椒烟粉虱的防效研究［J］．现代农业科技，2018（19）：134+136.
[38] 张秀霞，周仙红，李娇娇，等．10%氰虫酰胺可分散油悬浮剂防治辣椒烟粉虱药效试验［J］．现代农村科技，2018（4）：77-78.
[39] 靳改龙，周成松，张以和，等．8种不同类型杀虫剂对MED烟粉虱隐种的防治效果及其残留检测［J］．植物保护，2018，44（3）：207-213.

温室大棚番茄颈腐根腐病病原菌的分离鉴定*

王家哲[1**]，任　平[1,2]，张　锋[1]，洪　波[1]，常　青[1]，
刘　晨[1]，杨艺炜[1]，王远征[1]，李英梅[1]，付　博[1,2***]
（1. 陕西省生物农业研究所，陕西省植物线虫学重点实验室，西安　710043；
2. 陕西省酶工程技术研究中心，西安　710600）

摘　要：2018 年，陕西大荔县温室大棚番茄暴发了大规模的颈腐根腐病病害，导致番茄产量下降、品质变差。为明确该病害的病原菌种类，促进有针对性的高效防控，本研究对发病番茄植株进行了病原菌分离、纯化，经形态学、rDNA-ITS 序列比对和系统发育树分析、致病性检测，对病原菌进行了鉴定。最终确定陕西大荔县温室大棚暴发的番茄颈腐根腐病病原菌为尖孢镰刀菌番茄颈腐根腐病专化型（*Fusarium oxysporum* f. sp. *radicis-lycopersici*），该研究对有效防控该病害的蔓延具有重要意义。

关键词：番茄；颈腐根腐病；病原菌；鉴定

番茄是我国广泛种植的蔬菜品种，近年来大棚番茄种植面积不断扩大。陕西番茄每年分为早春栽植和秋延栽植两季，受连茬种植、施肥不当等因素影响，番茄栽培过程中病害种类、发病程度逐年加重，严重危害了番茄的品质和产量。近年来，随着大棚番茄种植面积的不断扩大，番茄颈腐根腐病（*Fusarium* crown and root rot，FCRR）的发生日趋严重，有少量报道显示该病害是由尖孢镰刀菌番茄颈腐根腐病专化型（*Fusarium oxysporum* f. sp. *radicis-lycopersici*）菌株引起的一种破坏性极大的真菌土传病害[1-2]。该病害于 1974 年首次在日本被发现，自 2007 年，在我国北京、山东、黑龙江、辽宁等地设施番茄主产区也相继发现了该病害，并呈暴发趋势不断蔓延[3-9]。番茄颈腐根腐病在幼苗期及成株期均可产生为害，幼苗感病表现为小叶萎缩和老叶变黄，土壤与番茄植株茎基部交汇处呈现褐变和腐烂病斑，并发展为茎基部萎缩，植株倒塌，严重时甚至死亡；成熟植株感病后，老叶边缘出现黄化，茎基部缢缩、呈深褐色病斑，茎内部维管束变色，植株仍然直立而萎蔫致死[7,10-11]。

2018 年 4 月，在陕西省大荔县设施番茄生产区多个温室大棚中发现番茄颈腐根腐病害，为进一步明确该病害的病原菌种类，有效开展针对性的病害防控，本试验对该地区的番茄颈腐根腐病植株的病原菌进行了分离、纯化、形态学鉴定、rDNA-ITS 序列比对及系统发育树分析，菌体致病性检测，以期为研究和防治番茄颈腐根腐病提供参考依据。

---

* 基金项目：西安市农业科技创新计划（2017050NC/NY008（1））；陕西省科学院科技计划项目（2019K-05）；陕西省科技计划项目（2018NY-035）；西安市科技计划项目（20193017YF005NS005）

** 第一作者：王家哲，研究实习员，硕士，主要从事生物农药研发；E-mail：1904162659@ qq. com

*** 通信作者：付博，助理研究员，研究方向为果树和蔬菜病虫害生物防治；E-mail：lisa_ 265@ 163. com

1 材料与方法

1.1 供试材料

栽植番茄品种：瑞星大宝（上海菲图种业有限公司）。

1.2 试验方法

1.2.1 病原菌分离纯化

采用常规的组织分离法进行病菌的分离[12]。用 0.5% NaClO 对病茎进行表面消毒 5min，无菌水冲洗 3 次。在超净工作台中切取病健交界处组织大小约 0.5mm×0.5mm，在 75%酒精中消毒 30 s，无菌水冲洗 3 次，置于含有 50μg/mL 链霉素的 PDA 培养基上，28℃恒温培养。挑取生长的菌落边缘菌丝进行多次转接直至获得病菌纯培养。

1.2.2 病原菌形态鉴定

对 PDA 上生长的真菌进行菌落质地、颜色、形状观察；在光学显微镜下（40×）观察菌丝和孢子形态。

1.2.3 分子生物学鉴定

真菌基因组提取采用 Ezup 柱式真菌基因组 DNA 抽提试剂盒。PCR 扩增目的片段为 rDNA-ITS 序列，引物为 ITS1（5′-TCCGTAGGTGAACCTGCGG-3′）和 ITS4（5′-TCCTC-CGCTTATTGATATGC-3′）。反应体系为：*Taq* PCR Master Mix 25μL，模板 DNA 1μL，ITS1/ITS4 引物各 2μL，ddH_2O 20μL。扩增条件为：95℃预变性 5min，94℃变性 1min，57℃退火 1min，72℃延伸 1min，30 个循环，最后 72℃延伸 10min。0.8%琼脂糖凝胶检测 PCR 产物，电压 120 V，电泳时间 20min，凝胶成像仪进行观测、拍照。产物送北京擎科西安分公司进行测序，并在 NCBI 上进行 BLAST 比对，邻接法（Neighbor-joining，NJ）构建系统发育树并进行分析。

1.2.4 致病性测定

用 75%酒精浸泡番茄种子消毒 30s，无菌水清洗 3 次，催芽、育苗后进行盆栽实验。将待测菌种配制成浓度为 1.0×10^7 个/mL 的孢子悬浮液，采用棉球接种法回接至四叶一心的番茄苗茎基部，无菌水作对照，恒温光照培养箱设置温度 28℃，每日喷雾保湿，光照和黑暗培养间隔 12h。观察发病情况，取发病番茄苗按照上述 1.2.1~1.2.3 的方法进行病原菌的分离鉴定。

2 结果与分析

2.1 大棚番茄颈腐根腐病症状描述

发病时间：2018 年 4 月。发病地点：陕西大荔县温室大棚。番茄主要病害症状：在土壤与番茄植株茎基部交接处，深褐色病斑连片环绕在茎基部周围，病斑高度不超过 10cm，患病植株叶片萎蔫、未变黄，发病部位后期易折倒，最终植株萎蔫致死，致死率 100%，棚内传染速度极快（图 1A、图 1B）。纵向劈开患病部位，维管束变深褐色（图 1C）。

2.2 病原菌分离、纯化及菌株致病性检测

发病组织分离培养 2d 后周围生长出白色绒状菌丝，挑取菌丝纯化培养，最终得到 6 株纯培养真菌（编号：FQF1-1、FQF1-2、FQF2-1、FQF2-2、FQF2-3、FQF2-4）。盆栽

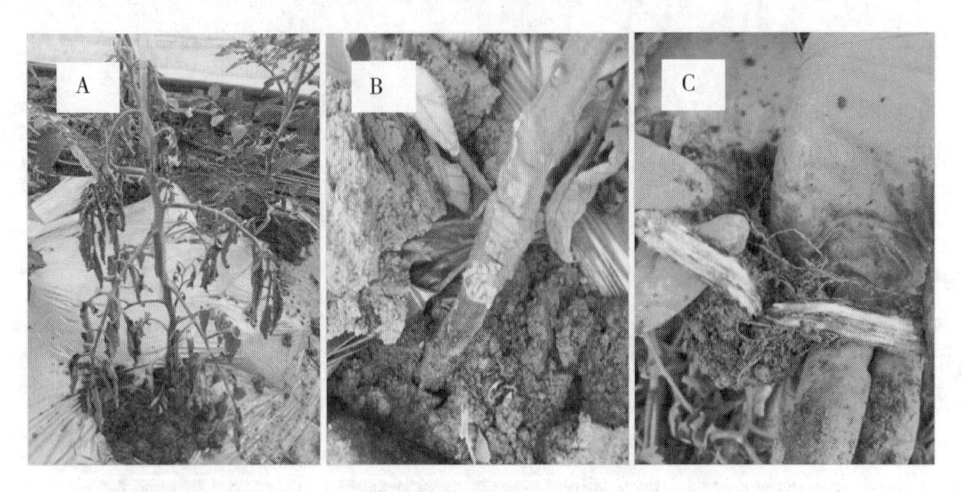

A. 番茄植物萎蔫症状；B. 茎基部病害症状；C. 维管束病变症状

图1 大棚番茄颈腐根腐病症状

实验将这6株真菌分别接种至四叶一心的番茄茎基部，结果显示（图2A），8d后仅接种菌株FQF1-2的植株表现病症，开始时病斑部位呈暗黄色，15d后围绕茎基部出现深褐色病斑带，有缢缩凹痕，下部叶片变黄，甚至发生倾倒，发病症状与*Plant Pathology*第5版中记录的由尖孢镰刀菌番茄颈腐根腐专化型引起的番茄颈腐根腐病症状一致[13]。从发病部位病健交界处再次取样分离病原菌，菌落形态、镜检菌丝和孢子形态与菌株FQF1-2一致（图2B），因此，确定菌株FQF1-2为大荔县大棚番茄颈腐根腐病的致病菌。

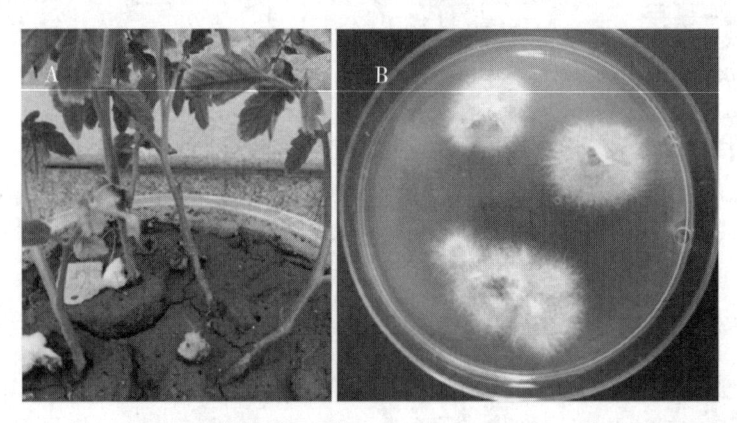

A. 盆栽番茄回接致病菌症状；B. 盆栽番茄茎基部病健交界组织在PDA上再培养

图2 盆栽试验检验分离菌株的致病性

2.3 病原菌形态鉴定

菌株FQF1-2在PDA培养基上的菌落呈圆形，7~8d后长满至直径为90mm的培养平板，菌丝呈细绒毛状，菌落开始生长时为白色，随培养时间的延长，由菌落中心向外逐渐变成淡紫色（图3A、图3B）。

显微镜镜检（40×）结果显示，该病原菌能够产生大量的小型分生孢子，大小为

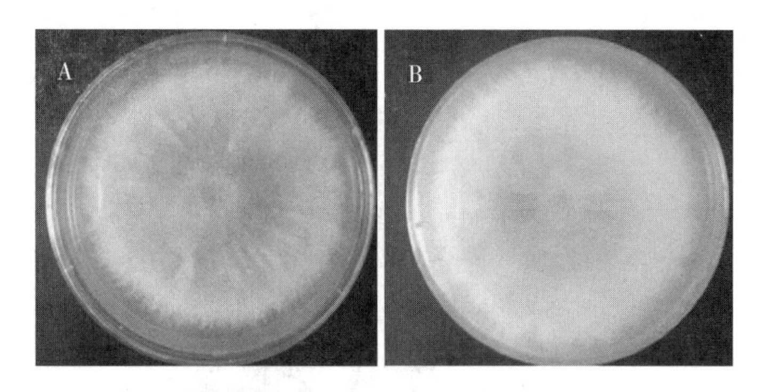

A. 培养平板正面；B. 培养平板反面

图 3　病原菌生长 6d 菌落形态

(3~5)μm×（3~10）μm，椭圆形，无色（图 4A）；厚垣孢子透明近球形，间生（图 4B），参考 Benaouali 等的研究报道，初步判断分离纯化得到的病原菌为尖孢镰刀菌番茄颈腐根腐专化型[11]。

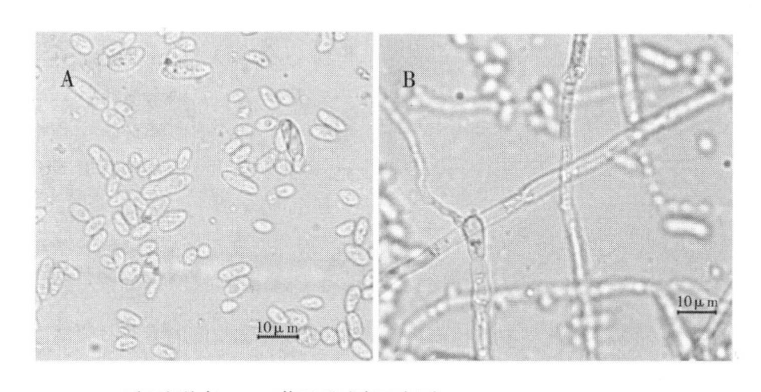

A. 孢子形态；B. 菌丝和厚垣孢子

图 4　菌株 FQF1-2 孢子和菌丝形态

2.4 病原菌分子生物学鉴定

通用引物 ITS1/ITS4 PCR 扩增得到大小约 507bp 的 rDNA-ITS 基因片段（图 5），将该序列在 NCBI 网站上进行 BLAST 比对分析，结果显示其与尖孢镰刀菌的 rDNA-ITS 序列同源性达到 100%。以菌株 FQF1-2 的 rDNA-ITS 序列为基础构建系统发育树（Nj 树），结果显示该株菌与尖孢镰刀菌（*Fusarium oxysporum*）位于同一个进化分枝（图 6）。结合形态学检测结果，最终鉴定菌株 FQF1-2 为尖孢镰刀菌番茄颈腐根腐病专化型（*Fusarium oxysporum* f. sp. *radicis-lycopersici*）。

3　结论与讨论

本研究通过对番茄颈腐根腐病病原菌进行分离、纯化、形态学观察、分子生物学鉴定和致病性测定，最终确定引起陕西省大荔县温室大棚番茄颈腐根腐病的病原菌为尖孢镰刀菌番茄颈腐根腐病专化型，为首次报道陕西发生此病害。明确病害致病菌能够为今后陕西温室大棚及其他地区番茄颈腐根腐病的防治提供技术指导，具有重要的研究意义。

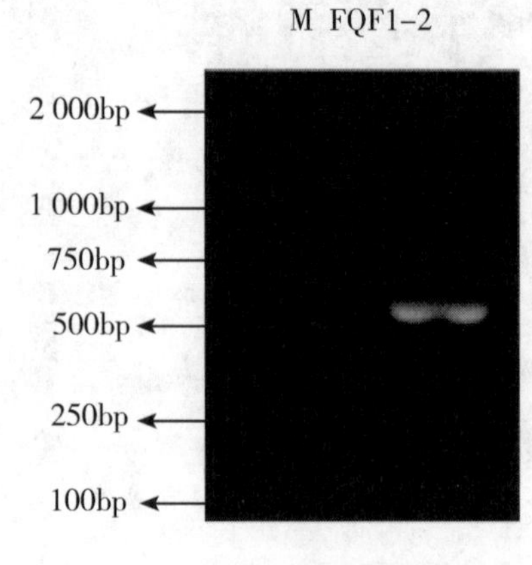

图 5　PCR 扩增结果

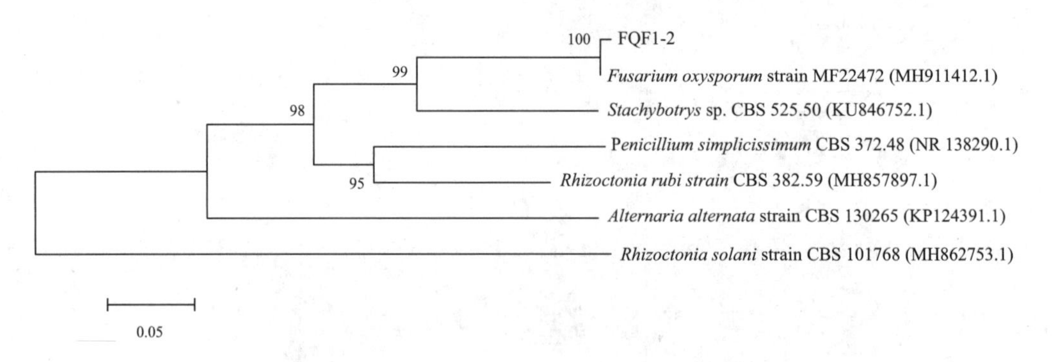

图 6　以菌株 FQF1-2 的 rDNA-ITS 序列为基础构建的系统发育树

目前，番茄颈腐根腐病在我国尚未引起足够的关注，但相关研究表明该病能在设施栽培区迅速蔓延，是设施番茄生产的限制因素之一[14]。我国是番茄生产和出口大国，近年来番茄设施栽培的面积和规模逐年加大，该病一旦流行将会给番茄生产造成严重损失。因此，应该密切监测番茄颈腐根腐病在主要番茄栽培区的发生发展情况，同时尽快开展病害防治和抗病种质资源筛选等相关研究工作。

参考文献

［1］ 程爱昀．大棚番茄枯萎病的诊断和防治新技术［J］．中国瓜菜，2010（1）：45-46.

［2］ Shenashen M，Derbalah A，Hamza A，*et al*. Antifungal activity of fabricated mesoporous alumina nanoparticles against rot root disease of tomato caused by *Fusarium oxysporium*［J］．Pest Management Science，2017，73（6）：1121-1126.

［3］ Sato R，Araki T. On the tomato root-rot disease occured under vinyl-house conditions in Southern Hokkaido［Japan］．［J］．Annual Report of the Society of Plant Protection of North Japan，1974，23（3）：124-128.

［4］ Jarvis W R，Dirks V A，Johnson P W，*et al*. No interaction between root knot nematode and Fusarium foot and rot of greenhouse tomato［J］．Plant Disease Reporter，1977，64（4）：42-47.

［5］ Nutter F W J，Watten C G，Wells O S，*et al*. Fusarium foot and root rot of tomato in New Hampshire

[J]. Plant Disease Reporter, 1978, 62 (1): 976-978.

[6] Rowe R C, Farley J D, Coplin D L. Airborne spore dispersal and recolonization of steamed soil by *Fusarium oxysporum* in tomato greenhouses. [J]. Life Sciences, 1977, 25 (11): 947-956.

[7] 刘蕾，王辉．番茄颈腐根腐病病原菌及抗病育种研究进展 [J]. 长江蔬菜，2016 (6): 35-37.

[8] 程琳，张生，李艳青，等．番茄颈腐根腐病病原菌鉴定与抗病种质材料的筛选 [J]. 园艺学报，2016，43 (4): 781-788.

[9] 耿丽华，李常保，迟胜起，等．番茄颈腐根腐病病原鉴定及不同条件对其生长的影响 [J]. 植物病理学报，2012，42 (5): 449-455.

[10] 李景富，孙亚莉，赵婷婷，等．番茄颈腐根腐病菌分离鉴定与生物学特性研究 [J]. 东北农业大学学报，2018，49 (2): 22-30.

[11] Benaouali H, Hamini-Kadar N, Bouras A, *et al*. Isolation, patho-genicity test and physicochemical studies of *Fusarium oxysporu* f. sp *radicis lycopersici* [J]. Advances in Environmental Biology, 2014, 8 (10): 36-49.

[12] 方中达．植病研究方法 [M]. 北京：中国农业出版社，1998.

[13] 沈崇尧，彭友良，康振生，等．植物病理学 [M]. 北京：中国农业大学出版社，2009.

[14] Jong T K, In H P, Young I H, *et al*. Crown and root rot of greenhouse tomato caused by *Fusarium oxysporum* f. sp. *radicis-lycopersici* in Korea [J]. Plant Pathol. J., 2001, 17: 290-294.

不同土壤水分供应条件下，芽孢杆菌 B006 对茄子生长和发育的影响*

耿　妍**，郭荣君，张爱香，Eri Govrin，李世东
（1. 中国农业科学院植物保护研究所，北京　100193；
2. 河北北方学院，张家口　075000）

摘　要：土壤水分含量、运行状况以及分布特性决定植被恢复速度和状况，主要原因是土壤含水量不仅直接影响植物的生长，也影响微生物在植物根际的生存以及与植物的互作，从而影响植物的生长发育。通过盆栽试验和温室大棚试验，我们研究了不同水分供应条件下，施用生防芽孢杆菌 B006 对茄子生长发育的影响。盆栽茄子移栽时用 1×10^7 CFU/mL的芽孢杆菌菌剂 150mL 灌根，然后保持 2d 浇一次水，浇水量 150mL，施用 35d 后，调查茄子生长情况。结果表明：芽孢杆菌对茄子苗期生长具有明显的促生作用。芽孢杆菌处理的茄子幼苗的株高、叶绿素含量、根长、根鲜重、根干重比对照分别提高了 16.7%、20.9%、28.7%、55.1%和 67.0%。在大棚试验中，采用张力计监测土壤水势，研究了温室大棚中土壤水分正常（张力计读数值-30kPa）和偏少（张力计读数值-40kPa）两种状态下，施用芽孢杆菌菌剂和未施用芽孢杆菌菌剂对茄子生长发育的影响，结果表明：少量灌水并施用 1×10^7CFU/mL 的芽孢杆菌菌剂处理与正常灌水下未施用芽孢杆菌菌剂处理的茄子相比，其株高、茎粗、地上部干重、开花数、产量等均无显著差异，表明在土壤供水量偏少的情况下施用芽孢杆菌菌剂提高了茄子的抗逆能力，植株生长状况良好；而正常灌水下施用芽孢杆菌菌剂 1×10^7CFU/mL 的处理与少量灌水但未施用芽孢杆菌菌剂的处理相比，茄子的株高、茎粗、叶绿素含量、地上部鲜重、地上部干重、开花数、产量分别提高了 15.2%、12.2%、44.8%、17.05%、26.7%、40.6%和 27.4%，显著差异（$P<0.05$）。上述结果表明缺水条件下施用芽孢杆菌可明显提高茄子的抗旱能力、促进茄子的生长；而在正常供水条件下，芽孢杆菌可进一步促进茄子生长并提高产量，为生防芽孢杆菌制剂的应用提供指导。

关键词：土壤水分；芽孢杆菌菌剂；促生作用

---

* 基金项目：设施蔬菜双减项目（2016YFD0201000）；基本科研业务费（S2018XM10）；现代农业产业技术体系项目（CARS-25-D-03）

** 第一作者：耿妍，硕士研究生，从事资源利用与植物保护研究；E-mail：657160335@ qq. com

灰霉病病原菌接种方法的筛选[*]

夏　蕾[**]，邹晓威[***]，王　娜，郑　岩
（吉林省农业科学院，长春　130024）

摘　要：灰霉病是由灰葡萄孢（*Botrytis cinerea* Pers：Fr.）引起的一种重要的全球农业病害，灰葡萄孢寄主广泛，繁殖速度快，潜伏期长且具有低温致病性。灰霉病是蔬菜上为害严重的常见病害，主要侵害果实和茎叶，对温室大棚中作物危害尤其严重。持续高温、光照不足、通风不及时、湿度大均会引起灰霉病的严重发生，引起大量落叶落果甚至绝收，给农民造成严重损失。目前，针对灰霉病的防治方法主要应用化学农药，辅以物理防治和生物防治两种方法。为统计番茄植株的发病率，本研究根据灰霉病的发生特点对灰霉菌侵害番茄植株的方法进行筛选，采用灌根和全株喷雾两种方法，结果表明，灌根法可使番茄灰霉病发生严重，引起全株叶片枯萎脱落，发病率达到93%，而全株喷雾法只引起植株少量叶片枯萎脱落，发病率仅为45%。

关键词：番茄；灰霉病；接种

---

* 基金项目：农业部东北作物有害生物防治综合治理重点实验室项目
** 第一作者：夏蕾，博士，中级，研究方向：生防微生物应用技术；E-mail：fushun1020@ yeah. cn
*** 通信作者：邹晓威

西北地区设施辣椒茎腐病病原鉴定*

李雪萍[1**]，刘　丹[2]，李焕宇[2]，漆永红[1]，李　潇[2]，李敏权[1***]
（1. 甘肃省农业科学院植物保护研究所，兰州　730070；
2. 甘肃农业大学植物保护学院，兰州　730070）

摘　要：于2015年和2016年在甘肃的10个市州、新疆的3个市州、青海的1个市、宁夏的1个市的大棚辣椒进行调查并采集样品。发现我国西北地区设施辣椒茎腐病发生普遍，为害严重，发病率40%左右。主要症状表现为在侵染点形成坏死斑，坏死斑逐渐扩大，直至环绕茎秆一周，坏死斑上部的植株枝叶萎蔫甚至死亡，但坏死斑以下的植株枝叶不萎蔫；生长早期受侵染的植株，一般在茎秆基部形成坏死斑，生长后期受侵染的植株，往往在茎秆上部形成坏死斑。采用常规组织分离法分离病原并采用单孢分离法进行纯化，共得到380株菌，结合形态学及分子鉴定的方法对其鉴定发现其为茄镰孢菌（*Fusarium solani*），通过致病性测定发现，其致病性强，且与田间所表现的症状一致，再分离鉴定发现其病原菌与接入时形态一致，属于同一个种，符合柯赫氏法则，确定茄镰孢菌辣椒茎基腐病的病原。由茄镰孢引起的辣椒茎腐病在国内属首次报道。

关键词：辣椒；茎腐病；茄镰孢菌

---

* 基金项目：公益性行业（农业）科研专项（201503112）

** 第一作者：李雪萍，博士，主要从事植物病理及生防技术研究；E-mail：lixueping@ gsagr. ac. cn

*** 通信作者：李敏权；教授，博士生导师，主要从事植物土传病害研究与防治；E-mai：liminquan@ gsar. ac. cn

甜菜孢囊线虫 SCAR 快速分子检测技术研究*

彭　焕[1**]，高海峰[2]，张瀛东[1]，李广阔[2]，吴　伟[3]，王锁牢[2]，彭德良[1***]

（1. 中国农业科学院植物保护研究所，植物病虫害生物学国家重点实验室，北京　100193；2. 新疆农业科学院植物保护研究所，农业部西北荒漠绿洲作物有害生物综合治理重点实验室，农业部库尔勒作物有害生物科学观测实验站，乌鲁木齐　830091；3. 新疆维吾尔自治区新源县农业技术推广站，新源　835800）

摘　要：甜菜孢囊线虫（*Heterodera schachtii* Schmidt）是全世界重要检疫性有害生物。1850 年首次在德国报道，到目前为止，已在美洲、欧洲、亚洲等 50 多个国家或地区有分布，包括我国在内的 22 个国家将其列为检疫对象。甜菜孢囊线虫是甜菜上危害最严重的病原生物之一，可导致甜菜产量损失 25%～50%，在欧洲每年的经济损失已经超过了 9 000万欧元，严重威胁着当地甜菜生产和制糖业。

本研究以甜菜孢囊线虫和近缘种孢囊线虫 DNA 为模板，以 RAPD 随机引物进行 PCR 扩增。结果表明，采用 OPA06 随机引物能够特异的从甜菜孢囊线虫中扩增出长度为 1 000bp左右的条带，克隆测序后，在 Genbank 数据库中进行 Blast 比对，未发现同源的序列。在此基础上，设计出针对甜菜孢囊线虫的 SCAR 特异性引物（HSF1 和 HSR1），能够快速的从甜菜孢囊线虫 DNA 中扩增出 922bp 的特异性条带，灵敏度检测发现，本研究设计的甜菜孢囊线虫 SCAR 分子标记的最低检出阈值为 1/40 000个孢囊，1/320 头 2 龄幼虫和 0. 001ng 的甜菜孢囊线虫基因组 DNA，特异性检测发现，该检测方法能够有效地将甜菜孢囊线虫和大豆孢囊线虫、禾谷孢囊线虫、菲利普孢囊线虫、宽阴门孢囊线虫、旱稻孢囊线虫、玉米孢囊线虫、十字花科孢囊线虫、爱沙尼亚孢囊线虫、仙人掌皮线虫等近源种进行有效的区分，具有极高的特异性，该检测技术的开发将为甜菜孢囊线虫快速准确的诊断提供有力的技术支撑。

关键词：甜菜孢囊线虫；SCAR 标记；快速分子检测

---

* 基金项目：公益性行业农科科研专项（201503114）；新疆自治区科支援疆项目（2017E0253）；新疆高层次人才引进项目；国家重点研发计划（2016YFC1201200）

** 第一作者：彭焕，副研究员，孢囊线虫致病分子机制及快速检测技术研究；E-mail：penghuan@caas. cn

*** 通信作者：彭德良，研究员，博士，植物线虫病害综合控制技术

芦笋茎枯病菌的侵染过程及其细胞壁降解酶的活性测定*

杨迎青[1**]，兰　波[1]，孙　强[2]，陈洪凡[1]，黄建华[1]，陈　建[1]，李湘民[1***]

（1. 江西省农业科学院植物保护研究所，南昌　330200；
2. 中华人民共和国黄岛海关，青岛　266555）

摘　要：芦笋（*Asparagus officinalis* Linn.）又称石刁柏，属百合科天门冬属植物，是世界十大名菜之一，在国际市场上被称为"蔬菜之王"。芦笋营养价值高，能润肺、镇咳、祛痰，且具有抑制肿瘤生长等功能，深受人们的喜爱。近年来，随着芦笋栽培面积的扩大，病害的发生也逐年加重，尤其是茎枯病的发生和为害已严重影响了芦笋的产量与质量。由天门冬拟茎点霉［*Phomopsis asparagi*（Sacc.）Bubak］引起的芦笋茎枯病，是一种世界性分布的毁灭性病害。在中国、日本、泰国、印度尼西亚等亚洲芦笋种植国家发生比较严重，尤以中国发病最为严重。由于茎枯病的发生需要湿热气候条件，欧美芦笋主产区均为冷凉气候，因此在欧美国家基本不发生茎枯病，相应的研究报道也较少。我国芦笋生产省份均发生普遍，且南方重于北方。轻者生长发育不良，降低产量与品质；重者病株提前枯死，全田毁灭。

细胞壁降解酶是植物病原真菌的一个重要致病因子，但目前尚未有芦笋茎枯病菌细胞壁降解方面的相关报道。为明确芦笋茎枯病菌的侵染及细胞壁降解酶的活性，本研究利用倒置显微镜观察与记录芦笋茎枯病菌的侵染过程，利用电镜观察了茎枯病菌对芦笋组织细胞器及微观结构的损伤作用，明确了该病菌的侵染过程。利用3，5-二硝基水杨酸法（DNS法）测定了7种常见细胞壁降解酶的活性，探讨了不同底物对3种主要酶的诱导作用，并从温度、时间、pH值等方面优化了酶活测定条件。结果表明：7种细胞壁降解酶中，PG的活性较高，其次是PMG和Cx，其他4种酶活性较低。在3种主要细胞壁降解酶中，Cx以1%CMC作为底物的诱导效果较好，PG和PMG以1%果胶作为底物的诱导效果较好。Cx的最佳反应温度是50℃，PG的最佳反应温度是50~60℃，PMG的最佳反应温度是60℃；Cx的最佳反应时间是50min，PG和PMG的最佳反应时间是60min；Cx和PG的最佳反应pH值是4.0，PMG的最佳反应pH值是8.0。

关键词：芦笋茎枯病；酶活测定；侵染

---

* 基金项目：国家自然科学基金（31460456）；江西省科技计划农业领域重点项目（20151BBF60067）；江西省杰出青年人才资助计划（20171BCB23081）

** 第一作者：杨迎青，博士，副研究员，研究方向：植物病理学；E-mail：yyq8295@163.com

*** 通信作者：李湘民，博士，研究员，研究方向：植物病理学；E-mail：xmli1025@aliyun.com

新疆棉田一种新的棉铃病害病原菌的鉴定*

焦瑞莲[1**]，任毓忠[1]，李国英[1***]，张　莉[1***]，张国丽[2]

（1. 石河子大学农学院，新疆绿洲农业病虫害治理与植保资源利用自治区高校重点实验室，石河子　832003；2. 新疆农垦科学院生物技术研究所，石河子　832000）

摘　要：自 2015 年以来在新疆棉田发生了一种僵铃和裂铃的新病害，与一般烂铃病害有明显的区别，在潮湿的情况下铃面产生橄榄黑色的霉层，笔者为查明其病原种类，进行了这项试验。自南北疆 20 个植棉单位采集了 38 份僵铃与裂铃病样，采用常规稀释分离法和单孢分离法对病原进行分离和纯化。然后，依据采样地点、棉花品种和菌落特征选取 20 个代表菌株，通过形态学观察，并运用 rDNA-ITS、肌动蛋白（ACT）和翻译延长因子 1-α（TEF1-α）基因序列分析，对病原进行鉴定。结果表明，这些分离物都属于枝孢属真菌（*Cladosporium*），根据其形态特征和分子生物学分析，20 个供试菌株中有 13 个属于 *C. cladosporioides*、4 个属于 *C. velox*、3 个属于 *C. limoniform*。新疆棉田导致僵铃与裂铃的枝孢菌共有 3 种：*C. cladosporioides*、*C. velox* 和 *C. limoniform*，其中 *C. cladosporioides* 为其优势种。枝孢菌引起的棉花铃病属国内首次报道。

关键词：棉铃病害；病原菌；鉴定

* 基金项目：科技部中小企业创新项目（14C26216513812）；国家重点资助研发项目（2017YFD0201900）

** 第一作者：焦瑞莲，硕士；E-mail：252132051@ qq. com

*** 通信作者：李国英，教授；E-mail：lgy_ agr@ shzu. edu. cn

张莉，教授，博士；E-mail：1602784618@ qq. com

江西省区域试验中杂交棉枯萎病发生情况简述

乔艳艳*，李　捷，杨兆光

（江西省棉花研究所，九江　332105）

摘　要：棉花枯萎病是世界性两大棉花系统病害之一，病原菌为半知菌亚门镰孢属尖镰孢菌萎蔫专化型 *Fusarium oxysporum* f. sp. *vasinfectum*（Atk.），该病具有毁灭性，防治困难。培育高抗枯萎病的棉花品种是预防该病重要措施，因此，抗枯萎病鉴定成为棉花育种工作的重要环节。2009—2018 年十年间，参照国家标准 GB/T22101. 4—2009——室内苗期纸钵土壤接菌盆栽法，对参加江西省棉花品种区域试验的 178 份次杂交棉材料抗枯萎病性进行评价，感病对照为冀棉 11 号或鄂棉 18 号。鉴定用病原菌分离自江西棉田自然发病棉株，经棉籽培养基扩大培养风干，按照 2. 0%比例与高温灭菌的土壤细沙（体积比 4：1）混合制成毒土，装至直径 6cm、高 10cm 的无底纸钵中，每钵播种棉籽 5 粒，每个品种 8 钵，3 次重复，在温度 22~28℃、湿度 60%~80%的温室中培养。

播种后一个月左右棉株陆续开始发病，大多年份棉株以子叶开始发病，症状以黄色网纹型和青枯型为主。通过调查材料的相对抗性指数（IR）评价抗病性，结果表明：178 份杂交棉材料中无对棉花枯萎病表现为免疫的材料；0. 1<IR≤5. 0 的高抗材料 24 份；5. 1<IR≤10. 0 抗病材料 58 份；10. 1<IR≤20. 0 的耐病材料 79 份；淘汰 IR>20. 1 感病材料 17 份。十年来，江西省棉花区试杂交棉耐枯萎病及以上类型占全部参试材料的 90%，其中高抗和抗病的棉花材料占 46. 1%，各年度间对枯萎病抗病类型比例变化波动不大，杂交棉抗枯萎病育种工作整体水平良好。

关键词：区域试验；棉花枯萎病；抗病鉴定；病情指数

* 第一作者：乔艳艳；E-mail：66842025@ qq. com

温度和氧气水平对核盘菌菌核形成的影响

李聪聪*，呼美娜，吴波明**
（中国农业大学植物保护学院，北京　100193）

摘　要：核盘菌（*Sclerotinia sclerotiorum*）是世界性的重要植物病原真菌，可广泛侵染数百种植物（其中包括很多重要的经济作物，如油菜、大豆、花生、向日葵、胡萝卜和生菜等）引起菌核病。该菌以菌核越冬越夏成为初侵染的主要来源，了解其菌核形成的条件对理解菌核病的流行规律和制定相应防控策略具有重要意义。本研究比较分析了不同温度（20℃和25℃）和氧气水平（敞开和密闭三角瓶）条件下核盘菌产生的菌核数量和大小。结果表明：在0.05的置信水平下，温度和氧气水平对菌核的数量、大小和重量均有显著影响，温度和氧气水平的互作对菌核数量和重量有显著影响，而在菌核大小上交互效应不显著。在20℃敞开条件下能产生较多数量（重量）和大小的菌核。该研究为进一步探究菌核的生物学特性，揭示其环境适应能力和代谢调控机制打下了基础。

关键词：核盘菌；菌核形成；环境条件

* 第一作者：李聪聪，硕士研究生，植物病害流行学；E-mail：cong@cau.edu.cn
** 通信作者：吴波明，教授；E-mail：bmwu@cau.edu.cn

重庆市部分地区两种无性繁殖作物上的病毒发生情况调查*

李唱唱[1**]，李明骏[1]，黄振霖[2]，青　玲[1***]

（1. 植物病害生物学重庆市高校重点实验室，西南大学植物保护学院，重庆　400715；2. 重庆市农业技术推广总站，重庆　401147）

摘　要：马铃薯和甘薯是重庆市广泛种植的两种重要的粮食作物，它们的共同点是均为无性繁殖，有利于病毒的积累。在前期的病毒病调查过程中从重庆武隆、巫溪、彭水采集表现花叶、植株畸形、矮化症状的马铃薯疑似病毒病田间样品，从合川采集表现明显花叶、斑驳、叶畸形的甘薯病叶。为明确上述样品中的病毒病原，本研究将上述样品制备混样，并采用近年来广泛应用于病毒高通量挖掘的小 RNA 深度测序技术进行病毒鉴定。Illumina 深度测序及生物信息学分析结果显示，比对到马铃薯 Y 病毒 N 株系（*Potato virus Y* N strain，PVY^N）、马铃薯 M 病毒（*Potato virus M*，PVM）、马铃薯 S 病毒（*Potato virus S*，PVS）、马铃薯 A 病毒（*Potato virus A*，PVA）、甘薯羽扇斑驳病毒（*Sweet potato feathery mottle virus*，SPFMV）、甘薯病毒 C（*Sweet potato virus C*，SPVC）、甘薯杆状 DNA 病毒 A（*Sweet potato badnavirus A*，SPBV-A）、甘薯杆状 DNA 病毒 B（*Sweet potato badnavirus B*，SPBV-B）的 reads 数分别为 82 条、27 条、5 条、1 条、15 条、7 条、2 条、3 条。为验证高通量测序结果并明确上述病毒在不同寄主中的存在情况，本研究分别提取所采集的各类田间样品 RNA 并反转录，根据上述病毒基因组保守序列设计引物进行 PCR 扩增并测序。结果显示，马铃薯病样中包含 PVY^N、PVM、PVS、PVA 四种病毒，甘薯病样中包含 SPFMV、SPVC、SPBV-A、SPBV-B 四种病毒。

本研究明确了从武隆、巫溪、合川、彭水、南川 5 区县田间所采集的马铃薯和甘薯这 2 种作物上存在的病毒病原，对于两种无性繁殖作物无毒种质的制备和检测具有参考价值，同时对于病毒病田间监测（如传毒介体）和防控也具有重要意义。

关键词：马铃薯病毒；甘薯病毒；Illumina 深度测序

---

* 基金项目：国家自然科学基金（31772127，31801706）；西南大学博士基金（swu118002）；中央高校基本科研业务费“创新团队”专项（XDJK2017A006）

** 第一作者：李唱唱，硕士研究生；E-mail：823630527@ qq. com

*** 通信作者：青玲，教授；E-mail：qling@ swu. edu. cn

河北省生姜根部病原分离与种类鉴定*

赵　娜[1**]，李　敏[1]，侯冬梅[2]，李令蕊[3]，闫红飞[1***]，刘大群[1***]
（1. 河北农业大学植物保护学院，国家北方山区农业工程技术研究中心，河北省农作物病虫害生物防治工程技术研究中心，保定　071000；2. 河北省农业对外贸易促进中心，石家庄　055350；3. 河北省植保植检总站，石家庄　055350）

摘　要： 生姜是中国很受欢迎的辛香料作物，近年来，河北省生姜种植面积逐年增大，已成为提高经济效益的重要手段。随着连年种植，生姜根部病害呈加重趋势，姜瘟病是根部主要病害之一，发病地块轻者减产10%~20%，重者可达50%以上。为了解河北省生姜根部病害种类以及其病原，对河北省种植的生姜根部病害进行了分离鉴定分析。2018—2019年对采自唐山市生姜种植地块的病株材料，包括块根、茎组织进行分离培养，分离获得20个菌株，包括19株细菌和1株真菌。采用姜瘟病原菌特异性引物对19株分离细菌进行PCR检测，均未扩增出特异目的片段，该结果表明未分离获得姜瘟病茄劳尔氏菌（*Ralstonia solanacearum*），部分菌株初步鉴定为肠杆菌科（Enterobacteriacea）病菌，并经回接鉴定也可造成生姜腐烂的症状。根据本研究结果初步认为，河北省北部地区生姜根部病害可能由多种病原菌引起，是否姜瘟病茄劳尔氏菌是主要根部腐烂病害病原菌，有待进一步研究验证。

关键词： 生姜；姜瘟病菌；根部病害

* 基金项目：国家重点研发计划项目（2018YFD0300502）；河北省小麦主要病虫害防控技术集成（18226512）

** 第一作者：赵娜，硕士研究生，研究方向为分子植物病理学

*** 通信作者：闫红飞，副教授，主要从事植物病害生物防治与分子植物病理学研究；E-mail：hongfeiyan2006@163.com
刘大群，教授，主要从事植物病害生物防治与分子植物病理学研究，E-mail：ldq@hebau.edu.cn

低温驯化对南方根结线虫海藻糖和甘油含量影响的研究*

王远征**，刘　晨，李英梅，陈志杰
（陕西省生物农业研究所，陕西省植物线虫学重点实验室，西安　710043）

摘　要：南方根结线虫（*Meloidogyne incognita*）的生长发育和侵染活力严格依赖于温度条件的变化。为避免极端环境温度（如寒冷）所造成的伤害，绝大多数生物体通过生理学和遗传学改变，获得复杂的适应性机制，例如低温驯化（Cold acclimation）带来的生物冷胁迫耐受性（Freezing tolerance）增强。通过诱导生物体抗冻剂的积累，抗氧化物质的合成以及低温响应蛋白的表达等，低温驯化实现对细胞冷冻脱水损伤的保护。海藻糖（Trehalose）和甘油（Glycerol）作为两类关键的生物抗冻剂（Cryoprotectant），其响应和作用机制已广泛为国内外学者所重视。本研究以南方根结线虫在我国北方地区的安全越冬为依据，通过气相色谱和质谱联用技术（GC-MS），首次分析低温驯化处理对南方根结线虫海藻糖和甘油积累的影响。结果表明：4℃低温处理24h的南方根结线虫二龄幼虫（Second-stage juvenile），其海藻糖和甘油的积累量相对于对照组，分别提高了13倍和4倍，并存在显著性差异（$P<0.05$）；而同样条件处理的线虫卵块（Egg mass），相对于对照组，海藻糖的积累量提高了2倍（$P<0.05$），而甘油含量则无显著性改变（$P>0.05$）。二龄幼虫和卵囊中海藻糖和甘油积累对低温的不同响应，可能与虫态间差异的代谢和生理活力有关。对南方根结线虫抗冻剂的研究，将为其冷胁迫耐受性机制的更深入探究提供实验参考。

关键词：南方根结线虫；低温驯化；海藻糖；甘油

* 基金项目：陕西省科学院后备人才培养专项（2019K-17）

** 第一作者：王远征，助理研究员，主要从事南方根结线虫的环境适应性研究；E-mail：yzhwang@sibs.ac.cn

陕西省猕猴桃根结线虫病发生现状*

常　青**，李英梅，杨艺炜，张　锋，张淑莲***
（陕西省生物农业研究所，西安　710043）

摘　要：猕猴桃是陕西省特色水果之一。近年来，随着陕西省猕猴桃种植面积不断扩大，多种病虫害严重制约着陕西省猕猴桃产业的健康发展。根结线虫病就是猕猴桃的重要根部病害，但由于该病发生隐蔽、诊断困难等原因，故陕西省猕猴桃根结线虫病发生区域及程度仍不明确。本研究通过实地调查，发现猕猴桃根结线虫病在陕西省各猕猴桃主要种植区都有发生，且在部分地区果园发病率可达100%。现阶段，猕猴桃植株受害程度相对较低，病情指数大多在40%以下，个别果园病情指数可超过50%，发病相对较重。根结线虫种类鉴定结果表明，在陕西省为害猕猴桃的根结线虫为南方根结线虫。本研究为今后陕西省进一步开展猕猴桃根结线虫防治工作打下了理论基础。

关键词：猕猴桃；根结线虫；病害调查

猕猴桃（*Actinidia chinensis*）被誉为“果中珍品”“水果之王”，作为一种深受国内外消费者喜爱的水果，在国内外具有广泛的消费市场，潜在经济效益巨大。陕西省由于本身优越的自然地理位置和良好的生态环境，是我国的主要猕猴桃种植区，猕猴桃产业也已经成为陕西省重要的水果产业支柱之一。按照陕西省“十三五”规划，陕西省将大力推进“猕猴桃东扩南移规模扩张与品质提升工程”的实施，在建设秦岭北麓百万亩优质猕猴桃生产基地的基础上，进一步建设秦巴山区猕猴桃产业带。但是陕西省猕猴桃产业的发展仍面临着多种植物病害的困扰与制约。

根结线虫是一类植物寄生有害线虫，隶属于线虫门（Nematoda）侧尾腺口纲（Secernentea）、垫刃目（Trycenchida）异皮总科（Hetenoderidea）根结线虫属（*Meloidodynidae*），营专性根内寄生，繁殖能力极强，一年内可以发生多代，世代重叠[1]。由于根结线虫寄主范围广泛，为害隐蔽，防治难度大，目前根结线虫已经成为了引起植物病害的主要病原物之一，甚至被认为是世界上最具破坏性的植物病原物。据统计，根结线虫每年仅对果树和蔬菜产业造成的经济损失就高达700亿美元。而在我国，线虫病害每年对瓜菜、果树带来的产量损失也普遍超过20%，严重的可达60%以上。在引起植物侵染性病害的四大病原中，植物寄生线虫的为害超过细菌和病毒，仅次于真菌病害。

猕猴桃的根系本身属于肉质根，多为侧根、水平根，少主根，极易受到病原根结线虫的侵染，并且猕猴桃苗期及成株期的新生幼嫩根尖都可遭受根结线虫的侵染[2]。一旦猕猴桃植株根系受到根结线虫的破坏，整株植物就会表现出植株矮小，叶片枯黄，坐果少，

* 基金项目：陕西省重点研发计划（2018ZDXM-NY-067）；陕西省科学院科技计划项目（2019k-05）；西安市农业科技创新计划（2017050NC/NY008（1））；西安市农业科技创新工程（20193064YF052NS052）

** 第一作者：常青，博士研究生，研究方向：植物线虫学；E-mail：qchangsx@126.com

*** 通信作者：张淑莲，研究员；E-mail：zhangshulian@xaut.edu.cn

果小畸形，生长衰弱甚至死亡的现象。猕猴桃根结线虫病不仅会严重影响猕猴桃地上部分的生长发育，导致植株产量降低，品质下降，同时根结线虫病的发生还有利于其他病毒、细菌等植物病原微生物对植物的复合侵染。但是由于猕猴桃根结线虫病属于根部病害，发病部位深埋在地下，因此仅观察地上部分出现的症状容易，将其误诊为缺素或由其他生理性变化所致，从而无法及时发现猕猴桃根部病害的发生并加以处理，最终导致防治不及时，造成巨大损失。此前，有文献报道在陕西省周至等传统猕猴桃主要生产区已经发现了猕猴桃根结线虫病的发生[3]。但是在陕西省范围内，猕猴桃根结线虫病的发生情况仍不明确。因此，本研究通过实地调查，摸清了陕西省各猕猴桃主产区根结线虫病的发生情况。

1 材料与方法

1.1 病害调查

2018—2019 年在陕西省西安市、宝鸡市、商洛市、安康市、汉中市等猕猴桃主要种植区域。每个县区选取不同果园，并对果园内采用五点取样法（田块东南西北中各一株），每点 2 株，每个果园取 10 株，在距主干 30~50cm 处挖开表土，检查猕猴桃须根发病情况。发病情况（0~5 级分级系统）0 级：健康，无根结；1 级：0~10%有根结，但根结互不相连；2 级：11%~30%有根结，少数根结相连；3 级：31%~50%有根结，1/2 以下根结相连，部分主侧根畸形；4 级：51%~75%有根结，1/2 以上根结相连，部分主侧根畸形；5 级：75%以上有根结，1/2 以上根结相连，部分主侧根畸形。病情指数=［Σ（各级病株数×相应级数值）/调查总株数×5］×100。对发病猕猴桃根系进行采集，并标注相关田块信息，带回实验室对病原线虫进行分离与鉴定。

1.2 病原线虫分离与形态学鉴定

在显微镜下用挑针对病根组织进行解剖，分离根瘤内的梨形雌成虫、雄虫及卵囊。挑选成熟雌成虫置于载玻片上，加水浸润，在解剖镜下用锋利的刀片切下带有肛阴部的虫体末端，再用解剖针小心剔除虫体内含物，加水冲洗，直至成一透明的角质膜。进一步将膜切成正方形，并转移至滴有 45%乳酸的载玻片上，将切口向下使膜展开，做成临时装片，并置于显微镜下观察拍照[4]。

1.3 病原线虫种类分子生物学鉴定

将单头雌成虫、雄成虫、卵囊分别置于 10μL 灭菌双蒸水的 PCR 管中。向 PCR 管中加入 7μL PCR buffer（Takara），3μL 蛋白酶 K（20mg/mL），在液氮中反复冻融，并充分研磨。将提取液置于 PCR 仪中运行程序：65℃，90min；95℃，10min；16℃保存。将 PCR 管取出后，高速瞬时离心，取上清液用于 PCR 反应。使用引物 NAD5 F：TATTTTTT-GTTTGAGATATATTAG，NAD5R：CGTGAATCTTGATTTTCCATTTTT，采用下述程序进行 PCR 反应。首先 94℃处理 5min，充分解链。之后进行 40 次扩增循环，每次循环为 94℃，30 s；60℃，30 s；72℃，1min。最后再用 72℃孵育 10min。将 PCR 产物用琼脂糖凝胶回收试剂盒（TIANGEN）进行回收纯化，并送测序。

2 结果与分析

2.1 猕猴桃根结线虫病发病率

本研究根据陕西省猕猴桃种植情况，对西安市灞桥区（BQ）、长安区（CA）、周至县（ZZ）、户县（HX）；宝鸡市眉县（MX）、扶风县（FF）；商洛市商南县（SN）、洛南县（LN）；汉中市西乡县（XX）、勉县（MX）、城固县（CG）；安康市石泉县（SQ）等猕猴桃主要种植区分别进行了调查。根据调查结果，在调查的所有区域内均有猕猴桃根结线虫病的发生，且发病率在 25%～100%，不同地区发病率存在显著差异（表1）。其中，商洛市商南县及汉中市西乡县猕猴桃根结线虫病发病率最高，达到 100%；而在西安市长安区，猕猴桃根结线虫病的发病率最低，仅为 25%。在陕西省传统猕猴桃主要种植区周至县与眉县，猕猴桃根结线虫病的发病率分别为 67%与 88%，发病率相对较高。

表 1 陕西省各地猕猴桃根结线虫发病率

城市	区县	调查果园数	发病率（%）
西安市	灞桥区（BQ）	4	50
	长安区（CA）	4	25
	周至县（ZZ）	6	67
	户县（HX）	8	38
宝鸡市	眉县（MX）	8	88
	扶风县（FF）	3	67
商洛市	商南县（SN）	3	100
	洛南县（LN）	2	50
汉中市	西乡县（XX）	3	100
	勉县（MI）	5	60
	城固县（CG）	3	33
安康市	石泉县（SQ）	2	50

2.2 猕猴桃根结线虫病发生严重度

本研究对发病果园病害严重度进行了进一步调查。根据样品采集地对各样品分别进行了编号。结果显示在大多数病园中猕猴桃根结线虫病发生程度较轻，根据 0～5 级病害分级系统，大多数猕猴桃植株发病情况集中在 1～2 级，个别重发园有植株发病情况可达 5 级。按照病情指数进行统计，大多数园病情指数小于 40%，发病相对较轻（表 2）。在部分树龄达到 10 年左右的老园病情指数大于 50%，相对较高，如 HX2、MX4。此外，在部分幼苗地块，如 ZZ1、XX1、MI2 等园中病情指数也相对较高。

表 2 发病园病情指数

发病果园代码	病情指数	树龄（年）	发病果园代码	病情指数	树龄（年）
BQ1	8	4	MX7	28	2
BQ2	12	3	FF1	8	8
CA1	16	2	FF2	4	3
ZZ1	52	2	SN1	16	4
ZZ2	28	3	SN2	32	15
ZZ3	24	4	SN3	24	1
ZZ4	32	2	LN1	4	4
HX1	24	7	XX1	56	2
HX2	64	10	XX2	8	15
HX3	28	5	XX3	12	3
MX1	40	6	MI1	16	1
MX2	20	11	MI2	72	3
MX3	4	4	MI3	20	4
MX4	68	10	CG1	40	7
MX5	72	9	SQ1	28	2
MX6	16	5	SN1	16	4

2.3 猕猴桃根结线虫的形态学鉴定

对从猕猴桃病根上分离得到的病原线虫雌成虫会阴花纹进行制片观察，可以发现雌成虫会阴花纹呈波浪形、椭圆形或近圆形，无明显侧线，背弓较高（图 1）。符合南方根结线虫会阴花纹形态特征，初步推测，猕猴桃根结线虫为南方根结线虫。

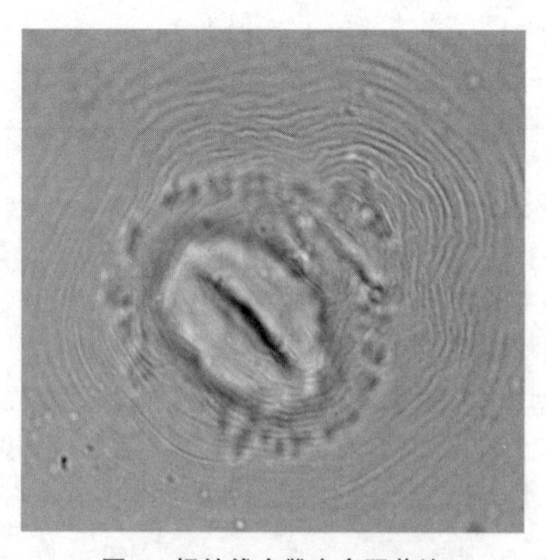

图 1 根结线虫雌虫会阴花纹

2.4 猕猴桃根结线虫的分子鉴定

对分离得到的雌成虫、卵囊、雄成虫等提取 DNA，并以 NAD5 基因特异性引物对不同地区根结线虫 DNA 样品进行扩增。将 PCR 产物回收并送测序。经序列比对发现，在陕西省为害猕猴桃的根结线虫主要为南方根结线虫（图 2）。

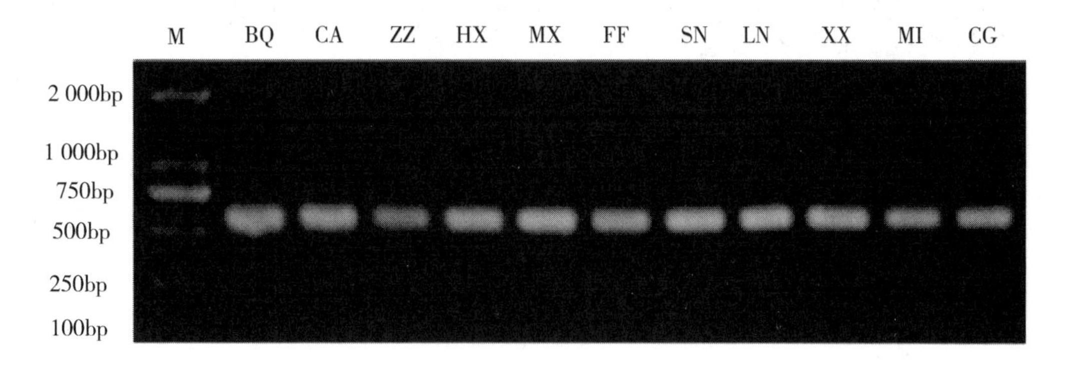

图 2　根结线虫分子鉴定电泳图谱

3　结论与讨论

目前，世界上已报道的植物根结线虫种类有近百种，受其为害的植物有 3 000多种。我国曾经发生过的根结线虫有 40 余种，其中能够为害猕猴桃的根结线虫种类主要有南方根结线虫（*Meloidogyne incognita*）、花生根结线虫（*M. arenaria*）、爪哇根结线虫（*M. javanica*）、北方根结线虫（*M. hapla*）、猕猴桃根结线虫（*M. actinidiae*）和两个根结线虫新种 *M. ethiopica*、*M. aberrans* sp. nov. 等。在我国不同猕猴桃产区为害猕猴桃的主要根结线虫种类存在显著差异，为害福建建宁县猕猴桃生产的根结线虫主要为爪哇根结线虫和南方根结线虫，为害湖南猕猴桃生产的根结线虫主要为南方根结线虫和花生根结线虫，为害贵州猕猴桃生产的根结线虫主要为南方根结线虫和根结线虫新种 *M. aberrans* sp. nov.，为害河南猕猴桃生产的根结线虫主要为猕猴桃根结线虫[5-7]。根据本研究发现，在陕西省为害猕猴桃的根结线虫主要为南方根结线虫。这一结果与之前对于陕西省周至、户县地区的猕猴桃病原根结线虫鉴定结果一致[3,8]。明确病原根结线虫种类将为后续开展猕猴桃根结线虫病防治工作提供理论基础。

根据田间调查结果，由于在陕西省各猕猴桃主要种植区都有猕猴桃根结线虫病的发生，因此当前急需开展猕猴桃根结线虫病防治工作，防止猕猴桃根结线虫病发生情况进一步恶化，对猕猴桃产业带来毁灭性的为害。此外，田间调查还发现，被根结线虫感染的植株在生长势上明显弱于健康植株，十分有利于猕猴桃溃疡病、黄化病、根腐病等多种病害的发生。在一定程度上，猕猴桃上述病害的发生与根结线虫存在相关性。但由于本次调查样本量有限，且初次观察到该病害复合发生趋势，因此后续还需进一步跟踪调查，明确猕猴桃根结线虫病与猕猴桃其他病害之间是否存在关联。

参考文献

［1］ 谢辉，冯志新. 植物线虫的分类现状［J］. 植物病理学报，2000，30（1）：1-6.

[2] 陈文，孙燕芳，吴石平，等．贵州修文猕猴桃根结线虫的发生种类与鉴定［J］．西南农业学报，2018，31（1）：84-88.

[3] 刘晨，王晨光，张锋，等．周至县猕猴桃根结线虫种类鉴定［J］．现代农业科技，2018，2：117-118.

[4] 张靠稳，贾振华．根结线虫会阴花纹的染色方法［J］．北方园艺，2008（3）：207-208.

[5] 张绍升，林尤剑，高日霞．福建猕猴桃根结线虫病病原鉴定［J］．福建农学院学报（自然科学版），1993，22（4）：433-435.

[6] 李淑君，喻璋．河南猕猴桃根结线虫新种（*Meloidogyne actinidiae*）［J］．河南农业大学学报，1991（3）：251-253.

[7] 方炎祖，罗桂菊，朱晓香，等．湖南猕猴桃根结线虫病害研究［J］．湖南农业科学，1991（4）：40-42.

[8] 范学科，党占平．猕猴桃根结线虫病的病原鉴定及其防治［J］．陕西农业科学，2007（6）：71-72.

柑橘衰退病毒弱毒株筛选及防控技术研究进展*

陈毅群**，易　龙***，钟　可，王长宁
（赣南师范大学国家脐橙工程技术研究中心/生命科学学院，赣州　341000）

摘　要：柑橘衰退病是由柑橘衰退病毒（*Citrus tristeza virus*，CTV）引起的严重危害柑橘产业的病毒性病害，柑橘衰退病的表现症状主要为茎陷点型和速衰型，其诱发的柑橘衰退病对世界柑橘产业造成了巨大损失，而CTV弱毒株在CTV交叉保护防治中起到重要作用。本文对CTV株系分化、CTV弱毒株筛选和CTV防治方法进行综述，为柑橘衰退病的防治提供参考。

关键词：柑橘；柑橘衰退病毒；弱毒株筛选；病害防治

柑橘作为重要的经济作物，在我国国民经济中占重要的地位，柑橘种植面积广，产量大，已成为南方地区脱贫致富和乡村振兴的支柱产业。近年来，随着柑橘产业的迅速发展与壮大，柑橘衰退病的发生日益严重。柑橘衰退病毒主要引起茎陷点型（Stem pitting，SP）、速衰型（Quick Decline，QD）和苗黄型（Seeding yellow，SY）症状，导致植株矮化，果实减产，品质变劣，丧失经济价值，对柑橘产业的健康持续发展造成严重影响。柑橘衰退病可通过不同方式进行传播，主要以带病接穗嫁接传播，而在田间通过多种蚜虫以非循环半持久的方式对CTV进行传播，其中褐色橘蚜传毒能力最强[1-2]。柑橘衰退病在我国普遍发生，对柑橘产业种植和持续发展造成了严重影响，寻求有效的防治手段对CTV进行防治已成为当务之急。交叉保护是病毒病害防治的有效手段，柑橘衰退病弱毒株筛选是交叉保护的重要前提，通过提前接种弱毒株系保护植株不受其他强毒株系侵染，交叉保护受株系间亲缘关系影响，亲缘关系越近，其保护作用越强。目前，世界上已有国家通过筛选弱毒株成功将筛选的弱毒株在柑橘衰退病的防控中加以应用。为此，本文就柑橘衰退病弱毒株筛选方法和衰退病的防治手段进行阐述，以期为柑橘衰退病的防治提供参考。

1　CTV株系分化

CTV是长线型病毒属的正义单链RNA病毒[3-5]，基因组全长由19 296个核苷酸组成[6]，是已知最大的植物病毒基因组。基因组包含ORF1a、ORF1b、ORF2-ORF11共12个开放阅读框，编码19种以上的蛋白，其中与交叉保护相关P33蛋白由ORF2编码[7-8]。研究表明，衰退病毒存在明显的株系分化现象，通过5种不同指示植物（酸橙、甜橙、墨西哥株檬、葡萄柚及以酸橙为砧木的甜橙）表现的外部病症，将衰退病毒分离株系分为苗黄（SY）、速衰（QD）和茎陷点（SP）3种类型。苗黄型株系在田间较少发生，主

*　基金项目：国家自然科学基金项目（31860488）；赣州市科技创新人才计划（〔2018〕50）资助
**　第一作者：陈毅群，在读硕士研究生，主要从事柑橘病害防治研究；E-mail：326443361@qq.com
***　通信作者：易龙，教授，博士，主要从事柑橘病害防控研究；E-mail：yilongswu@163.com

要引起酸橙、葡萄柚和柠檬等植株幼期矮化、叶片褪绿及黄化；速衰型株系引起以酸橙做砧木的甜橙植株树势衰落，直至死亡；茎陷点型株系引起柚类、甜橙和柠檬等植株木质部凹陷，导致树势衰弱，果实产量和品质下降，茎陷点株系在我国柑橘产业中普遍发生[9]，对大量优质甜橙和柚类造成严重危害。

2 CTV 弱毒株筛选方法

2.1 指示植物鉴定法和血清学检测

根据指示植物接种 CTV 病毒后表现相应的症状，可对病毒做出鉴定。CTV 鉴定常以酸橙、甜橙、葡萄柚、秣檬及酸橙做砧的甜橙等 5 种指示植物[10-11]。秣檬砧嫁接苗在强毒株系表现为幼叶叶脉明显，木质部引起大量茎陷点；以酸橙鉴定苗黄型衰退病，后期表现为叶脉木栓化及开裂症状；甜橙、酸橙做砧的甜橙和葡萄柚可对茎陷点型衰退病进行鉴定。姜波[12]选取 30 个鉴定有差异的样品，嫁接在酸橙、甜橙、墨西哥秣檬和葡萄柚中，3 个月后均表现 CTV 典型症状。

目前，针对 CTV 株系鉴定已制备 50 余种单克隆抗体，其中单克隆抗体 MCA13 对速衰型 CTV 可特异性识别其衣壳蛋白的第 124 位点酪氨酸突变为苯丙氨酸，因此被广泛用于速衰型 CTV 的鉴定[13]。Peroni 等[14]通过克隆外壳蛋白基因开发了 4 种单克隆抗体，其中 MAb 39. 07 能鉴别 CTV 强毒株系。刘震[15]对重庆 CTV 分离物的 CP 基因构建表达载体，经细胞融合、筛选和克隆得到 4 株可产生 CTV 单抗的杂交瘤细胞株系，试验发现具有准确率高、速度快、灵敏度高等特点。

2.2 限制性长度片段多态性（RFLP）和单链构象多态性（SSCP）分析

Gillings 等[16]以 *Hin*f Ⅰ对 CTV *CP* 基因 RT-PCR 产物进行酶切消化，产生了 7 种与柑橘生物学特征相对应的电泳图谱，其中图谱 4 和 5 可能为弱毒株系，其他 5 个图谱可能为强毒株系。易龙等[17]对江西 14 个主产区果园的 209 份样品进行 *CP/Hin*f Ⅰ分析，发现有 1 份为第 4 组群，5 份为第 5 组群，可能为潜在弱毒株。姜波[12]对 30 份样品进行 *CP/Hin*f Ⅰ分析，发现 2 份为第 4 组群，1 份无法归类，命名为种群Ⅷ。

张建坤等[18]对湖北、湖南和江西的 120 份 CTV 阳性样品 *CP* 基因扩增产物进行 SSCP 分析，结果产生了 120 条 SSCP 带型，表明这些地区 CTV 存在广泛的混合侵染。Sambade 等[19]发现可通过 *p*18、*p*13、*p*20 和 *p*23 基因的 SSCP 分析不同 CTV 株系，但不能提供一个通用的 SSCP 标记来鉴别不同强弱株系。Licciardello 等[20]对 *p*18、*p*23 和 *p*27 基因进行扩增，采取 SSCP 与毛细管电泳相结合的方式，对不同的 SSCP 标记进行鉴别不同致病株系，该方法提高了对不同 CTV 分离株的鉴别能力。

2.3 多重分子标记及序列分析

1999 年 Hilf 等[21]针对 CTV 全基因组的 5′-UTR、*k*17 和 *pol* 三个基因片段设计了 10 对特异性引物，对 VT、T30、T3 和 T36 四种基因型进行鉴定，其中 T30 为弱毒株系，这是最早运用多重分子标记对 CTV 进行分析的研究。2010 年 Roy 等[22]对新发现的基因型 B165 设计了特异性鉴定引物，并通过分析比对多个基因组序列，重新设计鉴定 VT、T30、T3 和 T36 基因型特异性引物。Melzer 等[23]分析夏威夷柑橘 CTV 分离株系鉴定出一种新的基因型：HA。Harper[24]发现新西兰的柑橘 CTV 分离株系中存在一种可打破枳抗性的 CTV 分离株系，进一步研究发现，该分离株为新基因型 RB。潘嵩[9]、吴官维[25]、刘志芳[26]

对我国江西、湖北两地区多个县市的柑橘 CTV 样品进行多重分子标记鉴定，研究发现 CTV 分离株系以强毒株系侵染为主，且多基因型复合侵染发生严重。

Cevik 等[27]对世界多个地区柑橘 CTV 样品进行分析，发现在强毒株系中保守性高的外壳蛋白基因第 371 个核苷酸为 T，在弱毒株系中则为 A，并依据核苷酸差异设计了两对特异性引物用于强弱毒株的鉴定。Lisset 等[28]对墨西哥 8 个柑橘产区 CTV 基因组的 *CP*、*p*23、*p*13、*p*349-*B* 和 *p*349-*C* 基因片段分别构建系统发育树，结果表明弱毒株系聚集为一类，强毒株系分布较散。王亚飞等[29]对甜橙和柚中 7 个 CTV 株系 *p*20 基因进行遗传变异研究，结果表明不同寄主间寄主在甜橙的 CTV 种群存在复杂的种群结构及高种群的变异水平，并且强毒株系种群变异更大。刘志芳等[30]对江西赣南 CTV 样品的 *CP* 基因进行遗传序列分析，发现各分离株间亲缘关系高但复杂，主要以强毒株系和茎陷点型分离株为主，并发现一株弱毒株系。

3 CTV 防控技术

3.1 抗病砧木选用和苗木脱毒处理

砧木是柑橘生长的基础，以不同砧木对柑橘产量、果实品质、植株长势等都有一定影响。通过选择柑橘近亲缘种为砧木进行嫁接，可不受 CTV 的侵害，如枳、酒饼簕、菲律宾木橘等[31]。选用橘、沃尔卡姆柠檬和兰普柠檬作为砧木可用于 CTV 中速衰型株系的防治，选用枳、枳橙及枳柚杂种为砧木对 CTV 病毒具有一定抗性[32]，但任何耐病毒砧木经嫁接后，在其生长过程中均能引发 CTV 病症[33]。

对苗木脱毒处理，建立无毒苗木资源圃，切断了嫁接传播途径，可从源头遏制 CTV 的发生。研究发现某些药物可抑制和阻碍病毒的复制，筛选药物对柑橘病原进行脱毒防控已取得了一定成效[34-36]。乔芬等[37]对板蓝根和黄岑制成混合药剂处理 8 次，在白天 40 ℃（6h/d），晚上 25 ℃的温室中处理 50 天，成功脱除了柑橘衰退病和柑橘碎叶病混合感染病原。由于植物茎尖分生组织细胞增生迅速，因此茎尖生长点带毒率较低，茎尖嫁接利用带毒率低的特点，嫁接在无病砧木上培育，可获得无毒苗木。宋瑞琳等[38]通过茎尖嫁接对柑橘 CTV 病毒脱除率达 80.6%。Abbas 等[39]对巴基斯坦本地桔及甜橙以粗柠檬和酸橙为砧木进行茎尖嫁接脱除 CTV，结果表明其脱毒率高于 90%。

3.2 CTV 交叉保护防治

交叉保护（MSCP）是将弱毒株系嫁接到健康植株上，使被保护植株不受 CTV 强毒株的侵害。交叉保护发生于不同株系间，亲缘关系越近，保护则越强。柑橘 CTV 交叉保护的主要机制被认为是转录后的基因沉默（PTGS）[40]，Folimonove 等[41]认为相同基因型的同源蛋白 *p*33 蛋白在交叉保护中起到关键作用，因此，在交叉保护中，可能存在多个抗病机制对 CTV 强毒株系进行协同抵抗保护。巴西、澳大利亚、南非、日本及印度等将筛选的弱毒株系嫁接至健康植株中进行保护，避免了柑橘衰退病带来的巨大经济损失。Scott 等[42]研究发现弱毒株系 GFMS12 对葡萄柚有较好的保护效果。Susana 等[43]为更好的筛选 CTV 茎陷点和弱毒株系，对实时荧光定量 PCR 开发了 LNA 新探针，通过在凤梨甜橙中分离出的弱毒株系 T32 接种在健康植株中，接种植株不表现症状。

崔伯法等[44]从本地橘中分离出弱毒株系接种在墨西哥柠檬上再接种强毒株系，发现与单独接种强毒株的植株相比，其茎陷点数减少，长势较好；在田间以枳和枸头橙为砧木的本地橘进行不同毒性的CTV分离株嫁接传毒，5年后，接种弱毒株的果树小果率显著低于接种强毒株和未接种作对照的田间果树。陶珍珍[45]以*T*30基因型预免疫接种对田间弱毒交叉保护进行防治评估，研究发现接种弱毒株后茎陷点发生率最低为8%，大果率最高为85.7%，而接种强毒株的大果率仅为32.2%，同时还发现植株中*T*30基因型衰退病毒含量越高，茎陷点症状越弱，甚至不表现症状。刘勇[46]通过接种CTV弱毒株后接种强毒株与单接种强毒株发现，接种强毒株的甜橙引起幼叶褪绿、黄化及植株长势减弱和矮化，而经预免疫的甜橙植株症状减轻。

3.3 CTV基因工程防治

1986年Abel等[47]首次以烟草花叶病毒基因转化至烟草植株中，得到能稳定遗传的转基因烟草，开启了植物抗病基因工程的先河。目前抗病毒基因工程已成功在烟草、大豆、马铃薯等植物中应用。

Dominguez等[48]将CTV弱毒株的*p*25基因导入至墨西哥梾檬后，用CTV侵染转基因植株，发现有10%~33%的植株不表现病症，某些植株中*CP*表达积累较高，表明这些植株衣壳蛋白抗性机制正在发挥作用。Muniz等[49]对伏令夏橙和哈姆林甜橙进行基因改良发现，经基因改良的柑橘可对CTV病毒的复制过程进行阻碍。López等[50]在转基因的墨西哥梾檬中发现，siRNAs积累的数量在CTV产生RNAi引起抗性反应中起关键作用。Batuman等[51]将CTV 3′末端的*p*23基因和一个内含子构建的ihp载体导入宽皮柑橘中，发现70株中有9株表现对CTV侵染病症推迟，且不表现持久抗性；而将转基因植株嫁接至CTV病毒株中，发现转基因接穗可产生持久抗性而不表现CTV症状。

闫虎斌[52]为培育具有广泛抗性的酸橙砧木，运用RNAi技术原理对柑橘CTV强毒株系的*p*23、*p*25和*p*20基因的3个RNA沉默因子构建表达载体，经根癌农杆菌介导转化至酸橙，已成功获得转基因植株。李芳等[53]通过对柑橘CTV *p*23 RNAi载体的构建发现，经两次CTV病毒的接种，转基因植株对CTV具有完全抗性。贺红等[54]采用农杆菌转化法将具有抵抗CTV病毒侵染的*CP*基因转入枳壳，对转基因植株经Southern blot鉴定分析，表明*CP*基因已融合至枳壳核基因组中，成功得到转基因枳壳植株。

4 小结与展望

目前，国外通过筛选弱毒株系应用交叉保护技术成功对柑橘衰退病进行防治。近年来国内学者在进行大量分析发现，柑橘衰退病存在复杂株系分化现象，强毒侵染严重，且存在大量复合侵染现象，而筛选具有保护作用的弱毒株除当前技术手段外仍需依靠经验，且难以成功，在一定程度上增加了弱毒株系筛选的难度。当环境或栽培品种发生改变时，弱毒株系也将失去保护作用。为此，针对国内弱毒株系筛选可在CTV高发区果园寻找不表现CTV病症的植株中进行，采取相应的生物学分析鉴定方法可大大缩短鉴定年限，进而加快弱毒株筛选进程。

近年来我国江西、广东、福建、广西等柑橘主产区相继爆发柑橘衰退病，对柑橘产业造成巨大的经济损失。在柑橘衰退病防控中使用抗病砧木、苗木脱毒技术可从源头上遏制柑橘衰退病的发生，对柑橘苗木脱毒处理保证苗木无病出圃，并加强果园后期管理，针对性防治蚜虫，可取得一定收效；其次，采用相关检测技术，根据我国地域环境、品种特性加强弱毒株系筛选力度，筛选出有效的弱毒株进行交叉保护防治；并针对CTV外壳蛋白

（*CP*）、*p*23 蛋白及 *Ctv* 等基因在转基因柑橘中取得的成效，进一步对抗性基因的精确标记定位、分离和转化进行深入研究，以保障我国柑橘产业的持续健康发展。

参考文献

［1］ 赵学源，蒋元晖．柑橘病毒病和类似病毒病害的发生和防治［J］．南方园艺，2004，15（5）：4-10.

［2］ Yokomi R K，Tang Y Q，Yokomi R K，*et al.* A Survey of Parasitoids of Brown Citrus Aphid（Homoptera：Aphididae）in Puerto Rico［J］．Biological Control，1996，6（2）：222-225.

［3］ Koonin E V，Dolja V V，Morris T J. Evolution and Taxonomy of Positive-Strand RNA Viruses：Implications of Comparative Analysis of Amino Acid Sequences［J］．Critical Reviews in Biochemistry and Molecular Biology，1993，28（5）：375-430.

［4］ Dolja V V，Karasev A V，Koonin E V. Molecular biology and evolution of closteroviruses：sophisticated build-up of large RNA genomes.［J］．Annual Review of Phytopathology，1994，32（1）：261-285.

［5］ Ruiz-Ruiz S，Moreno P，Guerri J，*et al.* The complete nucleotide sequence of a severe stem pitting isolate of *Citrus tristeza virus* from Spain：comparison with isolates from different origins［J］．Archives of Virology，2006，151（2）：387-398.

［6］ Broadbent P. Biological Characterization of Australian Isolates of *Citrus tristeza virus* and Separation of Subisolates by Single Aphid Transmissions［J］．Plant Disease，1996，80（3）：329.

［7］ Folimonova S Y. Developing an understanding of cross-protection by *Citrus tristeza virus*［J］．Frontiers in Microbiology，2013，4（3）：76.

［8］ Folimonova S Y. Superinfection exclusion is an active virus-controlled function that requires a specific viral protein［J］．Journal of Virology，2012，86（10）：5554-5561.

［9］ 潘嵩．我国部分地区柑橘衰退病毒基因型研究［D］．武汉：华中农业大学，2010.

［10］ Garnsey S M，Civerolo E L，Gumpf D J，*et al.* Development of a Worldwide Collection of Citrus *tristeza virus* Isolates［Z］．California：University of California，1991：113-120.

［11］ Broadbent P. Biological characterization of Australian isolates of *Citrus tristeza* virus and separation of subisolates by single aphid transmissions［J］．Plant Disease，1996，80（3）：329.

［12］ 姜波．柑橘衰退病毒血清学及分子生物学特性研究［D］．武汉：华中农业大学，2007.

［13］ Pappu H，Pappu S，Niblett C，*et al.* Comparative sequence analysis of the coat proteins of biologically distinct citrus tristeza closterovirus isolates［J］．Virus Genes，1993，7（3）：255-264.

［14］ Peroni L A，Lorencini M，Dos Reis J R，*et al.* Differential diagnosis of Brazilian strains of *Citrus tristeza virus* by epitope mapping of coat protein using monoclonal antibodies.［J］．Virus Research，2009，145（1）：18-25.

［15］ 刘震．柑橘衰退病毒和柑橘黄化脉明病毒单克隆抗体的制备及其应用［D］．杭州：浙江大学，2016.

［16］ Gillings M，Broadbent P，Indsto J，*et al.* Characterisation of isolates and strains of citrus tristeza closterovirus using restriction analysis of the coat protein gene amplified by the polymerase chain reaction.［J］．Journal of Virological Methods，1993，44（2-3）：305.

［17］ 易龙，赖晓桦，卢占军，等．江西柑橘主产区柑橘衰退病毒分离株组群分析［J］．植物保护，2012，38（4）：112-114.

［18］ 张建坤，洪霓，王国平．应用 SSCP 技术分析我国柑橘衰退病毒的混合感染［J］．果树学报，

2006 (3): 346-349.

[19] Sambade A, Rubio L, Garnsey S M, *et al*. Comparison of viral RNA populations of pathogenically distinct isolates of *Citrus tristeza virus*: application to monitoring cross-protection [J]. Plant Pathology, 2002, 51 (3): 257-265.

[20] Licciardello G, Raspagliesi D, Bar-Joseph M, *et al*. Characterization of isolates of *Citrus tristeza virus* by sequential analyses of enzyme immunoassays and capillary electrophoresis-single-strand conformation polymorphisms [J]. Journal of Virological Methods, 2012, 181 (2): 139-147.

[21] Hilf M E, Karasev A V, Albiach-Marti M R, *et al*. Two Paths of Sequence Divergence in the *Citrus tristeza virus* Complex [J]. Phytopathology, 1999, 89 (4): 336-342.

[22] Roy A, Brlansky R H. Genome analysis of an orange stem pitting *Citrus tristeza virus* isolate reveals a novel recombinant genotype [J]. Virus Research, 2010, 151 (2): 118-130.

[23] Melzer M J, Borth W B, Sether D M, *et al*. Genetic diversity and evidence for recent modular recombination in Hawaiian *Citrus tristeza virus* [J]. Virus Genes, 2010, 40 (1): 111-118.

[24] Harper S J. *Citrus tristeza virus*: evolution of complex and varied genotypic groups [J]. Frontiers in Microbiology, 2013, 4.

[25] 吴官维．我国柑橘衰退病毒的遗传多样性分析及其外壳蛋白的抗原表位鉴定 [D]. 赣州：华中农业大学，2014.

[26] 刘志芳．赣南地区柑橘衰退病毒遗传多样性及基因型分析 [D]. 赣州：赣南师范学院，2015.

[27] Detection and differentiation of strains of citrus tristeza closterovirus using a point mutation and minor sequence differences in their coat protein genes [J]. Phytopathology, 1996, 86 (11 SUPPL): S101.

[28] Herrera-Isidrón L, Ochoa-Sánchez J C, Rivera-Bustamante R, *et al*. Sequence diversity on four ORFs of *Citrus tristeza virus* correlates with pathogenicity [J]. Virology Journal, 2009, 6 (1): 116.

[29] 王亚飞，阮涛，周彦，等．甜橙和柚中 CTV 强弱毒株系 *p*20 的遗传变异 [J]. 中国农业科学，2017, 50 (7): 1343-1350.

[30] 刘志芳，易龙，卢占军，等．赣南柑橘产区衰退病毒外壳蛋白基因初步分析 [J]. 南方农业学报，2015, 46 (1): 15-20.

[31] Yoshida T, Shichijo T, Ueno I, *et al*. Survey for resistance of citrus cultivars and hybrid seedlings to *Citrus tristeza virus* (CTV) [J]. Life Sciences, 1983.

[32] 刘永清，周常勇，周彦．抗柑橘衰退病毒基因工程研究进展 [J]. 中国农业科学，2012, 45 (14): 2848-2855.

[33] Barjoseph M, Marcus A R, Lee R F. The Continuous Challenge of Citrus Tristeza Virus Control [J]. Annual Review of Phytopathology, 1989, 27 (1): 291-316.

[34] Hu J, Jiang J, Wang N. Control of *Citrus Huanglongbing via* Trunk Injection of Plant Defense Activators and Antibiotics [J]. Phytopathology, 2018, 108 (2): 186-195.

[35] 隆雨薇．柑橘成年态组织培养及脱毒方法的研究 [D]. 武汉：华中农业大学，2015.

[36] 王圣通．黄龙病对柑橘果实品质的影响及其防治药剂的初步筛选 [D]. 广州：华南农业大学，2016.

[37] 乔芬，祁鹏志，伏卉，等．柑橘衰退病和碎叶病复合感染病原的脱毒研究 [J]. 华中农业大学学报，2011, 30 (4): 416-421.

[38] 宋瑞琳，吴如健，柯冲．茎尖嫁接脱除柑橘主要病原的研究 [J]. 植物病理学报，1999

(3): 275-279.

[39] Abbas M, Khan M M, Fatima B, *et al.* Elimination of Citrus tristeza closterovirus (CTV) and production of certified citrus plants through shoot-tip micrografting [J]. Pakistan Journal of Botany, 2008, 40 (40): 1301-1312.

[40] Zhou C Y, Hailstones D, Broadbent P, Connor R, Bowyer J. Studies on mild strain cross protection against stem-pitting Citrus tristeza virus [C] //Proceedings of the 15th Conference of the International Organization of Citrus Virologists. Riverside: IOCV, 2002: 125-157.

[41] Folimonova, Y. S. Superinfection Exclusion Is an Active Virus-Controlled Function That Requires a Specific Viral Protein [J]. Journal of Virology, 2012, 86 (10): 5554-5561.

[42] Scott K A, Hlela Q, Zablocki O, *et al.* Genotype composition of populations of grapefruit-cross-protecting citrus tristeza virus strain GFMS12 in different host plants and aphid-transmitted sub-isolates [J]. Archives of Virology, 2013, 158 (1): 27-37.

[43] Susana R, Josep N, Pedro M, *et al.* A New Procedure for Rapid Evaluation of The Ability of Citrus Tristeza Virus Mild Isolates to Cross Protect Against Severe Isolates [C]. International Society for Horticultural Science (ISHS), Leuven, Belgium, 2015.

[44] 崔伯法，崔圣为，王洪祥，等．本地早柑橘衰退病毒病的交叉保护研究 [J]. 浙江大学学报(农业与生命科学版)，2005 (4): 433-438.

[45] 陶珍珍．甜橙茎陷点型弱毒株基因型的时空分布及其田间防效评估 [D]. 重庆：西南大学，2015.

[46] 刘勇．CTV 弱毒株系侵染对寄主基因表达的影响及其与强毒株系的互作研究 [D]. 武汉：华中农业大学，2012.

[47] Abel P P, Nelson R S B D, De B, *et al.* Delay of disease development in transgenic plants that express the Tobacco Mosaic Virus coat protein gene [J]. Science, 1986, 232 (4751): 738-743.

[48] Domínguez A, de Mendoza A H, Guerri J, *et al.* Pathogen-derived resistance toCitrus tristeza virus (CTV) in transgenic mexican lime (Citrus aurantifolia (Christ.) Swing.) plants expressing itsp25coat protein gene [J]. Molecular Breeding, 2002, 10 (1-2): 1-10.

[49] Muniz F R, Souza A J D, Stipp L C L, *et al.* Genetic transformation of Citrus sinensis with *Citrus tristeza virus* (CTV) derived sequences and reaction of transgenic lines to CTV infection [J]. Biologia Plantarum, 2012, 56 (1): 162-166.

[50] López C, Cervera M, Fagoaga C, *et al.* Accumulation of transgene-derived siRNAs is not sufficient for RNAi-mediated protection against *Citrus tristeza virus* in transgenic Mexican lime [J]. Molecular Plant Pathology, 2010, 11 (1): 33-41.

[51] Batuman O, Mawassi M, Bar-Joseph M. Transgenes consisting of a dsRNA of an RNAi suppressor plus the 3′UTR provide resistance to *Citrus tristeza virus* sequences in Nicotiana benthamiana but not in citrus [J]. Virus Genes, 2006, 33 (3): 319-327.

[52] 闫虎斌．柑橘衰退病 RNAi/PTGS 载体的构建及转化酸橙研究 [D]. 重庆：西南大学，2008.

[53] 李芳，邓子牛，赵亚，等．柑橘衰退病毒基因 p23 RNAi 载体的构建及转化 [J]. 中国农业科学，2016, 49 (20): 3927-3933.

[54] 贺红，韩美丽，李耿光．农杆菌介导转化法构建转 CTV-cp 的枳壳植株 [J]. 中国中药杂志，2001 (1): 22-24.

柑橘叶斑驳病毒外壳蛋白基因的原核表达*

丁　敏[1**]，黄爱军[1,2***]

（1. 赣南师范大学生命科学学院；2. 国家脐橙工程技术研究中心，赣州　341000）

摘　要：柑橘叶斑驳病毒（*Citrus leaf blotch virus*，CLBV）属β-线性病毒科柑橘病毒属，是一种正义单链 RNA 病毒，可侵染大多数的柑橘品种。CLBV 在世界上很多个国家都有发现，在中国，该病毒于 2016 年首次在樱桃上被发现，2017 年有报道称该病在柑橘上被发现。CLBV 侵染柑橘属植物后，可引起金橘和枳壳芽接合部失调，橘橙叶片斑驳，香橼茎痘以及部分分离物可引起甜橙叶片明脉等症状。CLBV 通常与以枳橙或柚子作为砧木上的接穗异常结合有关，柑橘的接穗与砧木的不亲和性会直接危害柑橘树的生长，进而造成柑橘产业重大的经济损失，因此对 CLBV 检测方法的研究尤为重要。目前，对 CLBV 的检测主要有指示植物鉴定、RT-PCR 法及实时荧光定量 RT-PCR。RT-PCR 法虽然灵敏度高、特异性较强，在实验室比较常用，但前期样品处理以及 RNA 抽提较复杂，检测成本较高。赣南是中国最大的脐橙产区，且多以枳类做砧木，为更加方便快捷的检测 CLBV 在本地区的发生情况，本研究旨在建立 CLBV 的血清学检测体系。将 CLBV 外膜蛋白（coat protein，CP）基因全长克隆至表达载体 pET30a（+），重组质粒转入 BL21（DE3）感受态中，经过小试不同温度和不同 IPTG 浓度诱导得出最适诱导条件，16℃条件下，经 0.4mmol/L IPTG 诱导可获得大量与预期大小一致的蛋白，蛋白大小为 42ku。包涵体检测结果显示，上清液和沉淀中目的蛋白均有表达。对目的蛋白进行大量诱导表达，并通过镍柱亲和纯化，咪唑洗脱，所得纯化后的目的蛋白用 Bradford 法测定蛋白浓度，选择纯度和浓度均达到标准的目标蛋白用于多克隆抗体制备。目前，笔者已通过免疫家兔的方式获得了相应抗体，为后期的 CLBV 的血清学检测体系的建立打下了基础。

关键词：柑橘叶斑驳病毒；*CP* 基因；原核表达；蛋白纯化

---

* 基金项目：江西省重点研发计划项目（20161ACF60016）

** 第一作者：丁敏，在读硕士研究生，主要从事柑橘病害防治研究；E-mail: 15707973101@163.com

*** 通信作者：黄爱军，博士，主要从事柑橘病害防控研究；E-mail：hajgnnu@sina.com

番瓜根腐病菌新成员——露湿拟漆斑菌 *Paramyrothecium roridum**

何苏琴[1,2**]，文朝慧[3]，张广荣[4]，白　滨[5,6]，荆卓琼[1,2]

(1. 甘肃省农业科学院植物保护研究所，兰州　730070；
2. 农业部天水作物有害生物科学观测实验站，天水　741200；
3. 甘肃出入境检验检疫局检验检疫综合技术中心，兰州　730020；
4. 甘肃省白银市植保植检站，白银　730900；
5. 甘肃省农业科学院农业质量标准与检测技术研究所，兰州　730070；
6. 农业部农产品质量安全风险评估实验室（兰州），兰州　730070)

摘　要：露湿拟漆斑菌 *Paramyrothecium roridum* 是一种世界性分布、寄主范围广泛的植物病原真菌，根据美国农业部数据，其寄主植物的种类已超过 200 种，可侵染植物的叶片、果实和根，引起叶斑、溃疡、果腐和根腐等。2013 年 12 月，甘肃省白银市水川镇的日光温室中的番瓜发生了严重的根腐和冠腐病，部分棚室病株率达 50%，从病根和病茎上分离得到拟漆斑菌属真菌 3 株（病株分出率为 27. 3%）。采用胚根接种法测定了代表性菌株 FG-62 对番瓜的致病性（试验期间温度：25℃±3℃）：接种后 40 天，番瓜苗呈现出严重的根腐症状，从病根上可 100%分离出原接种菌。菌株 FG-62 在 PDA 平板上 25℃培养 7d，菌落直径 37. 0~38. 0mm；在 PDA 平板上，气生菌丝白色疏松或毡状，随着培养时间的推移，菌落表面出现大量墨绿色至黑色分生孢子堆，菌落背面呈深桃红色，但分生孢子堆的产生量及菌落色素的有无在不同重复间变异程度很大；分生孢子梗无色，产生 2~3 级复分枝，分枝顶部生 3~4 个产孢细胞；产孢细胞安培瓶形至圆柱形，（4. 93~14. 08）μm×（1. 41~2. 68）μm；分生孢子无色至淡橄榄黑色，单胞，杆状或腰鼓形，两端钝圆，（7. 04~9. 15）μm×（1. 97~2. 46）μm，聚集的分生孢子呈黑色。BLASTn 分析结果显示，菌株 FG-62（GenBank Acc. No. MK252098）的 rDNA-ITS 序列与 *Paramyrothecium roridum* 分离物 E-178. 3（GenBank Acc. No. KU059976. 1）的序列同源性达 99. 65%。经 Koch's 法则证病、病原菌形态学和分子生物学鉴定，明确了菌株 FG-62 对番瓜的致病性，并将其鉴定为露湿拟漆斑菌 *Paramyrothecium roridum* [Basionym：*Myrothecium roridum*]。这是露湿拟漆斑菌引起番瓜根腐的首次报道，该菌也成为番瓜根腐病菌的新成员。

关键词：番瓜；根腐病；露湿拟漆斑菌

---

* 基金项目：国家重点研发计划（SQ2018YFD020082）；甘肃省农业科学院农业科技创新专项（2017GAAS23；2013GAAS20）

** 第一作者：何苏琴；E-mail：gshesuqin@ sina. com

甘蔗赤腐病菌变异、分子检测及甘蔗抗病性研究*

李　婕**，张荣跃，王晓燕，单红丽，尹　炯，罗志明，仓晓燕，黄应昆***
（云南省农业科学院甘蔗研究所，云南省甘蔗遗传改良重点实验室，开远　661699）

摘　要：由镰孢炭疽菌（*Colletotrichum falcatum* Went.）引起的甘蔗赤腐病是造成甘蔗严重损失的重要真菌病害之一，通常被称为甘蔗的“癌症”，大面积流行暴发将会给甘蔗生产造成巨大损失，目前已造成云南临沧、孟连、石屏多片蔗区甘蔗成片死亡，已由次要病害上升为主要病害。由于该病原菌频繁变异导致防控困难，目前对该病害药剂防控效果不理想，仍无有效、彻底的根治措施，因此甘蔗赤腐病菌变异研究及甘蔗抗病研究是实现病害持久可持续控制的必由之路。本文结合甘蔗赤腐病的发生流行特点及国内外最新研究，提出以选种抗病品种为主，用木霉菌、假单胞菌、芽孢杆菌等生物防治剂进行蔗种及土壤处理进行预防，关键时期及时施药，同时加强田间管理等科学有效综合协调防控措施；重点从甘蔗赤腐病菌形态变异、致病性变异、分子变异分析了甘蔗赤腐病菌遗传变异，论述了甘蔗赤腐病快速分子检测技术及甘蔗抗病研究进展；并就深入开展甘蔗赤腐病研究进行展望，以期为我国甘蔗赤腐病的研究和防控提供理论依据。

关键词：甘蔗；赤腐病；变异；分子检测；抗病；防控对策

---

* 基金项目：国家现代农业产业技术体系（糖料）建设专项资金（CARS-170303）；“云岭产业技术领军人才”培养项目“甘蔗有害生物防控”（2018LJRC56）；云南省现代农业产业技术体系建设专项资金（YNGZTX-4-92）

** 第一作者：李婕，研究实习员，主要从事甘蔗病害研究；E-mail：lijie0988@163.com
*** 通信作者：黄应昆，研究员，从事甘蔗病害防控研究；E-mail：huangyk64@163.com

甘蔗新良种对甘蔗褐锈病的自然抗性评价*

李文凤**，王晓燕，单红丽，张荣跃，李　婕，尹　炯，
罗志明，仓晓燕，黄应昆***
（云南省农业科学院甘蔗研究所，云南省甘蔗遗传改良重点实验室，开远　661699）

摘　要：甘蔗褐锈病发生与品种抗性密切相关，不同的甘蔗品种对黑顶柄锈菌的抗性不一，筛选和种植抗病品种是防治甘蔗褐锈病最为经济有效的措施。为明确近年国家及省甘蔗体系育成的50个新良种对黑顶柄锈菌的抗性，筛选抗褐锈病优良新品种供生产上推广应用。2015—2018年通过在云南保山、开远、临沧、德宏4个区域化试验站，采用田间自然抗性调查与分子标记辅助鉴定抗性基因的方法，对中国近年选育的50个新品种及2个主栽品种进行自然抗性评价及抗黑顶柄锈菌基因Bru1的分子检测。根据叶片上病斑有无及占叶面积的比率按1~9级划分进行甘蔗褐锈病自然抗性评价。田间自然发病调查结果表明，50个新良种中13个新良种表现高抗，16个新良种表现抗病，3个新良种表现中抗，18个新良种表现为中感到高感；2个主栽品种新台糖16号和新台糖22号均表现高抗。根据自然抗性评价及分子检测结果推荐选种云蔗05-51、云蔗05-49、柳城05-136、柳城07-500、福农38号、福农0335、粤甘34号、粤糖40号、桂糖30号、桂糖32号等抗病优良新品种，早中晚熟多品种搭配，可抑制甘蔗褐锈病暴发流行。

关键词：甘蔗；新良种；褐锈病；自然抗性

---

* 基金项目：国家现代农业产业技术体系（糖料）建设专项资金（CARS-170303）；“云岭产业技术领军人才”培养项目“甘蔗有害生物防控”（2018LJRC56）；云南省现代农业产业技术体系建设专项资金

** 第一作者：李文凤，研究员，主要从事甘蔗病害研究；E-mail：ynlwf@163.com

*** 通信作者：黄应昆，研究员，从事甘蔗病害防控研究；E-mail：huangyk64@163.com

甘蔗新良种及主栽品种对甘蔗梢腐病的自然抗性评价*

李文凤**，张荣跃，单红丽，王晓燕，李　婕，尹　炯，
罗志明，仓晓燕，黄应昆***
（云南省农业科学院甘蔗研究所，云南省甘蔗遗传改良重点实验室，开远　661699）

摘　要：不同的甘蔗品种对甘蔗梢腐病的抗性不一，筛选和种植抗病品种是防治甘蔗梢腐病最为经济有效的措施。为明确近年国家及省甘蔗体系育成的新良种及云南蔗区各地主栽品种对甘蔗梢腐病的抗性，筛选抗梢腐病优良新品种供生产上推广应用。2015—2018年对云南保山、开远、临沧、德宏4个区域化试验站示范新良种及云南蔗区各地主栽品种进行自然抗性调查评价。新良种自然抗性评价结合区域化试验进行，在10月底梢腐病发病稳定后，各处理小区采用3点（3行）取样，每点（行）顺序连续调查100株，共300株，记录调查总株数及发病株数，计算发病株率；云南蔗区各地主栽品种自然抗性调查评价，在10月底梢腐病发病稳定后，选择代表性田块采用3点（3行）取样，每点（行）顺序连续调查100株，共300株，记录调查总株数及发病株数，计算病株率。根据各品种病株率按1~5级划分进行甘蔗梢腐病自然抗性评价。田间自然发病调查结果表明，51个新良种中33个表现中抗到高抗，18个表现为感病到高感；20个主栽品种中10个表现中抗到高抗，10个表现为感病到高感。根据甘蔗新良种及主栽品种对梢腐病的自然抗性评价结果，推荐选种云蔗03-194、云蔗05-51、柳城05-136、柳城07-500、福农38号、海蔗22号、粤甘46号、粤糖40号、桂糖30号、桂糖44号等抗病优良新品种，淘汰粤糖93-159、粤糖86-368、新台糖25号、新台糖1号、盈育91-59、川糖79-15等感病主栽品种。区域内甘蔗种植品种要多样化，早中晚熟多品种搭配，可抑制梢腐病暴发流行。

关键词：甘蔗；新良种及主栽品种；梢腐病；自然抗性

---

* 基金项目：国家现代农业产业技术体系（糖料）建设专项资金（CARS-170303）；"云岭产业技术领军人才"培养项目"甘蔗有害生物防控"（2018LJRC56）；云南省现代农业产业技术体系建设专项资金

** 第一作者：李文凤，研究员，主要从事甘蔗病害研究；E-mail：ynlwf@163.com

*** 通信作者：黄应昆，研究员，从事甘蔗病害防控研究；E-mail：huangyk64@163.com

不同品种不同植期甘蔗白叶病自然发病率调查与巢式 PCR 检测分析*

李文凤**，张荣跃**，黄应昆***，王晓燕，单红丽，
李　婕，仓晓燕，尹　炯，罗志明
（云南省农业科学院甘蔗研究所，云南省甘蔗遗传改良重点实验室，开远　661699）

摘　要：甘蔗白叶病（Sugarcane white leaf，SCWL）是一种世界性的甘蔗毁灭性病害，对甘蔗生产危害极大。为明确不同甘蔗品种对甘蔗白叶病植原体（*Sugarcane white leaf phytoplasma*）的抗性，探明甘蔗品种抗性对病害发生流行的影响。本研究对 SCWL 严重发病蔗区云南耿马主栽及主推甘蔗品种粤糖 86-368、粤糖 93-159、ROC22、盈育 91-59、ROC25、粤糖 60 号、柳城 05-136 不同植期甘蔗白叶病田间自然发病率进行调查，并采集了 780 份样品进行 SCWL 植原体巢式 PCR 检测。田间调查结果表明，不同品种田间自然发病率不同，其中粤糖 86-368 平均发病率 75%（严重田块高达 90.33%）、粤糖 60 号平均发病率 73.5%、ROC22 平均发病率 59.66%、ROC25 平均发病率 55%、粤糖 93-159 平均发病率 37%，盈育 91-59 平均发病率 29.89%，柳城 05-136 平均发病率 13.67%；所有品种宿根蔗均比新植蔗发病严重，宿根年限越长发病越重。SCWL 植原体阳性检出率为 70%~100%，其中柳城 05-136 平均阳性检出率为 96.67%、粤糖 86-368 平均阳性检出率为 95.56%、粤糖 60 号平均阳性检出率为 95%、粤糖 93-159 平均阳性检出率为 92.50%、ROC25 平均阳性检出率为 91.67%、ROC22 平均阳性检出率为 91.34%，盈育 91-59平均阳性检出率为 90.95%；从植期上看，1 年新植平均阳性检出率为 90%，2 年宿根平均阳性检出率为 91.43%，3 年宿根平均阳性检出率为 96.67%。研究结果明确了 7 个主栽及主推品种对甘蔗白叶病植原体的自然抗性，为生产用种选择和有效防控甘蔗白叶病提供了依据。

关键词：甘蔗品种；植期；白叶病；田间发病率；巢式 PCR 检测

---

* 基金项目：国家自然科学基金项目（31760504）；国家现代农业产业技术体系（糖料）建设专项资金（CARS-170303）；云岭产业技术领军人才培养项目“甘蔗有害生物防控”（2018LJRC56）；云南省农业基础研究联合专项［2017FG001（-054）］；云南省现代农业产业技术体系建设专项资金

** 第一作者：李文凤，研究员，主要从事甘蔗病害研究；E-mail：ynlwf@163.com
张荣跃为共同第一作者

*** 通信作者：黄应昆，研究员，从事甘蔗病害防控研究；E-mail：huangyk64@163.com

复合多功能配方药剂对甘蔗褐锈病防控效果评价*

李文凤**，单红丽，王晓燕，张荣跃，李　婕，
尹　炯，罗志明，仓晓燕，黄应昆***
（云南省农业科学院甘蔗研究所，云南省甘蔗遗传改良重点实验室，开远　661699）

摘　要：近年云南蔗区雨季来得早且持续时间长，阴雨天多、日照少、温凉高湿，再加上高感品种粤糖60号、德蔗03-83、柳城03-1137规模化连片种植，为甘蔗褐锈病大发生流行创造了极其有利条件，导致甘蔗褐锈病在云南版纳、普洱、临沧、德宏等主产蔗区大面积流行危害成灾，减产减糖严重。为筛选防控甘蔗褐锈病的复合多功能配方药剂及精准施药技术，选用80%代森锰锌WP、25%嘧菌脂EC、25%吡唑醚菌脂SC、30%苯甲嘧菌酯SC、75%百菌清WP、50%多菌灵WP进行人工叶面喷施田间药效试验和生产示范验证。试验结果及综合评价分析显示，（80%代森锰锌WP 1 500g+75%百菌清WP 1 500g+磷酸二氢钾2 400g+农用增效助剂300mL）/hm^2、（30%苯甲嘧菌酯SC 900mL +磷酸二氢钾2 400g+农用增效助剂300mL）/hm^2等2个药剂配方处理对甘蔗褐锈病均具有良好的防治效果，2个药剂配方处理的病情指数均在18.52%以下，其防效均达81.11%以上，显著高于对照药剂配方处理（75%百菌清WP 1 500g+磷酸二氢钾2 400g+农用增效助剂300mL）/hm^2和（50%多菌灵WP 1 500g+磷酸二氢钾2 400g+农用增效助剂300mL）/hm^2的防效66.13%和49.75%。2个药剂配方处理防控效果显著、稳定，推荐为防控甘蔗褐锈病最佳药剂配方，可在6—7月发病初期，按2个药剂配方每公顷用药量对水900kg，采用电动背负式喷雾器人工叶面喷施、7~10d喷1次，连喷2次，可有效控制甘蔗褐锈病流行危害。

关键词：复合多功能配方药剂；甘蔗褐锈病；防效评价

---

* 基金项目：国家现代农业产业技术体系（糖料）建设专项资金（CARS-170303）；“云岭产业技术领军人才”培养项目“甘蔗有害生物防控”（2018LJRC56）；云南省现代农业产业技术体系建设专项资金

** 第一作者：李文凤，研究员，主要从事甘蔗病害研究；E-mail：ynlwf@163.com

*** 通信作者：黄应昆，研究员，从事甘蔗病害防控研究；E-mail：huangyk64@163.com

海南槟榔黄化病诊断及病原快速检测技术研究与示范应用*

车海彦，曹学仁，罗大全**
（中国热带农业科学院环境与植物保护研究所，农业部热带作物有害生物综合治理重点实验室，海口　571101）

摘　要：槟榔（*Areca cathecu* L.）是海南省最具特色的热带经济作物之一。近 20 年来，海南槟榔产业呈现井喷式增长，种植面积已达 233.7 万亩，年种植及初加工产值约 287.3 亿元，超越天然橡胶成为海南省第一大经济作物，是 230 多万农民的主要经济来源。黄化病是一种严重为害槟榔生产种植的毁灭性传染病害，近年来槟榔黄化现象快速蔓延，在琼海、万宁、陵水、三亚、保亭、定安、乐东、五指山、琼中等市县都有发生。本项目组通过对海南槟榔黄化病的发生历史、分布范围及病害症状进行系统调查和描述，明确了槟榔黄化病的严重发生区域及症状类型，建立了田间快速诊断方法；采用电子显微镜观察、抗菌素注射诊断、PCR 技术检测等研究方法，明确引起海南槟榔黄化病的病原是植原体；在病原鉴定的基础上，建立了槟榔黄化病植原体的实时荧光 PCR 快速检测技术，并开发了相应的快速检测试剂盒；将田间诊断和病原快速检测技术相结合，集成了黄化病疫情监测技术体系，构建了海南槟榔黄化病疫情共享和监测平台。在万宁、琼海、文昌、定安、屯昌和保亭等市（县）建立了槟榔黄化病疫情监测技术集成和应用示范点 18 个，面积共计约6 290亩。

关键词：槟榔黄化病；诊断；检测；监测；综合防控

---

* 基金项目：中国热带农业科学院基本科研业务费（1630042017023）；中国热带农业科学院环境与植物保护研究所自主选题项目（hzsjy2017007）；海南省槟榔病虫害重大科技计划项目（ZDKJ201817）

** 通信作者：罗大全，研究员，主要从事热带作物病理学研究

槟榔细菌性叶斑病菌全基因组测序及比较基因组学分析*

唐庆华**，覃伟权***，于少帅，宋薇薇，余凤玉，牛晓庆，杨德洁，王晔楠
（中国热带农业科学院椰子研究所，文昌 571339）

摘　要：由须芒草伯克霍尔德氏菌（*Burkholderia andropogonis*）侵染引起的槟榔细菌性叶斑病是槟榔生产上最严重的细菌性病害之一。对代表性菌株 Y30（中国典型培养物保藏中心编号：CCTCC AB2014035）进行了初步测序，通过 Illumina Hiseq 2000 平台测序，Y30 共产生 1 207 Mb 数据。基于测序数据组装获得的 Y30 基因组大小为7 075 563bp，GC含量 58.67%，共 33 个 scaffold，155 个 contig。通过基因预测、重复序列预测、非编码 RNA 预测等方法获取 Y30 基因组的组成情况。Y30 的基因组含有7 081个基因，总长度为6 231 444bp，平均长度 880bp，占基因组全长的 88.07%。串联重复序列共 120 个，总长为19 152bp，占基因组全长的 0.27%。小卫星序列 49 个，微卫星序列 38 个。tRNA 58 个，rRNA 12 个。将菌株 Y30 与其他 *Burkholderia* 全基因组序列进行了共线性分析，结果显示 Y30 菌株与 *B. cenocepacia* 菌株 J 2315 和 *B. xenovorans* 菌株 LB400 全基因组核酸共线性最高。用 Glimmer3.0 软件对 Y30 基因组的 ORF 进行预测，获得7 081个编码基因，依据 COG 分类标准将7 081个基因划分为 22 类。通过与 KEGG 数据库进行比对，Y30 的7 081个基因可划分为 34 类。

关键词：槟榔细菌性叶斑病；须芒草伯克霍尔德氏菌；全基因组

---

* 基金项目：2018 年海南省槟榔病虫害重大科技项目（ZDKJ201817）；中国热带农业科学院基本科研业务费专项（1630152017015）

** 第一作者：唐庆华，博士，副研究员，研究方向为病原细菌—植物互作功能基因组学及植原体病害综合防治；E-mail：tchuna129@ 163. com

*** 通信作者：覃伟权，研究员，主要从事植物保护研究；E-mail：QWQ268@ sohu. com

数字 PCR 技术在槟榔黄化植原体检测上的应用前景分析*

唐庆华**，覃伟权***，于少帅，宋薇薇，余凤玉，牛晓庆，杨德洁，王晔楠
（中国热带农业科学院椰子研究所，文昌 571339）

摘　要：黄化病是一种严重制约中国和印度槟榔产业发展的致死性病害。在中国，有学者提出植原体为该病的病原之一，然而受植原体无法人工培养、槟榔不能嫁接等因素制约，国内尚未完成柯赫氏法则验证（通过间接方法），故学界对该结论争议较大；此外，槟榔黄化植原体（Arecanut yellow leaf phytoplasma，AYL）检出率不足的缺点也是争论的焦点之一。AYL 需用巢氏 PCR 扩增其产物才能满足测序要求，由此可见其含量非常低。车海彦采用 Real-time quantitative PCR（qPCR，第二代检测技术）对槟榔不同部位进行了检测，结果显示花苞、心叶、第 2 片叶、第 3 片叶、第 5 片叶、根的检出率分别为 100.00%、80.00%、26.7%、46.7%、60.00%、0。由此可见，AYL 分布不均。上述两点严重地制约着 AYL 检出效率。目前，如何提高 AYL 检测灵敏度已成为亟待解决的问题。2011 年面世的第三代检测技术-微滴式数字 PCR（Droplet digital PCR，dPCR）克服了 qPCR 检测灵敏度、精确度受限制的缺点。迄今，该技术现已成功应用于植物病原菌、农业以及医疗系统检测。Bahder 等于 2018 年首次用该技术对椰子、海枣等棕榈植物病原植原体进行了检测研究，结果显示 dPCR 较 qPCR 灵敏度更高。我们正尝试将 dPCR 技术引入 AYL 检测，该技术有望解决检出率低的难题，也有助于槟榔黄化病早期检测及防控并为 AYL 病原说提供更多有力的证据。

关键词：槟榔黄化病；植原体；检测；数字 PCR

---

* 基金项目：2018 年海南省槟榔病虫害重大科技项目（ZDKJ201817）；中国热带农业科学院基本科研业务费专项（1630152017015）

** 第一作者：唐庆华，博士，副研究员，研究方向为热带棕榈植物病害及综合防治技术

*** 通信作者：覃伟权，研究员，主要从事植物保护研究；E-mail：QWQ268@ sohu. com

咖啡锈菌巢式 PCR 分子检测方法的建立*

吴伟怀**，梁艳琼，郑金龙，黄　兴，习金根，李　锐，贺春萍，易克贤***

（中国热带农业科学院环境与植物保护研究所，农业农村部热带作物有害生物综合治理重点实验室，海南省热带农业有害生物监测与控制重点实验室，海口　571101）

摘　要：由驼孢锈菌（*H. vastatrix*）引起的咖啡叶锈病是小粒种咖啡生长过程中一种毁灭性病害。利用现代分子检测技术对该病原菌进行监测有助于咖啡锈病的预测预报。本研究利用真菌基因组内源转录间隔区通用引物 ITS1/ITS4 为第一轮扩增引物，以咖啡锈菌特异性引物 Hv-ITS-F（GGTACACCTGTTTGAGAGTATG），Hv-ITS-R（CAAAATATGT-CATACCTCTC ATTCT）为第二轮扩增引物，以建立咖啡锈菌巢式 PCR 检测技术。试验结果表明，利用上述引物对，前后两轮扩增退火温度分别为 55℃与 58℃时，该检测技术仅能从含有咖啡锈菌 NDA 组中扩增出约 346bp 的特异条带，而从其他真菌 DNA 中均扩增不出任何条带。其检测灵敏度在 DNA 水平上可达 10^{-4}ng/μL，较常规 PCR 提高 100 倍。利用该检测技术对 91 个大田疑似样品进行检测，其检出率为 95.6%。总之，本研究所建立的咖啡锈菌巢式 PCR 检测方法对病原菌的早期快速检测、鉴定及病害流行学研究具有重要意义。

关键词：咖啡叶锈病；咖啡驼孢锈菌；巢式 PCR；分子检测

* 基金项目：国家重点研发项目“特色经济作物化肥农药减施技术集成研究与示范”（2018YFD0201100）；中国热带农业科学院基本科研业务费专项资金（1630042017021；1630042019030）；农业部国际交流与合作项目“热带农业对外合作试验站建设和农业走出去企业外籍管理人员培训（SYZ2019-08）；FAO/IAEA 合作研究项目（No. 20380）

** 第一作者：吴伟怀，副研究员；研究方向：植物病理；E-mail：weihuaiwu2002@ 163. com

*** 通信作者：易克贤，博士，研究员；研究方向：热带作物真菌病害及其抗性育种；E-mail：yikexian@ 126.com

哈尔滨市小天蓝绣球白粉病的病原菌鉴定*

司修洋**，张　鹏，刘齐月，陶　磊，刘大伟
（东北农业大学农学院植物保护系，哈尔滨　150030）

摘　要：小天蓝绣球（*Phlox drummondii* Hook.），又称雁来红、金山海棠、福禄考，是一种极具观赏性的一年生草本花卉类植物，在北方被用来城市绿化。在小天蓝绣球的生长过程中，白粉病已成为其所患病害中最为严重的一种，给小天蓝绣球产业造成了巨大的损失，也使其丧失美化城市的含意。本研究以东北农业大学园艺实验站的小天蓝绣球病叶为材料，对其病原菌进行了形态学和分子生物学鉴定，明确了此病原菌的分类地位，为小天蓝绣球白粉病的科学防治提供依据。研究结果如下：小天蓝绣球白粉病菌主要侵染叶片，很快整个叶片上布满白色的粉层，后期粉层上产生了深黄色或黑褐色的闭囊壳，闭囊壳直径 80~160μm。附属丝菌丝状，长度 30~210μm，附属丝 20~30 根。子囊多数 8~13 个，一个子囊通常含有子囊孢子 2~8 个，分生孢子为粉孢子。对病原菌 DNA 进行 PCR 扩增，测序得到561bp 的 ITS 序列，在 GenBank 上进行 BLAST 比对，确定此病菌为 *Golovinomyces magnicellulatus*。

关键词：小天蓝绣球；白粉病；形态学鉴定；分子鉴定

---

* 基金项目：黑龙江省自然科学基金项目（LH2019C034）

** 第一作者：司修洋，研究方向为蔬菜病害综合治理；E-mail：1181871698@ qq. com

开口箭炭疽病原鉴定及其防控技术

毕云青[1]*，赵振玲[2]

（1. 云南省农业科学院农业环境资源研究所，昆明 650051；
2. 云南省农业科学院药用植物研究所，昆明 650051）

摘 要：开口箭，别名巴林麻、心不干、岩芪、大寒药、万年攀、竹根七、牛尾七、竹根参、包谷七、岩七、石风丹、搜山虎、小万年青、开喉剑、老蛇莲、青龙胆、罗汉七等，为百合科植物，分布于中南及陕西、安徽、浙江、江西、福建、台湾、四川、云南等地。据《云南中草药》所述，开口箭又名粗丝开口箭，具有清热解毒，祛风除湿，散瘀止痛之功效。常用于治疗白喉，咽喉肿痛，风湿痹痛，跌打损伤，胃痛，痈肿疮毒，毒蛇、狂犬咬伤。在云南省开口箭主要生长于海拔1 100~3 200m的林下阴湿处、溪边或路旁，是典型的林下药材植物。

炭疽病是开口箭植株生长过程中常见的重要病害之一，多发病于叶片。病害典型症状表现为病害初期在叶片上产生圆形、椭圆形的红褐色小斑点；后期病斑扩大呈现深褐色，病斑中央有时会出现灰褐色，随后转为灰白色，病斑边缘变为紫褐色。干燥气候病斑干枯，边缘有黄褐色晕圈。潮湿季节病斑转成黑褐色，其上产生轮纹状排列的小黑点即炭疽菌的分生孢子盘。炭疽病严重时可致开口箭整株死亡。

从自然发病的开口箭植株上采集带有轮纹状排列小黑点（分生孢子盘）的发病叶片。部分病叶于实验室中进行保湿培养，病斑上产生赭红色的孢子团（湿培菌物）。随后挑取湿培菌物进行显微镜观察，镜下可见大量的带有明显油泡的炭疽菌分生孢子。另一部分病叶则进行PDA培养基病原菌分离，经PDA培养基病原菌分离获得菌物在显微镜下观察，同样可见大量的带有明显油泡的炭疽菌分生孢子。因此，开口箭炭疽病初步确定是由炭疽菌所引起。

开口箭炭疽病防控要点：

（1）发病初期剪除病叶及时烧掉，防止病菌蔓延、损失扩大。冬季要清洁田园，及时扫除病残体。

（2）种植密度适宜，保持良好的通风透气环境。注意果园的排水，降低湿度。

（3）加强肥水管理，采用科学的施肥配方和技术，施足腐熟有机肥，增施磷钾肥，提高田园植物的抗病性。

（4）病害初期：可用80%炭疽福美可湿性粉剂800倍液、50%混杀硫悬浮剂500~600倍液或50%苯菌灵可湿性粉剂1 500倍液。间隔半个月喷1次，共防治2~3次。也可用25%炭菌灵可湿性粉剂500倍液或30%氧氯化铜悬浮剂600倍液等进行防治，间隔10天左右一次。

关键词：开口箭；炭疽病；病原鉴定；防控技术

---

* 第一作者：毕云青；E-mail：byq609@263.net

续随子灰斑病菌鉴定及其防控措施

毕云青[1]*，赵振玲[2]
（1. 云南省农业科学院农业环境资源研究所，昆明 650051；
2. 云南省农业科学院药用植物研究所，昆明 650051）

摘　要：续随子（*Euphorbia lathylris* L.），又称千金子，为大戟科大戟属下的一个种，二年生草本植物。全草有毒，具有药用价值。续随子在中国分布于吉林、辽宁、内蒙古、河北、陕西、甘肃、新疆、山东、江苏、安徽、浙江、江西、福建、河南、湖北、湖南、广西、四川、贵州、云南、西藏等地。续随子种子含油量一般达45%左右，高的可达48%以上。续随子油的脂肪酸组成与柴油替代品的分子组成相类似，其主要成分是倍半烯萜，富含巨大戟二萜醇3-十六烷酯，植株乳汁富含大量烯烃类碳氢化合物，是生产生物柴油的理想原料之一。续随子种子虽含脂肪油较高，但油中含有多种有毒物质，不可食用；其在工业上可用于制肥皂、软皂及润滑油等，续随子种子浸提液还可作土农药，用以防治螟虫、蚜虫等；其油粕可作肥料施于作物根部，可防治地老虎、蝼蛄等害虫。

在续随子种植区，常可见到续随子叶片上出现褐色小点，逐渐扩大成近圆形或不规则形大小不等的病斑，有时病部变为灰白色或黄褐色，可相互联成大片，布满叶边缘或叶中央。后期病部正面长出黑色小突起（孢子器及分生孢子）。采集带有该病害症状的病叶带回实验室，挑取病部边缘组织于显微镜下观察，可见大量尾孢菌分生孢子。另将病叶在PDA培养基上进行病原菌分离培养后，挑取病菌分离物经显微镜镜检观察，仍可清楚地看到大量尾孢菌分生孢子。鉴此，依据观察到的病原为尾孢菌分生孢子，则初步确定该病害为续随子灰斑病。

续随子栽培过程中，常会遇到多种病菌为害；续随子灰斑病就是其中常见的一种重要病害，可对续随子生产造成不同程度的影响。续随子灰斑病发生与温湿度存在相关性。灰斑病菌孢子萌发温度是基础，湿度是关键，孢子萌发以22～25℃为最适，萌发最低湿度70%左右，湿度越大萌发率越高。雨天多，相对湿度大，发病就重。

灰斑病防控方法：

（1）合理施肥，增施有机肥。适度密植，增强通风透光，以提高植株抗病性。

（2）及时清除病叶集中烧毁，以减少菌源。

（3）在发病初期开始喷药。药剂可选用：70%甲基硫菌灵可湿性粉剂800～1 000倍液；75%百菌清可湿胜粉剂600～700倍液；50%多菌灵可湿性粉剂500～800倍液；50%异菌脲可湿性粉剂1 000～1 500倍液；10%苯醚甲环唑水分散粒剂2 000～3 000倍液；12.5%腈菌唑可湿性粉剂2 500倍液；40%氟硅唑乳油6 000～8 000倍液。以上药剂应交替使用，间隔10～15天施药，连续喷药2～3次。

关键词：续随子；灰斑病；病原鉴定；防控指标

* 第一作者：毕云青；E-mail：byq609@263.net

农业害虫

昆虫表型可塑性机制最新研究进展*

魏长平[1**]，杨超霞[1]，张云慧[1]，朱　勋[1]，张方梅[2]，程登发[1]，李祥瑞[1***]

（1. 中国农业科学院植物保护研究所，植物病虫害生物学国家重点实验室，北京　100193；2. 信阳农林学院，信阳　464000）

摘　要：表型可塑性是昆虫灵活适应环境变化，权衡能量投入的结果，翅多态性现象在昆虫中广泛存在，但翅型分化的机制目前仍不清楚。本文总结了昆虫翅型分化的表型可塑性机制近期最新研究进展，为昆虫表型可塑性研究提供参考。

关键词：表型可塑性；翅二型；环境因子；内分泌激素

表型可塑性是指同一基因型生物在不同环境条件下产生不同表现型个体的现象，这种现象在自然界广泛存在，是生物对复杂环境的一种适应性机制。昆虫翅多态性是研究生物表型可塑性的热点之一，目前在包括同翅目、半翅目在内的多种昆虫类群中存在翅多态现象，翅多态性是环境条件和基因共同作用的结果。蚜虫非遗传翅二型性是研究昆虫表型可塑性机制的绝佳范例，目前已取得了一些进展，但是环境信号如何调节翅二型性的分子机制目前仍不清楚，本文综述了昆虫（蚜虫）翅型分化的表型可塑性机制最新研究进展。

1　环境因子在昆虫表型可塑性中的作用

已有的大量研究表明单一的环境因子变化（温度、种群密度、食物质量、光周期）就足以引起昆虫表型变化，但是多种环境因子共同作用如何影响昆虫表型变化仍不清楚。食物质量是影响昆虫生长发育的一个重要条件，许多昆虫进化出表型可塑性来面对食物质量变化这一环境挑战。在水稻的自然生长周期中，短翅型褐飞虱（*Nilaparvata lugens*）具有种群优势，但随着水稻成熟衰老，长翅迁飞型褐飞虱增多，通过模拟衰老水稻叶片葡萄糖浓度，可使长翅型稻飞虱比例增加，种群密度越大葡萄糖的作用越明显，寄主质量与其他环境因子（如密度）相互作用调节表型可塑性[1]。单一的拥挤和食物质量恶化条件下大豆蚜（*Aphis glycines*）有翅率都升高，与拥挤相比食物质量恶化更容易诱导出有翅蚜，拥挤和食物质量恶化共同作用下诱导有翅蚜的作用比食物质量恶化单一作用有更强的效果[2]。这些研究都表明拥挤会增强昆虫由食物质量恶化触发有翅比例升高的效应。

---

* 基金项目：国家自然科学基金面上项目（31772163）；国家重点研发计划（2016YFD0300700；2017YFD0201700；2018YFD0200500）；中央级公益性科研院所基本科研业务费专项（S2019XM07）；现代农业产业技术体系 CARS-03

** 第一作者：魏长平，硕士，研究方向为昆虫分子生物学；E-mail：wcpboke@ yeah. net

*** 通信作者：李祥瑞，副研究员；E-mail：xrli@ ippcaas. cn

2 昆虫表型可塑性的分子机制

目前，随着高通量测序技术的发展，关于昆虫多态性的表型可塑性研究主要集中在比较不同型态之间基因修饰及表达差异方面，包括 DNA 甲基化、组蛋白修饰和 miRNA 调控等。Lo 等[3]综述了直翅目昆虫（蝗虫）表观遗传学方面的研究，重点介绍了 DNA 甲基化、组蛋白修饰、非编码 RNA 在基因表达调控中的作用。Song 等[4]利用蛋白质组学方法分析豌豆蚜（*Acyrthosiphon pisum*）两翅型 4 龄期和成虫期蛋白表达差异，两翅型间差异表达的蛋白质主要参与能量代谢、氨基酸生物合成代谢及感觉信号传导，提示嗅觉在蚜虫翅二型性中起重要作用。保守的 *miR*-34 调节 JH 和胰岛素/胰岛素样生长因子信号传导途径控制褐飞虱翅可塑性[5]。此外来源于病毒的横向转移基因也参与了蚜虫跨代翅型分化[6]，和翅多态性类似，体色多态性也是豌豆蚜重要的生态适应特点。Zhang 等[7]等利用高通量测序方法检测了红体色和绿体色豌豆蚜成蚜基因表达差异，研究表明豌豆蚜基因表达与体色多态性之间存在联系，并提供了进一步研究蚜虫生态适应分子机制的重要线索。

3 昆虫内分泌激素在生殖调控及多态性中的作用

环境因子引起昆虫跨代表型改变，虽然不同型态昆虫在基因表达层面存在差异，但是目前仍然无法建立起环境信号与决定表型基因修饰或表达变化之间的联系，大量的研究集中在表型可塑性机制的下游调控网络（如不同表型在不同发育时期基因表达变化），仍然缺乏对其上游环境信号信号传递及调控通路的研究。环境影响昆虫表型变化具有跨代效应，环境信号如何在母代体内传递，又如何由母代传递给子代的分子机制仍不清楚，内分泌激素可能在其中发挥了重要的调控作用，其中蜕皮激素信号作为调节昆虫变态发育的重要信号通路，可能参与蚜虫跨代翅型分化调控[8]。

在完全变态昆虫中，蜕皮激素和胰岛素是最常见的促生长信号因子，胰岛素信号通路控制细胞和组织的生长速率，而蜕皮激素控制发育转变。昆虫胰岛素信号转导控制器官生长，蜕皮激素水平和营养状态协调生长、发育时间[9]。例如，鳞翅目昆虫的翅成虫盘生长需要胰岛素和蜕皮激素信号协调调控[10]。保幼激素通过 *Kr*-*h*1 抑制昆虫蜕皮激素生物合成，证明保幼激素和蜕皮激素协调控制昆虫生长发育[11]。神经肽促胸腺激素（PTTH）通过调节蜕皮激素合成在控制果蝇幼虫长度方面发挥重要作用，*Ptth* 基因突变导致若干发育缺陷，包括发育时机的延迟、临界体重的增加、身体与成虫盘生长之间的协调性丧失，以及在营养缺乏或高虫口密度等环境条件下的成虫存活率降低，这些缺陷是由于蜕皮激素合成减少引起的[12]，因此，PTTH 信号有助于环境因子和发育之间的信号协调。PTTH 通过对 c-Jun N 端激酶（JNK）的磷酸化作用，调节家蚕（*Bombyx mori*）蜕皮激素合成[13]。MAPK 和 PI3K/Akt/TOR 通路也参与 PTTH 信号传导刺激蜕皮激素合成，影响幼虫生长速度和蜕皮时间[14]。Liu 等[15]证明 *miR*-14 在鳞翅目模式昆虫家蚕蜕皮激素调节发育中起重要作用。*miR*-14 过表达导致家蚕幼虫发育延迟，幼虫和蛹的体积变小，蜕皮激素滴度降低。蜕皮激素与其他内分泌信号通路结合也参与昆虫卵子发生调控[16]。先前的研究已经证明蜕皮激素在昆虫卵巢内高表达，雌性果蝇温度和营养胁迫会通过升高蜕皮激素水平抑制卵子发生[17]。胰岛素信号参与了红肩美姬缘蝽（*Jadera haematoloma*）翅多态性调节[18]。FOXO通过调节赤拟谷盗（*Tribolium castaneum*）蜕皮激素生物合成扮演了蜕皮定时器的功能[19]。

考虑到蜕皮激素受到神经肽类激素的严格调控，肽类激素受制于一个相互关联的神经调节网络。这种网络在完全变态昆虫中已有研究，但在半翅目中鲜有报道。Wulff *et al.*[20]证实了orcokinin神经肽协调营养状态与发育和蜕皮，对于猎蝽（*Rhodnius prolixus*）的蜕皮是必需的。内分泌激素除了参与昆虫发育变态，还在多态性中发挥重要作用[21-23]。沉默保幼激素环氧化物水解酶基因（*Nljheh*）增加了褐飞虱长翅品系内短翅个体数量[24]，沙蟋（*Gryllus firmus*）长短翅个体体内与内分泌调节、碳水化合物和脂质代谢、免疫，尤其是胰岛素样肽前体基因和甘油三酯合成相关的基因表达存在不同的昼夜节律性，基因表达的节律性与保幼激素节律性相关[25]。家蟋蟀（*Acheta domesticus*）母代的活性蜕皮激素浓度影响其后代的生长速度[26]。Zhang 等[27]通过比较转录组分析在燕麦蚜内鉴定了几个与生物胺和激素相关的候选基因，这些基因可能参与翅二型调节。激素介导母体效应是机体对环境变异能够做出反应的重要潜在机制，对于环境变异以及在此背景下对激素介导的信号传递效应的进一步研究有待加强。激素信号通路在昆虫生殖中起着关键作用[28]，例如干扰*E75*表达导致绿盲蝽（*Apolygus lucorum*）雌虫生殖力和寿命显著降低，卵孵化率显著降低[29]。

参考文献

[1] Lin X D，Xu Y，Jiang J R，*et al.* Host quality induces phenotypic plasticity in a wing polyphenic insect [J]. Proceedings of the National Academy of Sciences，2018a，115 (29)：7563-7568.

[2] Ríos Martínez A F，Costamagna A C. Effects of crowding and host plant quality on morph determination in the soybean aphid，*Aphis glycines* [J]. Entomologia Experimentalis et Applicata，2018，166 (1)：53-62.

[3] Lo N，Simpson S J，Sword G A. Epigenetics and developmental plasticity in orthopteroid insects [J]. Current Opinion in Insect Science，2018，25：25-34.

[4] Song L M，Gao Y G，Li J D，*et al.* ITRAQ-based comparative proteomic analysis reveals molecular mechanisms underlying wing dimorphism of the pea aphid *Acyrthosiphon pisum* [J]. Frontiers in Physiology，2018，9：1016.

[5] Ye X H，Xu L，Li X，*et al.* *miR*-34 modulates wing polyphenism in planthopper [J]. PLoS Genetics，2019，15 (6)：e1008235.

[6] Parker B J，Brisson J A. A laterally transferred viral gene modifies aphid wing plasticity [J]. Current Biology，2019，29 (12)：2098-2103.

[7] Zhang L，Wang M Y，Li X P，*et al.* A small set of differentially expressed genes was associated with two color morph in natural populations of the pea aphid *Acyrthosiphon pisum* [J]. Gene，2018a，651：23-32.

[8] Vellichirammal N N，Gupta P，Hall T A，*et al.* Ecdysone signaling underlies the pea aphid transgenerational wing polyphenism [J]. Proceedings of the National Academy of Sciences of the United States of America，2017，114 (6)：1419-1423.

[9] Lin X Y，Smagghe G. Roles of the insulin signaling pathway in insect development and organ growth [J]. Peptides. 2018b，https：//doi. org/10. 1016/j. peptides. 2018. 02. 001.

[10] Nijhout H F，Laub E，Grunert L W. Hormonal control of growth in the wing imaginal disks of *Junon-*

ia coenia: the relative contributions of insulin and ecdysone [J]. Development, 2018, 145 (6): dev160101.

[11] Zhang T, Song W, Li Z, *et al.* Krüppel homolog 1 represses insect ecdysone biosynthesis by directly inhibiting the transcription of steroidogenic enzymes [J]. Proceedings of the National Academy of Sciences of the United States of America, 2018b, 115 (15): 3960-3965.

[12] Shimell M, Pan X, Martin F A, *et al.* Prothoracicotropic hormone modulates environmental adaptive plasticity through the control of developmental timing [J]. Development, 2018, 145 (6): dev159699.

[13] Gu S H, Li G, Hsieh H Y, *et al.* Stimulation of JNK phosphorylation by the PTTH in prothoracic glands of the silkworm, *Bombyx mori* [J]. Frontiers in Physiology, 2018, 9: 1-12.

[14] Scieuzo C, Nardiello M, Salvia R, *et al.* Ecdysteroidogenesis and development in *Heliothis virescens* (Lepidoptera: Noctuidae): Focus on PTTH - stimulated pathways [J]. Journal of Insect Physiology, 2018, 107: 57-67.

[15] Liu Z, Ling L, Xu J, *et al.* MicroRNA-14 regulates larval development time in *Bombyx mori* [J]. Insect Biochemistry and Molecular Biology, 2018, 93: 57-65.

[16] Swevers L. An update on ecdysone signaling during insect oogenesis [J]. Current Opinion in Insect Science, 2019, 31: 8-13.

[17] Meiselman M R, Kingan T G, Adams M E. Stress-induced reproductive arrest in Drosophila occurs through ETH deficiency-mediated suppression of oogenesis and ovulation [J]. BMC Biology, 2018, 16 (1): 18.

[18] Fawcett M M, Parks M C, Tibbetts A E, *et al.* Manipulation of insulin signaling phenocopies evolution of a host-associated polyphenism [J]. Nature Communications, 2018, 9 (1): 1699.

[19] Lin X Y, Yu N, Smagghe G. Foxo mediates the timing of pupation through regulating ecdysteroid biosynthesis in the red flour beetle, *Tribolium castaneum* [J]. General and Comparative Endocrinology, 2018c, 258: 149-156.

[20] Wulff J P, Capriotti N, Ons S. Orcokinins regulate the expression of neuropeptide precursor genes related to ecdysis in the hemimetabolous insect *Rhodnius prolixus* [J]. Journal of Insect Physiology, 2018, 108: 31-39.

[21] Lin X D, Lavine L C. Endocrine regulation of a dispersal polymorphism in winged insects: a short review [J]. Current Opinion in Insect Science, 2018d, 25: 20-24.

[22] Nijhout H F, McKenna K Z. The distinct roles of insulin signaling in polyphenic development [J]. Current Opinion in Insect Science, 2018, 25: 58-64.

[23] Zhang C X, Brisson J A, Xu H J, Molecular mechanisms of wing polymorphism in insects [J]. Annual Review of Entomology, 2018c, 64: 297-314.

[24] Zhao J, Zhou Y L, Li X, *et al.* Silencing of juvenile hormone epoxyde hydrolase gene (*Nljheh*) enhances short wing formation in a macropterous strain of the brown planthopper, *Nilaparvata lugen* [J]. Journal of Insect Physiology, 2017, 102: 18-26.

[25] Zera A J, Vellichirammal N N, Brisson J A. Diurnal and developmental differences in gene expression between adult dispersing and flightless morphs of the wing polymorphic cricket, *Gryllus firmus*: Implications for life-history evolution [J]. Journal of Insect Physiology, 2018, 107: 233-243.

[26] Crocker K C, Hunter M D. Environmental causes and transgenerational consequences of ecdysteroid hormone provisioning in *Acheta domesticus* [J]. Journal of Insect Physiology, 2018, 109: 69-78.

[27] Zhang R J, Chen J, Jiang L Y, *et al.* The genes expression diference between winged and wingless

bird cherry - oat aphid *Rhopalosiphum padi* based on transcriptomic data [J]. Scientific Reports. 2019, 9: 4754.

[28] Roy S, Saha T T, Zou Z, *et al.* Regulatory Pathways Controlling Female Insect Reproduction [J]. Annual Review of Entomology, 2018, 63: 489-511.

[29] Tan Y A, Zhao X D, Sun Y, *et al.* The nuclear hormone receptor *E75A* regulates vitellogenin gene (*Al-Vg*) expression in the mirid bug *Apolygus lucorum* [J]. Insect Molecular Biology, 2018, 27 (2): 188-197.

报警信息素 EβF 在蚜虫防控中的研究进展*

杨超霞[1**]，魏长平[1]，张云慧[1]，朱　勋[1]，张方梅[2]，程登发[1]，李祥瑞[1***]

（1. 中国农业科学院植物保护研究所，植物病虫害生物学国家重点实验室，北京　100193；2. 信阳农林学院，信阳　464000）

摘　要：蚜虫是农业上的重要害虫之一，当蚜虫遭受到捕食性或拟寄生性天敌攻击时，释放报警信息素 EβF，附近的蚜虫感知到报警信号会做出相应的行为反应逃离不利的环境。EβF 对蚜虫不仅具有趋避性，同时可引诱天敌，适于“推—拉”害虫防治策略。本文主要从报警信息素 EβF 的成分、对蚜虫和天敌行为影响及在生产应用等方面进行综述，为报警信息素 EβF 在生产实践中应用提供参考。

关键词：蚜虫；报警信息素；E-β-法尼烯；趋避

当蚜虫遭遇捕食性或拟寄生性天敌攻击时，会从其腹管释放出黏稠状小液滴，其中包含一种挥发性的倍半萜烯烃类的化学物质，该物质可引起附近同类蚜虫停止取食、口器从寄主植物中拔出或从寄主植物上掉落等行为反应，Nault 等[1]将这种可引起同种蚜虫警觉的物质定义为报警信息素。

1　报警信息素的成分

1972 年，Bowers 等[2]首次在蔷薇长管蚜［*Macrosiphum rosae*（L.）］、豌豆蚜［*Acyrthosiphon pisum*（Harris）］、麦二叉蚜［*Schizaphis graminum*（Rondani）］以及棉蚜［*Aphis gossypii* Glover）］4 种蚜虫中分离并鉴定出报警信息素，其主要成分是一种分子式为 $C_{15}H_{24}$ 的倍半萜物质，且这种物质是一种不饱和非环状烯烃类，即［反］-β-法尼烯（E-β-farnsene，EβF）。研究发现，大多数蚜虫报警信息素的主要成分为 EβF，甚至是唯一成分[3]。桃蚜和甜菜蚜（*Aphis fabae* Scopoli）等蚜虫体内除含 EβF 外，还含有（Z-β）-α-法尼烯和（E-β）-α-法尼烯，且这 2 种成分均能增加 EβF 的活性[4]。目前，已在 4 个蚜科（蚜亚科、毛蚜亚科、斑蚜亚科、大蚜科）19 个属的蚜虫体内发现 EβF[5-6]。此外，不同种类、不发育时期的蚜虫以及同种蚜虫取食不同寄主植物都会引起体内报警信息素含量的差异[7]。例如，桃蚜体内 EβF 含量显著高于黑豆蚜［*Aphis craccivora*（Koch）］和甜菜蚜[3]，桃蚜无翅成蚜体内 EβF 含量高于若蚜和有翅成蚜，而取食洋白菜的桃蚜体内 EβF 含量显著高于取食萝卜的个体[6]。

---

* 基金项目：国家重点研发计划（2016YFD0300700）；国家自然科学基金面上项目（31772163）；国家重点研发计划（2017YFD0201700；2018YFD0200500）；中央级公益性科研院所基本科研业务费专项（S2019XM07）；现代农业产业技术体系 CARS-03

** 第一作者：杨超霞，硕士研究生，研究方向为昆虫分子生物学；E-mail：ycx930501@ 163. com

*** 通信作者：李祥瑞，副研究员；E-mail：xrli@ ippcaas. cn

2 报警信息素 EβF 对蚜虫及天敌行为的影响

蚜虫对 EβF 的行为反应总体来说主要有 3 种：①仅从寄主植物上掉落，如麦二叉蚜和豌豆蚜等，感受到报警信号时，仅通过从寄主植物上掉落来逃离危险环境；②低浓度 EβF 促使蚜虫从寄主植物上行走，高浓度从寄主植物上掉落，如桃蚜和麦长管蚜等；③不管低浓度、高浓度 EβF，蚜虫感受到报警信号后，仅通过行走来远离危险，如甜菜蚜等[4]。Bowers 等[2]通过人工合成 EβF 并在马铃薯蚜虫［*Macrosiphum euphorbiae*（Thomas）］、麦长管蚜［*Sitobion avenae*（Fabricius）］、茄无网长管蚜［*Acyrthosiphon solani*（Koltenbach）］、桃蚜［*Myzus persicae*（Sulzer）］、玉米蚜［*Rhopalosiphium inaidis*（Fitch）］、禾谷缢管蚜［*Phopalosiphum padi*（Linnaeus）］中进行活性检测，发现人工合成 EβF 对这 6 种蚜虫均具有趋避活性。此外，不同蚜虫对报警信息素的行为反应以及敏感性不同。Montgomery[4]测试了 14 种蚜虫对 EβF 行为反应的阈值剂量和反应类型，发现不同蚜虫对 EβF 的阈值剂量及反应均不相同，如麦二叉蚜对 EβF 最敏感，0.02ng 剂量即可引起蚜虫从寄主植物上掉落，葡萄蚜是对 EβF 最不敏感物种，100ng 剂量才可引起蚜虫行为反应。不同浓度 EβF 刺激黑豆蚜、桃蚜和甜菜蚜发现，较低浓度条件下 3 种蚜虫的反应无显著差异，而较高浓度时，黑豆蚜反应最为强烈[3]。此外，同种蚜虫不同发育阶段对 EβF 反应对策亦或不同。桃蚜、玉米蚜和豌豆蚜的若蚜对报警信息素的反应整体上弱于成蚜，成蚜对低浓度 EβF 比若蚜敏感，若蚜只对高浓度 EβF 敏感[8-9]。麦长管成蚜、若蚜对较低浓度 EβF 均比较敏感，若蚜对高浓度 EβF 反应迟钝，而成蚜对高浓度 EβF 反应较敏感[10]。研究发现，报警信息素 EβF 不仅对蚜虫具有趋避作用，同时可吸引蚜虫捕食性天敌瓢虫[11-14]、食蚜蝇[15]、草蛉[16-18]以及寄生性天敌寄生蜂[12,19-23]等，使其定位在植株上蚜虫，从而降低蚜虫种群数量。

3 报警信息素 EβF 在生产上的应用

3.1 报警信息素 EβF 及类似物增加趋避杀虫效果

自 EβF 被发现以后，人们就开始利用其趋避功能来防治蚜虫。研究发现，直接使用 EβF 趋避蚜虫效果并不显著，这主要是因为 EβF 极易挥发且不稳定，而且合成 EβF 比较昂贵。因此许多化学家不断对 EβF 的合成路径以及结构进行修饰，以便获得稳定释放且高效的 EβF，目前已经取得一定进展。主要通过替换 EβF 结构中不稳定的共轭双键，引入其他杂环基团（如吡啶、吡唑、噻唑基团），优化 EβF 的化学结构，合成一系列 EβF 类似物，极大增加其稳定性[23-26]。人们将 EβF 与杀虫剂混用不仅有效控制了寄主植物上的蚜虫数量，而且延长了化学农药的有效期[11,27-28]。

3.2 转 EβF 合成酶基因作物的应用

EβF 对蚜虫不仅有趋避性，同时可引诱天敌，适于“推—拉”（“push-pull”）害虫防治策略。EβF 广泛存在动植物中[2,16,29-30]，因此将 EβF 或高表达 EβF 的植物应用到蚜虫的绿色防控中，同时也可解决合成 EβF 价格昂贵的问题。EβF 合成酶基因是催化植物 MVA（Mevalonate pathway）途径中法呢基焦磷酸（Farnesyl diphosphate，FPP）合成 EβF 的关键基因。目前已从欧洲薄荷（*Mentha piperita*）[23]、甜草艾［*Oldenlandia cantonensis*（How）］等植物中得到 EβF 合成酶基因，并将其转入水稻、小麦、芥菜、烟草等[16,31-32]

作物中，在田间对蚜虫具有良好的趋避作用，显著减少了田间蚜虫种群数量，同时对蚜虫天敌具有吸引作用，且这种趋避作用与 EβF 表达量呈正相关[21,33-34]。然而，De 等[35]研究结果表明，当桃蚜长期处于 EβF 刺激下，其对 EβF 敏感性会降低。

4 小结

报警信息素 EβF 对蚜虫具有明显的趋避作用，在农业生产上有很大的应用潜力。但是由于 EβF 不稳定，需对其化学结构进行修饰，合成高效且稳定的 EβF 类似物。另外，转 EβF 基因作物还处于初期田间试验阶段，在大面积推广应用之前还需要进行大量田间试验，对其释放规律等问题进行研究。

参考文献

[1] Nault L R, Edwards L J, Styer W E. Aphidalarm pheromones: secretion and reception [J]. Environmental Entomology, 1973, 2 (1): 101-105.

[2] Bowers W S, Nault L R, Webb R E, *et al.* Aphid alarm pheromone: isolation, identification, synthesis [J]. Science, 1972, 77 (4054): 1121-1122.

[3] Bayendi Loudit S M, Boullis A, Verheggen F, *et al.* Identification of thepheromone of cowpea aphid, and comparison with two other aphididae species [J]. Journal of Insect Science, 2018, 18 (1): 1-4.

[4] Montgomery M E, Nault L R. Comparative response of aphids to the alarm pheromone (E) -β-farnesene [J]. Entomologia Experimentalis et Applicata, 1977, 22 (3): 236-242.

[5] Francis, F, Vandermoten S, Verheggen, F, *et al.* Is the (E) -β-farnesene only volatile terpenoid in aphids? [J]. Journal of Applied Entomology, 2010, 129 (1): 6-11.

[6] 张钟宁，张峰，阚炜，等．蚜虫体内［反］-β-法尼烯含量差异的研究［C］. 中国昆虫学会学术年会，2000，192-195.

[7] Mondor E B, Baird D S, Slessor K N, *et al.* Ontogeny ofalarm pheromone secretion in Pea Aphid, *Acyrthosiphon pisum* [J]. Journal of Chemical Ecology, 2000, 26 (12): 2875-2882.

[8] Montgomery M E, Nault L R. Aphidalarm pheromones: dispersion of *Hyadaphis erysimi* and *Myzus persicae* [J]. Annals of the Entomological Society of America, 1977, 70 (5): 669-672.

[9] 张钟宁，涂美华，杜永均，等．桃蚜对［反］-β-法尼烯的行为及电生理反应［J］. 昆虫学报，1997，40 (1)：40-44.

[10] 杨超霞，魏长平，李祥瑞，等．报警信息素 EβF 对麦长管蚜行为影响研究［C］//陈万权．绿色植保与乡村振兴．北京：中国农业科学技术出版社，2018：89.

[11] Cui L L, Francis F, Heuskin S, *et al.* The functional significance of E-β-farnesene: does it influence the populations of aphid natural enemies in the fields? [J]. Biological Control, 2012, 60 (2): 108-112.

[12] 刘英杰，迟宝杰，林芳静，等．反-β-法尼烯对马铃薯蚜虫及其天敌的生态效应［J］. 应用生态学报，2016，27 (8)：2623-2628.

[13] Verheggen F J, Fagel Q, Heuskin S, *et al.* Electrophysiological andbehavioral responses of the multicolored Asian Lady Beetle, *Harmonia axyridis* Pallas, to sesquiterpene semiochemicals [J]. Journal of Chemical Ecology, 2007, 33 (11): 2148-2155.

[14] Leroy P D, Schillings T, Farmakidis J, *et al.* Testing semiochemicals from aphid, plant and conspecific: attraction of *Harmonia axyridis* [J]. Insect Science, 2012, 19 (3): 372-382.

[15] Almohamad R, Verheggen F J, Francis F, *et al.* Predatory *Hoverflies* select their oviposition site according to aphid host plant and aphid species [J]. Entomologia Experimentalis et Applicata, 2007, 125 (1): 13-21.

[16] Yu X D, Jones H D, Ma Y, *et al.* (E) -β-Farnesene synthase genes affect aphid (*Myzus persicae*) infestation in tobacco (*Nicotiana tabacum*) [J]. Functional Integrative Genomics, 2012, 12 (1): 207-213.

[17] Boo K S, Chung I B, Han K S, *et al.* Response of the lacewing*Chrysopa cognata* to pheromones of its aphid prey [J]. Journal of Chemical Ecology, 1998, 24 (4): 631-643.

[18] Zhu J, Allard A C, Obrycki J J, *et al.* Olfactory reactions of the twelve-spotted lady beetle, *Coleomegilla maculata* and the green lacewing, *Chrysoperla carnea* to semiochemicals released from their prey and host plant: Electroantennogram and behavioral responses [J]. Journal of Chemical Ecology, 1999, 25 (5): 1163-1177.

[19] Foster S P, Denholm I, Thompson R, *et al.* Reduced response of insecticide-resistant aphids and attraction of parasitoids to aphid alarm pheromone; a potential fitness trade-off [J]. Bulletin of Entomological Research, 2005, 95 (1): 37-46.

[20] Du Y, Poppy G M, Powell W, *et al.* Identification of semiochemicals released during aphid feeding that attract parasitoid*Aphidius ervi* [J]. Journal of Chemical Ecology, 1998, 24 (8): 1355-1368.

[21] Wang G P, Yu X D, Fan J, *et al.* Expressing an (E) -β-farnesene synthase in the chloroplast of tobacco affect the preference of green peach aphid and its parasitoid [J]. Journal of Integrative Plant Biology, 2014, 57 (9): 770-782.

[22] Heuskin S, Lorge S, Godin B, *et al.* Optimisation of a semiochemical slow-release alginate formulation attractive towards *Aphidius ervi* Haliday parasitoids [J]. Pest Management Sciences, 2012, 68 (1): 127-136.

[23] Beale M H, Birkett M A, Bruce T J, *et al.* Aphids alarm pheromone produced by transgenic plants affects aphids and parasitoid behavior [J]. Proceedings of the National Academy of Sciences, 2006, 103 (27): 10509-10513.

[24] Sun Y F, Qiao H L, Ling Y, *et al.* New analogues of (E) -β-farnesene with insecticidal activity and binding affinity to aphid odorant-binding proteins [J]. Journal of Agricultural and Food Chemistry, 2011, 59 (6): 2456-2461.

[25] 孙亮，凌云，王灿，等．含硝基胍 E-基胍法尼烯类似物的合成及生物活性研究 [J]. 有机化学，2011，31 (12)：2061-2066.

[26] 秦耀果，张景鹏，宋敦伦，等．新型异烟酸类蚜虫报警信息素类似物的设计、合成及生物活性 [J]. 高等学校化学学报，2016，37 (11)：1977-1986.

[27] 陈爱松，秦耀果，段玉林，等．新型蚜虫报警信息素类似物 CAU1204 微乳剂对核桃黑斑蚜的田间药效评价 [J]. 新疆农业科学，2017，54 (4)：700-706.

[28] 谷彦冰，张永军，谢微，等．蚜虫报警信息素对不同药剂防治桃蚜增效作用研究 [J]. 农业与技术，2018，38 (23)：28-31.

[29] Miyazawa M, Tamura N. Components of the essential oil from sprouts of *Polygonum hydropiper* L. (‘Benitade’) [J]. Flavour and Fragrance Journal, 2007, 22 (3): 188-190.

[30] Gibson R W, Pickett J A. Wild potato repels aphids by release of aphid alarm pheromone [J]. Nature, 1983, 302 (5909): 608-609.

[31] Yu X D, Zhang Y J, Ma Y Z, *et al.* Expression of an (E) -β-farnesene synthase gene from asian peppermint in tobacco affected aphid infestation [J]. The Crop Journal, 2013, 1 (1): 50-60.

[32] Gao L, Zhang X T, Zhou F, *et al*. Expression of a peppermint (E) -β-farnesene synthase gene in rice has significant repelling effect on bird cherry-oat aphid (*Rhopalosiphum padi*) [J]. Plant Molecular Biology Reporter, 2015, 33 (6): 1967-1974.

[33] Bruce T J, Aradottir G I, Smart L E, *et al*. The first crop plant genetically engineered to release an insect pheromone for defence [J]. Scientific Reports, 2015, 5 (1): 1-9.

[34] Verma S S, Sinha R K, Jajoo A. (E) -β-farnesene gene reduces *Lipaphis erysimi* colonization in transgenic *Brassica juncea* lines [J]. Plant Signaling & Behavior, 2015, 10 (7): 1-4.

[35] De V M, Cheng W Y, Summers H E, *et al*. Alarm pheromone habituation in *Myzus persicae* has fitness consequences and causes extensive gene expression changes. Proceeding of the National Academy of Sciences, 2010, 107 (33): 14673-14678.

麦无网长管蚜实时定量 PCR 内参基因的筛选*

李新安[1,2**]，龚培盼[1,3]，王炳婷[1,4]，王　超[1]，张云慧[1]，
李祥瑞[1]，程登发[1]，王联德[2]，朱　勋[1***]
（1. 中国农业科学院植物保护研究所，植物病虫害生物学国家重点实验室，
北京　100193；2. 福建农林大学植物保护学院，福州　350002；3. 华中农业
大学植物保护学院，武汉　410000；4. 河北师范大学生命科学学院，石家庄　050024）

摘　要：实时荧光定量 PCR（qRT-PCR）技术是测定在不同试验条件下，某样品特定基因表达水平灵敏度最好、准确率最高的方法之一，为了得到精确和可靠的基因表达结果，需要使用内参基因对目的基因的荧光定量数据进行标准化，筛选相对稳定的内参基因是必要的基础工作。

麦无网长管蚜（*Metopolophium dirhodum*）是小麦、燕麦、黑麦等禾本科作物上的重要害虫，还是大麦黄矮病毒的主要传毒介体之一，影响小麦植株的正常生长，给农业生产造成巨大损失。因此，麦无网长管蚜基因表达分析的研究对农业麦蚜害虫防治具有重要意义，然而目前尚无关于麦无网长管蚜内参基因稳定性研究的报道。

本研究运用 3 种方法（BestKeeper、NormFinder 和 geNorm），分析评价 qRT-PCR 试验中麦无网长管蚜 10 种常用持家基因：*Actin*、*glyceraldehyde*－3－*phosphate dehydrogenase*（*GAPDH*）、*NADH dehydro- genase*（*NADH*）、*arginine kinase*（*AK*）、*succinate dehydrogenase B*（*SDHB*）、*ribosomal protein L*18（*RPL*18）、18*S ribosomal RNA*（18*S*）、*elongation factor* 1 *a*（*EF*1*A*）、*ribosomal protein L4*（*RPL4*）和 *heat shock protein*68（*HSP*68），在不同试验条件下（地理种群、发育阶段、身体部位、温度、饥饿、杀虫剂、抗生素、翅型）的表达稳定性。

研究结果表明：在不同的试验条件下，应选用不同的内参基因进行校正（地理种群：*SDHB*、*RPL8*；发育阶段：*RPL8*、*Actin*、*GAPDH*；身体部位：*SDHB*、*NADH*；温度：*RPL8*、*Actin*；饥饿：*RPL4*、*EF*1*A*；杀虫剂：*AK*、*RPL4*；抗生素：*RPL8*、*NADH*；翅型：*RPL8*、*Actin*）。本研究结果为麦无网长管蚜的基因组学和功能基因组学研究奠定了基础，具有重要的理论和指导意义。

关键词：qRT-PCR；麦无网长管蚜；内参基因；筛选

* 国家重点研发计划（2018YFD0200500；2017FYD0201700；2016YFD0300700）；现代农业产业技术体系（CARS-3）；中央级公益性科研院所基本科研业务费专项（S2019XM07）

** 第一作者：李新安，博士研究生，研究方向为农药毒理学；E-mail：lixinan112626@163.com

*** 通信作者：朱勋；E-mail：zhuxun@caas.cn

跨纬度带麦长管蚜种群动态对田间模拟升温的响应机制*

王　怡[1,2**]，谭晓玲[1**]，石旺鹏[2]，陈巨莲[1***]
（1. 中国农业科学院植物保护研究所，植物病虫害生物学国家重点实验室，北京　100193；2. 中国农业大学植物保护学院，北京　100193）

摘　要：大气变暖影响农业生态系统中“作物—昆虫—天敌”之间相互关系，进而影响植食性害虫发生量。麦长管蚜是我国黄淮海地区冬小麦上优势种。笔者前期研究发现，田间升温提高了麦长管蚜内禀增长率及种群数量，但目前尚缺乏生理生化机制研究。笔者选择河南原阳与河北廊坊两个不同维度带的小麦种植基地，利用田间红外辐射灯模拟温度升高，通过昆虫刺吸电位技术（EPG）研究升温处理下麦长管蚜取食行为，同时检测小麦水杨酸（SA）与茉莉酸（JA）防御途径关键酶活性变化。研究结果发现，温度升高可以显著降低小麦叶片中SA途径PAL酶、β-1，3-葡聚糖酶与JA途径PPO酶活性，然而JA途径对于升温响应较为复杂；上游酶LOX酶活性显著升高。温度升高显著增加麦长管蚜木质部取食波G波与E1波平均取食时长，E1波与韧皮部取食波E2波总时长显著增加。本试验研究表明，模拟升温通过抑制小麦SA防御途径酶活性，促进麦长管蚜在小麦上的取食，从而影响麦长管蚜的种群。

关键词：大气变化；红外模拟升温；麦长管蚜；互作关系；EPG；酶活

---

* 基金项目：国家重点研发计划（2017YFD0201700）；自然科学基金（31700343）

** 第一作者：王怡，专业方向为农业昆虫与害虫防治专业；E-mail：672265903@ qq. com
谭晓玲，研究方向为大气变化下的小麦害虫种群发生机制和生态调控；E-mail：tanxiaoling2010@ 163. com

*** 通信作者：陈巨莲；E-mail：chenjulian@ caas. cn

2018—2019 年麦无网长管蚜抗药性监测*

龚培盼[1,2]**，李新安[1,3]，王 超[1]，张云慧[1]，李祥瑞[1]，
程登发[1]，李建洪[2]，朱 勋[1]***
（1. 中国农业科学院植物保护研究所，植物病虫害生物学国家重点实验室，
北京 100193；2. 华中农业大学植物科学技术学院农药毒理学与有害生物
抗药性研究室，武汉 430000；3. 福建农林大学植物保护学院，福州 350002）

摘 要：为明确田间麦无网长管蚜对常用药剂的敏感性现状，制定麦无网长管蚜有效防治的科学用药策略，于 2018—2019 年采用浸渍法监测了青海贵德 、陕西杨凌、山西临汾、宁夏石嘴山、贵州贵阳、河北廊坊、内蒙古巴彦淖尔和新疆喀什以及新疆乌鲁木齐等地区麦无网长管蚜田间种群对吡虫啉、噻虫嗪、氟啶虫胺腈、高效氯氰菊酯、联苯菊酯、阿维菌素、毒死蜱和氧乐果等杀虫剂的敏感性。2018 年吡虫啉对各麦蚜种群的 LC_{50} 在 9. 51～56. 63mg/L，最高为宁夏石嘴山种群；噻虫嗪对各麦蚜种群的 LC_{50} 为 16. 74～572. 29mg/L，最高为宁夏石嘴山种群；高效氯氰菊酯对各麦蚜种群的 LC_{50} 为 1. 45～63. 14mg/L，最高为宁夏石嘴山种群；阿维菌素对各麦蚜种群的 LC_{50} 为 5. 32～36. 19mg/L，最高为青海贵德种群；氧乐果对各麦蚜种群的 LC_{50} 为 19. 90～348. 86mg/L，最高为山西临汾种群。2019 年新增贵州贵阳、河北廊坊监测点以及氟啶虫胺腈、联苯菊酯和毒死蜱 3 种杀虫剂，监测结果表明山西临汾麦无网长管蚜种群对吡虫啉抗性明显升高 LC_{50} 由 43. 05mg/L 增加至 225. 16mg/L；噻虫嗪对各麦蚜种群的 LC_{50} 为 6. 89～199. 72mg/L，最高仍为宁夏石嘴山种群但抗性有所下降；高效氯氰菊酯对各麦蚜种群的 LC_{50} 为 0. 71～50. 31mg/L，最高为新疆喀什种群；阿维菌素对各麦蚜种群的 LC_{50} 为 1. 42～10. 20mg/L；氧乐果对各麦蚜种群的 LC_{50} 为 18. 63～10. 20mg/L；氟啶虫胺腈对各麦蚜种群的 LC_{50} 为 1. 21～124. 34mg/L；联苯菊酯对各麦蚜种群的 LC_{50} 为 3. 00～16. 93mg/L；毒死蜱对各麦蚜种群的 LC_{50} 为 0. 66～3. 34mg/L；此外，贵州贵阳麦无网长管蚜种群对所监测药剂抗性水平均较低，表现为敏感、敏感性下降或低抗性。

分析认为高效氯氰菊酯不适合宁夏石嘴山麦无网长管蚜的防治；噻虫嗪不适合用于宁夏石嘴山、陕西杨凌和新疆喀什地区麦无网长管蚜的防治；吡虫啉、噻虫嗪和氟啶虫胺腈在山西临汾麦无网长管蚜的防治中具有潜在的抗性风险；氧乐果对大部分地区麦无网长管蚜 LC_{50} 均较高，不建议使用氧乐果防治该虫。阿维菌素和联苯菊酯等其他几种杀虫剂可以在麦无网长管蚜的防治中轮换使用。

关键词：麦无网长管蚜；杀虫剂；浸渍法；抗药性监测

---

* 基金项目：国家重点研发计划（2018YFD0200500；2017FYD0201700；2016YFD0300700）；现代农业产业技术体系（CARS-3）；中央级公益性科研院所基本科研业务费专项（S2019XM07）

** 第一作者：龚培盼，硕士研究生，研究方向为昆虫毒理学

*** 通信作者：朱勋；E-mail：zhuxun@caas.cn

小麦抽穗不同时期防治吸浆虫成虫效果*

张立娇[1**]，徐　靖[1]，王永芳[2]，马继芳[2]，李智慧[3]，
张志英[3]，王勤英[4]，董志平[2***]

（1. 石家庄市鹿泉区植物保护检疫站，鹿泉　050200；2. 河北省农林科学院谷子研究所，国家谷子改良中心，河北省杂粮研究重点实验室，石家庄　050035；3. 石家庄市正定县植保植检站，正定　050800；4. 河北农业大学，保定　071000）

小麦吸浆虫是小麦上的重要害虫，主要以幼虫潜伏在颖壳内吸食正在灌浆的麦粒汁液，造成秕粒、空壳或霉烂，一般减产10%~20%，重者减产30%~50%，严重时甚至颗粒无收，是一种毁灭性害虫。长期以来，防治小麦吸浆虫采用“蛹期和成虫期防治并重，蛹期防治为主”的防治策略，蛹期撒毒土防治用药量大，且要配合浇水，劳动强度高，不易操作，也不符合当前减药节水的要求。小麦抽穗期是吸浆虫侵害的关键期，但是因为小麦吸浆虫成虫羽化时间短，具体在小麦抽穗的那个时期进行防治，说法不一。通过查阅资料，2009年制定的小麦吸浆虫防治技术规范国家标准规定在小麦抽穗（含露脸）50%~70%进行防治；2015年河南省制定的小麦吸浆虫综合防治技术规范地方标准提出在小麦抽穗70%至齐穗期（扬花前）进行防治；西北农林科技大学郭海鹏（2017）提出在小麦抽穗10%~20%和60%~70%时进行2次防治。为了探索不同时期用药的防治效果，更好的指导生产，2019年度在河北省小麦吸浆虫普查的基础上，选择虫量较大的地块，根据现有文献结合当地防控经验进行了小麦吸浆虫成虫防治试验和示范。①石家庄市鹿泉区黄壁庄镇上黄壁村，10亩，小麦品种为良星99，陶土虫量最高162头/样方，平均67.4头/样方，4月30日调查小麦抽穗（含露脸）17%，进行1次防治，5月3日小麦抽穗70%进行2次用药，分4个处理，5次重复见表1；②正定县北早现乡北孙村，100亩，小麦品种衡4399，陶土虫量最高151头/样方，平均60.2头/样方，5月2日小麦抽穗47%进行防治，留有对照（不防治），3次重复；③保定市安新县先三台镇王公堤村，1.5亩，小麦品种为济麦22，陶土虫量最高54头/样方，平均24.4头/样方，5月7日小麦抽穗90%进行防治，留有对照，3次重复。具体用药及防治效果见表1。

表1结果可见，在小麦抽穗（含露脸）17%时进行防治，防效达92.97%，与防治2次防效97.18%，差异不显著；而抽穗率达70%时防治效果差，仅有54.49%。正定在小麦抽穗47%时防治，防效可达94.99%，而安新在小麦抽穗90%时防治，防效仅有45.74%。由此可见，小麦吸浆虫达到防治指标地块，在小麦抽穗（含露脸）达20%~50%时，采用触杀性杀虫剂进行吸浆虫成虫防治，通过一次用药可有效防治吸浆虫危害，

* 项目资助：粮食丰产增效科技创新2018YFD0300502

** 第一作者：张立娇，农艺师，主要从事农作物病虫害监测与防治工作；E-mail：290841160@qq.com

*** 通信作者：董志平，研究员，主要从事农作物病虫害研究；E-mail：dzping001@163.com

防效达90%以上，能够起到农药减量增效、农民节本增收的效果。本结果是一年的数据，其他年份是否有同样效果还有待于进一步试验示范。

表1　小麦抽穗不同时期对吸浆虫成虫防治效果

试验地点	虫量（头/样方）	抽穗率（含露脸）（%）	农药种类及用量、喷雾方式	虫粒率（%）	防治效果（%）
鹿泉区黄壁庄镇上黄壁村	67.4	17%，用药1次	2.5%高效氯氟氰菊酯50mL，人工喷雾	1.57Aa	92.97Aa
		17%、70%，用药2次	2.5%高效氯氟氰菊酯50mL，人工喷雾	0.63Aa	97.18Aa
		70%，用药1次	2.5%高效氯氟氰菊酯50mL，人工喷雾	10.16Bb	54.49Bb
		CK	不用药	22.32Cc	—
正定县北早现乡北孙村	60.2	47%，用药1次	44%氯氟毒死蜱30mL，无人机喷雾	1.07Aa	94.99
		CK	不用药	21.42Bb	—
安新先三台镇王公堤村	24.4	90%，用药1次	2.5%高效氯氟氰菊酯50mL，人工喷雾	8.02Aa	45.74
		CK	不用药	14.78Bb	—

小麦吸浆虫成虫防治边际效应分析*

刘　磊[1**]，马继芳[1]，白　辉[1]，李智慧[2]，张志英[2]，董志平[1]，王永芳[1***]
（1. 河北省农林科学院谷子研究所，国家谷子改良中心，河北省杂粮研究重点实验室，石家庄　050035；2. 正定县农业局植保站，石家庄　050800）

小麦吸浆虫是小麦上的重要害虫，主要以幼虫在颖壳内吸食灌浆的麦粒汁液，造成秕粒，严重时颗粒无收，是一种毁灭性害虫。防治吸浆虫长期以来采用“蛹期和成虫期防治并重，蛹期防治为主”的防治策略，而蛹期撒毒土用药量大，且要配合浇水，劳动强度高，不符合当前减药节水的要求。2019 年度笔者课题组在河北省正定县北孙村试验示范了成虫防治技术，达到了理想的防治效果。在调查的过程中，发现距离自然感虫区较近的成虫防治区虫粒率较高，考虑到小麦吸浆虫成虫具有飞舞扩散性，就对自然感虫区的东、西两个边缘以外的成虫防治区的不同距离的虫粒率进行调查，以明确小麦吸浆虫在田间的扩散距离，结果见表 1。

表 1　自然感虫对照区和成虫防治区距分界线不同距离的虫粒率调查表　（单位：%）

方位	自然感虫对照区			分界线 L	成虫防治区								
	6L	4L	2L		L2	L4	L6	L8	L10	L12	L14	L16	L18
东向	22.08 Aa	15.85 Aa	9.69 Bb	7.26 BCbc	3.60 Ccde	5.70 BCcd	2.60 Ccde	1.50 Cde	0.69 Ce	0.49 Ce	0.57 Ce	0.42 Ce	0.42 Ce
西向	21.18 Aa	19.51 Aa	17.22 Aa	9.09 Bb	7.06 Bbc	6.28 Bbc	3.19 Bbc	4.83 Bbc	3.43 Bbc	3.41 Bbc	1.6 Bbc	0.65 Bc	0.51 Bc

注：分界线 L：为小麦吸浆虫自然感虫对照区的边缘；东向：为对照区的东边缘；西向：为对照区的西边缘；6L、4L、2L 分别为感虫对照区距分界线的距离为 6m、4m、2m；L2、L4、L6、L8、L10、L12、L14、L16、L18 分别为成虫防治区距分界线的距离为 2m、4m、6m、8m、10m、12m、14m、16m、18m。同行不同字母表示差异性显著，大写字母为 1%极显著水平，小写字母为 5%显著水平。

该防治示范区 100 亩，小麦品种衡 4399，陶土虫量最高 151 头/样方，平均 60.2 头/样方，5 月 2 日小麦抽穗（含露脸）47%进行小麦吸浆虫成虫防治，每亩用 44%氯氰・毒死蜱 30mL，无人机喷雾，防效达 94.99%。自然感虫对照区设在中间，在东、西两个方向各取 5 点，也即 5 次重复，分别在感虫区 2m、4m、6m 和防治区 2m、4m、6m、8m、10m、12m、14m、16m、18m 处各取 10 个麦穗，室内逐穗逐粒剥开，记录每粒吸浆虫数量，计算总粒数、有虫粒数、总虫量，统计虫粒率（%）。通过方差分析整体看，自然感

* 项目资助：粮食丰产增效科技创新 2018YFD0300502
** 第一作者：刘磊，助理研究员，主要从事农作物病虫害研究；E-mail：zhibaoshi001@163.com
*** 通信作者：王永芳，副研究员，主要从事生物技术及农作物病虫害研究；E-mail：yongfangw2002@163.com

虫区与成虫防治区虫粒率差异显著，在东方向自然感虫区 2m 的虫粒率 9.69%，成虫防治区 2m 为 3.60%，4m 更高为 5.70%，但是，达到差异显著水平。在西方向上，自然感虫区 2m 的虫粒率为 17.22%，而成虫防治区 2m 的虫粒率为 7.06%，达到差异极显著水平。说明利用氯氟·毒死蜱可以达到高效防治小麦吸浆虫成虫的目的。比较成虫防治区不同距离看见，在东方向，8m 与 10m 及更远的虫粒率达到差异显著水平；在西方向 14m 达到差异显著水平。说明自然感虫对照区的虫源能够向防治区扩散，并造成一定的危害，但是，不同方向扩散的距离不同东方向 8m，西方向 14m，可能与试验田块的风向有关。据报道，小麦吸浆虫不善于飞翔，风是影响其近距离扩散的主要因素，无风时，成虫一般一次飞翔 2m 左右，顺风时一次可飞翔 40m 以上，大风天气成虫潜伏在麦丛间不飞翔，为此，该虫在田间呈“岛屿状”分布。本试验也进一步证实了该虫在田间飞翔扩散能力不强，利用农药对成虫防治是可行的。

田间施硅对小麦—麦蚜—天敌的影响*

闫　甲**，谭晓玲**，孙京瑞，陈巨莲***
（中国农业科学院植物保护研究所，植物病虫害生物学国家重点实验室，北京　100193）

摘　要：研究田间施硅对小麦—麦蚜—天敌的影响，为田间小麦蚜虫的生态调控提供科学依据。在小麦拔节前期和灌浆前期分别喷施 4 个浓度（0、0.5g/L、1g/L、2g/L）的硅水平，系统调查记录施硅及对照区小麦生育期、生物量、千粒重参数，麦田优势害虫麦长管蚜和禾谷缢管蚜的种群发生动态，以及捕食性天敌的发生量。1g/L 和 2g/L 硅肥浓度能显著增加小麦的生物量和千粒重，显著降低了麦长管蚜和禾谷缢管蚜的平均发生量；对田间瓢虫和草蛉发生量影响不大。以上结果表明，施用硅肥 1g/L 能降低麦长管蚜和禾谷缢管蚜的种群发生量，能提高小麦的产量，对天敌的发生并没有不利影响。

关键词：施硅；生态调控；麦长管蚜；禾谷缢管蚜；天敌；种群动态

---

* 基金项目：国家重点研发计划（2017YFD0201700）；国家自然科学基金（31700343）

** 第一作者：闫甲，专业方向为农业昆虫与害虫防治专业；E-mail：672265903@qq.com
谭晓玲，研究方向为大气变化下的小麦害虫种群发生机制和生态调控；E-mail：tanxiaoling2010@163.com

*** 通信作者：陈巨莲；E-mail：chenjulian@caas.cn

褐飞虱IR56种群的3个唾液蛋白基因的功能分析*

万品俊**，袁三跃，傅　强***

（中国水稻研究所水稻生物学国家重点实验室，杭州　310006）

摘　要：褐飞虱刺吸取食水稻过程中分泌不同种类和含量的唾液物质，直接或者间接参与植物的互作。含 *Bph*3 抗虫基因水稻品种具有相对持久的抗性，具有良好应用前景。近年来，褐飞虱 IR56 种群对抗性水稻 IR56 有较强的致害能力。本研究利用褐飞虱基因组、转录组和蛋白组等高通量测序数据，筛选出 3 个编码分泌性蛋白的基因（MSTRG. 13207、MSTRG. 13614 和 MSTRG. 20488）；qPCR 结果表明，3 个基因在褐飞虱唾液腺的表达量显著高于中肠、脂肪体、翅等组织；BLAST 结果表明，3 个基因均与 nr 数据库中已报道的蛋白组序列无同源性；3 个基因在褐飞虱 IR56 种群中的表达量显著高于非致害种群 TN 中的表达量；qPCR 结果表明，外源 dsRNA 显著降低了褐飞虱中靶基因的表达量；对于褐飞虱 IR56 种群，与对照组 *dsGFP* 相比，注射 dsRNA 显著降低了褐飞虱在 IR56 品种上的存活率，但未显著降低 IR56 种群在 TN1 品种上的存活率；而对褐飞虱 TN1 种群，dsRNA 未显著降低其在 TN1 品种上的存活率。由此可见，上述 3 个基因可能参与褐飞虱 IR56 种群对 IR56 品种的致害性。

关键词：褐飞虱；唾液蛋白；IR56 种群；致害性

---

* 基金项目：国家重点研发计划（2016YFD0200801）；中国农业科学院科技创新工程“水稻病虫草害防控技术科研团队”；中央级公益性科研院所基本科研业务费专项资金（2017RG005）

** 第一作者：万品俊，副研究员；E-mail：wanpinjun@ caas. cn

*** 通信作者：傅强，研究员；E-mail：fuqiang@ caas. cn

三代黏虫在吉林省的发生规律*

孙　鬼[1**]，高　悦[2]，程志加[1]，吕少洋[3]，周佳春[1]，高月波[1***]

（1. 吉林省农业科学院植物保护研究所/农业部东北作物有害生物综合治理重点实验室，公主岭　130118；2. 吉林农业大学农学院，长春　136100；3. 哈尔滨师范大学生命科学与技术学院，哈尔滨　150080）

摘　要：近年来，三代黏虫在吉林省的发生严重，且呈现常态化趋势。本文介绍了三代黏虫在吉林省发生规律的相关研究。从发生时期来看，二代成虫在吉林省的发生高峰期为7月中下旬，7月16—28日为3代卵的发生期，3代幼虫8月上旬进入暴食期间，8月初为防治适期。从黏虫各虫态生长情况来看，三代黏虫卵孵化率84.75%，孵化至4龄所需的时间为7~9d，4龄至蛹所需时间为11~23d，3代蛹平均羽化时间为15d，死亡率为6.25%。玉米田间温度适宜于黏虫幼虫的生长，且有着更高的湿度，非常适宜于黏虫卵期、幼虫期的生长需要，提高了其存活率。玉米田间的小气候条件为黏虫营造了更为适宜的“温暖高湿”的小环境，是三代黏虫种群扩增的内在因素。饲喂以田间的4种主要植物（玉米、水稻、谷子、稗草），对三代黏虫生长发育的影响来看，孵化至4龄，取食玉米叶片的黏虫幼虫存活率较高，饲喂水稻生长发育情况最差，饲喂谷子、稗草的黏虫幼虫存活率较低、生长较缓慢。4龄至蛹，发育时间喂食玉米为15.47d，13d长度上，饲喂玉米、谷子显著长于稗草、水稻。总体看来，玉米叶片作为黏虫的饲料对三代黏虫的存活率、生长情况都为有利影响。

关键词：黏虫；发生规律；寄主植物；小气候

---

* 基金项目：国家重点研发计划（2017YFD0201804）；吉林省现代农业技术示范推广项目（吉林省玉米高产高效栽培技术示范与推广）

** 第一作者：孙鬼，副研究员，博士，研究方向：粮食作物害虫综合治理；E-mail：swswsw1221@sina.com

*** 通信作者：高月波，博士，研究员；E-mail：gaoyuebo8328@163.com

陕西蔬菜田烟粉虱为害性及暴发原因分析*

刘　晨[1**]，李英梅[1]，杨艺炜[1]，王周平[2]，张伟兵[2]，王家哲[1]
（1. 陕西省生物农业研究所，西安　710043；2. 陕西省园艺工作站，西安　710016）

摘　要：烟粉虱是昆虫界唯一冠以“超级害虫”称号的昆虫，其为害性表现为刺吸植物汁液的直接为害和造成煤污病以及传播病毒病的间接为害，间接为害造成损失远大于直接为害。烟粉虱在陕西蔬菜田1年发生6~12代，在自然条件下不能越冬，多以伪蛹在温室大棚作物上越冬，在温室栽培的蔬菜和花卉等作物上度过越冬阶段的烟粉虱是翌年春季的主要虫源。繁殖周期短、繁殖系数高、易在短时间内形成庞大种群是烟粉虱暴发的内因；设施农业的发展、丰富的寄主植物是暴发的重要外因。目前，烟粉虱已成为陕西蔬菜田灾害性害虫，且发生区域不断扩大，危害不断加重。

关键词：蔬菜田；烟粉虱；危害性；暴发原因

烟粉虱 *Bemisia tabaci* 最早于1889年发现希腊烟草植株上[1]，被命名为 *Aleyrodes tabaci*。是昆虫界唯一冠以“超级害虫”称号的昆虫。随着世界范围内的贸易往来，烟粉虱借助花卉及其他经济作物的苗木迅速扩散，在世界各地广泛传播并暴发成灾，现广泛分布于亚洲、欧洲、非洲、中美洲、南美洲等90多个国家和地区。中国烟粉虱记载最早于1949年[2]，但一直不是我国农业上的主要害虫。直到1997年在广东东莞严重发生，之后在新疆、安徽、福建、山东、海南、甘肃、浙江、江苏、湖北、宁夏等地棉花、西瓜、番茄、黄瓜等作物上相继严重发生[3-5]。文献资料显示，烟粉虱的暴发成灾与外来B型烟粉虱、Q型烟粉虱的传入密切相关[6]。2001年烟粉虱在陕西蔬菜上严重发生，近年来成为陕西蔬菜、棉花等作物上常发灾害性昆虫[7-9]，为害程度历史罕见，防治难度大，已成为我国一些经济作物上的重要害虫。

1　为害性

烟粉虱世代重叠现象普遍，繁殖力非常强，可以在短时间内形成庞大的数量，从而对植物造成严重为害[10]，其为害性主要包括3个方面。

1.1　直接为害

烟粉虱以成虫和若虫群集植株叶片和嫩茎，以刺吸式口器吸吮叶片和嫩茎汁液，使叶片和嫩茎褪绿、变黄以致萎蔫，甚至枯死，降低光合作用和呼吸作用，直接影响植物的生长发育而降低产量。不同寄主植物受害后的症状不尽相同，如甘蓝、花椰菜等叶菜类蔬菜受害表现为叶片萎缩、黄化、枯萎；如白萝卜、胡萝卜等根菜类受害表现为颜色白化、无味、重量减轻；果菜类蔬菜表现为果实成熟不均匀（如番茄）、畸形瓜（如黄瓜）或叶片

* 基金项目：西安市农业科技创新工程：201806116YF04NC12（3）；陕西省科学院重点项目：2019K-05

** 第一作者：刘晨，主要从事农业昆虫与害虫防治工作；E-mail：330504831@ qq. com

表现为银叶（如西葫芦）。

1.2 引起煤污病

成虫和若虫在吸食叶片汁液的同时，分泌大量蜜露，污染叶片和果实，严重影响植物的光合作用，导致蔬菜产量大幅度下降，品质严重降低，其为害性大于直接为害。测试结果显示，当黄瓜叶片霉点面积占叶面积 0~25%、25%~50%、50%~75%、75%~100%时，光合作用分别较对照（未被为害）下降 15.8%、32.3%、67.8%、89.6%，产量依次降低 6.8%、11.2%、22.8%、35.6%，畸形瓜分别增加 3.5%、15.8%、37.2%、52.8%[11]。说明烟粉虱对黄瓜田的为害表现为虫口数量越大，为害越重，产量损失越严重。

1.3 传播病毒

烟粉虱可传播双生病毒、联体病毒组病毒、香石竹潜隐病毒等 70 多种植物病毒，形成间接为害。在中国烟粉虱至少可以传播 5 种植物病毒，包括番茄黄化曲叶病毒（*Tomato yellow leaf curl virus*，TYLCV）、番茄曲叶病毒（*Tomato leaf curl virus*，TomLCV）、南瓜曲叶病毒（*Squash leaf curl virus*，SqLCV）等。传播病毒造成番茄等作物生长发育畸形，果实败育，大幅度减产，甚至绝收，其为害性远大于直接取食为害和分泌蜜露所造成的为害。如烟粉虱以持久方式传播番茄黄化曲叶病毒，烟粉虱发生期带毒率最低 40%左右，6—8 月带毒率高达 100%[9]，带毒率之高、获毒和传毒速度之快，在传毒昆虫中实属罕见，传播引起的番茄黄化曲叶病毒病成为番茄生产上毁灭性病害[12]，一般发病株率 15%~50%，严重达到 80%以上，甚至导致绝产。

2 陕西蔬菜田烟粉虱种群消长动态

烟粉虱在北方地区的日光温室内 1 年发生 6~12 代，自然条件下不能越冬，多以伪蛹在温室大棚作物上越冬，在温室栽培的蔬菜和花卉等作物上越冬的烟粉虱是翌年春季的主要虫源。以烟粉虱平均密度作为种群数量动态的测定指标，以聚块性指数和丛生指标作为种群空间动态的 2 个测定指标，将温室蔬菜田烟粉虱种群划分为 3 个阶段，即建立期、发展期和暴发期[13]。3 月随着棚室内温度的升高，烟粉虱数量逐渐增加，即为建立期，4 月下旬后数量剧增，即为发展期，5 月下旬数量达到全年最高峰，即为暴发期。进入 6 月，棚室内温度升高，寄主植物组织老化，不适宜烟粉虱的栖息，成虫开始向棚室外逐渐迁移，棚室作物成为烟粉虱越冬场所及露地作物上的主要虫源，6—9 月露地作物受害严重，10 月以后，随着气温下降及露地作物组织老化，部分成虫迁入温室大棚，从而完成全年的发生循环。温室内烟粉虱 11 月发生数量较大，是温室内全年发生的第一个高峰，随着温度降低，烟粉虱数量逐渐减少，12 月中旬后棚室内数量降至最低，个别温度较高的棚室偶尔可见烟粉虱成虫。烟粉虱在棚室番茄上，主要为害时期为晚春初夏和晚秋初冬 2 个季节。烟粉虱成虫个体间相互吸引，分布的基本成分是个体群；成虫在各种密度下均是聚集的，聚集强度与密度有关。成虫在空间上始终都是处于“聚集—扩散—再聚集—再扩散”的动态过程中。在北方由于温室及露地作物生长发育时期紧密衔接，可使烟粉虱周年发生。

烟粉虱的周年发生及世代重叠，在防治时必须连续用药，因此烟粉虱对有机磷、烟碱类、除虫菊酯类等杀虫剂产生了不同程度的抗药性，使对其的防治工作更加困难[14]。

3 暴发原因分析

3.1 设施农业面积增加，创造烟粉虱适宜的越冬场所

烟粉虱不耐低温，其成虫、若虫、卵存活率随着低温处理时间的延长及温度的降低而降低。0℃条件处理10天，1龄若虫、蛹的存活率分别为0、51.7%；-4℃条件处理7天后2~3龄若虫的存活率为0，蛹的存活率为6.5%。-8℃条件处理4天后，卵、若虫及蛹存活率均为0。在陕西露地条件下1月温度低于烟粉虱低温致死温度2℃，可见烟粉虱在露地条件下不能度过陕西严寒的冬天。

陕西省设施蔬菜面积300万亩，烟粉虱分布于陕北、陕南和关中地区。而设施栽培尤其日光温室冬季温度远高于2℃（表），棚室内周年有烟粉虱寄主的存在，形成周年不间断的丰富食物链。设施栽培改善了生态环境，为烟粉虱提供了适宜越冬场所和丰富的寄主，导致烟粉虱严重发生。

表 2017—2018年陕西不同设施类型深冬季节棚室温度监测值 单位:℃

种植地区	栽培类型	12月			1月			最高温度	最低温度
		上旬	中旬	下旬	上旬	中旬	下旬		
陕北	露地模式	5.5	2.8	0.8	-0.8	-3.7	-5.6	9.5	-8.3
	地膜覆盖	6.4	3.2	1.0	-0.8	-3.5	-5.5	9.9	-8.1
	塑料大棚	8.0	5.3	4.3	2.5	1.4	0.7	13.0	-0.9
	日光温室	17.3	16.0	17.6	16.4	14.2	13.1	18.8	12.2
关中	露地模式	6.2	3.2	2.1	0.6	-0.9	-0.8	6.4	-1.0
	地膜覆盖	7.3	4.4	2.9	-1.4	-1.1	-0.6	7.2	-0.8
	塑料大棚	8.6	6.7	5.1	2.7	2.3	2.0	8.9	2.1
	日光温室	16.0	14.1	12.0	10.2	10.2	9.2	16.1	9.2

注：表中数字系两年同期的平均值

3.2 繁殖周期短、系数高，易在短时间内形成庞大种群

烟粉虱既可进行两性生殖，也可孤雌生殖，繁殖周期短，繁殖系数高，温度25~30℃、相对湿度>70%的气候环境下，一头雌虫可产卵209~331粒[15]。完成1代只要20天左右，1年可发生10余代，据初步估算，一粒越冬的烟粉虱卵，到秋季可以繁殖到1亿头左右。田间定点调查结果显示，烟粉虱在田间短时间内即可形成庞大种群，如在温室条件下黄瓜上烟粉虱60天、90天的增殖倍数分别为260倍和3 800倍。烟粉虱初发期黄瓜百株三叶虫口200~300头，盛发期百株三叶虫口一般6 000~10 000头，高者达15 000~20 000头。如此高密度，杀虫剂防治效果即使达到90%以上，初发期田间残留虫口也在50头左右，高峰期在1 000头左右。烟粉虱盛发期田间卵、若虫、伪蛹、成虫并存，发生期不整齐，世代重叠明显，若虫为害期10~15天，成虫为害期10~20天，成虫寿命可达1个月以上，卵期5~7天，世代不整齐为防治增加了难度。

3.3 寄主范围广，防治难度大

调查结果显示，在陕西境内烟粉虱寄主有95科，408种，其中农作物55种，果树12

种，园林树木 55 种，中药材 21 种，草坪植物 11 种，杂草植物有 136 种，花卉有 108 种，分布及发生为害严重的葫芦科、茄科、豆科、锦葵科、十字花科及大戟科等。喜食蔬菜作物有番茄、辣椒、黄瓜、西葫芦、茄子、四季豆、豇豆、青菜；在葱、蒜、韭菜等辛辣味蔬菜上分布较少。唯有苦瓜等少数蔬菜作物对烟粉虱有明显的趋避作用。因此烟粉虱在不同寄主植物之间可快速迁移，为防治加大难度。

4 小结与讨论

烟粉虱是一种食性杂、为害广、为害期长的害虫，为害性表现为刺吸植物汁液的直接为害和造成煤污病以及传播病毒病的间接为害。设施农业面积的增加，使得烟粉虱可以各种虫态越冬[16]，其繁殖周期短、系数高，因此易在短时间内形成庞大种群，寄主范围广，迁飞速度快等，是其暴发成灾的主要原因。

近几年的研究显示，烟粉虱的为害呈现出新特点，即多数地区 Q 生物型烟粉虱逐渐取代 B 型烟粉虱成为优势种群[17]。Q 型烟粉虱具有的抗性可遗传性及 *P*450 基因过表达导致的解毒作用增强，使得烟粉虱的防治难度加大。因此，使用杀虫剂时应注意更替与调整，不要连续使用同一类药剂。

随着人们生活质量不断提高，对绿色食品的需求也在提高，减少化学农药使用的呼声越来越高。因此，针对烟粉虱的为害与传播，最有效且经济环保的防治方法就是推广环境友好防治体系以及培育抗病新品种。传统育种手段研发时间长，短期难以实现，可借助分子生物学方法辅助育种，尽早培育出抗病毒病的新品种，从而降低烟粉虱的为害及发生。

参考文献

[1] 邱宝利，沈媛，刘丽，等.烟粉虱在我国的生物型分化及其抗药性差异形成机制［C］// 第二届全国生物入侵学术研讨会论文摘要集.2008.

[2] 周尧.中国粉虱记录［J］. 中国昆虫学杂志，1949，3（4）：1-18.

[3] Chu D，Zhang Y J，Brown J K，*et al*.The introduction of the exotic Q biotype of Bemisia tabaci from the Mediterranean region into China on ornamental crops.［J］. Florida Entomologist，2006，89（2）：168-174.

[4] Teng X，Wan F H，Chu D .Bemisia tabaci biotype Q dominates other biotypes across China［J］. Florida Entomologist，2010，93（3）：363-368.

[5] Pan H，Chu D，Ge D，*et al*.Further Spread of and Domination by Bemisia tabaci（Hemiptera：Aleyrodidae）Biotype Q on Field Crops in China［J］. Journal of Economic Entomology，2011，104（3）：978-985.

[6] 褚栋，张友军.近 10 年我国烟粉虱发生为害及防治研究进展［J］. 植物保护，2018，44（5）：51-55.

[7] 张芝利，陈文良，王军 .京郊温室白粉虱发生的初步观察和防治［J］. 昆虫知识，1980，17（4）：158-160.

[8] 张淑莲，张锋，陈志杰，等.陕西棉田烟粉虱发生为为害与综合防治对策［J］. 西北农业学报，2006，16（1）：90-94.

[9] 刘晨，陈志杰，张锋，等.烟粉虱带毒率与番茄黄化曲叶病毒病的发生关系［J］. 西北农业学报，2016，25（8）：1244-1249.

[10] 胥丹丹，陈立，王晓伟，等.我国入侵昆虫学研究进展［J］. 应用昆虫学报，2017，54（6）：

885-897.

[11] 赵斌，衡森，陈学好，等.设施黄瓜烟粉虱的区域生态防控研究［J］. 环境昆虫学报，2017，39（4）：784-790.

[12] 李英梅，白青，王周平，等.烟粉虱与番茄黄化曲叶病毒病发生关系研究［J］. 中国农学通报，2019，35（4）：102-107.

[13] 张丽萍，张贵云，刘珍，等.不同寄主植物烟粉虱种群数量消长及空间动态变化研究［J］. 中国生态农业学报，2005，13（3）：147-150.

[14] 杨鑫，谢文，王少丽，等.北京、山东和湖南地区烟粉虱抗药性及 CYP4v2 和 CYP6CX1 mRNA 水平表达量分析［J］. 植物保护，2014，40（4）：70-75.

[15] 崔旭红，徐建信，李晓宇，等.短时高温暴露对 Q 型烟粉虱成虫存活和生殖适应性的影响［J］. 中国农学通报，2011，27（5）：377-379.

[16] 李春梅.烟粉虱为害特点及防治方法［J］. 湖北植保，2008，5：24.

[17] 刘晨，张伟兵，洪波，等.陕西菜田 2 种粉虱数量结构及烟粉虱生物型鉴定［J］. 西北农业学报，2018，27（12）：1855-1862.

不同间套作种植模式下马铃薯甲虫种群动态*

黄未末**，马 虎，周晓静，刘 娟，廖江花，李 超***

（新疆农业大学农学院，农林有害生物监测与安全防控重点实验室，乌鲁木齐 830052）

摘 要：农田作物布局作为害虫生态调控的重要内容，一直是保护性生物防治的研究热点。为进一步明确马铃薯田块作物种植模式对马铃薯甲虫种群动态的影响，探索马铃薯甲虫可持续防控的新思路与新方法。本研究以作物间套作技术为落脚点，设计了马铃薯—玉米、马铃薯—向日葵、马铃薯单作 3 种种植模式，在马铃薯甲虫发生期进行田间种群数量调查，分析比较不同种植模式下的马铃薯甲虫种群动态差异。百株虫量分析结果表明：各种植模式田块内，12 次调查的虫口平均数显示，幼虫及成虫数量大小均为：马铃薯单作>马铃薯—玉米>马铃薯—向日葵。间套作玉米和向日葵区域与马铃薯单作区域的马铃薯甲虫数量差异显著（$P<0.05$）。种植模式实验结果表明：在田块内，间套作向日葵或玉米对越冬代马铃薯甲虫的扩散有影响，马铃薯播种初期间套作向日葵或玉米能在一定程度上阻隔马铃薯甲虫的定殖扩散。

关键词：马铃薯甲虫；间套作；种群动态；种植模式

---

* 基金项目：国家自然科学基金（荒漠绿洲生境对马铃薯甲虫种群扩散的影响机制，项目编号：31660545）；广东省科技计划（新疆景观特征对马铃薯甲虫扩散的影响及其对策研究，项目编号：2014A020209067）；新疆农业大学博士后流动站资助；新疆农业科学院重点项目前期预研专项（新疆重大新发农林入侵生物监测预警与综合防控，项目编号：xjkcpy-002）

** 第一作者：黄未末，在读硕士，研究方向为农业昆虫与害虫综合防治；E-mail：wmhuang625@163. com

*** 通信作者：李超，副教授，研究方向为昆虫生态与害虫综合治理；E-mail：lichaoyw@163. com

甜菜夜蛾 SeGrx1 基因的克隆原核表达纯化及酶动力学研究

杨付来* 王月华 赵真真 张 兰** 张燕宁 毛连刚 蒋红云**
(中国农业科学院植物保护研究所，农业部有害生物综合治理重点实验室，北京 100193)

摘 要：克隆甜菜夜蛾（*Spodoptera exigua*, Hübner）的谷氧还蛋白（glutaredoxin, Grx）基因，构建甜菜夜蛾的谷氧还蛋白原核蛋白表达系统，最终得到高纯度的谷氧还蛋白，并测定 SeGrx1 的酶动力学参数。RACE 技术克隆甜菜夜蛾 SeGrx1 基因全长，构建 pET16b-SeGrx1 原核表达载体，转化到大肠杆菌 BL21，IPTG 诱导融合蛋白表达，用镍柱初步纯化裂解菌液上清可溶性蛋白，Tev 酶切除融合蛋白的 6x His 标签，再用 Superdex 75/200 分子筛进一步纯化，目的蛋白的 Western-bloting（WB）验证，酶动力学参数测定。SeGrx1 基因的 GeneBank 的注册号 MK318813，构建了表达效率很高的 pET16b-SeGrx1 重组质粒，最佳诱导方式：在细菌生长至 $OD_{600}=0.6$ 时加入终浓度 0.5mM 的 IPTG，30℃诱导 4h；最佳纯化方式为：先用镍柱纯化菌液上清中可溶性蛋白，20mM，50mM 咪唑梯度洗脱杂蛋白，300mM 咪唑洗脱融合蛋白；最佳酶切融合蛋白的条件为：在含有 0.5mM EDTA 和 1mM DTT 的酶切缓冲液中，去除融合蛋白中的高浓度盐和咪唑，在 pro：tev = 2：5时（质量比）可以得好的酶切效果；再用 Superdex 75/200 分子筛进一步纯化，可获得纯度在 95%以上目的蛋白。WB 验证我们所表达的蛋白就是 SeGrx1，以谷胱甘肽还原酶作为反应底物测定酶的活性为 3.1 倍 hGrx1 活性，酶学动力学参数 Vmax = 13.87（±0.083），Km = 6.5（±0.17）$\times 10^{-3}$。成功在体外大量表达高纯度高活性的甜菜夜蛾谷氧还蛋白 Grx1，并且获得了它的酶学动力学参数，将为进一步挖掘谷氧还蛋白的生物学功能，为探索以谷氧还蛋白作为特异性杀虫剂靶标打下了基础。

关键词：甜菜夜蛾；谷氧还蛋白；RACE 技术；原核表达；蛋白纯化；酶动力学参数

---

* 第一作者：杨付来；E-mai：761860065@ qq. com
** 通信作者：蒋红云，张兰

我国蔗区草地贪夜蛾发生动态监测与防控措施*

仓晓燕**，李文凤，张荣跃，尹　炯，单红丽，
李　婕，王晓燕，罗志明，黄应昆***
（云南省农业科学院甘蔗研究所，云南省甘蔗遗传改良重点实验室，开远　661699）

摘　要：草地贪夜蛾［*Spodoptera frugiperda*（J. E. Smmith）］是联合国粮农组织全球预警的重大迁飞性害虫之一，属于鳞翅目（Lepidoptera），夜蛾科（Noctuidae），原产于美洲热带和亚热带地区，主要为害玉米、水稻、甘蔗、烟草等作物。2019 年以前，我国及亚洲等国家地区从未报道过草地贪夜蛾发生为害甘蔗，但近来，草地贪夜蛾已相继在亚洲的印度、孟加拉国、斯里兰卡、缅甸、中国发现为害，有进一步入侵蔓延的态势。自 2019 年 1 月 11 日发现草地贪夜蛾从缅甸侵入我国云南西南部，对冬玉米造成一定为害后，已在我国定殖并开始繁衍，云南、广西已发现其为害甘蔗、春玉米等。截至 2019 年 5 月 15 日，草地贪夜蛾在云南 5 市（州）14 县（市）为害甘蔗，发生面积4 586hm^2、成灾面积 416hm^2，最高百株虫口数 32. 3 头。草地贪夜蛾以幼虫咬食蔗叶，为害严重时可将大量蔗叶吃光，仅剩叶脉，影响蔗株生长，重发田块被害株率达 30%～40%。除已在我国定殖并开始繁衍的本地虫源外，周边国家（缅甸）的虫源可随西南季风的加强远距离持续迁入我国蔗区，且气候条件特适合草地贪夜蛾种群发育和为害。经境内外多代繁殖积累的草地贪夜蛾虫源，将会向我国蔗区进一步迁飞扩散，虫情有进一步蔓延为害之势，我国甘蔗产区将面临更加严峻的灾害性威胁。鉴于草地贪夜蛾具寄主广泛性、适生区域广、迁飞能力强，存在暴发为害甘蔗的灾害性威胁。为实时监测和科学有效防控草地贪夜蛾，确保甘蔗安全生长，笔者系统介绍了草地贪夜蛾形态学特征与生物学特性、国内外发生概况和发生趋势分析，并根据其暴发为害特点，结合我国蔗区甘蔗生产实际，提出了生态调控、天敌保护利用、生物防治、药剂防治和成虫诱杀的防控策略措施。

关键词：甘蔗；草地贪夜蛾；发生为害；动态监测；防控措施

---

* 基金项目：国家现代农业产业技术体系（糖料）建设专项资金（CARS-170303）；“云岭产业技术领军人才”培养项目“甘蔗有害生物防控”（2018LJRC56）；云南省现代农业产业技术体系建设专项资金

** 第一作者：仓晓燕，研究实习员，主要从事甘蔗病虫害研究；E-mail：cangxiaoyan@ 126. com

*** 通信作者：黄应昆，研究员，从事甘蔗病虫害防控研究；E-mail：huangyk64@ 163. com

节能型害虫自动监测装置的研究*

陈梅香**，陈立平，伊铜川，徐　刚，
丁晨琛，冯帅辉，张瑞瑞***
（北京农业智能装备技术研究中心，国家农业智能装备工程技术
研究中心，国家农业航空应用技术国际联合研究中心，北京　100097）

摘　要：害虫种类的识别与发生数量的获取是精准预测的重要基础，对害虫综合治理具有重要的决策意义。传统的害虫计数方法费时费力，不能满足现代植保中对于害虫精准防控的实际需求。随着计算机技术、微电子技术等的发展，害虫自动监测技术逐步应用生产实际中。目前，害虫自动监测装置存在着监测灵敏性不足、设备安装空间受限、功耗高等问题，本研究研发微型化、低功耗的害虫自动监测装置，降低监测装置的功耗，提高监测装置的可靠性。节能型害虫自动监测装置包括供电系统、害虫诱捕部分、红外计数传感器、气象传感器、主控制器、网络传输设备、升降支架等部分。由太阳能板、蓄电池组成供电系统，为监测装置提供电源。害虫诱捕部分可采用桶式、干式诱捕器，应用性诱剂进行靶标害虫的诱捕。基于红外传感器实现害虫的自动计数，通过诱捕桶不透明材料使监测装置具有抗光照干扰的功能。基于气象传感器进行气象数据的获取。主控制器根据靶标害虫的生物学特性、气象数据综合判断计数器是否需要进行工作，当靶标害虫不活动或遇下雨、刮风等影响害虫飞行的天气，计数器停止工作，降低监测装置的功耗。红外计数结果、气象数据通过无线网络传输至网络服务平台。

本研究研发的节能型害虫自动监测装置结构简单，占地空间小，适用于草地贪夜蛾、美国白蛾、梨小食心虫、苹小卷叶蛾等害虫的监测。田间测试结果表明，节能型害虫自动监测装置计数准确率达80%以上，与全天候计数的监测装置相比节省能源50%以上，延长了监测装置在田间的应用时间，提高了监测装置的可靠性，有助于构建高精度、细粒度的害虫发生协同感知系统，提高害虫监测的覆盖面，为害虫成灾防控拓展预警时间。

关键词：节能；害虫；自动监测；功耗；细粒度

＊　基金项目：北京市科技新星计划项目（Z181100006218029）；国家自然科学基金项目（31601228）；国家现代农业产业技术体系（CARS-24）；北京市农林科学院2018创新能力建设专项（KJCX20180424）

＊＊　第一作者：陈梅香，博士，副研究员，研究方向病虫害自动监测预警；E-mail：chenmx@nercita.org.cn

＊＊＊　通信作者：张瑞瑞；E-mail：zhangrr@nercita.org.cn

茶刺蛾线粒体基因组的测序与分析*

江宏燕**，陈世春，商　靖，王晓庆***
（重庆市农业科学院茶叶研究所，重庆　402160）

摘　要：茶刺蛾 *Iragoides fasciata* 又名茶奕刺蛾、茶角刺蛾，俗称洋辣子、火辣子和刺虫等，属鳞翅目 Lepidoptera 刺蛾科 Limacodidae 的害虫。该害虫分布广泛，在我国主要产茶区的台湾、福建、广东、广西、海南、云南、贵州、四川、湖南、江西、浙江、江苏、安徽、湖北、陕西等地均有分布，其寄主有茶树、油茶、柑橘、咖啡等。幼虫取食叶片，轻则将叶背表皮和叶肉吃去，留下圆形或不规则的枯焦状上表皮，或咬成圆形或不规则的孔洞，影响树势，重则可将叶片全部吃光，导致茶树死亡。幼虫具毒刺，触及皮肤，红肿难受，严重妨碍了采茶与田间作业。昆虫线粒体基因组具有许多共同特征，包括基因组较小、基因数目少、基因组成稳定、基因排列相对保守、重组率很低、碱基突变率高和普遍母系可遗传性等特点，在昆虫的种类鉴定、种群遗传结构和系统发育研究中得到广泛应用。本实验采用 PCR（rTaq）和 Long-PCR（LA Taq）技术完成茶刺蛾的线粒体全基因组序列的扩增，通过测序后拼接、校正和注释获得茶刺蛾的全线粒体基因组序列，其为单一闭合环状双链 DNA 分子，全长 15 637bp，在已发表的鳞翅目昆虫中属于较大的线粒体基因组。该线粒体基因组 J 链碱基组成为 A = 40.01%，C = 10.77%，G = 7.2% 和 T = 42.03%，共编码了 37 个基因，包括 13 个蛋白质编码基因，22 个 tRNA 基因和 2 个 rRNA 基因。同时，基因组还包含 1 个的 A+T 富集区，即控制区，长度为 431bp。目前，鳞翅目刺蛾科仅有 4 个线粒体基因组被报道，包括黄刺蛾 *Cnidocampa flavescens*（KY628213）、*Monema flavescens*（KU946971）和褐缘绿刺蛾 *Parasa consocia*（KX108765），龟形小刺蛾 *Narosa nigrisigna*（MH675969），基因组大小与茶刺蛾相差不大，除褐缘绿刺蛾外，4 种刺蛾线粒体基因排列顺序相同，褐缘绿刺蛾有 1 处基因重排，即 2 个 tRNA 基因的位置进行了交换，该基因重排现象在鳞翅目线粒体基因组不常见。茶刺蛾线粒体基因组的测序，能为探索鳞翅目刺蛾科线粒体基因组的进化提供数据，以期为鳞翅目昆虫的精准鉴定、分子生物学等研究打下基础。

关键词：茶树害虫；茶刺蛾；线粒体基因组；刺蛾科

---

* 基金项目：国家现代农业产业技术体系（CARS-19）；重庆市基础研究与前沿探索项目（cstc2017jcyjAX0034）

** 第一作者：江宏燕，助理研究员，主要从事茶树病虫害防控及害虫分子生态学研究工作；E-mail：jianghy925@sina.com

*** 通信作者：王晓庆，副研究员；E-mail：wangxiaoqing2891@126.com

茶树大蓑蛾线粒体基因组的测序与分析[*]

陈世春[**]，江宏燕，商　靖，王晓庆[***]

（重庆市农业科学院茶叶研究所，重庆　402160）

摘　要：大蓑蛾 *Clania variegata* Snellen 隶属于鳞翅目 Lepidoptera 蓑蛾科 Psychidae 蓑蛾属 *Clania*，是一种重要的农业害虫，其寄主有茶、油茶、枫杨、刺槐、柑橘、咖啡、枇杷、梨、桃、法国梧桐等，该虫喜在茶园中集中为害，幼虫在护囊中咬食叶片、嫩梢或剥食枝干、果实皮层，造成局部茶丛光秃，严重影响茶叶产量和茶树树势。线粒体基因组（mitochondrial genome，mt genome）具有母系单性遗传、基因组分子较小、基因组结构保守、进化速率快和包含大量进化信息等特点，使其被广泛应用于昆虫种类鉴定、种群遗传学及系统发育研究中。本实验使用 PCR（rTaq）和 Long-PCR（LA Taq）技术对大蓑蛾的线粒体基因组全序列进行扩增，得到 7 条两端相互重叠的大基因片段。对纯化后的 16 条 PCR 片段直接进行步移法测序，将获得的序列进行拼接组装、校正和注释，获得大蓑蛾的全线粒体基因组。实验所得大蓑蛾线粒体全基因组为单一闭合环状双链 DNA 分子，全长15 793bp，碱基组成为 A=42.08%，C=11.12%，G=7.31%和 T=39.50%，编码了 13 个蛋白质编码基因（*cox*1-3，*cytb*，*nad*1-6，*nad4L*，*atp*6 和 *atp*8），22 个 tRNA 基因（$tRNA^{Cys}$，$tRNA^{Gln}$，$tRNA^{Met}$，$tRNA^{Trp}$，$tRNA^{Tyr}$，$tRNA^{Leu(CUN)}$，$tRNA^{Leu(UUR)}$，$tRNA^{Lys}$，$tRNA^{Asp}$，$tRNA^{Gly}$，$tRNA^{Ala}$，$tRNA^{Arg}$，$tRNA^{Asn}$，$tRNA^{Ser(AGN)}$，$tRNA^{Ser(UCN)}$，$tRNA^{Glu}$，$tRNA^{Phe}$，$tRNA^{His}$，$tRNA^{Ile}$，$tRNA^{Thr}$，$tRNA^{Pro}$和 $tRNA^{Val}$），2 个 rRNA 基因（*rrnS* 和 *rrnL*）。同时，基因组还包含 1 个控制区域，全长 86bp，A+T 含量为 93.02%，位于 *rrnS* 和 $tRNA^{Met}$之间。除控制区域外，大蓑蛾线粒体基因组中包含有 4 个长度大于 50bp 的非编码区，分别位于 $tRNA^{Arg}$和 $tRNA^{Asn}$之间、$tRNA^{Ser(AGN)}$和 $tRNA^{Glu}$之间、$tRNA^{Phe}$和 *nad*5 之间、$tRNA^{Gln}$和 *nad*2 之间。大蓑蛾线粒体基因排序与双孔次目 Ditrysia 中的其他蛾类相同，但其基因组中控制区域序列较短，非编码序列较多，推测与物种进化中的基因重排事件相关。

关键词：大蓑蛾；线粒体基因组；基因重排；非编码序列

---

* 基金项目：国家现代农业产业技术体系（CARS-19）；永川区 2018 年公益类科技计划项目（Ycstc，2018cc0106）；重庆市农业科学院青年创新团队项目（NKY-2019QC05）

** 第一作者：陈世春，助理研究员，主要从事茶树病虫害防控及害虫分子生态学研究工作；E-mail：chensc0318@ sina. com

*** 通信作者：王晓庆，副研究员；E-mail：wangxiaoqing2891@ 126. com

荔枝蒂蛀虫成虫栖息习性的初步调查研究*

郭　义**，冯新霞，李敦松***
（广东省农业科学院植物保护研究所，广州　510640）

摘　要：荔枝蒂蛀虫 *Conopomorpha sinensis*（Bradly）是鳞翅目细蛾科的一种钻蛀性害虫，对我国荔枝和龙眼的生产造成极其严重的危害。目前，该虫主要依赖化学农药防治，但是长期大量使用化学农药，造成了农药残留和环境污染，严重影响食品安全和生态环境安全，所以急需研发新型防治方法。在采集荔枝蒂蛀虫进行科学研究时，发现其成虫栖息行为有一定的规律。为此，笔者对荔枝蒂蛀虫成虫的栖息习性进行了初步的调查研究。

2018 年 6 月和 2019 年 5 月分别在农业部广州荔枝种质资源圃和广东茂名电白荔枝园进行了调查。两地共调查有荔枝蒂蛀虫栖息的荔枝侧枝 73 段，侧枝与水平面的倾斜角度在 0°~43°，其中小于 30°的侧枝占 88.89%。73 段侧枝上共发现成虫 221 只，倾斜角度在 30°~43°的侧枝上仅有 16 只（7.24%），30°以下的侧枝上有 205 只（92.76%），20°及以下的侧枝上有 187 只（84.61%），15°及以下的侧枝上有 167 只（75.57%）。单位长度侧枝上成虫的密度随倾斜角度的增加而显著降低，平均为 6.14 只/m（0°）、5.42 只/m（2°~10°）、4.92 只/m（11°~15°）、3.08 只/m（16°~20°）、2.31 只/m（20°~43°）。

调查的 73 段有虫侧枝的直径范围在 1.5~15cm，侧枝段的中间部位离地高度在 60~235cm，均有不同数量的成虫栖息，无明显的规律性。调查中还发现，荔枝蒂蛀虫成虫在果园中喜好栖息在通风、避光、光滑、表面无水的侧枝背面，即使侧枝的倾斜角度较小，但背面生长有苔藓或有雨水时，鲜有成虫栖息。栖息的成虫受惊扰时，会在原栖息点附近短暂飞翔，然后重新栖息在原侧枝或附近侧枝背面。

综上，荔枝蒂蛀虫成虫栖息时偏好有一定倾斜角度范围的光滑无水的侧枝背面，且成虫的密度随倾斜角度的增加而显著降低。据此可以为研发新型防虫装置和防虫方法提供数据支撑，奠定理论基础。

关键词：荔枝蒂蛀虫；栖息习性；倾斜角度；综合防治

* 基金项目：国家荔枝龙眼产业技术体系生物防治与综合防控岗（CARS-32-13）
** 第一作者：郭义，助理研究员，研究方向：害虫生物防治学；E-mail：guoyi20081120@163.com
*** 通信作者：李敦松，研究员；E-mail：dsli@gdppri.cn

枣食芽象甲成虫触角转录组测序及嗅觉相关基因研究进展*

洪　波**，张　锋***，王远征，李英梅，张淑莲，陈志杰
（陕西省生物农业研究所，西安　710043）

摘　要：为了明确枣树害虫枣食芽象甲 *Scythropus yasumatsui* 触角中嗅觉基因的种类和分布表达情况，本研究选取雌、雄成虫触角为研究对象进行转录组测序和拼接，对得到的 Unigene 进行功能注释，并分析 Unigene 的表达量。结果表明，枣食芽象甲雌、雄虫触角转录组数据共获得114 215条 Unigene，其中有31 964条 Unigene 成功得到了注释。在 NR 注释到的 28 条 OBP 基因中，雌、雄虫的基因 FPKM 平均值分别为1 842.2和2 553.8。本研究为进一步深入研究枣食芽象甲嗅觉基因功能和嗅觉机制奠定了基础。

关键词：枣食芽象甲；触角；转录组；嗅觉基因

枣食芽象甲 *Scythropus yasumatsui* Kono et Morimoto 又名枣飞象，属鞘翅目（Coleoptera）象甲科（Curculionidae），是我国枣树上一种重要害虫。该虫目前在我国北方红枣产区普遍发生，以陕西、山西、河南、河北、山东 5 省为害较重[1-4]。成虫春季主要取食枣树的嫩芽和幼叶，严重时嫩芽被全部吃光，导致枝条尖端光秃，使枣树二次萌芽，严重降低枣果产量[5-6]。

触角是昆虫感受外界信息物质的重要器官，对外界环境中寄主或非寄主植物挥发物和信息素的特异性识别发挥着重要作用[7-8]。研究表明，枣食芽象甲成虫对寄主植物的选择具有偏好性，寄主植物挥发物能够影响其行为选择[9-10]，但是该虫感受寄主植物挥发物的分子机制目前尚不明确，需要鉴定相关嗅觉基因并探究其功能。

随着生物信息学及测序技术的不断发展，昆虫嗅觉基因的获取也经历了从复杂到简单，从高投入、低产出到低成本、高通量的发展历程。到目前为止，获取嗅觉基因序列的方法有以下 3 种：利用 RACE-PCR 技术获得目的基因、基于昆虫全基因组测序和基于转录组测序发掘相关基因[11]。转录组二代测序技术与全基因组测序相比，具有测序时间和成本低，通量高的优点，目前广泛应用于无参考基因组昆虫特定生理阶段的基因表达分析[12-13]。本试验中利用 Illumina HiSeq 2000 平台对枣食芽象甲雌、雄虫触角进行转录组测序，旨在明确该虫触角中嗅觉相关基因的种类和分布表达情况，为进一步深入研究枣食芽象甲嗅觉基因功能提供依据。

---

* 基金项目：陕西省科技统筹创新工程项目（2013KTZB-03-01）；陕西省科学院重大科技项目（2013K-02）

** 第一作者：洪波，博士，副研究员，研究方向为农林病虫害监测预警技术；E-mail：hb54829@163. com

*** 通信作者：张锋；E-mail：545141529@ qq. com

1 材料与方法

1.1 供试昆虫

2017 年 4 月下旬，在陕西省佳县佳芦镇山地枣园采集枣食芽象甲成虫 1 000头左右，带回实验室在室温条件下以枣树嫩芽饲养。选取活动能力较强的雌、雄成虫各 350 头用于触角总 RNA 提取。

1.2 总 RNA 的提取与质量检测

在解剖镜下用镊子固定虫体，用刀片迅速切下完整触角后，移入液氮冷冻的无酶 EP 管中，然后使用 Trizol 法提取触角总 RNA[13]。RNA 提取完成后用 1%琼脂糖凝胶电泳检测质量，并用 Nanodrop 光度计测定总 RNA 浓度值，将质量合格的 RNA 样本置于-80℃冰箱保存，并送上海派森诺生物科技股份有限公司进行测序。

1.3 构建 cDNA 文库及转录组测序、组装

用带有 Oligo 的磁珠富集真核生物 mRNA，将 mRNA 打断为短片段，然后以 mRNA 为模板，用六碱基随机引物合成第一链 cDNA，然后加入缓冲液、dNTPs 和 DNA polymerase I 和 RNase H 合成第二链 cDNA，用试剂盒纯化得到双链 cDNA，再经过末端修复、去除接头、质量过滤等方法从下机数据（raw data）中去除低质量序列，拼接形成转录本，最后提取每个基因下最长的转录本作为该基因的代表序列（Unigene）。

1.4 Unigene 功能注释及嗅觉相关基因表达量分析

利用 Blast 软件将枣食芽象甲雌、雄虫触角 Unigene 序列在 NR、GO、eggNOG、KEGG 和 Swiss-Prot 等数据库中进行基因功能注释及结果统计分析，并以 FPKM 值作为基因表达水平的标准，在 NR 库中初步筛选出与嗅觉相关的气味结合蛋白基因（OBP），并进行基因表达量分析。

2 结果与分析

2.1 转录组测序与序列拼接

枣食芽象甲雌、雄成虫触角的 cDNA 文库测序结果如表 1 所示。雌、雄虫触角文库的高质量 Reads 数占 Reads 总数的百分比都在 99%以上，Q30 都在 93%以上，Q20 都在 97%以上，表明转录组测序质量较高。

表 1 枣食芽象甲触角转录组的测序结果

项目	雌虫触角	雄虫触角
Reads 总数	68 812 076	60 774 946
高质量 Reads 数	68 144 718	60 345 982
碱基总数	10.32G	9.12G
Q30（%）	93.60	94.03
Q20（%）	97.37	97.55
GC 含量（%）	41.47	37.80

将雌雄样本混合，使用 Trinity 将高质量 Reads 通过片段重叠组装成 Contigs，然后拼接获得转录本（Transcript），最终生成 Unigene 序列。对拼接得到的 Contig、Transcript 和 Unigene 进行统计，结果见表 2。拼接共得到 114 215 条 Unigene，平均长度为 472.33bp，N50 序列长度为 599bp。

表 2　枣食芽象甲触角转录组的序列拼接结果

项目	Contig	Transcript	Unigene
序列总长度（bp）	89 944 920	86 268 978	53 947 531
序列总数	351 243	149 638	114 215
序列最大长度（bp）	33 901	20 652	20 652
序列平均长度（bp）	256.08	576.52	472.33
N50 序列总数	67 121	21 688	18 005
N50 序列长度（bp）	248	976	599
GC 含量（%）	35.24	35.24	34.91

2.2　Unigene 功能注释结果

通过与 5 个常用的核酸或蛋白数据库进行 Unigene 功能注释，结果如表 3 所示。枣食芽象甲雌、雄虫触角转录组中共获得的 114 215 条 Unigene 中有 31 964（27.99%）条基因成功得到了注释。通过与 NR 数据库比对注释，可获取枣食芽象甲基因序列与近缘种基因序列的相似性（图 1），结果表明，枣食芽象甲转录组中基因同源性最高的物种分别为鞘翅目的中欧山松大小蠹 *Dpondroctonus ponderosae* 和赤拟谷盗 *Tribolium castaneum*，比对上的 Unigene 数量分别为 5 732 条和 3 263 条，占 NR 注释 Unigene 数的 28.42%和 16.18%。

表 3　枣食芽象甲 Unigene 基因注释结果统计

数据库	Unigene 数量	占 Unigene 总数百分比（%）
NR	20 168	17.66
GO	18 430	16.14
KEGG	5 356	4.69
eggNOG	17 076	14.95
Swiss-Prot	24 979	21.87
所有数据库	3 348	2.93
至少一个数据库	31 964	27.99

2.3　OBP 基因的 Unigene 表达量分析

使用转录组表达定量软件 RSEM[14]，以拼接得到的转录本序列为参考，分别将每个样品的高质量 Reads 比对到参考序列上。然后统计每个样品比对到每一个基因上的 Reads 数，并计算每个基因的 FPKM 值。本研究以与嗅觉密切相关的气味结合蛋白基因（OBP）

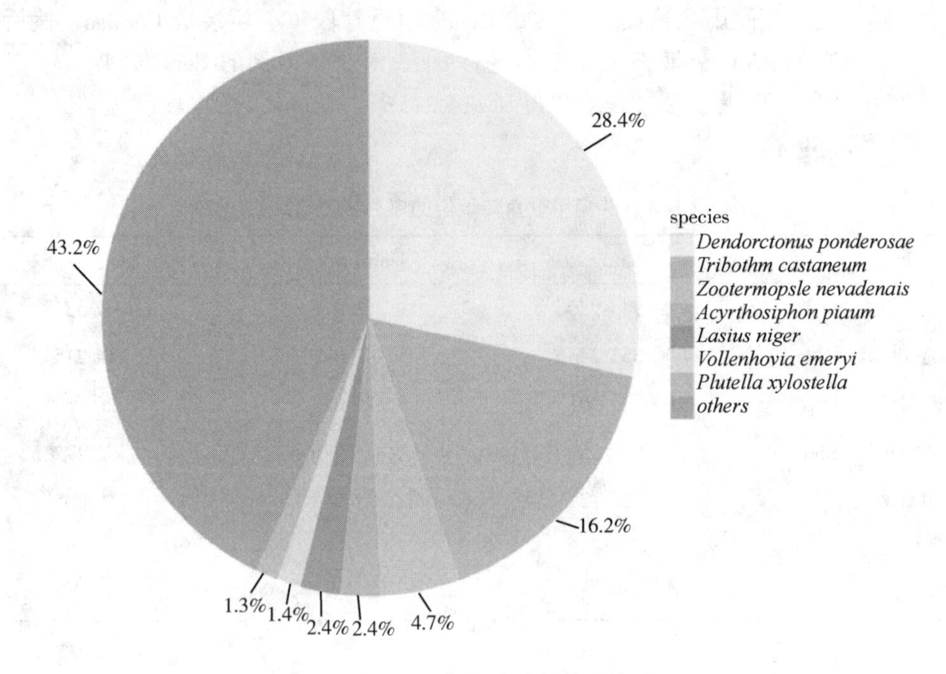

图 1　NR 数据库注释结果统计

为例，在 NR 数据库中已注释出的基因中搜索关键字“odorant binding protein”，初步筛选出 OBP 基因 28 条，将这些基因在雌、雄虫触角转录组的表达量分别计算可得，雌、雄虫的 OBP 基因 FPKM 平均值分别为 1 842. 2 和 2 553. 8，远高于其在 NR 库中注释出的基因 FPKM 平均值 71. 5 和 93. 0。

3　结论与讨论

鞘翅目是昆虫中种类最多的目，但嗅觉基因相关的研究比鳞翅目、双翅目、半翅目和膜翅目的昆虫都少，迄今仅有 20 多种鞘翅目昆虫通过转录组二代测序鉴定获得触角中嗅觉相关基因[13]。本研究通过 Illumina HiSeq 2000 测序平台对枣食芽象甲雌、雄虫触角测序，共计鉴定到 114 215 条基因，平均长度 472bp，N50 序列长度 599bp，表明测序质量和深度合理可靠。

某些文献中关于转录组中基因表达量用 RPKM 表示，但在本研究中用 FPKM 表示。FPKM 与 RPKM 的用途相似，都是为了消除技术偏差的表达水平的表示方式。FPKM 是每百万 fragments 中来自某一基因每千碱基长度的 fragments 数目，RPKM 是每百万 reads 中来自某一基因每千碱基长度的 reads 数目。区别是 FPKM 能区分双端 reads 中 fragment 的差异，而 RPKM 关注的是 reads。在 RNA-seq 技术中，FPKM 同时考虑了测序深度和基因长度对 fragments 计数的影响，是目前最为常用的基因表达水平估算方法[15]，所以本研究进行了 FPKM 表达量转换。

与昆虫嗅觉相关的基因主要包括气味结合蛋白基因（OBP）、化学感受蛋白基因（CSP）、气味受体基因（OR）、离子受体基因（IR）、感觉神经元膜蛋白基因（SNMP）等，它们使昆虫能够在复杂的生境中选择性地感受和调控识别寄主植物挥发物，在激发嗅觉信号传导途径以及最终指导成虫做出与嗅觉相关的行为反应中发挥重要作用[11]。本研究初步筛选出了28条与嗅觉相关的OBP基因，为昆虫嗅觉感受信息物质的机制研究提供理论基础。在今后的工作中将进一步对其他类别的嗅觉相关基因进行鉴定，并利用半定量RT-PCR这些基因在成虫触角中的特异性表达情况，从分子、细胞水平探究枣食芽象甲对植物挥发物的识别机制。

参考文献

[1] 胡维平，梁廷康．枣飞象的预测预报及防治［J］．山西农业，2008（1）：41.

[2] 张泽勇，闫春艳．枣树食芽象甲在河北献县的发生规律与防治技术［J］．果树实用技术与信息，2011（2）：35.

[3] 黎宁，宫朝霞，程国旗．博兴县枣树主要害虫调查及综合防治［J］．落叶果树，2011，43（6）：34-37.

[4] 任登州，齐向英．陕北地区枣食芽象防治初探［J］．河北农业科学，2009，13（6）：40-41.

[5] 刘光生．枣飞象生活习性及防治［J］．山西林业科技，1991，3：49.

[6] 杜仙当．枣飞象生物学特性及防治［J］．山西果树，2007（2）：43.

[7] 谷小红．橘小实蝇寄生蜂寄主寻找行为影响因子的初步研究［D］．福州：福建农林大学，2017.

[8] 蔡普默．斑翅果蝇引诱技术和触角嗅觉基因的转录组研究［D］．福州：福建农林大学，2018.

[9] 阎雄飞，李善才．枣食芽象甲对不同品种枣树挥发物气味行为反应［J］．中国农学通报，2012，28（22）：197-200.

[10] 王晶玲，洪波，陈志杰，等．食芽象甲对不同品种枣树植物挥发物的嗅觉反应［J］．环境昆虫学报，2017，39（6）：1191-1197.

[11] 李广伟．梨小食心虫识别寄主植物挥发物的分子机制［D］．杨凌：西北农林科技大学，2016.

[12] 张棋麟，袁明龙．基于新一代测序技术的昆虫转录组学研究进展［J］．昆虫学报，2013，56（12）：1489-1508.

[13] 崔晓宁．苹果小吉丁虫对寄主植物挥发物的行为反应及嗅觉相关基因功能研究［D］．杨凌：西北农林科技大学，2018.

[14] Li B，Dewey C. RSEM：accurate transcript quantification from RNA-Seq data with or without a reference genome［J］. BMC Bioinformatics，2011，12：323.

[15] Trapnell C，Williams B A，Pertea G，*et al.* Transcript assembly and quantification by RNA-Seq reveals unannotated transcripts and isoform switching during cell differentiation［J］. Nature Biotechnology，2010，28：511-515.

绕实蝇属害虫在中国——记沙棘绕实蝇的发生与控制*

魏建荣**，赵　斌[1]，李莎莎[1]，程态明[1]，苏　智[2]
（1. 河北大学生命科学学院，保定　071002；
2. 中国林科院沙漠林业实验中心，磴口　015200）

摘　要：本文针对沙棘绕实蝇的生物生态学习性、人工饲养、成虫对颜色的选择性、化学防治以及引诱剂控制技术进行了初步报道，旨在为绕实蝇属昆虫在我国的监测与防治提供借鉴。

关键词：沙棘绕实蝇；引诱剂；生物学习性；人工饲养；化学防治

沙棘 *Hippophae rhamnoides* 果实及其枝叶富含维生素、不饱和脂肪酸、黄酮类和磷脂类等多种生物活性物质，对于一些心脑血管疾病具有一定的治疗作用。以沙棘为主原料加工生产的一些饮料、保健品及化妆品也得到了市场的广泛认可，经济效益显著。沙棘绕实蝇 *Rhagoletis batava obseuriosa*（RBO）成虫产卵于沙棘青果的果皮下，幼虫孵化后蛀食果肉，致使受害沙棘果实只剩外面的果皮而干瘪，导致受害果实丧失经济价值，严重时能够造成沙棘果减产90%以上，使沙棘种植地蒙受巨大经济损失。该实蝇目前在内蒙古西部、新疆阿勒泰地区、山西北部和辽宁等地均有发生。为有效地防控该实蝇的发生，课题组对沙棘绕实蝇开展了一系列的研究，现简要汇报如下。

1　沙棘绕实蝇生物学特性研究

通过在内蒙古磴口地区开展室内人工饲养和野外观察试验，对沙棘绕实蝇的羽化、交尾、产卵、化蛹等生物学习性和野外发生动态进行了研究。结果表明：成虫主要集中在6：00—10：00羽化，羽化量占当日羽化量的81.3%，羽化高峰出现在8：00—9：00；化蛹时间主要集中在凌晨0：00—6：00，尤其是3：00—6：00钻出果实化蛹的幼虫数量最多，与其他时间段有明显的差异；交尾时间主要集中在白天光照比较强的时间段，一天当中有两次交尾高峰，分别出现在12：00—13：00和16：00—17：00，交尾平均持续时长为（239±11.86）min；沙棘绕实蝇一般选择在长径（6.97±0.28）mm，宽径（5.37±0.40）mm的沙棘果上产卵，一果只产一卵，并对交尾及产卵行为进行了详细的描述。

沙棘绕实蝇在内蒙古磴口地区1年发生1代，野外成虫发生期从6月中旬到8月上旬，共持续50d左右，可以划分为发生初期、中期、后期和末期4个阶段，中期和后期虫口密度较高。发生初期野外诱捕到的实蝇雄虫居多，发生中期和后期雌雄性比在1：1附

*　基金项目：国家自然科学基金项目（31370647）

**　第一作者：魏建荣，博士，研究员，研究方向为生物防治和昆虫化学生态学；E-mail：weijr@hbu.edu.cn

近上下浮动，至实蝇发生末期，野外诱捕到雌虫较多。沙棘绕实蝇种群数量变化受天气影响较大。

2 成虫饲料研究

蛋白质和糖是维持实蝇生理活动的两个重要营养源。不补充食物的沙棘绕实蝇成虫仅存活 2~4d，饲喂人工配制的 6 种饲料均可显著延长沙棘绕实蝇寿命（F129. 911；df = 7；P < 0. 01）。6 种人工饲料饲养的沙棘绕实蝇成虫平均寿命从大到小依次为：B>C>F>D>E>A，最长的为（14. 04±7. 50）（SD）d，最短的是（9. 54±5. 38）（SD）d。雌雄成虫间寿命无最显著差异。6 种饲料饲喂实蝇雌成虫怀卵量无显著性差异（F = 0. 701；df = 5；P > 0. 05）。

另外，对沙棘绕实蝇幼虫人工饲养进行了研究，以期获得适宜其幼虫生长发育的人工饲料，为实现规模化人工饲养和繁殖提供理论指导。经过两年的室内试验，通过不同成分配比的研究，目前已可将幼虫羽化至蛹。

3 化学防治研究

由于幼虫营蛀果性生活，并在地表土层中化蛹，不太容易防治。为此，基于高效、低毒、低残留和易降解的原则，选取了印楝素、高效氯氟氰菊酯、苦参碱、阿维菌素这 4 种无公害生物源农药，对沙棘绕实蝇的成虫开展了触杀实验。对 4 种农药半数击倒时间 KT_{50}（median knockdown time）的测定结果显示，同种农药同种浓度时，药物对雄性的触杀效果比雌性强，其中苦参碱在浓度为 0. 005mg/mL 时，雄性 KT_{50}值为 39. 21h，小于雌性 KT_{50}值 56. 13h，但个别情况下出现对雌性触杀效果比雄性高的情况，如苦参碱在浓度为 0. 05mg/mL 时，雄性 KT_{50}值为 15. 76h，大于雌性 KT_{50}值 12. 39h。通过测定 4 种农药对沙棘绕实蝇成虫的致死中浓度 LC_{50}（median lethal dose），得出触杀作用时间为 12h 时，LC_{50}分别为：印楝素 7. 737mg/mL、高效氯氟氰菊酯 0. 002mg/mL、苦参碱 0. 042mg/mL、阿维菌素 0. 008mg/mL，其触杀毒力次序为：高效氯氟氰菊酯>阿维菌素>苦参碱>印楝素；触杀作用时间为 24h 时，LC_{50}分别为：印楝素 6. 963mg/mL、高效氯氟氰菊酯 0. 001mg/mL、苦参碱 0. 008mg/mL、阿维菌素<0. 001mg/mL，其触杀毒力次序为：阿维菌素>高效氯氟氰菊酯>苦参碱>印楝素；触杀作用时间为 48h 时，LC_{50}分别为：印楝素 0. 891mg/mL、高效氯氟氰菊酯<0. 001mg/mL、苦参碱 0. 002mg/mL、阿维菌素<0. 001mg/mL，其触杀毒力次序为：阿维菌素=高效氯氟氰菊酯>苦参碱>印楝素。阿维菌素和高效氯氟氰菊酯的触杀效果较显著，其次为苦参碱，印楝素的触杀效果不显著。

4 成虫对不同颜色的选择性研究

为探讨沙棘绕实蝇成虫视觉在搜索寄主过程中所起的作用，通过在野外设置不同颜色、形状、表面积的视觉信息对沙棘绕实蝇开展了趋性行为测试。结果显示，沙棘绕实蝇成虫在野外对不同颜色、相同形状相同表面积球体的趋向性从强到弱为：橙色>黄色>绿色>红色>蓝色>紫色，其中，橙色球体引诱到的实蝇数量最多，其次黄色和绿色引诱效果也较好，红色引诱效果一般，蓝色和紫色引诱效果较差。不同表面积、相同颜色相同形状的野外引诱实验中，大球的引诱量显著高于小球，大球与小球之间的诱捕量差异性显著

($t=10.562$，$DF=10$，$P<0.05$)；正方体的表面积越大引诱能力越强，但正方体之间的差异性并不显著（$F=2.140$，$DF=5$，54，$P=0.074$）。不同形状相同表面积相同颜色对沙棘绕实蝇的引诱实验中，4 种形状的引诱能力为：正方体>正三角体>长方体>球体，但 4 种形状之间的诱捕效果差异性不显著（$F=0.177$，$DF=3$，34，$P=0.912$），说明形状对沙棘绕实蝇的趋性没有产生明显作用。沙棘绕实蝇成虫对不同颜色的趋性选择有显著性差异，对不同形状和不同表面积的趋性选择没有明显趋向行为。

通过自制沙棘绕实蝇采卵器研究其产卵偏好行为，发现沙棘绕实蝇更偏好选择在黄色、橙色和绿色的果实上降落休整或产卵。同时其对损伤果实也具有较强的产卵趋性。在成熟度为 A 和 B 的沙棘果实上的产卵量无显著差异（$F=2.262$，$df=10$，$P>0.05$）。

5 沙棘绕实蝇引诱剂研究

应用引诱剂防治实蝇是综合管理中的一项重要措施，通过筛选已知实蝇类诱剂，得到了 5 种对沙棘绕实蝇具有诱性的引诱剂，诱效从大到小依次为：碳酸氢铵>碳酸铵>乙酸铵>磷酸铵>磷酸氢二铵，实蝇诱捕量分别为：（670.50±73.48）头、（593.69±72.50）头、(446.00±54.57）头、(334.58±43.25）头和（270.04±38.01）头。碳酸氢铵、碳酸铵和乙酸铵均对沙棘绕实蝇两性成虫具有诱性，诱捕的雄虫稍多于雌虫。碳酸铵、乙酸铵和磷酸氢二铵诱效仅维持 2d，而碳酸氢铵和磷酸铵诱效持续时间稍长。其中，乙酸铵有效引诱距离小于 100m，其在树冠下层（2.51m±0.45m，*SD*）和树干部（1.24m±0.28m，*SD*）诱捕实蝇较多。乙酸铵和碳酸铵混配能够提高乙酸铵的诱性，A（乙酸铵：碳酸铵=2：1）、B（乙酸铵：碳酸铵=1：1）、C（乙酸铵：碳酸铵=1：2）3 种混合诱剂，随着碳酸铵比例的增加，诱效逐渐增强，但经统计分析与单独使用乙酸铵诱效无显著差异（$F=0.731$；$df=3$；$P > 0.05$）。

6 引诱剂包埋缓释技术与野外防治效果研究

以明胶和聚乳酸作为载体，制备出含有杀虫剂（多杀菌素或阿维菌素）与引诱剂（碳酸铵）复配的微球，用于吸引并杀灭 RBO，以达到防治的目的。选择正交试验 $L_{16}(4^5)$ 优化明胶、多杀菌素、碳酸铵、聚乳酸和反应温度的水平。得到制备微球的最佳条件为 2g 明胶、2g 多杀菌素、1.5g 碳酸铵、2g 聚乳酸，反应温度为 40℃。所得微球的平均粒径为 55.54μm，多杀菌素的包封率为 98.75%，碳酸铵的包封量为 2.56mg/g。微球的形状均匀，具有理想的缓释效果，碳酸铵的释放时间为 10d，而多杀菌素为 15d。

阿维菌素微球的毒力实验：在触杀试验中，4 组处理和对照组之间的 LT_{50}（median lethal time）存在显著性差异（$F=25.864$，$df=4$，12，$P<0.05$），然而 4 组处理间的 LT_{50} 没有显著性差异（$F=13.567$，$df=3$，9，$P=0.852$）。在胃毒试验中，4 组处理与对照之间的 LT_{50} 存在显著性差异（$F=44.888$，$df=4$，40，$P<0.05$），微球的毒性作用约为对照组的 6~10 倍，然而，4 组处理间的 LT_{50} 没有显著性差异（$F=22.356$，$df=3$，30，$P=0.852$）。在引诱试验中，用微球诱捕的 RBO 的平均数量是对照的 7~15 倍，4 组处理和对照之间 RBO 的诱捕量存在显著性差异（$F=7.855$，$df=4$，40，$P<0.05$），用最高浓度的碳酸铵制备的微球诱捕量比其他处理诱捕量高（$F=6.132$，$df=3$，30，$P<0.05$）。

多杀菌素微球的林间防治实验：RBO 的虫口密度明显下降，处理组（21.20±6.31）

中捕获的 RBO 数量明显少于对照组（130. 80±27. 54）（t=4. 936，Df=8；P<0. 05）。经过无人机施药 15d 后，处理组的沙棘果实（16. 05%±1. 15%）受 RBO 感染的程度低于对照组（81. 75%±1. 50%）（t=56. 105，Df=6；P<0. 05）。说明微球对 RBO 有良好的诱杀效果。

参考文献

[1] 魏建荣，苏智，刘明虎，等．沙棘果实的重要检疫害虫——沙棘绕实蝇的发生与危害［J］. 内蒙古林业科技，2012，38（4）：55-57.

[2] 赵斌，苏智，李莎莎，等．沙棘绕实蝇的生物学习性［J］. 林业科学研究，2017，30（4）：576-581.

[3] 赵斌，李莎莎，苏智，等．沙棘绕实蝇成虫饲养研究［J］. 植物保护，2018，44（4）：114-118，124.

[4] 李莎莎，李臻，程态明，等．4 种药剂对沙棘绕实蝇成虫的触杀活性［J］. 林业科学研究，2018，31（6）：98-104.

[5] 李莎莎，孙非，赵斌，等．沙棘绕实蝇成虫对不同视觉信息的选择趋性研究［J］. 环境昆虫学报，2018，40（5）：981-987.

[6] Zhao B，Cheng T M，Li S S，*et al*. Attractants for *Rhagoletis batava obseuriosa*，a fruit fly pest of sea buckthorn［J］. International Journal of Pest Management，2018，64（4）：DOI：10. 1080/09670874. 2018. 1515446.

[7] Cheng T M，Wei J R，Li Y Y. Preparation，characterization，and evaluation of PLA/gelatin microspheres containing both insecticide and attractant for control of fruit flies［J］. Crop protection，2019，doi：https：//doi. org/10. 1016/j. cropro. 2019. 04. 007.

抗除草剂转基因水稻 Bar68-1 对中华淡翅盲蝽生长发育以及繁殖的影响*

黄　芊[1**]，蒋显斌[1]，凌　炎[2]，蒋　婷[1]，符诚强[1]，龙丽萍[1***]，黄凤宽[2]，
黄所生[2]，吴碧球[2]，李　成[2]
（1. 广西农业科学院水稻研究所，广西水稻遗传育种重点实验室，广西水稻优质化育种研究人才小高地，南宁　530007；2. 广西农业科学院植物保护研究所，广西作物病虫害生物学重点实验室，南宁　530007）

摘　要：为明确抗除草剂转基因水稻 Bar68-1 对中华淡翅盲蝽 *Tytthus chinensis* Stål 生长发育及繁殖的影响，在室内（26℃±2℃，70%~80%RH，L：D=12：12）条件下将中华淡翅盲蝽饲养于带有褐飞虱卵块的转基因水稻上，以非转基因亲本水稻 D68 作为对照，分别组建实验种群生命表。结果表明：①在生长发育方面：中华淡翅盲蝽卵和若虫各龄发育历期及雌、雄虫寿命与在非转基因亲本水稻上均无显著差异；②在繁殖力方面：中华淡翅盲蝽产卵前期和单雌平均产卵量在转基因水稻和非转基因水稻之间差异不显著；③在存活率方面：中华淡翅盲蝽在转基因水稻和非转基因水稻上的存活率曲线均能与 Weibull 模型较好拟合，转基因水稻并未对中华淡翅盲蝽的存活率有不利影响；④生命表参数方面：在转基因水稻上，中华淡翅盲蝽的净增值率（R_0）为 22.48，平均世代周期（T）为 29.85，内禀增长率（r_m）为 0.1043，周限增长率（λ）为 1.1099，以上生命表参数与在非转基因水稻上饲养的种群比较均无显著差异。结果表明，抗除草剂转基因水稻 Bar68-1 对中华淡翅盲蝽生长发育及繁殖无不利影响。

关键词：转基因水稻；中华淡翅盲蝽；生长发育；繁殖

---

* 基金项目：国家自然科学基金（31560510）；广西自然科学基金（2018GXNSFAA294017，2017GXNSFBA198227）；国家重点研发计划子课题（2018YD0200306）；广西农业科学院基本科研业务专项（桂农科 2018YM15，2015YT18）；广西水稻优质化育种研究人才小高地青年人才培养基金（水稻人才小高地 QN-7）；广西作物病虫害生物学重点实验室基金（2019-ST-06）

** 第一作者：黄芊，助理研究员，研究方向为农业昆虫综合治理；E-mail：87542980@ qq. com
*** 通信作者：龙丽萍；E-mail：longlp@ sohu. com

植物挥发物调节多食性绿盲蝽的季节性种群动态*

潘洪生[1,2]**，修春丽[2]

（1. 新疆农业科学院植物保护研究所，农业农村部库尔勒作物有害生物科学观测实验站，乌鲁木齐 830091；2. 中国农业科学院植物保护研究所，植物病虫害生物学国家重点实验室，北京 100193）

摘 要：绿盲蝽成虫具有明显的季节性寄主转换习性。夏季，开花植物的挥发物在绿盲蝽成虫寄主选择过程中起着关键作用；秋季，绿盲蝽成虫偏好选择枣树和葡萄树进行产卵越冬。然而，植物挥发物是否同样调节绿盲蝽成虫的这一寄主选择行为尚未明确。2015—2016 年夏季（8 月中旬）与秋季（9 月中旬）分别调查棉花、果树（枣、葡萄）上绿盲蝽成虫的种群数量，发现夏季棉花上绿盲蝽成虫的种群密度显著高于秋季，而果树上的结果与之正好相反。利用 Y 型嗅觉仪于夏季与秋季分别测试绿盲蝽成虫对棉花与枣树/葡萄树的趋性行为反应。结果表明，与枣树/葡萄树相比，夏季绿盲蝽雌雄成虫明显偏好棉花，而秋季的结果与之正好相反。利用 GC-EAD 结合 GC-MS 分析鉴定发现，秋季枣树中引起绿盲蝽成虫明显电生理反应的活性物质分别是丙烯酸丁酯、丙酸丁酯和丁酸丁酯，而葡萄中仅是丙烯酸丁酯和丁酸丁酯。利用 GC-MS 通过外标法检测结果显示，与夏季相比，枣树/葡萄树挥发物组分中活性物质的含量进入秋季明显增加，而棉花挥发物组分中活性物质的含量显著降低。因此，植物挥发物释放的季节性转变调节绿盲蝽成虫的寄主选择与定殖行为。这为理解植物挥发物在多食性害虫寄主选择与季节性动态中的调控作用提供重要的理论依据。

关键词：盲蝽；季节性动态；寄主选择；植物挥发物；电生理活性；行为反应

---

* 基金项目：国家自然科学基金（No. 31501645）；国家重点研发计划（No. 2017YFD0201900）

** 第一作者：潘洪生，主要从事棉花害虫生物学与防控技术研究；E-mail: panhongsheng0715@163.com

通信作者：潘洪生；E-mail：panhongsheng0715@163. com

新疆温泉县草地蝗虫群落组成研究

赵　莉[1*]，李荣才[2]，靳　茜[2]，任金龙[1]，李金星[1]，刘　叶[1]
[1. 新疆农业大学农学院，乌鲁木齐　830052；
2. 博州草原工作站（蝗虫鼠害防治测报站），博乐　8334002]

摘　要：于2017年采用样框法和扫网法调查了新疆博乐地区温泉县不同草地类型的蝗虫群落组成和发生规律，探讨了蝗虫和植被群落的关系。结果表明，温泉县蝗虫种类共计4科（斑翅蝗科 Oedipodidae、斑腿蝗科 Catantopidae、网翅蝗科 Arcypteridae、槌角蝗科 Gomphoceridae）14属24种。优势科为斑翅蝗科（33.22%）和斑腿蝗科（26.55%）；优势种为黑条小车蝗 *Oedaleus decorus*（Germar）（29.72%）、西伯利亚蝗 *Gomphocerus sibiricus*（L.）（15.24%）、伪星翅蝗 *Metromerus coelesyriensis*（G.-T.）（12.37%）和意大利蝗 *Calliptamus italicus*（L.）（10.26%）。8种草地类型的蝗虫群落多样性指数由高到低分别为：平原荒漠草原（2.78）>山地荒漠（2.59）>平原荒漠（2.57）>山地荒漠草原（2.50）>山地草原（2.41）>山地草原化荒漠（2.35）>平原草原化荒漠（2.18）>山地草甸（1.90），由此可见荒漠类草原为蝗虫主要的栖息生境。同种草地类型不同时间段优势蝗虫种群呈现出变化；不同植被类型优势蝗虫的组成不同。以针茅、羊毛为建群种的草地类型中，黑条小车蝗、宽须蚁蝗 *Myrmeleotettix palpalis*（Zubovski）为优势种；以博乐绢蒿为建群种的草地类型星翅蝗属 *Calliptamus*、伪星翅蝗、小米纹蝗 *Notostaurus albicornis albicornis*（Ev.）为优势；以禾草、杂类草为建群种的山地草甸则以西伯利亚蝗、小翅曲背蝗 *Pararcyptera microptera microptera*（Fischer-Waldheim）为优势；在以菊科和禾本科为建群种的草场中以戟纹蝗属 *Dociostaurus* 类群为优势。

关键词：蝗虫群落；草地类型；温泉县

* 第一作者：赵莉，教授，硕士生导师；E-mail：xjkcjys@163.com

铜绿丽金龟的气味结合蛋白功能分析

李金桥[1,2*]，李晓峰[1]，秦健辉[1]，李克斌[1]，曹雅忠[1]，
张　帅[1]，彭　宇[2]，尹　姣[1**]
（1. 中国农业科学院植物保护研究所，植物病虫害生物学国家重点实验室，
北京　100193；2. 湖北大学生命科学学院，武汉　430062）

摘　要：铜绿丽金龟（*Anomala corpulenta*）是我国重要的农业害虫，成虫具有明显的寄主植物选择习性，解析铜绿丽金龟识别寄主植物的嗅觉机制可为其绿色防治奠定基础。本文首先利用昆虫触角电位仪检测了铜绿丽金龟触角对170种寄主植物挥发物的电生理反应，结果表明，水杨酸甲酯、丙烯酸-2-乙基己酯、α-丁香酚、乙酸龙脑酯、异戊醛等共31种化合物均能强烈引起铜绿丽金龟触角的电生理反应；设计引物，克隆了铜绿丽金龟的气味结合蛋白OBP7的全长编码基因，OBP7全长375bp，编码124个氨基酸；连接pET30载体后在BL21（DE3）细胞进行原核表达，通过2次镍柱纯化获得13. 8ku的蛋白，利用rEK切除了重组蛋白上的his标签；纯化后的蛋白利用荧光竞争结合实验，探究了其对昆虫触角电位实验筛选出的31种活性化合物的亲和特性，结果表明，铜绿丽金龟气味结合蛋白OBP7对水杨酸甲酯、α-丁香酚、乙酸龙脑酯等植物挥发物结合能力较强，竞争解离常数Ki分别为16. 94μmol/L、18. 05μmol/L和19. 40μmol/L，推测该蛋白在铜绿丽金龟对寄主植物的嗅觉识别过程中发挥着重要作用。

关键词：铜绿丽金龟；气味结合蛋白；触角电位；荧光竞争结合

---

* 第一作者：李金桥，硕士，研究方向为昆虫分子生物学；E-mail：15527655838@163. com
** 通信作者：尹姣，研究员，研究方向为昆虫分子生物学；E-mail：jyin@ippcass. cn

暗黑鳃金龟引诱剂的筛选及大田效果评价

李晓峰*，李金桥，秦健辉，尹　姣，张　帅，曹雅忠，李克斌**
（中国农业科学院植物保护研究所，植物病虫害生物学国家重点实验室，北京　100193）

摘　要：为了寻找对暗黑鳃金龟有效的引诱剂。本研究运用Y型嗅觉仪对榆树叶、蓖麻叶、苘麻叶独有或共有的4种挥发物（顺-3-己烯醇、顺-3-己烯基乙酸酯、肉桂醛、邻苯二甲酸二丁酯），暗黑鳃金龟3种聚集信息素（乙酸十五烷酯、顺-13-二十二烯醇、二十二酸）以及种性信息素（L-异亮氨酸甲酯：芳樟醇=4：1）进行了活性筛选，初步确定了对暗黑鳃金龟具有最佳引诱效果的化合物浓度，并以此为配比依据对植物挥发物、暗黑鳃金龟聚集信息素及性信息素两两混配，共组成了19组二元引诱剂配方。通过进一步的昆虫触角电位试验（EAG）及Y型嗅觉仪试验筛选引诱剂配方；比较所筛配方与单一组分引诱效果差异；利用室内笼罩试验从石蜡油、乙醇、二氯甲烷和正己烷4种溶剂中寻找最佳溶剂。最后将具有高效活性配方组分浓度扩大500倍后进行田间试验验证。结果显示，共有3组配方（顺-3-己烯基乙酸酯+乙酸十五烷酯、顺-3-己烯醇+顺-13-二十二烯醇、肉桂醛+顺-13-二十二烯醇）引诱效果较好，并且均显著高于单一组分；田间试验中这3种二元引诱剂对暗黑鳃金龟成虫引诱效果相比较于单一组分均具有明显的增效作用。本研究不仅可以减轻暗黑鳃金龟为害的严重态势，而且可以减少化学农药的使用量，同时也为开发新型引诱剂等绿色防控途径提供了理论基础。

关键词：暗黑鳃金龟；引诱剂筛选；效果评价

* 第一作者：李晓峰，硕士，研究方向为昆虫生理生化；E-mail：2275638093@ qq. com
** 通信作者：李克斌，研究员；E-mail：kbli@ ippcaas. cn

橘大实蝇和蜜柑大实蝇的 PCR 鉴定新方法

郑林宇*

（中国农业大学植物保护学院，北京　100193）

摘　要：橘大实蝇 *Bactrocera minax* 和蜜柑大实蝇 *Bactrocera tsuneonis* 属双翅目 Diptera 实蝇科 Tephritidae，是柑橘类的重要害虫，引起国内外植物检疫领域高度关注。由于两种实蝇的形态学特征极为相似，且已有报道的特异引物存在局限，所以亟需研发更加精准的 PCR 鉴定新方法。本研究在收集、整理橘大实蝇和蜜柑大实蝇样品的基础上，检测、获得了来自我国 8 省区 44 个地理种群的 963 条两种大实蝇的 DNA 条形码序列，并针对二者序列设计了特异引物，检测了特异引物的灵敏度。结果显示，本研究所设计的橘大实蝇和蜜柑大实蝇特异引物能够实现各虫态的快速、准确鉴定。本研究对加强橘大实蝇和蜜柑大实蝇的种群监测、检疫鉴定、检疫处理及田间治理具有重要意义。

关键词：橘大实蝇；蜜柑大实蝇；特异引物；分子鉴定；植物检疫

* 通信作者：郑林宇；E-mail：935100736@ qq. com

生物防治

小麦赤霉病生防与毒素降解微生物的筛选与防效试验*

周红姿**，周方园，吴晓青，赵晓燕，张新建***
（山东省科学院生态研究所，山东省应用微生物重点实验室，济南 250014）

摘 要：小麦赤霉病是小麦生产上的重要病害之一，严重影响小麦的产量和品质。赤霉病在我国主要发生在长江中下游冬麦区、东北春麦区东部及华南冬麦区，近年来随着气候和耕作制度的变化，流行区域不断扩大，目前已经扩大到黄淮海麦区。我国麦类赤霉病主要是由禾谷镰刀菌（*Fusarium graminearum*）和亚洲镰刀菌（*F. asiaticum*）引起的，是影响小麦产量的一个重要因素，其中，黄河流域以北地区以禾谷镰刀菌为主，长江中下游地区以亚洲镰刀菌为主。感病后的麦穗不仅籽粒皱缩，品质下降，而且病菌在侵害作物的同时能产生多种毒素，其中脱氧雪腐镰刀菌烯醇（deoxynivalenol，DON）和玉米赤霉烯酮（zearalenone，ZEN）等可破坏人和动物的免疫系统，还有致癌、致畸的作用，严重威胁人畜的健康安全。目前生产上防治措施主要是依靠化学农药，随着用药面积扩大，用药量和用药频率增加，病原菌的抗药性也不断增强。随着农业可持续发展的需要和人们环保意识的提高，生物防治措施在农业生产上的应用受到越来越广泛的关注。

本研究从山东、江苏、浙江、河北、河南、安徽等多个地区采集了小麦赤霉病病穗，从这些病穗样品上共分离得到500多株细菌，通过平板共培养试验筛选到对禾谷镰刀菌（*F. graminearum*）和亚洲镰刀菌（*F. asiaticum*）有拮抗活性的菌株175株。然后利用高效液相色谱（HPLC）方法检测上述生防菌株对脱氧雪腐镰刀菌烯醇的降解能力，筛选到具有兼具毒素降解活性的生防菌株42株。综合对病原菌的拮抗和毒素降解活性，选择菌株Z54进行下一步的试验，对其进行了菌株鉴定、室内抑菌率测定、毒素降解率测定、盆栽防病试验和田间小区防治试验。经16S rDNA和*gyrB*基因测序结合形态学分析，将Z54鉴定为枯草芽孢杆菌（*Bacillus subtilis*）。平板对峙培养结果显示，对禾谷镰刀菌和亚洲镰刀菌菌丝的抑制率分别能达到81.72%、70.13%，菌株发酵液与病原菌在PDA上共培养实验结果显示，菌株Z54对两种病原菌的抑制率都能达到100%。液体培养试验结果表明，菌株Z54在12d对脱氧雪腐镰刀菌烯醇（初始浓度为20μg/mL）的降解率达到71.67%。小麦盆栽试验显示，菌体与菌株发酵液对小麦赤霉病的防效达69.12%~78.57%。田间小区试验显示，菌体与菌株发酵液对小麦赤霉病的防效达72.60%~75.82%。综上，本研究为小麦赤霉病的生物防治以及病原菌毒素的去除提供了优良的菌株资源。

关键词：枯草芽孢杆菌；小麦赤霉病；生物防治；毒素降解

---

* 基金项目：山东省重点研发计划项目（2017GSF21120）

** 第一作者：周红姿，硕士，副研究员，主要从事微生物应用研究；E-mail：zhouhz@ sdas. org

*** 通信作者：张新建，博士，副研究员；E-mail：zhangxj@ sdas. org

粉红螺旋聚孢霉寄生核盘菌菌核及相关酶类活性研究*

吴海霞[1,2**]，江 娜[1]，袁梦蕾[1]，孙漫红[1***]，马桂珍[2]，李世东[1]
(1. 中国农业科学院植物保护研究所，北京 100193；
2. 江苏海洋大学海洋学院，连云港 222005)

摘 要：粉红螺旋聚孢霉（*Clonostachys rosea*，异名：粉红粘帚霉，*Gliocladium roseum*）是一类重要的菌寄生菌，可寄生立枯丝核菌（*Rhizoctonia solani*）、核盘菌（*Sclerotinia sclerotiorum*）等多种植物病原真菌，并且可以分泌多种细胞壁降解酶。目前，关于粉红螺旋聚孢霉的一些细胞壁降解酶是否参与核盘菌菌核的寄生过程尚有异议。本课题研究了40株不同来源的粉红螺旋聚孢霉菌株对核盘菌菌核的寄生能力与几丁质酶和葡聚糖酶活性的关系。首先用无菌水洗脱粉红螺旋聚孢霉不同菌株的孢子，制备孢子悬浮液，调整浓度为10^7个/mL，分别用75%乙醇和1% NaClO溶液对核盘菌菌核进行表面消毒，取大小一致的菌核浸泡于不同菌株孢子悬浮液中，20min后取出，于滤纸上晾干，放置于培养皿湿润的滤纸上，28℃保湿培养7~10d观察寄生情况。依照0~4级分级标准测定不同来源菌株对核盘菌的寄生水平。研究结果表明，粉红螺旋聚孢霉不同菌株对核盘菌菌核均具有寄生作用，其中有18株粉红螺旋聚孢霉菌株寄生核盘菌菌核的能力达4级水平，能使整个菌核变得软腐。采用DNS法定量测定菌核培养基发酵液中几丁质酶和葡聚糖酶活性。结果显示，供试粉红螺旋聚孢霉菌株产葡聚糖酶活性范围为31.45~77.3U；产几丁质酶活性范围为2.69~10.39U。对40株菌株寄生核盘菌菌核能力、几丁质酶和葡聚糖酶活性进行相关性统计分析。结果表明，粉红螺旋聚孢霉菌株寄生菌核的能力与几丁质酶和葡聚糖酶活性呈正相关，对核盘菌菌核寄生能力达到4级的菌株，其几丁质酶和葡聚糖酶活性大多高于其他级别菌株，表明在粉红螺旋聚孢霉在寄生核盘菌过程中，几丁质酶、葡聚糖酶起着关键作用，这些酶能降解病原真菌的细胞壁，并强烈抑制病原真菌的孢子萌发和菌丝生长。本研究为揭示粉红螺旋聚孢霉菌株寄生作用机制机理提供理论依据。

关键词：粉红螺旋聚孢霉；寄生；几丁质酶；葡聚糖酶

---

* 基金项目：国家重点研发计划试点专项（编号：2017YFD0201102）

** 第一作者：吴海霞，硕士研究生，从事生防微生物研究；E-mail：912530828@qq.com

*** 通信作者：孙漫红；E-mail：sunmanhong2013@163.com

粉红螺旋聚孢霉 67-1 乙酰化定量蛋白质组学研究*

江　娜**，孙漫红***，李世东
（中国农业科学院植物保护研究所，北京　100193）

摘　要： 粉红螺旋聚孢霉（*Clonostachys rosea*，异名：粉红粘帚霉，*Gliocladium roseum*）是一类具有重要生防潜力的生防真菌，可防治由核盘菌、镰刀菌等引起的多种植物病害。粉红螺旋聚孢霉 67-1 是笔者实验室前期分离得到的一株高效菌株，其生防菌剂在田间显示出了良好的防病效果。研究粉红螺旋聚孢霉的寄生分子机制是应用其防治植物病害的科学基础，对生防菌剂的生产和应用都具有重要意义。为研究蛋白质乙酰化修饰介导和调控粉红螺旋聚孢霉寄生核盘菌菌核，笔者构建了 67-1 乙酰化定量蛋白质组。在 PDA 平板上接种 67-1，长出一层菌丝后，铺满大豆核盘菌共同培养，8h、24h、48h 后收集 67-1 菌丝，以 67-1 纯培养为对照，3 次生物学重复。收集样品后，提取蛋白质并酶解，而后通过 TMT 标记和乙酰化富集技术以及高分辨率液相色谱-质谱联用的定量蛋白质组学研究策略进行定量蛋白质组学研究。结果显示，67-1 中共有 740 个蛋白、1 448个位点发生了乙酰化修饰。用蛋白定量组进行归一化以去除蛋白表达量对修饰信号造成的影响，结果显示 67-1 寄生过程中有大量赖氨酸位点的乙酰化修饰水平发生改变。随后，对可定量蛋白质进行系统的生物信息学分析，包括蛋白注释、功能分类、功能富集及基于功能富集的聚类分析、蛋白互作网络分析，笔者筛选出了 31 个目的蛋白用于进行乙酰化蛋白及修饰位点功能的深入研究，为进一步从蛋白质翻译后修饰角度阐释粉红螺旋聚孢霉 67-1 寄生核盘菌机理奠定基础。

关键词： 粉红螺旋聚孢霉；生防真菌；蛋白质组学

---

* 基金项目：国家重点研发计划试点专项“高效真菌杀菌剂研制与示范”（编号：2017YFD0201102）

** 第一作者：江娜，硕士研究生，从事植物病害生物防治研究；E-mail：1073703832@ qq. com
*** 通信作者：孙漫红；E-mail：sunmanhong2013@ 163. com

黄瓜枯萎病菌菌际细菌种群变化的机理探讨*

荆玉玲**，郭荣君***，李世东
（中国农业科学院植物保护研究所，北京　100193）

摘　要：菌际细菌存在于真菌与土壤发生强烈反应的狭小区域。在黄瓜连作土中接种黄瓜枯萎病菌导致枯萎病菌菌际细菌种群组成发生变化。明确导致黄瓜枯萎病菌菌际细菌种群变化发生的原因，以及菌际细菌种群变化对黄瓜生长和枯萎病发生的影响对我们从微生物生态学角度理解连作导致黄瓜枯萎病发生加重的原因及其防控具有重要意义。本研究根据接种枯萎病菌处理（SCF）和未接种枯萎病菌处理的（SC）菌际细菌优势种 *Rhizobium* sp. 和 *Achromobacter* sp. 的丰度，设计了不同组合 SCF-M 和 SC-M。采用生测法测定了 *Rhizobium* sp. 和 *Achromobacter* sp. 的单菌株菌悬液及其不同比例的混和菌液 SCF-M 和 SC-M 对黄瓜生长和枯萎病发生的作用，结果表明：单菌株菌悬液对黄瓜生长的影响不显著，优势菌群组合 SCF-M 和 SC-M 影响黄瓜株高；单菌株对黄瓜枯萎病抑制作用较弱，不同比例细菌组合 SCF-M 和 SC-M 对黄瓜枯萎病的抑制作用不同。在 96 孔板中测定了菌际细菌对黄瓜根分泌物 RE 及单一碳源柠檬酸、苹果酸、琥珀酸和葡萄糖的利用能力。26℃培养 24h 后测培养液的 OD 值，结果表明：*Rhizobium* sp. 对上述 5 种碳源的利用能力都比较强；在 5 种碳源中，*Achromobacter* sp. 对葡萄糖的利用能力最弱。为了进一步明确 *Foc* 侵染对菌际细菌种群变化的影响机理，我们采用 *Foc* 在根分泌物 RE 中的 48h 培养物模拟受到 *Foc* 侵染的根分泌物，在 96 孔板中分别测定了 *Rhizobium* sp. 和 *Achromobacter* sp. 单菌株菌悬液和不同比例的混和液接种于枯萎病菌 *Foc* 培养滤液和 RE 培养液中的生长情况，26℃培养 48h 后，*Rhizobium* sp. 和 *Achromobacter* sp. 在 *Foc* 滤液中的 OD 值均低于在 RE 培养液中的 OD 值，*Rhizobium* sp. 降低了 3. 68 倍，*Achromobacter* sp. 降低了 1. 74 倍。该结果与 *Foc* 接种土壤后菌际细菌 *Rhizobium* sp. 和 *Achromobacter* sp. 的变化动态一致，推测 *Foc* 对根分泌物的消耗或其产生的代谢产物影响菌际细菌的生长。上述结果为揭示黄瓜连作土中枯萎病菌菌际细菌的种群变化机理提供了重要的依据。

关键词：菌际细菌；黄瓜枯萎病；互作机理

---

* 基金项目：现代农业产业技术体系项目（CARS-25-D-03）基本科研业务费（S2018XM10）
** 第一作者：荆玉玲，硕士研究生，从事土壤细菌与真菌互作研究；E-mail：1192614405@ qq. com
*** 通信作者：郭荣君；E-mail：guorj20150620@ 126. com

放线菌酮对茶叶斑病病原——*Didymella segeticola* var. *camelliae* 的抑菌活性及形态学研究*

李冬雪[1**]，江仕龙[1,2]，任亚峰[1]，段长流[3]，王　雪[1]，
金林红[1]，宋宝安[1]，陈　卓[1***]
（1. 贵州大学绿色农药与农业生物工程国家重点实验室培育基地，贵阳　550025；
2. 贵州大学农学院，贵阳　550025；3. 石阡县茶叶管理局，石阡　558000）

摘　要：*Didymella segeticola* var. *camelliae* 是贵州省石阡县茶树叶斑病的病原，主要为害嫩芽、嫩叶等，对茶树产量和品质构成较大影响。该病原由本研究小组分离、鉴定并命名。当前，该病害缺乏有效、安全的药剂，寻找对该病害安全、有效的生物农药，研究其作用机制、田间应用技术，对该病害的可持续控制具有重要意义。本研究采用菌丝生长速率法测定放线菌酮对 *D. segeticola* var. *camelliae* 菌株 GZSQ-4 的抑菌活性，采用光学显微镜、扫描电镜观察药剂作用后菌丝形态变化。结果表明，在 0.5～200μg/mL 的浓度范围内，放线菌酮对 GZSQ-4 具有一定的抑菌活性，例如，0.5μg/mL、5μg/mL、25μg/mL、50μg/mL，其抑菌活性分别为 4.9%、19.4%、38.6%、42.2%。当剂量从 50μg/mL 开始加大时，其抑菌活性不再增加，显示出菌株 GZSQ-4 对放线菌酮的剂量饱和效应。在受试的最高剂量 200μg/mL 条件下，发现其对菌株 GZSQ-4 的抑菌活性<50.0%。菌株 GZSQ-4 在放线菌酮 10μg/mL 和 100μg/mL 剂量下作用 1h、3h 和 24h，光学显微镜观察发现，随着剂量加大和作用时间延长，菌丝末端膨大明显，菌丝内颗粒物增多，菌丝分隔变短，隔膜增多。采用扫描电镜观察放线菌酮在 100μg/mL 剂量下对菌株 GZSQ-4 的影响，发现菌丝畸形明显，表面不光滑。本研究将进一步评价放线菌酮对菌株 GZSQ-4 孢子萌发、孢子杀灭等活性，并研究其作用靶标和分子机制，为该病害的防控提供有益的数据参考。

关键词：茶叶斑病；*Didymella segeticola* var. *camelliae*；放线菌酮；抑菌活性

---

* 基金项目：国家重点研发计划（2017YFD0200308）及国家重点研发计划后补助［黔科合平台人才（2018）5262］；贵州省科技成果转化引导基金计划［黔科合成转字（2015）5020 号］；贵州省科技重大专项［黔科合重大专项（2012）6012 号］

** 第一作者：李冬雪，硕士研究生，研究方向为植物病害研究；E-mail：gydxli@ aliyun. com
*** 通信作者：陈卓，教授；E-mail：gychenzhuo@ aliyun. com

中生菌素对茶叶斑病病原——*Didymella segeticola* var. *camelliae* 的抑菌活性及形态学研究*

江仕龙[1,2]**，李冬雪[1]，任亚峰[1]，尹桥秀[1]，金林红[1]，宋宝安[1]，陈　卓[1]***
（1. 贵州大学绿色农药与农业生物工程国家重点实验室培育基地，
贵阳　550025；2. 贵州大学农学院，贵阳　550025）

摘　要：2016年，笔者课题组在贵州省石阡县茶园发现由低温胁迫所致茶叶斑病，经鉴定其病原为 *Didymella segeticola* var. *camelliae*（同名：*Phoma segeticola* var. *camelliae*）。该病害在早春低温阴雨季节的发生面大，对中高海拔茶区的茶树危害程度较重。由于该病缺乏有效、安全的药剂，筛选安全、高效的生物农药品种显得非常重要。本研究采用菌丝生长速率法测定中生菌素对 *D. segeticola* var. *camelliae* 菌株 GZSQ-4 的抑菌活性，采用光学显微镜、扫描电镜、透射电镜观察药剂作用后菌丝形态变化。结果表明，中生菌素对 GZSQ-4 具有一定的抑菌活性，其毒力回归方程为 $y=1.7195x+3.6025$，$R^2=0.98$，EC_{50} 值为 6.50μg/mL。菌株 GZSQ-4 在 2μg/mL、7.5μg/mL 和 10μg/mL 浓度下作用 1h、3h 和 24h，光学显微镜观察发现，随着剂量加大和作用时间延长，菌丝增粗，新生菌丝发育畸形，菌丝末端膨大，菌丝内原生质凝集，气泡增多。通过作用剂量与处理时间相比较发现，药剂处理 1h，菌丝形态即有变化。不同剂量处理形态学表明，在药剂作用 1h 时，2μg/mL 的作用的形态变化不明显，7.5μg/mL 和 10μg/mL 的处理已经产生明显变化。扫描电镜观察发现，7.5μg/mL 的中生菌素对菌株 GZSQ-4 新生菌丝发育畸形，表面不光滑，大量皱褶，分支菌丝发育受阻，形成椭圆形或梨球形的典型结构。透射电镜观察发现，在 1.5μg/mL 的低剂量条件下，中生菌素导致菌丝胞壁变薄，密度降低，菌丝内原生质凝集形成大量颗粒物，并边聚于细胞膜。随着剂量增加至 7.5μg/mL 和 27μg/mL，菌丝内上述超微结构变化更加明显，同时，有大量气泡产生，细胞器边界结构不清晰。

关键词：茶叶斑病；*Didymella segeticola* var. *camelliae*；中生菌素；抑菌活性

---

* 基金项目：国家重点研发计划（2017YFD0200308）及国家重点研发计划后补助［黔科合平台人才（2018）5262］；贵州省科技成果转化引导基金计划［黔科合成转字（2015）5020 号］；贵州省科技重大专项［黔科合重大专项（2012）6012 号］

** 第一作者：江仕龙，博士研究生，研究方向为植物病害研究；E-mail：jiangsl2003@gmail.com

*** 通信作者：陈卓，教授；E-mail：gychenzhuo@aliyun.com

春雷霉素对茶叶斑病病原——*Didymella segeticola* var. *camelliae* 的抑菌活性及形态学研究*

李冬雪[1**]，江仕龙[2]，任亚峰[1]，王　雪[1]，尹桥秀[1]，
武　娴[1]，王德炉[3]，宋宝安[1]，陈　卓[1***]
（1. 贵州大学绿色农药与农业生物工程国家重点实验室培育基地，贵阳　550025；
2. 贵州大学农学院，贵阳　550025；3. 贵州大学林学院，贵阳　550025）

摘　要：*Didymella segeticola* var. *camelliae* 是茶树叶斑病的一种病原菌，对茶叶品质和产量影响较大。筛选高效、安全的生物农药品种，研究集成田间防控技术是针对贵州高海拔茶区的重要课题。本研究采用菌丝生长速率法测定春雷霉素对 *D. segeticola* var. *camelliae* 菌株 GZSQ-4 的抑菌活性，采用光学显微镜、扫描电镜、透射电镜观察药剂作用后菌丝形态变化。结果表明，春雷霉素对 GZSQ-4 具有一定的抑菌活性，其毒力回归方程为 $y = 0.935x + 3.0194$，$R^2 = 0.99$，EC_{50} 值为 131.31μg/mL。菌株 GZSQ-4 在 10μg/mL、150μg/mL和 300μg/mL 浓度下作用 1h、3h 和 24h，光学显微镜观察发现，随着剂量加大和作用时间延长，新生菌丝发育畸形，菌丝末端有轻微膨大。药剂 150μg/mL 和 300μg/mL浓度下作用 3h 后，发现菌丝内颗粒物堆积，菌丝管有轻微膨大，24h 后菌丝内颗粒物增大且十分明显，菌丝细胞质密度降低。采用扫描电镜观察 150μg/mL 春雷霉素对菌株 GZSQ-4 的作用，发现菌丝畸形明显，分支菌丝发育受阻。采用透射电镜观察发现，在 7.5μg/mL、150μg/mL 和2 800μg/mL春雷霉素对菌株 GZSQ-4 均有不同的影响，其中 7.5μg/mL 的低剂量条件下，可见菌丝内气泡增多，胞壁物质减少，变薄，细胞器边界不清晰；在 150μg/mL 的中剂量条件下，上述变化更加明显；在2 800μg/mL的高剂量条件下，可见细胞器回缩非常明显，细胞器凝集，降解，密度降低，细胞逐渐趋于死亡。

关键词：茶叶斑病；*Didymella segeticola* var. *camelliae*；春雷霉素；抑菌活性

---

* 基金项目：国家重点研发计划（2017YFD0200308）及国家重点研发计划后补助［黔科合平台人才（2018）5262］；贵州省科技重大专项［黔科合重大专项（2012）6012 号］；教育部新世纪优秀青年人才计划项目（NCET-13-0748）

** 第一作者：李冬雪，硕士研究生，研究方向为植物病害研究；E-mail：gydxli@ aliyun. com

*** 通信作者：陈卓，教授；E-mail：gychenzhuo@ aliyun. com

茶叶斑病病原——*Didymella segeticola* var. *camelliae* 侵染茶树后 mRNA 和 miRNA 的初步分析*

李冬雪[1**]，江仕龙[2]，任亚峰[1]，王　雪[1]，尹桥秀[1]，武　娴[1]，
王德炉[3]，宋宝安[1]，陈　卓[1***]
（1. 贵州大学绿色农药与农业生物工程国家重点实验室培育基地，贵阳　550025；
2. 贵州大学农学院，贵阳　550025；3. 贵州大学林学院，贵阳　550025）

摘　要：本课题组首次报道了贵州石阡茶区茶叶斑病由 *Didymella segeticola* var. *camelliae* 所导致，严重影响茶叶的产量和质量。病原菌侵染茶叶分子机制研究将有助于探明病害灾变规律、致病机制，以及制定病害有效控制的策略和防控措施。采用 RNA-seq 分析侵染茶树后病原菌 *D. segeticola* var. *camelliae* 菌株 GZSQ-4 的 mRNA，分别从 CC、MF 和 Bpi 进行差异表达基因的注释，上述基因主要富集在细胞质基质（cytosol）和细胞核（nucleus）、ATP 结合（ATP binding）和翻译（translation）（$P < 0.05$）；KEGG 分析表明差异表达基因主要富集在氧化磷酸化（Oxidative phosphorylation）通路（$P < 0.05$）。采用 miRNA-seq 分析表明，显著差异表达 miRNA 主要富集在细胞质基质（cytosol），ATP 结合（ATP binding）和代谢过程（metabolic process）。KEGG 分析表明差异表达基因主要富集在叶酸生物合成（Folate biosynthesis）通路（$P < 0.05$）。对 miRNA-seq 与 RNA-seq 进行联合分析，表明差异表达基因在 CC 和 MF 的富集上相一致。TargetFinder 分析表明，cpa-MIR171a-p3_ 2ss11TG17TG_ 1 靶基因最多，有 25 个，分布在多个通路中。其次为 cas-MIR5139-p5_ 1ss10AG、cpa-MIR171a-p3_ 2ss11TG17TG_ 2、ptc-MIR6426b-p5_ 2ss23TG24GC 和 bna-MIR166b-p5_ 1ss19AG。未来将对靶基因的功能进行深入研究，为茶树病害的控制提供重要的参考数据。

关键词： *Didymella segeticola* var. *camelliae*；茶叶斑病；mRNA；miRNA

---

* 基金项目：国家重点研发计划（2017YFD0200308）及国家重点研发计划后补助［黔科合平台人才（2018）5262］；贵州省科技重大专项［黔科合重大专项（2012）6012 号］；教育部新世纪优秀青年人才计划项目（NCET-13-0748）

** 第一作者：李冬雪，硕士研究生，研究方向为植物病害研究；E-mail：gydxli@aliyun.com

*** 通信作者：陈卓，教授；E-mail：gychenzhuo@aliyun.com

可可毛色二孢菌侵染茶树的 mRNA 和 miRNA 的初步分析*

江仕龙[1,2**]，李冬雪[1]，任亚峰[1]，尹桥秀[1]，武 娴[1]，宋宝安[1]，陈 卓[1***]
（1. 贵州大学绿色农药与农业生物工程国家重点实验室培育基地，贵阳 550025；2. 贵州大学农学院，贵阳 550025）

摘 要： 笔者课题组首次发现可可毛色二孢菌（*Lasiodiplodia theobromae*）可导致贵州惠水茶树（*Camellia sinensis*）发生茶叶斑病。采用 RNA-seq 和 miRNA-seq 技术分析侵染茶树后病原菌的基因表达谱，可为 *L. theobromae* 和茶树的互作提供研究启示。本研究采用 RNA-seq 对侵染茶树后 *L. theobromae* 菌株 GZHS-2017-010 的 mRNA 进行测序，共获得 41.82GB reads（样本数据量为 6.29~7.90GB）。将 reads 拼接得到179 383条转录本，最终获得87 468个 Unigenes，总长度为 58.14Mb。52 840个 Unigenes 在至少一个数据库中被注释（占总数的 60.41%）。采用 eggNOG 对 Unigenes 进行注释，10 个 COG 分别为（O）Posttranslational modification，protein turnover，chaperones、（T）Signal transduction mechanisms、（K）Transcription、（G）Carbohydrate transport and metabolism、（L）Replication，recombination and repair、（U）Intracellular trafficking，secretion，and vesicular transport、（J）Translation，ribosomal structure and biogenesis、（E）Amino acid transport and metabolism、（I）Lipid transport and metabolism、（C）Energy production and conversion。Nr 对 Unigenes 的分析表明，*Diplodia corticola* 数据可注释 4 942个 Unigenes，*Diplodia seriata* 数据可注释 3 814个 Unigenes，*Macrophomina phaseolina* 数据可注释1 699个 Unigenes，*Rhizophagus irregularis* 数据可注释 1 285个 Unigenes，*Neofusicoccum parvum* 数据可注释 1 251个 Unigenes，*Spizellomyces punctatus* 数据可注释1 163个 Unigenes，其他物种的数据可注释14 641个 Unigenes。KEGG 分析表明，大量的 mRNA 可富集在 carbohydrate metabolism、amino acid metabolism 等代谢通路中。miRNA-seq 分析检测出 547 个 known 或 conservative miRNA 和 100 个 novel miRNA。靶基因 KEGG 富集性分析表明，ptc-miR6427-3p_ L-1R-2_ 1ss16AT、sly-MIR319c-p5_ 2ss16CT18TC、cas-MIR157b-p5、mtr-miR168b、mtr-miR396b-3p_ L+2R-2、hbr-MIR6173-p3_ 2、aly-MIR157c-p3_ 1ss6GA、aly-MIR157c-p5_ 1ss1TG 被富集在 Starch and sucrose metabolism 通路中，并调控 TRINITY_ DN44125_ c0_ g1、TRINITY_ DN33727_ c0_ g2、TRINITY_ DN44986_ c2_ g3、TRINITY_ DN44889_ c0_ g2、TRINITY_ DN46030_ c0_ g1 等靶基因的表达。

关键词： 可可毛色二孢菌；茶树；mRNA；miRNA

* 基金项目：国家重点研发计划（2017YFD0200308）及国家重点研发计划后补助［黔科合平台人才（2018）5262］；贵州省科技重大专项［黔科合重大专项（2012）6012 号］；教育部新世纪优秀青年人才计划项目（NCET-13-0748）

** 第一作者：江仕龙，博士研究生，研究方向为植物病害研究；E-mail：jiangsl2003@ gmail. com
*** 通信作者：陈卓，教授；E-mail：gychenzhuo@ aliyun. com

吡咯伯克霍尔德氏菌 Lyc2 抗细菌活性相关基因的克隆和分析*

李苗苗[1**]，王晓强[1***]，孙光军[2]，冯　超[1]，刘元德[3]，李　斌[4]，
王文静[1]，王　静[1]，高　强[3]，王凤龙[1***]
（1. 中国农业科学院烟草研究所，青岛　266101；2. 中国烟草总公司贵州省公司，
贵阳　550000；3. 山东临沂烟草有限公司，临沂　276000；
4. 中国烟草总公司四川省公司，成都　610000）

摘　要：吡咯伯克霍尔德氏菌 Lyc2 是一株对多种植物病原真菌、细菌具有较强的抑制作用的生防菌株。本研究中，采用 EZ-TN5 转座子随机突变的方法构建菌株 Lyc2 插入突变题库，以解淀粉欧文氏菌 *Erwinia amylovora* 为指示菌从 Lyc2 突变体库中筛选失去抗细菌能力的突变体。采用 PCR 验证转座子基因是否成功插入到菌株 Lyc2 染色体基因。利用质粒拯救技术克隆转座子插入位点基因，结合全基因组测序结果对插入位点基因（簇）进行预测和生物信息学分析。结果表明：本研究成功构建了吡咯伯克霍尔德氏菌 Lyc2 随机插入突变体库，筛选得到一株对解淀粉欧文氏菌抑菌效果显著降低的突变体。利用恢复性克隆对突变体 Lyc2-MT2918 进行突变基因定位分析。序列分析结果表明，发生突变的基因（Glu-2918）负责编码谷胱甘肽合成酶（glutathione synthase）。对突变基因 Glu-2918 的互补试验表明，导入包含 Glu-2918 完整基因的重组质粒 pM2918 可以使突变体恢复对指示菌的拮抗活性，而导入空质粒 pMLS7 的并不能改变突变体 Lyc2-MT2918 或者野生型菌株 Lyc2 的抑菌能力，表明 Glu-2918 基因对 Lyc2 菌株拮抗细菌的能力具有重要作用。

关键词：吡咯伯克霍尔德氏菌 Lyc2；突变体；抗细菌活性；互补试验

伯克霍尔德氏菌（*Burkholderia cepacia* complex，Bcc）是一类表型相似基因型不同的混合物。伯克霍尔德氏菌最早发现是由于它可以引起洋葱的腐烂（Burkholder，1950），后来的研究发现该菌广泛分布于土壤、水和植物表面（Peeters 等，2013；Vandamme 等，2011）。伯克霍尔德氏菌代谢谱广，可以利用超过 200 多种有机物，属内很多菌株是常见的生防菌，具有生物固氮（Caballero-Mellado 等，2004）、生物修复（Leahy 等，1996）和植物促生功能（Zuniga 等，2013）。

伯克霍尔德氏菌的一个显著特点就是可以产生多种抗菌化合物，包括抗菌多肽、胞外酶、抗生素、铁载体等多种生防因子（Darling 等，1998；Köthe 等，2003；Lu 等，2009；Vellasamy 等，2009），在植物病害生物防治中具有非常大的潜力（Chiarini 等，2006）。另

---

* 基金项目：山东省自然科学基金（ZR2018BC037）；中国农业科学院烟草研究所青年科学基金项目（2017B03）；中国烟草总公司贵州省烟草公司重点科技项目（201920）；中国烟草总公司四川省公司重点科技项目（SCYC201703）

** 第一作者：李苗苗，硕士研究生，研究方向：植物病害生物防治；E-mail：1305047786@ qq. com

*** 通信作者：王凤龙；E-mail：wangfenglong@ caas. cn
王晓强；E-mail：wangxiaoqiang@ caas. cn

外，伯克霍尔德氏菌可以抑制多种植物病原菌的生长，作为一种生防菌促进植物的生长发育（Kim 等，2012）。通过大量的研究已经阐明了部分抗菌物质的化学结构组成和生防相关基因的功能，如 cepalycin（Abe 等，1994），pyrrolnitrin（Jayaswal 等，1993），xylocandin complex（Meyers 等，1987）和 occidiofungin（Lu 等，2009）等，为阐释伯克霍尔德氏菌的生防机制提供了依据。

研究伯克霍尔德氏菌的遗传和分子机制有助于植物病害生物防治新方法的开发和消除微生物对人体潜在的致病性。之前的研究结果表明，分离自烟草根际的伯克霍尔德氏菌 Lyc2 对引起棉花猝倒病的立枯丝核菌（*R. solani*）具有显著的拮抗活性（于晓庆等，2007）。本研究中，通过构建突变体库，筛选失去拮抗活性的突变体，通过恢复性克隆定位菌株 Lyc2 中负责编码抗细菌物质的基因，并对其功能进行分析验证，明确其拮抗机制，对于我们了解菌株 Lyc2 的遗传与分子机制，阐释其生防机理和植物病害生物防治新方法的开发探索具有重要的指导意义。

1 材料与方法

1.1 材料

供试菌株吡咯伯克霍尔德氏菌 *B. pyrrocinia* Lyc2，是笔者实验室从烟草根际分离获得的一株对多种病原真菌和细菌具有较强抑制活性的菌株。解淀粉欧文氏菌（*Erwinia amylovora* 2029）、马铃薯软腐病菌（*Pectobacterium carotovorum* EC101）、水稻细菌性谷枯病菌（*Burkholderia glumae* 291）、丁香假单胞菌（*Pseudomonas syringae* B301D）、棉花角斑病菌（*Xanthomonas campestris* MSCT1）和青枯劳尔氏菌（*Ralstonia solanacearum* RS0）等均由密西西比州立大学吕士恩老师提供。

NBY 培养基：每 1L 培养基中包含营养肉汤 8g，酵母粉 8g，1mol/L K_2HPO_4 5.8mL，1M KH_2PO_4 3.7mL，去离子水补齐至 950mL，121℃湿热灭菌 15min。使用前每升加 10%（*m/v*）无菌葡萄糖溶液 50mL，1M $MgSO_4$ 1mL。配置固体培养基，按照 1%（*m/V*）比例添加琼脂粉。

伯克霍尔德氏菌基础培养基：每 1L 培养基中包含 K_2HPO_4 1g，KH_2PO_4 1g，NaCl 1g，$Na_3C_6H_5O_7 \cdot 2H_2O$ 0.5g，$MgSO_4 \cdot 7H_2O$ 7g，$(NH_4)_2 \cdot SO_4$ 4g，调整 pH 值至 7.0～7.2，去离子水补齐至 1L。121℃湿热灭菌 15min。配置固体培养基，按照 1%（*m/V*）比例添加琼脂粉。

主要试剂和仪器：大肠杆菌（*Escherichia coli*）JM109 菌株购买自 Promega 公司。大肠杆菌感受态细胞 TransforMax EC100D pir 及 EZ-Tn5™ <R6Kγori/KAN-2>Tnp Transposome™ 试剂盒购买自 Epicentre 公司。Wizard © SV Gel and PCR Clean-Up System、Taq DNA 聚合酶、T4 DNA 连接酶、dNTPs 等购自 Promega 公司。美国伯乐 Gene Pulser Xcell 电穿孔系统。

1.2 菌株 Lyc2 对病原细菌室内拮抗能力测试

在 NBY 固体培养基上，活化菌株 Lyc2 及病原菌解淀粉欧文氏菌（*Erwinia amylovora* 2029）、马铃薯软腐病菌（*Pectobacterium carotovorum* EC101）、水稻细菌性谷枯病菌（*Burkholderia glumae* 291）、丁香假单胞菌（*Pseudomonas syringae* B301D）、棉花角斑病菌（*Xanthomonas campestris* MSCT1）和青枯劳尔氏菌（*Ralstonia solanacearum* RS0）。

挑取活化培养后的Lyc2单菌落，在NBY液体培养基中28℃振荡培养14~16h，离心收集菌体，制备浓度为OD_{420}=0.3的菌悬液。吸取10μL菌悬液，接种于直径为9cm的NBY固体培养基中央，待菌液充分吸收后，将培养皿放入28℃生化培养箱中倒置培养72h。然后分别向NBY培养基喷施OD_{420}=0.3的解淀粉欧文氏菌（*E. amylovora* 2029）、马铃薯软腐病菌（*P. carotovorum* EC101）、水稻细菌性谷枯病菌（*B. glumae* 291）、丁香假单胞菌（*P. syringae* B301D）、棉花角斑病菌（*X. campestris* MSCT1）和青枯劳尔氏菌（*R. solanacearum* RS0）的菌悬液。再次将培养皿转移至28℃恒温培养箱，倒置培养24h后，对抑菌圈大小进行统计、记录。

1.3 菌株 Lyc2 随机突变体库构建

吡咯伯克霍尔德氏菌Lyc2感受态细胞的制备参照（Wang等，2015）的方法。吸取0.5μL的EZ-Tn5 <R6Kγori/KAN-2>Tnp Transposome至90μL制备好的感受态细胞混匀，冰上静置5min，将上述混合物转移至4℃预冷的1mm的电击杯中。将电击杯放入电击槽内，调整电击参数（1.8kV，200Ω，25μF），电击结束后迅速加入1mL无抗生素的NBY液体培养基。将培养物转移至28℃恒温摇床，180r/min震荡培养1.5~2h。吸取100μL菌液，用无菌水进行系列稀释至10^{-3}。吸取200μL稀释后菌液均匀涂在含有300 ng/μL的Kan抗生素的平板上。28℃倒置培养16~20h，至长出单菌落。

1.4 突变菌株的筛选

挑取上一步中长出的单菌落，转移至不含抗生素的NBY平板，28℃恒温培养箱倒置72h。向NBY平板喷施*E. amylovora*悬浮液，28 ℃恒温培养箱倒置24h。挑选完全丧失或部分丧失抑菌能力的突变体，在含kan的NBY平板上进行纯化培养。参照菌株抑菌活性试验对失去抗菌能力的突变体进行验证。

1.5 随机插入突变体的PCR验证

将1.4中筛选得到的失去抗菌能力的突变体接种至含100ng/μL的卡那霉素液体培养基中，28℃，180r/min，培养14~16h，提取突变菌株染色体DNA。进行PCR验证，扩增转座子DNA中卡那霉素部分片段，大小约10 44bp的片段。25μL的PCR体系中包含，5×PCR缓冲液5.0μL，DNA模板（100ng/μL）1.0 μL，dNTPs（10mmol/L）0.75μL，正向引物R6kF1（10μmol/L，5′- GGGTAGC CAGCAGCATCCT-3′）0.75μL，反向引物KanR（10μmol/L，5′ - TAACATCATTGGCAACGC TACC - 3′）0.75μL，$MgCl_2$（25mmol/L）2.5μL，Taq DNA聚合酶（5U/μL Promega）0.25μL，其余部分ddH_2O补齐。PCR扩增程序为94℃预变性3min；94℃变性30s，60℃退火30s，72℃延伸70s，30个循环。72℃延伸10min，4℃保存。

1.6 突变菌株插入位点基因的克隆及生物信息学分析

参照转座子试剂盒说明，构建突变菌株的拯救质粒，并电转化至宿主大肠杆菌$EC_{100}D\ pir^{+}$，在含有100ng/μL的Kan抗生素的平板上筛选阳性克隆，提取质粒。用试剂盒自带引物KAN-2 FP-1和R6KAN-2 RP-1测序，获得Lyc2突变菌株突变基因的侧翼序列。

对菌株Lyc2进行了全基因组测序，根据突变基因的侧翼序列对突变基因上下游基因进行定位和生物信息学分析。

1.7 突变基因的功能互补验证

根据突变基因序列特点，设计 PCR 引物（正向引物 2918-EcFP 5′- CGGAATTCGC-TACGTACAGGACCCGCATG-3′，反向引物 2918-HiRP 5′-CCCAAGCTTGTTGCGCGGGAAAACGGCCTA -3′）以野生型菌株 Lyc2 DNA 为模板扩增全长为 993bp 包含 Glu-2918 完整基因的片段。利用 *Eco*R I 和 *Hin*d III 对 PCR 产物进行酶切回收，并克隆至相同酶切的表达载体 pMLS7。将重组质粒转化至大肠杆菌 JM109，筛选阳性克隆。

参照筛选抗菌失活突变体的方法，制备突变菌株 Lyc2-MT2918 电转化感受态细胞，转化重组质粒，并筛选恢复抑菌活性的突变体。

2 结果与分析

2.1 吡咯伯克霍尔德氏菌 Lyc2 对病原细菌的活性测定

解淀粉欧文氏菌（*E. amylovora* 2029）、马铃薯软腐病菌（*P. carotovorum* EC101）、水稻细菌性谷枯病菌（*B. glumae* 291）、丁香假单胞菌（*P. syringae* B301D）、棉花角斑病菌（*X. campestris* MSCT1）和青枯劳尔氏菌（*R. solanacearum* RS0）为指示菌，测定菌株 Lyc2 抑菌能力（图 1）。

病原细菌拮抗实验表明，菌株 Lyc2 对解淀粉欧文氏菌（*E. amylovora*）、马铃薯软腐病菌（*P. carotovorum*）、水稻细菌性谷枯病菌（*B. glumae*）、丁香假单胞菌（*P. syringae*）、棉花角斑病菌（*X. campestris*）和青枯劳尔氏菌（*R. solanacearum*）等均具有显著的拮抗活性（图 1），其中对棉花角斑病菌（*X. campestris*）拮抗能力最强，抑菌圈达到（27.00±0.06）mm。

2.2 菌株 Lyc2 突变体库的构建

利用 EZ-TN5 转座子随机转化菌株 Lyc2 感受态细胞，构建随机突变体库，共获得 7 200个转化子。筛选得到 8 个完全丧失或部分丧失抗菌能力的突变体，利用解淀粉欧文氏菌（*E. amylovora* 2029）复筛后，以突变菌株 Lyc2-MT2918 为后续研究对象。

2.3 突变菌株的 PCR 验证

对突变菌株 Lyc2-MT2918 进行转座子插入基因的 PCR 验证，突变菌株基因组中可以扩增到大小约1 044bp 的基因片段，而野生型菌株中没有扩增出条带，说明所获得的突变菌株为转座子插入阳性菌株。

2.4 突变失活基因及侧翼序列的生物信息学分析

利用恢复性克隆对突变体 Lyc2-MT2918 进行突变基因定位分析。序列分析结果表明，发生突变的基因（Glu-2918）负责编码谷胱甘肽合成酶（glutathione synthase）。通过对突变位点上下游基因的序列分析，发现突变基因 Glu-2918 和上下游各 3 个基因构成一个功能完整的基因簇。该基因簇全长 7 502bp，包含 7 个开放阅读框（图 2），其中转座子插入导致抗细菌能力失活的基因为 ORF4（Glu-2918），主要负责编码谷胱甘肽合成酶（glutathione synthase）。

根据基因功能预测结果，ORF1 编码产物为蛋白磷酸转移酶（protein phosphotransferase）、ORF2 编码产物为 HPr 家族的磷酸转移载体蛋白（phosphocarrier，HPr family）、ORF3 为 PTS 系统果糖亚科 IIA 组分（PTS system fructose subfamily IIA component）、ORF5 为谷氨酸-半胱氨酸连接酶（glutamate--cysteine ligase）、ORF6 编码产物具有氨基转移功能，ORF7 编码产物为 P-II 家族的氮调节蛋白（nitrogen regulatory protein P-II）。

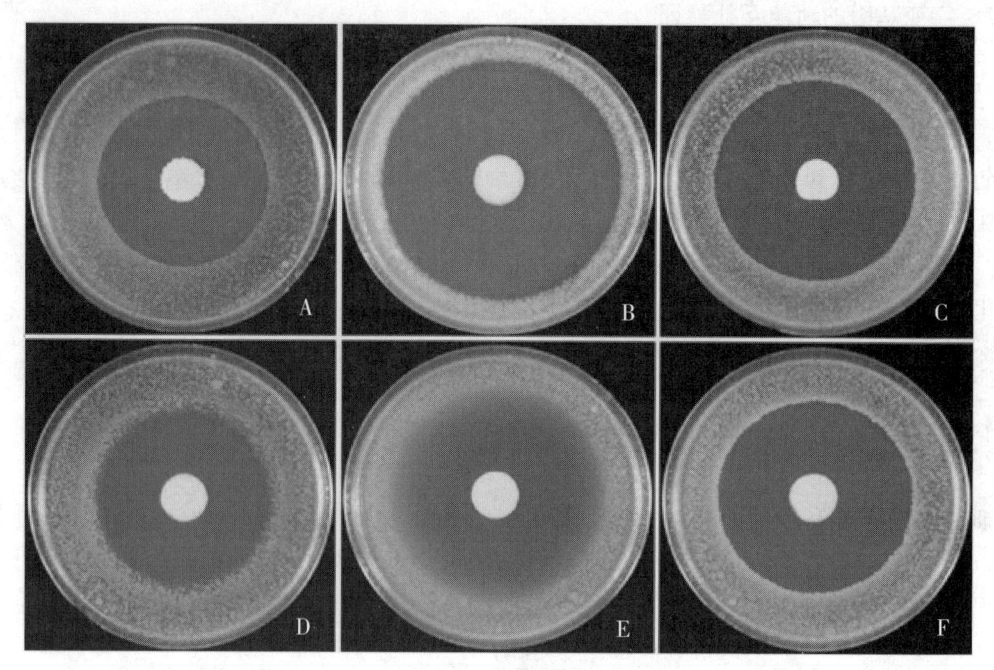

A. 水稻细菌性谷枯病菌（*B. glumae*）；B. 棉花角斑病菌（*X. campestris*）；C. 解淀粉欧文氏菌（*E. amylovora*）；D. 丁香假单胞菌（*P. syringae*）；E. 马铃薯软腐病菌（*P. carotovorum*）；F. 青枯劳尔氏菌（*R. solanacearum*）

图 1　菌株 Lyc2 病原细菌抑菌能力测定

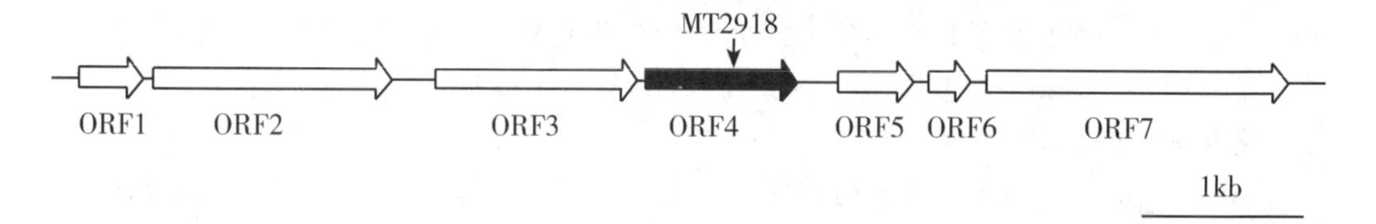

图 2　菌株 *B. pyrrocinia* Lyc2 拮抗细菌基因簇

表 1　Lyc2 抗细菌基因簇基因功能预测

Gene or ORF（a）	Size (bp)	Homologue	Identity (%)	Predicted function（b）
ORF1	411	Bamb_ 2915	95. 1	protein phosphotransferase
ORF2	1 515	Bamb_ 2916	93. 0	phosphocarrier, HPr family
ORF3	1 290	Bamb_ 2917	96. 2	PTS system fructose subfamily IIA component
ORF4	957	Bamb_ 2918	93. 3	glutathione synthase
ORF5	471	Bamb_ 2919	97. 6	glutamate-cysteine ligase
ORF6	270	Bamb_ 2920	94. 3	ammonium transporter
ORF7	1 899	Bamb_ 2921	93. 8	nitrogen regulatory protein P-II

注：[a] Homolog to the putative proteins of *B. ambifaria* AMMD（GenBank accession no. NC_ 008392）

[b] Predicted functions are based on annotation of strain *B. ambifaria* AMMD（GenBank accession no. NC_ 008392）

2.5 菌株 Lyc2 抗细菌功能丧失突变体互补

从野生型菌株 Lyc2 中克隆 Glu-2918 基因全序列，并将其克隆到伯克霍尔德氏菌表达载体 pMLS7 构建重组质粒 pM2918。将重组质粒 pM2918 电转化至 Lyc2 突变体 Lyc2-MT2918 筛选恢复抗菌活性的突变体 Lyc2-MT2918R。根据基因功能预测结果，Glu-2918 基因负责编码谷胱甘肽合成酶（glutathione synthase）。在 Glu-2918 基因功能缺失的突变体中，菌株完全失去了对指示菌 *E. amylovora* 的拮抗活性。导入包含 Glu-2918 完整基因的重组质粒 pM2918 可以使突变体恢复对指示菌的拮抗活性，而导入空质粒 pMLS7 的并不能改变突变体 Lyc2-MT2918 或者野生型菌株 Lyc2 的抑菌能力（图 3）。Fisher 最小显著差异（LSD）试验表明，基因功能互补突变体 Lyc2-MT2918R 与基因功能缺失突变体 Lyc2-MT2918 抗菌能力差异显著（$P<0.01$，$n=3$）。上述结果表明 Glu-2918 基因对 Lyc2 菌株拮抗细菌的能力具有重要作用。

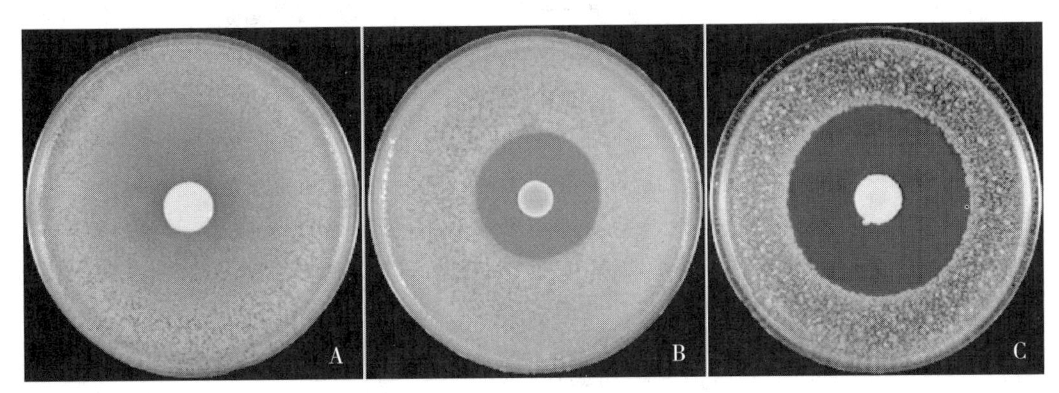

A. Lyc2-MT2918；B. Lyc2 互补突变体；C. Lyc2 野生型菌株。

图 3　Lyc2 抗细菌失活突变体功能互补验证

3　讨论

伯克霍尔德氏菌 Lyc2 可以抑制多种植物病原真菌菌丝体的生长，在温室盆栽实验中对棉花苗期立枯病具有较高的防治效果，而且可以显著促进棉花幼苗的生长（于晓庆等，2007）。先前的研究发现，菌株 Lyc2 对植物病原真菌的拮抗作用与 Lyc2 基因组中一个 55.2kb 负责抗真菌物质生物合成的基因簇 *ocfABCDEFGHIJKLMN* 有关，该基因簇编码 1 个由 8 个氨基酸残基组成的环状多肽化合物 occidiofungin，该化合物对多种病原真菌具有显著的拮抗活性（Wang 等，2015）。

利用转座子可以在基因组中随机插入的特点，研究拮抗菌拮抗机制的报道很多。例如，产生嗜铁素是荧光假单胞菌重要的生防机制之一，在荧光假单胞菌 *Pseudomonas fluorescens* ATCC 17400 中，细胞色素 C 的生物合成和嗜铁素的产生有密切关系，负责细胞色素 C 合成的基因 *ccmC* 被转座子 Tn5 插入失活后，菌株 ATCC 17400 的嗜铁素合成显著降低，生防作用也随之降低（Baysse 等，2001）。Xu（2014）等利用转座子随机插入突变的方法，研究了菌株 *P. kilonensis* JX22 对病原真菌的拮抗机制，发现该菌对病原真菌的拮抗作用与 pqqC 基因直接相关。Gu（2011）等利用类似方法，研究了菌株 *Burkholderia contaminans* MS14 对多种病原真菌的拮抗机制，发现菌株 MS14 中由 16 个开放阅读框组成的一个基因簇编码的多肽直接参与对病原菌的拮抗作用。

谷胱甘肽（Glutathione，GSH）是细胞抗氧化系统中重要的抗氧化剂（Forman 等，2003），可以通过移除活性氧与自由基，修复其对生物体的危害。除了抗氧化功能，GSH 还可以参与细胞中其他一些反应，如核糖核苷酸到脱氧核糖核苷酸的转变、蛋白和基因的表达（Wade 等，2005）。GSH 是由谷氨酸、半胱氨酸和甘氨酸结合而成的三肽，其中 GSH 合成酶（glutathione synthase）是 GSH 生物合成反应中关键酶之一。

本研究中利用 Tn5 转座突变的方式得到一个失去拮抗细菌能力的突变体 Lyc2-MT2918，对突变体序列分析表明，发生突变的基因是一个负责 GSH 合成酶生物合成的基因。该基因的突变可以造成菌株 Lyc2 失去对其他病原菌的抑制能力，互补该基因可以恢复其抗菌活性，说明该基因在病原菌的拮抗活动中发挥着重要的作用。这是对之前研究中普遍认为的 GSH 可以作为胞内抗氧化剂，保护 DNA、蛋白质和其他生物分子抵抗氧化损伤、通过谷胱甘肽-S 转移酶完成对外源物质的解毒作用、参与氨基酸的跨膜运输、参与细胞信号转导，维持细胞正常生命活动（Pallardó 等，2009）等的补充，该研究结果对于进一步了解 GSH 在细菌中的功能具有重要意义。

参考文献

[1] Peeters C，Zlosnik J E A，Spilker T，*et al. Burkholderia pseudomultivorans* sp. nov.，a novel *Burkholderia cepacia complex* species from human respiratory samples and the rhizosphere [J]. Syst Appl Microbiol，2013，36 (7)：483-489.

[2] Vandamme P，Dawyndt P. Classification and identification of the *Burkholderia cepacia complex*：Past，present and future [J]. Syst Appl Microbiol，2011，34 (2)：87-95.

[3] Caballero-Mellado J，Martinez-Aguilar L，Paredes-Valdez G，*et al. Burkholderia unamae* sp. nov.，an N2-fixing rhizospheric and endophytic species [J]. Int J Syst Evol Microbiol，2004，54 (Pt 4)：1165-1172.

[4] Leahy J G，Byrne A M，Olsen R H. Comparison of factors influencing trichloroethylene degradation by toluene-oxidizing bacteria [J]. Appl Environ Microbiol，1996，62 (3)：825-833.

[5] Zuniga A，Poupin M J，Donoso R，*et al.* Quorum sensing and indole-3-acetic acid degradation play a role in colonization and plant growth promotion of Arabidopsis thaliana by *Burkholderia phytofirmans* PsJN [J]. Mol Plant Microbe Interact，2013，26 (5)：546-553.

[6] Darling P，Chan M，Cox A D，*et al.* Siderophore production by cystic fibrosis isolates of *Burkholderia cepacia* [J]. Infect Immun，1998，66 (2)：874-877.

[7] Köthe M，Antl M，Huber B，*et al.* Killing of Caenorhabditis elegans by *Burkholderia cepacia* is controlled by the cep quorum-sensing system [J]. Cell Microbiol，2003，5 (5)：343-351.

[8] Lu S E，Novak J，Austin F W，*et al.* Occidiofungin，a unique antifungal glycopeptide produced by a strain of *Burkholderia contaminans* [J]. Biochemistry-us，2009，48 (35)：8312-8321.

[9] Vellasamy K M，Vasu C，Puthucheary S D，*et al.* Comparative analysis of extracellular enzymes and virulence exhibited by *Burkholderia pseudomallei* from different sources [J]. Microbial Pathog，2009，47 (3)：111-117.

[10] Chiarini L，Bevivino A，Dalmastri C，*et al. Burkholderia cepacia complex* species：health hazards and biotechnological potential [J]. Trends Microbiol，2006，14 (6)：277-286.

[11] Kim S，Lowman S，Hou G，*et al.* Growth promotion and colonization of switchgrass (*Panicum virga-*

tum) cv. Alamo by bacterial endophyte *Burkholderia phytofirmans* strain PsJN [J]. Biotechnol Biofuels, 2012, 5 (1): 37.

[12] Abe M, Nakazawa T. Characterization of hemolytic and antifungal substance, cepalycin, from *Pseudomonas cepacia* [J]. Microbiol Immunol, 1994, 38 (1): 1-9.

[13] Jayaswal R, Fernandez M, Upadhyay R, *et al.* Antagonism of *Pseudomonas cepacia* against phytopathogenic fungi [J]. Curr Microbiol, 1993, 26 (1): 17-22.

[14] Meyers E, Bisacchi G, Dean L, *et al.* A new complex of antifungal peptides. I. Taxonomy, isolation and biological activity [J]. J Antibiot (Tokyo), 1987, 40 (11): 1515-1519.

[15] 于晓庆, 郗丽君, 刘永光, 等. 洋葱伯克霍尔德氏菌株 Lyc2 的鉴定及对棉苗的防病促生作用 [J]. 植物病理学报, 2007, 37 (4): 7.

[16] Wang X, Liu A, Guerrero A, *et al.* Occidiofungin is an Important Component Responsible for the Antifungal Activity of *Burkholderia pyrrocinia* Strain Lyc2 [J]. J Appl Microbiol, 2015, 120 (3): 12.

[17] Baysse C, Matthijs S, Pattery T, *et al.* Impact of mutations in hemA and hemH gene on pyoverdine production by *Pseudomonas fluorescens* ATCC17400 [J]. FEMS Microbiology Letter, 2001, 205: 57-63.

[18] Xu J, Deng P, Showmaker K C, *et al.* The pqqC gene is essential for antifungal activity of *Pseudomonas kilonensis* JX22 against *Fusarium oxysporum* f. sp. *lycopersici* [J]. Fems Microbiol Lett, 2014, 353: 98-105.

[19] Gu G, Smith L, Liu A, *et al.* Genetic and biochemical map for the biosynthesis of occidiofungin, an antifungal produced by *Burkholderia contaminans* strain MS14 [J]. Appl Environ Microbiol, 2011, 77 (17): 6189-6198.

[20] Forman H J, Dickinson D A. Oxidative signaling and glutathione synthesis [J]. Biofactors, 2003, 17 (1-4): 1-12.

[21] Wade D S, Calfee M W, Rocha E R, *et al.* Regulation of Pseudomonas quinolone signal synthesis in *Pseudomonas aeruginosa* [J]. J Bacteriol, 2005, 187 (13): 4372-4380.

[22] Pallardó F V, Markovic J, García J L, *et al.* Role of nuclear glutathione as a key regulator of cell proliferation [J]. Molecular aspects of medicine, 2009, 30 (1): 77-85.

生防菌 Czk1 挥发性物质的抑菌活性及其组分分析*

梁艳琼[1**]，唐　文[1]，董文敏[2]，翟纯鑫[2]，吴伟怀[1]，李　锐[1]，习金根[1]，
谭施北[1]，郑金龙[1]，黄　兴[1]，陆　英[1]，贺春萍[1***]，易克贤[1***]
（1. 中国热带农业科学院环境与植物保护研究所，农业部热带农林有害生物入侵检测与控制重点开放实验室，海南省热带农业有害生物检测监控重点实验室，海口　571101；2. 南京农业大学植物保护学院，南京　210095）

摘　要：利用双皿对扣法和菌丝生长速率法评定不同营养条件下 Czk1 挥发性物质的作用活性强弱，筛选产抑菌挥发物质的最优培养基。通过双皿对扣法测定 Czk1 挥发性物质对橡胶树五种根病菌（红根病菌 *Ganoderma pseudoferreum*、褐根病菌 *Phellinus noxius*、白根病菌 *Rigidoprus lignosus*、紫根病菌 *Helicobasidium compactum*、臭根病菌 *Sphaerostilbe repens*）和橡胶树炭疽病菌（*Colletotrichum gloeosporiodes*）的抑菌活性。利用顶空固相微萃取-气相色谱-质谱法（HS-SPME-GC-MS）鉴定 Czk1 的挥发性物质组分。结果发现，Czk1 菌株产抑菌挥发物的最优培养基为 LB 培养基。其挥发性物质对 6 种参试病原菌均表现出良好的抑制作用，在细菌浓度为 10^5 CFU/mL 时，抑制率均达到 50%以上，在浓度为 10^8 CFU/mL 时，抑制率高达 90%以上；Czk1 挥发性物质可影响橡胶树紫根病菌、褐根病菌、臭根病菌和炭疽病菌色素的产生，导致部分病菌菌丝畸形；其对橡胶树炭疽病菌孢子萌发抑制率高达 71.30%；其在土壤中对橡胶树红根病菌及褐根病菌仍具有较好的抑菌效果，抑制率分别为 63.37%和 54.57%。利用 HS-SPME-GC-MS 对挥发性物质组分进行分析，共分离鉴定获得包括碳氢化合物、酸类、胺类、醇类、酚类、酯类、吡嗪类、醛类、酮类等 33 种挥发性物质。Czk1 所产挥发性物质可作为生防资源应用于橡胶树病害防治上，这些天然的、非化学合成气体物质的开发和利用将是一种新防治策略。

关键词：枯草芽孢杆菌；橡胶树病菌；挥发性物质；抑菌活性

---

* 基金项目：海南省科协青年科技英才学术创新计划项目（QCXM201714）；国家天然橡胶产业技术体系建设项目（No. nycytx-34-GW2-4-3；CARS-34-GW8）

** 第一作者：梁艳，助理研究员；研究方向：植物病理；E-mail：yanqiongliang@126.com

*** 通信作者：贺春萍，硕士，研究员；研究方向：植物病理；E-mail：hechunppp@163.com

易克贤，博士，研究员；研究方向：分子抗性育种；E-mail：yikexian@126.com

木霉菌—芽孢杆菌共生菌剂创制与小麦病害防治*

李婷婷**，唐家全，Valliappan Karuppiah，李雅乾，陈 捷
（上海交通大学农业与生物学院，上海 200240）

摘 要：本试验旨在测试木霉菌和芽孢杆菌共生菌剂对小麦病害的防治效果。木霉菌和芽孢杆菌共培养可以产生单一培养没有的物质，试验利用响应面技术优化了一种适合木霉菌和芽孢杆菌直接组合再共培养的配方，其发酵次生代谢产物对小麦赤霉病菌有直接的抑制效果。将木霉菌和芽孢杆菌直接组合再培养和间接培养再组合的发酵产物分别制成共生菌剂，在扬花期对小麦叶片进行喷施处理，3d 后接种小麦赤霉病菌，4d 后二次喷施生防菌。在接种后 30d 左右时调查植株为害程度，在接种 50d 左右进行小麦产量调查。调查发现，木霉菌和芽孢杆菌直接组合再培养处理对小麦赤霉病的防治效果优于其他处理且提高了小麦的产量。木霉菌和芽孢杆菌共生菌剂的创制为小麦赤霉病的防治提供了新的选择。

关键词：木霉菌；芽孢杆菌；共生菌剂；小麦病害

---

* 基金项目：国家重点研发计划（2017YFD0200403，2017YFD0200900，2017YFD0201108）；中国农业系统项目（Cars-02）；上海农业研究系统（Grant No. 201710）

** 第一作者：李婷婷，主要从事于木霉菌和芽孢杆菌共培养生防应用研究；E-mail：Litingting2017@sjtu. edu. cn

木霉蛋白农药的制备及其促生、防病效果的研究*

刘宏毅**，夏　海[1]，陈　捷[1]

（上海交通大学农业与生物学院，上海　201100）

摘　要：微生物源农药的应用是现代绿色农业发展和食品安全的重要趋势，尤其在设施蔬菜病虫害防治方面的意义尤为重大。蛋白农药是一种新型生物农药，无毒无残留，对环境友好，具有激活植物抗病性等功能。几丁质酶 *Chit*42 及激发子 *Sm*1 基因是木霉中常见的免疫激活蛋白。本研究通过定向分子设计，以哈茨木霉 T30 菌株为载体构建了 Sm1-Chit42 木霉工程菌，以此为主要成分制备了木霉蛋白农药 1.5%可湿性粉剂，并对其促生、防病效果进行研究。试验结果表明，木霉蛋白农药处理组黄瓜的 POD、PAL、CAT 及 SOD 4 种防御反应酶的活性均高于对照组。其中，SOD 活性的变化较大、PAL 次之，分别为 81.25U/g 和 228.34U/g，均达显著水平。木霉蛋白农药处理与 CK 处理相比，茉莉酸（JA）、水杨酸（SA）浓度总体均呈上升趋势，JA 及 SA 的相对增长率分别为 12.56%和 21.02%。田间试验结果表明，木霉蛋白农药对黄瓜白粉病相对防效达 51.6%，木霉蛋白农药与寡糖复配制剂对黄瓜病毒病相对防效达 50.33%。此外，蛋白农药还能够促进韭葱、番茄、黄瓜与樱桃萝卜种子萌发，可提高番茄苗及果实鲜重 13%以上，使黄瓜单株叶片数及雌花数增加 29%和 72%，且黄瓜霜霉病发病初期，处理组病叶率仅为对照组 44%。

关键词：哈茨木霉；融合基因；蛋白农药；几丁质酶；蛋白激发子

---

*　基金项目：国家重点研发计划 2017YFD0200901 作物免疫调控与物理防控技术及产品研发；上海市科技兴农推广项目（2017）NO. 1-6 新型微生物源生物农药的创制及在蔬果上的示范

**　第一作者：刘宏毅，主要从事植物病害生物防治研究；E-mail：fjliuhongyi@126.com

耐盐耐高温木霉菌 TW22657 的分离鉴定及其对黄瓜抗菌促生作用*

赵晓燕**，周方园，吴晓青，周红姿，杨合同，张新建***
（山东省科学院生态研究所，山东省应用微生物重点实验室，济南　250014）

摘　要：木霉属真菌是自然界广泛存在的土壤习居真菌，目前在植物病害生物防治中研究和应用最多，因其生境广泛、对营养条件要求不严格，易在人工条件下被分离、培养，并对多种植物病原菌表现出拮抗作用等特点，被认为是一种理想的生防微生物。然而土壤盐渍化、极端温度等胁迫因子是干扰生防木霉菌生长和繁殖的主要逆境因子，只有获得高抗逆性的多功能生防木霉菌株，才能确保其在促进植物生长、防治植物病害中稳定的发挥作用。

笔者实验室从山东潍坊、东营、海阳、威海、黄海等滨海盐地采集了 120 个盐渍土样品，采用稀释平板法从这些盐渍土壤中分离出 83 个木霉菌株。以分离获得的 83 个木霉菌株为试材，采用平板对峙法初筛获得 32 个对水稻立枯病菌、黄瓜枯萎病菌、终极腐霉病菌和黄瓜灰霉病菌拮抗效果均在 70.00%以上的木霉菌株。将 32 个具有较高拮抗活性的木霉菌株通过盐胁迫（菌株在含盐 2.3%的 PDA 平板上培养 72h 筛选出耐盐率高于 60.00%的木霉菌株）筛选到 10 个木霉菌株，最后通过 60℃耐高温试验，筛选到一株多功能木霉菌株 TW22657。TW22657 对黄瓜枯萎病菌 96h 的平板抑制率为 100%，对终极腐霉病菌 96h 的平板抑制率为 85.29%，对黄瓜灰霉病菌 96h 的平板抑制率为 72.50%，对水稻立枯病菌 72h 的平板抑制率为 70.67%，盐胁迫 72h 的耐盐率为 64.13%。通过室内种子萌发实验测定了 TW22657 的孢子悬浮液（$\times 10^8$ CFU/mL）能够显著提高黄瓜种子的发芽率 81.33%，而对照发芽率仅为 65.67%。盆栽实验结果表明，施用 TW22657 对黄瓜生长有一定的促生作用，30 天黄瓜的株高比对照提高了 23.81%，黄瓜鲜重提高了 34.51%。盆栽黄瓜发病第 14 天 TW22657 对黄瓜枯萎病防治效果为 85.10%。综上，本研究筛选的抗逆性多功能木霉菌株对补充生防木霉资源及该菌株将来在实际中的应用提供了重要的理论依据。

关键词：木霉菌；抑制率；耐盐率

---

* 基金项目：科技基础性工作专项（2014FY120900）；国家自然科学基金（31572044）

** 第一作者：赵晓燕，硕士，助理研究员，主要从事微生物应用研究；E-mail：284618805@qq.com

*** 通信作者：张新建，博士，副研究员；E-mail：zhangxj@sdas.org

木霉菌疏水蛋白功能研究*

黄　佩**，梅　杰，蒋细良***，李　梅***
（中国农业科学院植物保护研究所，农业部作物有害生物
综合治理综合性重点实验室，北京　100081）

摘　要：木霉（*T. harzianum*）是一类重要的生防真菌，具有拮抗广谱性、适应性强和多重作用机制等特点，因而被广泛应用。探寻木霉菌分生孢子产生与调控机制、木霉菌与植物及病原菌的表面识别与互作机制，对提高木霉菌分生孢子产率、增强生防作用能力有重要意义。疏水蛋白是仅在真菌中发现的一类富含半胱氨酸（Cys）的小分子蛋白，能够参与真菌细胞壁组成、气生菌丝和孢子的形成，参与宿主表面识别等多种生物学过程。本研究前期研究发现，生防菌哈茨木霉 Th33 中含有 6 个疏水蛋白基因，它们在木霉菌生长和产孢过程中，具有不同的表达模式。为探索疏水蛋白的功能，本研究首先克隆了 6 个疏水蛋白基因 *hyd*1－6，分析显示，它们均编码Ⅱ型疏水蛋白。其中 *hyd*4 cDNA 全长 312bp，编码 103 个氨基酸，*hyd*6 cDNA 全长 309bp，编码蛋白含 102 个氨基酸。分别构建了 *hyd*4 和 *hyd*6 的原核表达载体 pET－28a－hyd4 和 pET－28a－hyd6，转入 *E. coli* BL21（DE3）中，经过筛选和验证，获得阳性转化子，并分别诱导表达了与理论大小相符的融合蛋白 Hyd4 和 Hyd6，优化的诱导表达条件为：28℃下培养，IPTG 0. 5mmol/L 诱导 5h，蛋白表达效果最佳。通过镍柱纯化，超滤管浓缩、除盐等方法获得了纯化的疏水蛋白。利用这两种疏水蛋白处理三生烟，均能引起烟草叶片 HR 反应，同时检测到活性氧物质、胼胝质在烟草叶片的累积；疏水蛋白处理烟草悬浮细胞，能够检测到烟草悬浮细胞胞外碱化，以及酚类物质的累积。上述结果表明，疏水蛋白 Hyd4 和 Hyd6 均能引起烟草防御反应中的早期反应，推测疏水蛋白 Hyd4 和 Hyd6 属于蛋白类激发子，其诱导植物防御反应的机制和对植物抗病性的影响，有待进一步研究。

关键词：哈茨木霉；疏水蛋白；原核表达；HR 反应

---

* 基金项目：国家自然科学基金（31371983）

** 第一作者：黄佩，硕士生，主要从事木霉菌生防机制研究；E-mail：1317402751@ qq. com
*** 通信作者：蒋细良；E-mail：jiangxiliang@ caas. cn
李梅；E-mail：limei@ caas. cn

哈茨木霉 C2H2 转录因子 *thmea*1 功能研究*

梅　杰**，蒋细良***，李　梅***
（中国农业科学院植物保护研究所，农业部作物有害生物综合
治理综合性重点实验室，北京　100081）

摘　要：木霉菌（*Trichoderma*）是重要的土壤习居菌，也是研究和应用最多的植病生防真菌，在植物病害生物防治、土壤环境改良等方面有巨大的应用潜力。近年来，由于铜及含铜化合物被广泛应用于杀菌剂、化学杀虫剂及畜牧食品添加剂等，致使土壤铜含量不断增加，对土壤微生物造成不良影响，引起土壤生态系统失衡和土壤质量下降。研究木霉菌铜耐受及代谢相关机制，对提高防病效果、改善土壤生态环境具有重要意义。笔者实验室前期研究发现，生防菌哈茨木霉（*T. harzianum*）Th33 中存在一种 C2H2 型转录因子，该基因在铜胁迫下发生差异表达。本研究首先克隆了该转录因子基因片段，基因全长 1 446bp，有 1 个外显子，无内含子，其编码蛋白序列与酵母金属硫蛋白表达激活因子 ACE2 及其同源蛋白 SWI5 存在 3 个较为保守的 C2H2 锌指结构域，推测 *thmea*1 为 C2H2 型转录因子基因，序列提交 NCBI 获得 GenBank 登录号为 MF802279。分别构建 *thmea*1 基因敲除突变株 Δ*thmea*1 和过表达突变株 *Othmea*1，进行野生菌 Th33、Δ*thmea*1 和 *Othmea*1 的铜离子耐受实验，结果显示，在 0~2.4mmol/L 铜离子浓度下，Δ*thmea*1 的生长速度显著快于 Th33 和 *Othmea*1，气生菌丝量略多，且铜离子耐受中浓度（MIC_{50}）为 1.92mmol/L，较 Th33（MIC_{50} 1.70mmol/L）和 *Othmea*1（MIC_{50} 1.74 mM/L）提高了约 12.9%。铜离子吸附实验显示，野生菌和突变株对铜离子的吸附率无显著差异。综上表明 *thmea*1 的缺失提高了哈茨木霉对铜离子的耐受性。对野生菌 Th33、突变株 Δ*thmea*1 和 *Othmea*1 进行了铜代谢相关基因的 qRT-PCR 分析显示，铜胁迫下，Δ*thmea*1 中的金属硫蛋白基因（Tha_ 07074）表达水平显著高于 Th33 和 *Othmea*1，表达量约为 Th33 的 5 倍，推测 *thmea*1 负调控金属硫蛋白基因的表达。P 型-ATP 酶基因（Tha_ 08191）在 Th33 和 *Othmea*1 中的表达水平显著高于 Δ*thmea*1，该转运酶能够协助细胞内铜离子进入高尔基体分泌系统，暗示 *thmea*1 的缺失可能会影响铜离子的胞外释放过程。对野生菌 Th33 和敲除突变株 Δ*thmea*1 进行了 0.8mmol/L 铜离子处理下的转录组测序，显示在铜胁迫下，核糖体蛋白合成相关基因、逆境修复功能类热激蛋白相关基因及泛素蛋白相关基因在 Δ*thmea*1 中发生上调表达，推测 *thmea*1 可能具有调控功能性蛋白质再生循环的作用，其调控机制有待进一步研究。

关键词：哈茨木霉；*thmea*1；铜胁迫；差异表达基因；基因敲除

---

* 基金项目：国家自然科学基金（31371983）

** 第一作者：梅杰，硕士研究生，主要从事真菌功能基因研究；E-mail：mj1992yx@ 126. com

*** 通信作者：蒋细良；E-mail：jiangxiliang@ caas. cn
李梅；E-mail：limei@ caas. cn

茄科青枯菌生防菌筛选*

佘小漫**，何自福***，汤亚飞，蓝国兵，于 琳，李正刚
（广东省农业科学院植物保护研究所，广东省植物保护
新技术重点实验室，广州 510640）

摘 要：茄科青枯菌 *Ralstonia solanacearum*（Smith）Yabuuchi *et al.* 是世界上最重要的植物病原细菌之一，分布于全球热带、亚热带和温带地区。该病原菌寄主范围广，可侵染50个科200多种植物。由茄科青枯菌侵染引起的作物青枯病是广东最重要的作物病害之一，每年均造成巨大的经济损失。目前，利用生防菌是防治作物青枯病有效、绿色的技术手段。通过滤纸片法对67个从土壤中分离的菌株进行筛选，其中7个菌株对青枯菌GMI1000和Ssf-4两个菌株有较好的抑菌效果。7个菌株分别与GMI1000和Ssf-4共培养48h后，抑菌圈大小为24~36mm。对7个菌株进行16S rDNA克隆和测序，并进行序列比对，结果显示，这7个菌株分属短小芽孢杆菌 *Bacillus pumilus*、枯草芽孢杆菌 *Bacillus subtilis*、贝莱斯芽孢杆菌 *Bacillus velezensis* 和 *Bacillus* spp.。该结果将为开发适合广东地区作物青枯病生物防治药剂奠定基础。

关键词：茄科青枯菌；作物青枯病；生防菌

* 基金项目：国家自然科学基金（31801698）；广东省自然科学基金（2018A030313566）
** 第一作者：佘小漫，博士，研究员，主要从事植物病原细菌研究；E-mail：lizer126@126.com
*** 通信作者：何自福，博士，研究员，主要从事蔬菜病理学研究；E-mail：hezf@gdppri.com

十字花科作物根肿病对根际土壤微生物群落的影响*

伍文宪[1,2]**，黄小琴[1,2]，张 蕾[1,2]，杨潇湘[1,2]，刘 勇[1,2]
（1. 四川省农业科学院植物保护研究所，成都 610066；
2. 农业部西南作物有害生物综合治理重点实验室，成都 610066）

摘 要：为探究根肿病对十字花科作物根际土壤微生物多样性的影响，以罹病大白菜（Group 1）和健康株（Group 2）根际土壤为研究对象，采用高通量测序技术对2组样本的细菌16S rDNA和真菌ITS基因进行序列测定，分析了样本间的微生物群落结构和组成差异，同时测定根际土壤理化性质，探讨根肿病、土壤微生物群落、土壤环境因子三者的相关性。研究表明：①根肿病导致寄主根际土壤pH值和总磷（TP，Total Phosphorus）、总钾（TK，Total Potassium）、碱解氮（AN，Available Nitrogen）、速效钾（AK，Available Potassium）含量显著下降，交换性钙（ECa，Exchangeable Calcium）含量显著性增加。②根肿病的发生显著降低了根际土壤中细菌种群的丰富度和多样性程度，但对根际土壤中的真菌α-多样性无显著影响。③变形菌门、拟杆菌门、放线菌门、酸杆菌门、绿弯菌门等是所测土壤样本的主要优势细菌种群，其中患病植株根际土壤拟杆菌门丰度显著高于健康植株根际土壤（$P<0.05$），放线菌门丰度显著低于健康植株根际土壤（$P<0.05$）。主要优势细菌纲为γ-变形菌纲、拟杆菌纲、α-变形菌纲、放线菌纲、酸杆菌纲等，2组土壤样本拟杆菌纲、放线菌纲、生养光细菌纲等相对丰度差异显著。④根际土壤优势真菌类群为子囊菌门、被孢霉门、担子菌门和壶菌门，其相对丰度在2组土壤样本间均有明显差异。主要真菌纲为散囊菌纲、被孢霉纲、锤舌菌纲、粪壳菌纲、座囊菌纲等，并且土壤样本间多种优势真菌纲相对丰度存在显著性差异。⑤主坐标分析（PCoA，Principal Co-ordinates Analysis）结果表明病株根际土壤与健康株根际土壤细菌和真菌群落结构差异明显，方差膨胀因子（VIF，Variance Inflation Factor）检验筛选土壤理化因子进行冗余分析（db-RDA，distance-based Redundancy Analysis）结果显示，AK和ECa是根际土壤微生物群落变化的主要影响因素。本研究研究结果为揭示根肿病发生的根际微生态机制以及研发根肿病综合防控技术提供理论支撑。

关键词：根肿病；根际土壤；高通量测序；微生物群落

---

* 基金项目：四川省创新能力提升工程（2016QNJJ-010）

** 第一作者：伍文宪，助理研究员，主要从事根肿病致病机理方面研究；E-mail: wuwenxian07640134@163.com

不同生防菌分离鉴定及其促生效果研究*

翟纯鑫**，梁艳琼[2]，谭施北[2]，吴伟怀[2]，习金根[2]，李　锐[2]，
郑金龙[2]，黄　兴[2]，陆　英[2]，贺春萍[2]***，易克贤[2]***
（1. 南京农业大学植物保护学院，南京　210095；2. 中国热带农业科学院环境与植物保护研究所，农业农村部热带农林有害生物入侵检测与控制重点实验室，海南省热带农业有害生物检测监控重点实验室，海口　571101）

摘　要：复合微生物肥料是指由两种或两种以上互不拮抗的有效微生物或有特殊功能的单一微生物（固氮、溶磷、解钾类微生物）与一些营养物质加工复合而成的微生物制品。因具有改良土壤、增强土壤肥力、增加作物产量和改善品质、提高植株的抗逆性和抗病虫害能力、环境友好、绿色安全、对微生态环境起保护作用等特点越来越受到人们的关注和认可。本试验从剑麻土壤中筛选到20株固氮菌和18株解磷细菌，利用凯氏定氮法和锑钼抗比色法测定其固氮活性及解磷活性。结果发现，NCT102菌株固氮活性最高，其固氮活性为258.55nmoL C_2H_4/（mL·h），解磷活性最佳为PMT36菌株，溶磷率为389μg/mL。通过16S rDNA序列以及gyrB基因进行分类鉴定，NCT102菌株为屈挠杆菌属（*flexibacter* sp.），PMT36为不动杆菌属（*Acinetobacter*）。由橡胶木质部分离筛选到一株枯草芽孢杆菌（*Bacillus subtilis*）Czk1，通过平板对峙法发现其对西瓜枯萎病菌（*Fusarium oxysporum*）、橡胶红根病菌（*Ganoderma pseudoferreum*）、橡胶褐根病菌（*Phellinus noxius*）、柱花草炭疽病菌（*Colletotrichum gloeosporioides*）、芦笋茎枯病菌［*Phomopsis aspasagi*（Sacc.）Bubak］等病原菌均有良好的抑制作用。将NCT102、PMT36和Czk1菌株两两交叉划线，他们三者并无拮抗作用。将三株菌株组合成不同混合菌液，测定这些菌液对白菜及黄瓜种子促生作用，三者混合处理的种子发芽势及发芽指数最高，且白菜种子的芽长和根长与其他处理达到了显著性的差异。三者混合菌液对低浓度的尿素，过磷酸钙以及氯化钾具有一定的耐受性。该结果可为下一步研制复合微生物肥料提供科学依据。

关键词：固氮菌；解磷菌；生防菌；促生作用

---

* 基金项目：国家天然橡胶产业技术体系建设项目（No. nycytx-34-GW2-4-3；CARS-34-GW8）；海南省科协青年科技英才学术创新计划项目（QCXM201714）

** 第一作者：翟纯鑫，在读研究生；研究方向：植物保护；E-mail：zcx490405@163.com

*** 通信作者：贺春萍，硕士，研究员；研究方向：植物病理；E-mail：hechunppp@163.com
易克贤，博士，研究员；研究方向：分子抗性育种；E-mail：yikexian@126.com

柱花草炭疽菌拮抗芽孢杆菌的筛选及抑菌物质的研究*

贺春萍[1**]，付晓云[2**]，梁艳琼[1]，吴伟怀[1]，李　锐[1]，
郑金龙[1]，习金根[1]，黄　兴[1]，易克贤[1,2***]
（1. 中国热带农业科学院环境与植物保护研究所，农业农村部热带农林有害生物入侵检测与控制重点实验室，海南省热带农业有害生物检测监控重点实验室，海口　571101；2. 南京农业大学植物保护学院，南京　210095）

摘　要：炭疽病（*Collectotrichun gloeosporioides*）是柱花草上的世界性主要病害，病害发生不仅会影响柱花草的产量，还会降低其营养价值。筛选具有拮抗作用的微生物并明确其抑菌物质，可为柱花草炭疽病的生物防治提供新策略。本研究采用平皿分离培养法从柱花草（*Stylosanthes* spp.）的茎、叶中分离产芽孢细菌，采用对峙培养法对其进行初筛和复筛，并对其中杀菌效果较好的B800、gt2和B621菌株的抑菌物质和生物学性能进行了分析。结果表明，经初筛、复筛后得到B621、B800和gt2菌株对*C. gloeosporioides*的生长具有较强的拮抗作用，抑菌圈直径分别为24.9mm、20.6mm、19.9mm，同时3个菌株对橡胶树炭疽病菌、芒果炭疽病菌、西瓜枯萎病菌等常见植物病原真菌的抑菌活性也较强，其抑菌率均在70%左右；3株菌株均具产生蛋白酶、纤维素酶、铁载体和生物膜形成能力；设计常见合成脂肽类物质及合成脂肽类物质关键酶的基因，通过PCR扩增，确定菌株含有合成芬荠素、鞭毛蛋白及抗菌孢子等物质的*Hag*、*Ipa*-14、*tasA*和*fenB*基因。筛选获得的芽孢杆菌B621、B800和gt2菌株对防治柱花草炭疽病具有潜在的生防应用价值。

关键词：柱花草炭疽病；芽孢杆菌；抑菌物质；生物学性能；脂肽类物质

---

* 基金项目：国家公益性行业（农业）科研专项—草地病害防治技术研究与示范（201303057）

** 共同第一作者：贺春萍，硕士，研究员；研究方向：植物病理学；E-mail：hechunppp@163.com
付晓云，硕士研究生；专业方向：植物保护；E-mail：971398131@qq.com

*** 通信作者：易克贤，博士，研究员；E-mail：yikexian@126.com

解淀粉芽孢杆菌 Bam22 种子包衣防治油菜根肿病*

黄小琴[1,2**]，张凯妮[1,2]，伍文宪[1,2]，张　蕾[1,2]，
杨潇湘[1,2]，周西全[1,2]，刘　勇[1,2***]
（1. 四川省农业科学院植物保护研究所，成都　610066；
2. 农业部西南作物有害生物综合治理重点实验室，成都　610066）

摘　要：近年油菜根肿病导致平均产量损失达 20%~30%，严重田块达 60%以上，甚至绝收，严重制约油菜产业发展。芽孢杆菌作为最具生防潜力的生防菌，在防治根肿病、提高作物抗病性及促生长方面已具有大量报道，但其常规应用方法较为繁琐，以多次浇灌为主，花费大量人力物力，已成为生防菌在实际应用中大面积推广的重要制约因素之一。

为适应现代轻简化高效绿色农业发展需求并建立简易、有效的根肿病生防体系，本研究以川油 36 为供试品种，采用解淀粉芽孢杆菌 Bam22 种子包衣和苗期灌根方式，测量油菜出苗率、成苗数、株高及叶绿素和产量性状等生长指标及根肿病防治效果。结果表明，采用含有 10^{10}CFU/mL Bam22 水剂进行种子包衣处理，田间油菜出苗率比种子不包衣对照出苗率提升 14%，油菜生长期成苗率提高 5%，出苗率较氰霜唑悬浮剂种子包衣上升 3%，成苗率提高 4%。播种后 50 天测定油菜株高及叶绿素发现，Bam22 种子包衣处理植株株高比种子不包衣对照增高 5cm，比氰霜唑悬浮剂种子包衣增高 2cm，叶绿素含量无明显差异。苗期油菜根肿病发生调查显示，Bam22 种子包衣处理油菜根肿病发生率为 14.44%，比不包衣处理减少 12.17%，病情指数降低 13.33，仅包衣处理苗期根肿病防效为 52.29%，显著高于氰霜唑悬浮剂种子包衣防效 12.33%。苗期调查结束采用包衣对应药剂灌根，初花期调查发现，Bam22 种子包衣处理结合苗期灌根，油菜株高比不包衣增高 9cm，比氰霜唑悬浮剂种子包衣结合苗期灌根增高 2cm，根肿病防效达 51.57%，显著高于氰霜唑悬浮剂种子包衣结合苗期灌根防效 29.56%，且 Bam22 菌剂处理后的油菜，根部发病同时会长出新的须根，可以缓解病害植株的生长抑制。成熟期产量性状显示，Bam22 处理油菜千粒重增加 8g，单位面积增产率达 27.33%。试验结果表明，Bam22 水剂种子包衣处理是有效防治油菜根肿病和促生增产的一种措施，研究结果对简化生防制剂施用程序、降低劳动强度，推动生防制剂田间大面积应用具有重要指导意义。

关键词：解淀粉芽孢杆菌 Bam22；油菜；根肿病；防效；促生

---

* 基金项目：国家产业技术体系四川油菜创新团队（2019—2024）；四川省“十三五”农作物及畜禽育种攻关（2016NYZ0053-1-5）

** 第一作者：黄小琴，硕士，副研究员，从事油菜病害及生物防治研究；E-mail: hxqin1012@ 163. com

*** 通信作者：刘勇，研究员，主要从事油菜病害及生物防治研究；E-mail：liuyongdr66@ 163. com

中国南方稻区寄生蜂物种多样性研究*

何佳春[1,2**]，A. T. Barrion[3]，李　波[1,4]，于文娟[5]，何雨婷[1,6]，傅　强[1***]
（1. 中国水稻研究所，水稻生物学国家重点实验室，杭州　310006；2. 贵州大学昆虫研究所，贵阳　550025；3. Museum of Natural History，University of the Philippines Los Baños College4031，Laguna，Philippines；4. 云南农业大学植物保护学院，昆明　650201；5. 农业部西南作物有害生物综合治理重点实验室，四川省农业科学院植物保护研究所，成都　610066；6. 湖南农业大学植物保护学院，长沙　410128）

摘　要：近年来，随着我国农业生产水平的快速发展，稻田种植制度和种植环境也发生了巨大的变化，因此对稻田生态系统中的节肢动物群落尤其是害虫和天敌群落造成了很大的影响。我国大部分地区关于稻田天敌类昆虫的调查与研究记录均是在20世纪80～90年代完成的。当前环境下，重新对稻田中天敌物种多样性及优势种类分布情况进行调查，对保护和利用天敌，制定安全有效、自然和谐的控害策略有十分重要的意义。

本研究自2016年以来，在中国南方稻区包括：浙江、江苏、上海、安徽、江西、湖南、湖北、福建、广东、广西、海南、贵州、四川、云南14省（区）市，50余个地区的稻田中采用马来氏网、灯诱、扫网、吸虫器等方法，对稻田膜翅目寄生蜂天敌进行调查收集。目前，整理出来的寄生蜂天敌370余种，其中：姬蜂总科最多，有145种，占总数的38%，姬蜂科71种，茧蜂科74种；其次为小蜂总科，有14科，129种，占34%，种类最多的3科分别是姬小蜂科22种、缨小蜂科20种、赤眼蜂科17种。其他寄生蜂中，缘腹细蜂科36种、分盾细蜂科16种、螯蜂科11种、锤角细蜂科10种，而肿腿蜂科、隆背瘿蜂科、广腹细蜂科寄生蜂虽然种类不多，但在稻田生境中十分常见。虽然相比1991年出版的《中国稻田害虫天敌名录》中的记载数量的345种，目前采集到的种类数量上更多，但通过名录比对发现，仅有50%的种类与名录相符。比对结果显示，当前收集到最多的姬蜂总科中虽然总数依旧是稻田寄生蜂最大的类群，但是姬蜂科种类数量相差较多（原纪录110种）。相比而言，随着我国对小蜂科和缘腹细蜂科这类小型寄生蜂研究的深入，目前采集到的小蜂总科和缘腹细蜂科的种类数大大超过了以前的记录。同时，以稻田主要害虫如稻飞虱、稻螟虫、稻纵卷叶螟为寄主的寄生蜂共收集到95种，与原记录有119种

---

* 基金项目：国家水稻产业技术体系（CARS-01-18）；国家重点研发计划（2016YFD0200801）；农业部西南作物有害生物综合治理重点实验室开放基金项目（2018-XNZD-02）；中国农业科学院创新工程“水稻病虫草害防控”创新团队

** 第一作者：何佳春，助理研究员，主要从事水稻害虫防治和稻田天敌多样性研究；E-mail：hejiachun1984@126.com

*** 通信作者：傅强，研究员；E-mail：fuqiang@caas.cn

十分相近，且其中许多种类是广泛分布的稻田优势种。由此看来以稻田主要害虫为寄主的寄生蜂天敌依旧十分丰富，并且是许多种类为优势种群生存于稻田生境中。此外包括小蜂总科、缘腹细蜂科、分盾细蜂科、锤角细蜂科等在内的小型寄生蜂尚存在着大量未有报道记录的新物种，是稻田寄生蜂研究和应用十分重要的资源。由此看来，有效保护和应用稻田中寄生蜂天敌群落，对实现持续高效的绿色控害有着举足轻重的作用。

关键词：稻田；天敌；寄生蜂

两种稻田常见螯蜂对褐飞虱的捕食和寄生习性*

何雨婷[1**]，孙利华[2]，杜　贺[2]，何佳春[1]，傅　强[1***]
（1. 中国水稻研究所，水稻生物学国家重点实验室，杭州　310006；
2. 湖南农业大学植物保护学院，长沙　410128）

摘　要： 两色食虱螯蜂 *Echthrodelphax fairchildii*（Perkins）和黄腿双距螯蜂 *Gonatopus flavifemur*（Esaki *et* Hashimoto）是我国稻飞虱常见的寄生兼捕食性天敌，除寄生稻飞虱外，还可捕食飞虱若、成虫，对稻田飞虱的控制具有较大意义。

通过室内笼罩实验，研究了在无选择条件下，24h 内两色食虱螯蜂和黄腿双距螯蜂对褐飞虱各虫态的捕食和寄生习性。结果表明：①捕食习性：对褐飞虱 1 龄、2 龄、3 龄、4 龄、5 龄若虫和雌、雄成虫，两色食虱螯蜂的平均捕食量分别为（9.2±0.4）头、（5.3±0.4）头、（5.0±0.4）头、（3.4±0.3）头、（1.8±0.2）头、（1.0±0.2）头、（0.8±0.2），黄腿双距螯蜂的平均捕食量则分别为（11.6±1.0）头、（6.9±0.6）头、（5.9±0.4）头、（3.6±0.4）头、（3.6±0.4）头、（1.7±0.3）头、（2.1±0.3）头；两种螯蜂对 1 龄褐飞虱的捕食量均与其余各龄的捕食差异显著（$P<0.05$）。②寄生习性：两色食虱螯蜂对褐飞虱雌、雄成虫均未发现有寄生现象，对褐飞虱 1、2、3、4、5 龄若虫的平均寄生率分别为（21.4±3.1）%、（38.5±2.8）%、（42.8±2.6）%、（28.7±2.1）%、（27.1±2.3）%，其中 3 龄最高，且显著高于 1 龄、4 龄、5 龄虫（与 2 龄间差异不显著）；黄腿双距螯蜂对龄褐飞虱若虫的平均寄生率分别为（22.5±4.1）%、（39.5±3.7）%、（46.4±2.3）%、（50.3±3.7）%、（38.0±3.3）%，对雌、雄成虫也能寄生，平均寄生率分别为（37.1±1.9）%和（26.6±1.4）%，其中 4 龄与 3 龄以外的其余各虫态均差异显著（$P<0.05$）。

由此看来，在无选择条件下，两色食虱螯蜂和黄腿双距螯蜂均以 1 龄褐飞虱捕食量最大，其次为 2 龄、3 龄。黄腿双距螯蜂以 4 龄褐飞虱寄生率最高，可寄生褐飞虱成虫；两色食虱螯蜂以 3 龄褐飞虱寄生率最高，不寄生褐飞虱成虫。

关键词： 两色食虱螯蜂；黄腿双距螯蜂；褐飞虱；捕食习性；寄生习性

---

* 基金项目：国家水稻产业技术体系（CARS-01-35）；中国农业科学院创新工程“水稻病虫草害防控”创新团队

** 第一作者：何雨婷，硕士研究生；E-mail：935581699@ qq. com

*** 通信作者：傅强，研究员；E-mail：fuqiang@ caas. cn

烟蚜茧蜂种群退化规律的研究*

谢应强**，向　梅，李玉艳，艾洪木[1]***，张礼生[2]***

（1. 福建农林大学植物保护学院，闽台作物有害生物生态防控国家重点实验室，福州　350002；2. 中国农业科学院植物保护研究所，农业部作物有害生物综合治理重点实验室，中美生物防治实验室 北京　100193）

摘　要：桃蚜 *Myzus persicae* 也叫烟蚜，广泛分布在我国南北方烟区，在整个烟草的生长期均有发生，不仅刺食烟叶营养，分泌蜜露诱导煤污病，直接造成烟叶的质量和产量的下降，还可传播烟草病原物，引发其他虫传烟草病害和多种病毒病的发生和流行，导致烟叶的产量和质量下降。烟蚜茧蜂 *Aphidius gifuensis* 是烟蚜重要的内寄生天敌，对烟蚜有很强的防控能力，近 20 年，我国烟蚜茧蜂大规模扩繁技术日臻成熟，以其防控农作物蚜虫的生产应用也取得显著成效。但在室内大棚中多代扩繁中发现烟蚜茧蜂存在扩繁速率下降、烟蚜茧蜂体型变小、活动能力下降等现象，导致烟蚜茧蜂扩繁基地的产量降低，烟蚜茧蜂的繁殖力、生活力和防控力下降，达不到预期的防治效果。实验室种群常来源于少量野外个体，遗传特异性比较贫乏，再加上恒定条件下的续代饲养，同宗近缘繁殖，导致昆虫种群出现生殖力、存活率、体型、发育整齐度的整体下降。

为探索烟蚜茧蜂的种群衰退程度与饲养代数间的关系，分析归纳种群退化的特征规律，本研究在验室条件下模拟烟蚜茧蜂扩繁基地的环境，测定了烟蚜茧蜂不同代数的单雌僵蚜量、羽化率、性比、成虫寿命、成虫胫节长度等生物学指标，同时通过转录组学测序，测定并分析烟蚜茧蜂野生种群和退化种群的种群差异及其基因功能，找到其退化的分子机制。实验结果表明：从第 F_1 代到第 F_{12} 代的续代饲养中，烟蚜茧蜂的各项生物学指标显著下降，在 F_7 至 F_9 代各项指标衰退显著。实验证实在室内扩繁烟蚜茧蜂到第 7 代种群出现明显的衰退，生产上需适时采取复壮措施。

关键词：　烟蚜茧蜂；人工扩繁；种群退化；退化规律

---

* 基金项目：国家烟草总公司重大专项［110201601021（LS－01）］；国家重点研发计划项目（2017YFD0201000）；国家自然科学基金（31572062）

** 第一作者：谢应强，硕士研究生，研究方向为害虫生物防治；E-mail：xyqxie@foxmail.com

*** 通信作者：艾洪木，博士，副教授；E-mail：aihongmu@163.com

张礼生，博士，研究员；E-mail：zhangleesheng@163.com

不同饲养寄主来源的丽蚜小蜂的个体大小及寄主搜寻行为研究*

王　娟**，王孟卿，刘晨曦，李玉艳，毛建军，陈红印，张礼生***
（中国农业科学院植物保护研究所，农业部作物有害生物综合治理重点实验室，中美合作生物防治实验室，北京　100193）

摘　要：寄生蜂对寄主的寄生能力与其自身个体大小及搜寻行为密切相关，进而影响其控害潜能。饲养寄主不同是引起寄生蜂种群生物学特性及控害能力差异的重要原因。本研究分别以温室白粉虱和烟粉虱作为扩繁寄主，经多代连续扩繁，各自建立起稳定的丽蚜小蜂种群（分别以 W1 和 W2 表示），以这两种小蜂种群为天敌试虫，利用奥林巴斯体视显微镜观察并测量了丽蚜小蜂的头宽、体长及后足胫节长短。采集带有温室白粉虱和烟粉虱的 3~4 龄若虫的番茄叶片，放入培养皿（直径 = 12cm）中，接入丽蚜小蜂（羽化时间<24h）单头蜂后用保鲜膜封口，于奥林巴斯体视显微镜下观察记录了其搜寻及寄生行为，结果显示：小蜂 W1 的头宽、体长及后足胫节长均稍大于小蜂 W2 的相应参数。W1 和 W2 的寄主搜寻行为基本相似，主要包括行走（搜寻寄主）、静止或整姿、遇到寄主（用触角敲打检查）、产卵，其中行走是出现频率最多的搜寻行为，常以触角端部敲击叶面，呈现区域性搜寻行为，表现为丽蚜小蜂在一个寄主粉虱若虫上产卵结束后会在该寄主区域临近范围内继续搜寻其他寄主。W1 寄生温室白粉虱的产卵时间及寄生产卵过程总持续时间分别为 228. 69s 和 252. 69s，显著长于寄生烟粉虱的对应时间，分别为 191. 76s 和 216. 97s，表明温室白粉虱更容易被发现和有效寄生。W1 和 W2 在烟粉虱上产卵后处理寄主时间存在显著差异，分别为 4. 03s 和 5. 00s。本研究结果对规模化人工扩繁、生物防治实践中有效利用丽蚜小蜂防治粉虱类害虫具有重要科学指导意义。

关键词：丽蚜小蜂；饲养寄主；搜寻行为；寄生产卵；寄生蜂个体大小

---

* 基金项目：国家重点研发计划（2017YFD0201000）；国家重点研发计划—政府间国际科技创新合作重点专项（2017YFE0104900）；国家自然科学基金（31672326）

** 第一作者：王娟，博士，研究方向为害虫生物防治；E-mail：wangjuan350@ 163. com
*** 通信作者：张礼生；E-mail：zhangleesheng@ 163. com 陈红印；E-mail：hongyinc@ 163. com

丽蚜小蜂对设施越冬蔬菜中白粉虱的防治效果研究*

程 艳**，于 娅，王 娜，王 飞，霍云龙，宫国辉***
（吉林省农业科学院经济植物研究所，公主岭 130124）

摘 要：试验主要研究丽蚜小蜂对设施温室内白粉虱的防治效果。在白粉虱发生初期释放丽蚜小蜂蜂卡。试验结果表明：丽蚜小蜂对防治设施温室内的白粉虱效果显著，虫口减退率可达到80%以上，避免了化学农药的使用。

关键词：丽蚜小蜂；白粉虱

---

* 基金项目：吉林省科技厅技术攻关类项目——吉林省日光温室茄子、黄瓜冬季生产技术研究（20190301052N Y）

** 第一作者：程艳，硕士，研究实习员，主要研究蔬菜栽培育种；E-mail：826450041@ qq. com

*** 通信作者：宫国辉，研究员，现主要从事蔬菜栽培与育种研究工作；E-mail: ggh3223025@ 126.com

四个线虫品系对甜菜夜蛾蛹的侵染致死能力评估*

林　雅[1,2**]，章金明[2***]，吕要斌[1,2]
（1. 浙江师范大学化学与生命科学学院，金华　321004；
2. 浙江省农业科学院植物保护与微生物研究所，杭州　310021）

摘　要：昆虫病原线虫是一种寄生于昆虫体内的新型生防因子，也称嗜虫线虫，具有寄主范围广、对人畜无害的特点。昆虫病原线虫中具有生物防治潜力的包括索科、新垫刃科、滑刃科、斯氏线虫科及异小杆科。其中，斯氏线虫科和异小杆科线虫能够携带共生菌，并在昆虫体内释放使其患败血症而死。

为评估 4 个昆虫病原线虫品系对甜菜夜蛾蛹的侵染致死能力，本研究选取了异小杆线虫 LN_2品系、斯氏线虫 All、X-7 和 JY-90 品系开展对蛹的侵染试验，观察甜菜夜蛾蛹的羽化情况和羽化后成虫的非正常死亡情况。试验结果显示，在1 600IJs/蛹浓度处理时，斯氏线虫 X-7 品系、JY-90 品系、All 品系对甜菜夜蛾蛹及其羽化后的成虫的致死率分别为 67.5%、40%、25%；在1 600IJs/蛹浓度处理时，异小杆线虫 LN_2品系对甜菜夜蛾蛹及其羽化后的成虫的致死率为 30%。与其他 3 个品系的线虫相比，X-7 品系对甜菜夜蛾蛹有更强的侵染能力，致死率更高。

由于甜菜夜蛾是入土化蛹的害虫，高龄幼虫进入土层后会经历预蛹到蛹的变化过程，进一步评估 4 种线虫对预蛹的侵染能力，以及在模拟田间土层温度、含水量等条件下，对预蛹和蛹的侵染能力，可为筛选和制定线虫控害策略提供技术支撑。

关键词：昆虫病原线虫；甜菜夜蛾；蛹；侵染能力

---

* 基金项目：国家重点研发计划（2016YFD0201007）；浙江省农科院地方科技合作项目（PH20180005）
** 第一作者：林雅，硕士研究生，从事经济作物害虫综合治理研究；E-mail：Linyzjs@ 163. com
*** 通信作者：章金明；E-mail：zhanginsect@ 163. com

定殖球孢白僵菌提高烟草对病虫害的抗性*

覃　旭**，张永军***
（西南大学生物技术中心，西南大学农业科学研究院，重庆　400715）

摘　要：球孢白僵菌 *Beauveria bassiana* 不仅是一种重要的昆虫病原真菌，广泛应用于农业、林业以及一些卫生害虫的生物防治，而且也是重要的植物内生真菌，在促进植物生长和增强植物抗性等方面扮演了重要角色。本研究通过种子接种球孢白僵菌，比较研究了不同菌株定殖对烟草生长及病虫害抗性的影响。研究发现，不同菌株均可定殖于烟草组织，但对烟草的促生、抗病及抗虫效果存在明显差异。部分菌株定殖后可明显促进烟草生长，提高叶绿素含量和净光合速率，增加气孔指数，并且改变了烟草表皮毛特征。抗病性检测结果发现，定殖白僵菌明显延迟了烟草对细菌性病原青枯病菌感染，显著增强了对真菌病原菌灰霉菌及赤星病菌的抗性。抗虫性检测结果表明，定殖白僵菌显著降低了烟蚜在植株上的存活率。研究结果为烟草病虫害生物防控提供了重要依据，同时为探究定殖白僵菌促生及病虫害抗性的分子机制奠定了基础。

关键词：球孢白僵菌；烟草；促生；抗病；抗虫

---

* 基金项目：国家重点研发计划（2017YFD0200400）

** 第一作者：覃旭，主要从事真菌与植物互作方面研究；E-mail：991718042@qq.com

*** 通信作者：张永军

卵表携带微生物对白星花金龟生长发育的影响*

吴 娱[1**]，刘春琴[1]，束长龙[2]，冯晓洁[1]，刘福顺[1]，
张 悦[1]，赖德强[1]，王庆雷[1***]
（1. 沧州市农林科学院，沧州 061001；
2. 中国农业科学院植物保护研究所，北京 100193）

摘 要：白星花金龟 *Protaetia brevitarsis* Lewis 是鞘翅目花金龟科的一种宝贵资源昆虫，已被应用于医药、农林业、生物工程等多个领域。白星花金龟幼虫可取食废弃的农作物秸秆，将废弃秸秆转化为有机物，产生的粪便可以作为有机肥返回田间，虫体可用于医药和畜禽饲料的开发，因此利用白星花金龟可作为废弃秸秆资源化利用的一种新的绿色产业途径。为了更好的利用和开发白星花金龟资源，白星花金龟的人工繁殖至关重要。成虫产卵量、卵孵化率、幼虫成活率等问题是人工量繁的关键因素，据报道，许多昆虫的卵壳携带有母体遗传共生菌，而大部分涂卵遗传共生菌对成虫产卵行为、虫体生长发育具有显著促进作用。本研究对白星花金龟卵表携带微生物进行筛选分离、纯培养，共分离出14株菌，编号分别为B-1、B-2、B-3、B-4、B-5、B-6、B-7、B-8、B-9、B-10、B-11、B-12、B-13、B-14，通过摇瓶发酵培养得到菌悬液，进行成虫产卵诱导试验、卵孵化率试验和幼虫生长发育试验，共筛选出3株对白星花金龟生长发育具有诱导作用的细菌，分别为B-2、B-3、B-12。经过16S rDNA序列测定和发育树比对分析鉴定这3株细菌分别为：B-3为枯草芽孢杆菌 *Bacillus subtilis*，B-2和B-20为支气管戈登菌 *Gordonia bronchialis*。其中，B-3诱导产卵量最高，是对照组的1.715倍，其次是B-2和B-12，分别为对照组的1.599倍和1.299倍；卵孵化率试验结果显示，B-3对卵孵化率的影响较对照组提高了12.79%，B-2处理较对照组提高了13.21%，B-12处理与对照组无显著性差异；幼虫生长发育试验结果显示，3株细菌对幼虫成活率的影响较对照组无显著性差异，但是B-3可显著提高幼虫体重增长率，为对照组的1.279倍。本研究筛选到的菌株可为白星花金龟专用的幼虫微生态制剂和成虫产卵生物引诱剂的规模化生产提供原始菌种，实现白星花金龟大量繁殖，提高繁殖效率和种虫繁育质量，为进一步利用白星花金龟和微生物联合实现废弃秸秆的高效、快速转化打下理论基础。

关键词：白星花金龟；卵；微生物；生长发育

---

* 基金项目：河北省重点研发计划项目“白星花金龟对农作物秸秆转化利用的技术集成与示范”（18273809D）

** 第一作者：吴娱，硕士，助理研究员，研究方向为植物保护；E-mail：wyufish777@163.com
*** 通信作者：王庆雷，研究员，研究方向为植物保护；E-mail：wqlei02@163.com

七星瓢虫滞育期间脂肪酸合成通路基因 ACC 的功能研究*

向　梅**，谢应强，李玉艳，张礼生[1]***，臧连生[2]***

（1. 中国农业科学院植物保护研究所，农业部作物有害生物综合治理重点实验室，中美合作生物防治实验室，北京　100193；2. 吉林农业大学生物防治研究所，长春　130000）

摘　要：七星瓢虫 *Coccinella septempunctata* 是典型的捕食性农业害虫天敌，是农田生态系统中控制蚜虫的重要生防因子，生殖能力强，存活时间长。滞育是昆虫适应不良环境条件的一种遗传现象，为调控其生长发育进而应用于规模化繁殖，延长天敌昆虫产品的货架期提供了一种可能途径。滞育七星瓢虫可显著积累脂质，脂质是昆虫滞育发育过程中的重要营养和能源物质，研究脂质积累对揭示滞育调控的分子机制至关重要，而脂肪酸代谢对于昆虫滞育调控至关重要。本研究聚焦脂肪酸合成通路乙酰辅酶 A 羧化酶（acetyl-CoA carboxylase，ACC）基因，同时基于七星瓢虫转录组数据库信息，通过 RT-PCR 和 RACE 技术对此目的基因进行克隆，并对其序列进行分析和注释；同时利用 qRT-PCR 技术测定 ACC 在成虫不同阶段的时间表达模式。研究表明：荧光定量检测发现该基因初羽化阶段表达较低，随着滞育诱导时间增加表达量增高，在滞育 30d 或 40d 陡然增加，出现一个峰值，在滞育解除期表达量又降低。在此基础上，本研究将在后续实验中利用 RNA 干扰技术验证 ACC 在七星瓢虫滞育中的功能，为揭示七星瓢虫滞育分子机制提供理论依据，同时为其七星瓢虫的商品化应用提供新的方向。

关键词：七星瓢虫；滞育；乙酰辅酶 A 羧化酶；脂肪酸合成

---

* 基金项目：国家重点研发计划项目（2017YFD0201000）；中央级科研院所基本科研业务费项目（S2019XM15）

** 第一作者：向梅，硕士研究生，研究方向为生物防治；E-mail：2424078823@ qq. com

*** 通信作者：张礼生；E-mail：zhangleesheng@ 163. com

臧连生；E-mail：lsz04152@ 163. com

蠋蝽和益蝽对草地贪夜蛾高龄幼虫的捕食能力研究*

唐艺婷**，王孟卿***，李玉艳，刘晨曦，毛建军，陈红印，张礼生***
（中国农业科学院植物保护研究所，中美合作生物防治实验室，北京 100193）

摘 要：蠋蝽 *Arma chinensis*（Fallou）和益蝽 *Picromerus lewisi* Scott 均属于半翅目蝽科益蝽亚科昆虫，其对鳞翅目，鞘翅目等农业害虫有着天然的控制力。两种捕食蝽具有刺吸式口器，能取食多种鳞翅目和双翅目害虫的幼虫和成虫，已经见报道的取食对象包括农业上的多种害虫：黏虫 *Mythimna separate*（Walker）、棉铃虫 *Helicoverpa armigera* Hübner、二化螟 *Chilo suppressalis*（Walker）、大蜡螟 *Galleria mellonella* L.、小菜蛾 *Plutella xylostella*（L.）、斜纹夜蛾 *Spodoptera litura* Fabricius、甜菜夜蛾 *Spodoptera exigua* Hübner、杨小舟蛾 *Micromelalopha troglodyte*（Staudinger）和两色绿刺蛾 *Latoria bicolor* Walker、米蛾 *Corcyra cephalonica*（Stainton）、麻蝇 *Sarcophaga naemorrhoidalis* Fallen 等害虫。

草地贪夜蛾 *Spodoptera frugiperda*（J. E. Smith）是入侵我国的暴发性害虫，目前已经扩散到我国多个省份。其幼虫可为害玉米、高粱、棉花、甘蔗等多种作物，成虫产卵量高，迁飞能力强。利用天敌昆虫防治草地贪夜蛾，是生物防治的重要措施。

笔者实验室在云南进行了益蝽和蠋蝽对草地贪夜蛾的适合性测验，田间调查和室内测试都证明两种捕食性蝽均能取食草地贪夜蛾幼虫，对草地贪夜蛾幼虫3龄幼虫的日最大捕食量达60头。为评估两种捕食性天敌昆虫对草地贪夜蛾高龄幼虫控害能力，采取田间调查和室内观察的方式，总结其捕食草地贪夜蛾幼虫的行为特征；并在实验室内开展了它们对草地贪夜蛾6龄幼虫的捕食功能反应试验。结果表明：蠋蝽和益蝽5龄若虫对草地贪夜蛾6龄幼虫的捕食功能反应均符合 Holling Ⅱ模型，其模型方程分别为：$Na=1.344N/(1+0.423N)$，$Na=1.512N/(1+0.325N)$；对草地贪夜蛾的日最大捕食量分别为3.175头，4.671头；瞬时攻击率分别为1.344，1.512；处理时间分别为0.315日和0.215日。试验证实蠋蝽和益蝽对草地贪夜蛾具有较好的控害效果。

两种捕食蝽的取食行为不同：蠋蝽的取食行为受猎物密度的影响小，总是吸食猎物直到草地贪夜蛾幼虫完全干瘪才停止取食，转而搜索第二头猎物。益蝽的取食则明显受到猎物密度的影响，当草地贪夜蛾幼虫密度低时，益蝽会吸取猎物体液直到猎物干瘪才终止，再搜索第二头猎物；当草地贪夜蛾幼虫密度高时，益蝽将第一头猎物致死后会收缩口针离开猎物，不再持续吸取猎物体液，而是开始攻击第二头、第三头猎物，在短暂时间内捕杀大量草地贪夜蛾幼虫。

关键词：蠋蝽；益蝽；草地贪夜蛾；捕食；生物防治

* 基金项目：重点研发计划（2017YFE0104900）；中国农科院创新工程项目

** 第一作者：唐艺婷，硕士，研究方向为生物防治学；E-mail：tyt0417@163.com

*** 通信作者：王孟卿；E-mail：mengqingsw@163.com
张礼生；E-mail：zhangleesheng@163.com

蠋蝽（半翅目：蝽科）飞行能力探究*

殷焱芳**，苗少明，李玉艳，毛建军，王孟卿，张礼生，陈红印，刘晨曦***
（中国农业科学院植物保护研究所，中美合作生物防治实验室，北京　100193）

摘　要：蠋蝽 *Arma chinensis* Fallou，又名蠋敌，是半翅目蝽总科蝽科益蝽亚科蠋蝽属的昆虫。它是农林业上一种极具应用价值的捕食性天敌昆虫，在生物防治过程中通过释放蠋蝽能有效防控鳞翅目、鞘翅目及半翅目等多种害虫。然而，在实践应用中蠋蝽的定殖与扩繁会影响其捕食范围。实验室内通常采用飞行磨系统模拟昆虫自然状态下的飞行以满足研究昆虫飞行能力的需要。目前，国内有许多关于其他昆虫飞行能力的报道。例如，周惟敏等（1997）探究了吊飞对草地螟脂肪含量的影响，刘吉起等（2011）研究了不同性别的家蝇飞行能力的差异，吕伟祥等（2014）研究了吊飞对黏虫生殖及寿命的影响，窦洁等（2017）关于意大利蝗吊飞前后飞行肌及能量变化进行了相关探究。但是关于蝽类飞行能力的报道却甚少，并且蠋蝽基因组测序结果显示其中有 67 条与飞行相关的基因。基于此，本文对蠋蝽的飞行能力进行了初步探究。实验采用 26 通路飞行磨系统测定了不同湿度（40%，60%）和温度（23℃，25℃，27℃，30℃，32℃）组合下蠋蝽的飞行能力，试虫为实验室内连续多代饲养蠋蝽，光照白天随自然光变化，晚间补充光照、强度为 123. 96lx，吊飞试验以试虫体力消耗殆尽死亡或在开始飞行计时 22h 后结束。试验记录了蠋蝽的飞行距离（m）、飞行时间（s）、平均飞行速度（m/s）和最大飞行速度（m/s）、最久单次起飞所飞行的时间（s）、最远单次起飞所飞行的距离（m）、最远单次起飞平均速度（m/s）等飞行参数，并对这些飞行参数进行分析。本实验探究了不同湿度及温度对蠋蝽雌雄虫飞行能力的影响，以期为蠋蝽大规模的释放以及定点防控农林害虫提供一定理论依据。

关键词：蠋蝽；吊飞；飞行磨

---

* 基金项目：国家重点研发计划项目（2017YFD0200400）；重点研发专项“中美农作物病虫害生物防治关键技术创新合作研究”（2017YFE0104900）；国家重点研发计划项目（2017YFD0201000）

** 第一作者：殷焱芳，硕士研究生，研究方向为植物保护；E-mail：1528795516@ qq. com

*** 通信作者：刘晨曦，博士，副研究员，E-mail：liuchenxi@ caas. cn

蠋蝽对三种常见农药敏感性的研究*

朱艳娟**，廖平，李玉艳，毛建军，王孟卿，张礼生，陈红印，刘晨曦***
（中国农业科学院植物保护研究所，中美合作生物防治实验室，北京 100193）

摘　要：利用天敌昆虫开展“以虫治虫”绿色植保已成为害虫生物防治的核心措施，与化学防治有机结合，协同应用，是我国推进减药控害，安全有效、可持续的关键手段，也是农林害虫综合防治的重要途径。蠋蝽 *Arma chinensis*，是半翅目蝽科 Pentatomidae 益蝽亚科昆虫，可捕食鳞翅目、鞘翅目、膜翅目等多种类超 40 种农林害虫的幼虫及成虫。蠋蝽作为重要捕食性天敌已引起高度关注与广泛应用，但在面对各类害虫大面积发生的紧急情况下，化学农药的大面积使用仍不可避免，虽其防治效果快，但极易出现“3R”问题。在化学药剂的作用下，除了靶标害虫，其天敌昆虫的生存及捕食功能也受到较大影响。但农药在环境中的毒力会随着时间递减，当递减到一定水平时，接触药剂的天敌昆虫个体不会死亡且仍具有捕食能力。鉴于此，本试验围绕草地贪夜蛾被分子鉴定表明为“玉米型”研究结果，选用玉米田间常用的高效氯氟氰菊酯、20%吡虫啉两种农药和烟嘧磺隆一种除草剂，试验测定农药对蠋蝽捕食功能影响。本试验以鲜活玉米苗为药剂载体植物；3～5 龄玉米黏虫为捕食对象；以蜕皮 48h5 龄若虫蠋蝽为试验对象；分别喷施高效氯氟氰菊酯、20%吡虫啉、烟嘧磺隆三种药剂处理；清水处理作为对照。每个处理设 5 组，每组 8 个重复。喷施药剂后，按时间梯度，分别接入试验对象，同时做饥饿处理；24h 后，取出载药玉米苗，分 5 组，接入 15 头、20 头、25 头、30 头、40 头虫口密度梯度的黏虫，并观察蠋蝽对黏虫的捕食行为；24h 后，记录捕食量，测定蠋蝽捕食功能。试验中设计 24h、3d、7d 共 3 个残效期时间梯度，筛选出喷施农药后，毒力递减至影响力最小、时间最短的残效期，作为天敌昆虫的最佳释放节点。协调使用化学防治与生物防治，相互弥补不足，采取“化学农药防治在前，天敌昆虫防治紧随其后”的措施，为探寻出一条快速高效、绿色可持续的综合有害生物防治道路提供参考。

关键词：蠋蝽；天敌昆虫；绿色植保；农药；捕食功能

---

* 基金项目：国家重点研发计划项目（2017YFD0200400）；重点研发专项“中美农作物病虫害生物防治关键技术创新合作研究”（2017YFE0104900）；国家重点研发计划项目（2017YFD0201000）

** 第一作者：朱艳娟，硕士研究生，研究方向为植物保护；E-mail：759319799@ qq. com

*** 通信作者：刘晨曦，博士，副研究员；E-mail：liuchenxi@ caas. cn

食物对蠋蝽生长发育及中肠微生物多态性影响*

廖　平**，殷淼芳，李玉艳，毛建军，王孟卿，张礼生，陈红印，刘晨曦***
（中国农业科学院植物保护研究所，中美合作生物防治实验室，北京　100193）

摘　要：为了更好的了解蠋蝽 *Arma chinensis* Fallou 营养摄取与其生长发育及中肠微生物的关系，丰富蠋蝽营养消化机制；在温度（26±1）℃、RH（65±5）%、光周期 16L：8D 条件下，对取食人工饲料（AD）、柞蚕蛹（AP）和冷冻黏虫（MS）的蠋蝽的发育历期、体重、存活情况等生物学参数进行统计分析，并对成虫中肠微生物进行宏基因组学测序分析和功能验证。

结果显示：①不同取食习惯的蠋蝽的各项生物学参数有显著差异。②不同取食习惯的蠋蝽中肠微生物丰度和组成差异随着分类水平细化而不断增大。③通过 KEGG 分析发现蠋蝽中肠微生物中与营养消化有关的基因较多，它们可以通过各种代谢途径控制氨基酸的合成和代谢、脂肪的分解与合成、淀粉和糖的代谢以及维生素的代谢与合成来影响蠋蝽的食物消化和生长发育。④通过 CAZy 分析发现蠋蝽中肠微生物中的糖苷水解酶和糖基转移酶的基因较多，9 845个糖苷水解酶隶属于 108 个不同的糖苷水解酶家族并协助蠋蝽对食物进行消化，此外、还发现了部分对纤维素有水解作用的水解酶家族基因。⑤诸如芽孢杆菌、双歧杆菌、乳酸菌、链霉菌、小单孢菌和链霉菌等微生物可能具有影响蠋蝽生长发育、降解外源化学物质、抵御外来病原微生物入侵等作用。⑥用硫酸卡那霉素对蠋蝽食物进行处理（KM），发现 KM 组蠋蝽雌雄虫体重均显著下降，qCR 结果显示 KM 组蠋蝽成虫中肠中变形菌门和克雷伯菌属丰度显著低于 CK 组，厚壁菌门的丰度也下降明显，而革兰氏阳性菌——肠球菌属的丰度却有上升。

改变食物和用抗生素处理食物都会对蠋蝽的生长发育及中肠微生物的组成产生较大的影响，但对于蠋蝽中肠微生物的特异功能鉴定和应用，需要进一步验证各微生物及其组合对蠋蝽生长繁殖的作用，以实现为蠋蝽人工饲料微生物添加剂的开发应用提供理论参考的目的。

关键词：蠋蝽；食物；生长发育；中肠；微生物

---

* 基金项目：国家重点研发计划项目（2017YFD0200400）；重点研发专项“中美农作物病虫害生物防治关键技术创新合作研究”（2017YFE0104900）；国家重点研发计划项目（2017YFD0201000）

** 第一作者：廖平，硕士，研究方向为植物保护；E-mail：liaoping940324@163.com

*** 通信作者：刘晨曦；E-mail：liuchenxi@caas.cn

蠋蝽性信息素研究初探*

邹德玉[1**]，张礼生[2]，吴惠惠[3]，徐维红[1]，刘晓琳[1]，许静杨[1]
（1. 天津市植物保护研究所，天津 300384；2. 中国农业科学院植物保护研究所，北京 100193；3. 天津农学院，天津 300384）

摘　要：蠋蝽（*Arma chinensis*）是半翅目 Hemiptera 蝽科 Pentatomidae 益蝽亚科 Asopinae 蠋蝽属 *Arma* 昆虫，该蝽广泛分布于中国、蒙古和朝鲜半岛。蠋蝽可以捕食草地贪夜蛾（*Spodoptera frugiperda*）、棉铃虫（*Helicoverpa armigera*）、马铃薯甲虫（*Leptinotarsa decemlineata*）、美国白蛾（*Hyphantria cunea*）、黏虫（*Mythimna separata*）和绿盲蝽（*Apolygus lucorum*）等多种害虫，是农林业上一种重要的捕食性天敌昆虫。规模化释放蠋蝽是利用蠋蝽进行害虫生物防治的关键环节。然而，我们发现室内饲养的蠋蝽在释放后定殖能力下降，进而导致其对靶标害虫的防效降低，这正是蠋蝽释放应用过程中亟需解决的一个难题。利用蠋蝽性诱剂对其行为进行重新定向，使其向靶标害虫发生地移动并提高释放的蠋蝽的定殖能力是解决上述问题的有效途径。天敌昆虫的这种行为修饰将为害虫生物防治和综合防治开辟一个新的途径。与害虫性信息素相比，天敌昆虫性信息素研究相对偏少，并且，我国在天敌昆虫性信息素研究领域要比国外起步晚几十年。我们对蠋蝽的性信息素进行了研究，发现天敌昆虫的性信息素与害虫性信息素有诸多的不同，这也为天敌昆虫的性诱剂开发和利用增加了一定的难度。①通过室内外试验，我们发现人工合成的性诱剂对蠋蝽雌雄成虫均具有吸引作用，这与我们在室内发现的蠋蝽行为一致，即蠋蝽雌虫被吸引以交配为目的，雄虫被吸引以竞争交配为目的。一旦性成熟的蠋蝽雌雄成虫近距离相遇，雄虫就会识别雌虫并发生求偶行为。因此，我们推测蠋蝽性信息素的功能是长距离吸引信息素，以及短距离的交配刺激物。②与植食性昆虫相比，野外蠋蝽个体彼此之间相距较远，这说明避免种内自残是它们的一个目的。因此，为了避免种内自残，不会有过多的蠋蝽成虫被性诱剂吸引。这与我们田间诱集到的蠋蝽数量偏少这一事实相符。③与植食性猎物相比，蠋蝽的食物更难捕获。因此，我们推测，对蠋蝽而言，安全和食物比繁殖更重要。尤其是它们阶段性迁移并进入新的栖境以后，更加注重自身安全和食物获取，繁衍后代变成次要需求。④研究结果表明，利用蠋蝽性诱剂的处理比不用蠋蝽性诱剂的处理靶标害虫减少 15% 以上。这说明蠋蝽性诱剂在提高蠋蝽定殖性上发挥了一定的作用。尽管如此，诱集蠋蝽的物质还有待于进一步研究。例如，综合植物、猎物及蠋蝽性诱剂而合成的利它素有望提高对蠋蝽的诱集能力，进而帮助增强蠋蝽定殖能力、诱集其到害虫发生地控制害虫、在化学杀虫剂喷施前诱集蠋蝽逃出施药地点及监测蠋蝽种群动态。

关键词：天敌昆虫；蠋蝽；性信息素；性诱剂

---

* 基金项目：天津市自然科学基金（重点项目）“天敌昆虫蠋蝽性信息素的提取鉴定及应用研究”（16JCZDJC33600）；国家重点研发计划“天敌昆虫防控技术及产品研发”（2017YFD0201000）

** 通信第一作者：邹德玉，博士，副研究员，硕士研究生导师，主要从事害虫生物防治研究；E-mail：zdyqiuzhen@126.com

灰茶尺蛾和小茶尺蠖两近缘种共生菌差异比较*

王志博[1**]，李　红[1]，周孝贵[1]，唐美君[1]，孙　亮[1]，詹　帅[2]，肖　强[1***]
（1. 中国农业科学院茶叶研究所，杭州　310008；2. 中国科学院植物生理生态研究所，上海　200032）

摘　要：共生菌在调节昆虫的生长发育、免疫及生殖等方面扮演了重要的角色。灰茶尺蛾和小茶尺蠖是一对近缘种昆虫，同时也是茶园中主要的食叶性害虫。二者能够交配但杂交后代不能续代，因此，二者为研究共生菌如何调控生殖隔离机制提供了良好的模型。本研究采用高通量测序技术对两种茶尺蠖 16S rDNA 的 V3-V4 进行了测序，首次鉴定并比较了二者共生菌的组成及差异。结果显示，灰茶尺蛾的共生菌组成比小茶尺蠖具有更高的多样性。在门的水平上，小茶尺蠖主要的共生菌依次为：厚壁菌门、变形菌门和蓝藻细菌门；而灰茶尺蛾主要的共生菌依次为：变形菌门、放线菌门和厚壁菌门。在属的水平上，灰茶尺蛾主要共生菌组成为：沃尔巴克氏体属、肠杆菌属和假单胞菌属；小茶尺蠖主要的共生菌为蜜蜂球菌属、葡萄球菌和肠杆菌属。同时，我们使用 *wsp* 基因分子标记对 8 个地里种群的 80 个茶尺蠖样本感染沃尔巴克菌感染情况进行了检测，结果显示，灰茶尺蛾携带沃尔巴克菌而小茶尺蠖不携带。综合上述，本研究揭示了两种茶尺蠖共生菌的差异，其中沃尔巴克菌可能是影响二者生殖隔离的一个重要因素。该研究为共生菌（特别是沃尔巴克菌）与近缘种昆虫生殖隔离的互作提供了一个新视野。

关键词：小茶尺蠖；灰茶尺蛾；近缘种；共生菌；沃尔巴克菌；生殖隔离

---

* 基金项目：国家科技支撑计划（2017YFE0107500）；国际自然科学基金（31700613）；重大基础研究前期研究专项（2013FY113200）；中国农业科学院创新工程（CAAS-ASTIP-2016-TRICAAS）

** 第一作者：王志博，博士，主要从事茶园有害生物防治研究；E-mail：wangzhibo9527@163.com

*** 通信作者：肖强；E-mail：xqtea@vip.163.com

伞裙追寄蝇滞育关联基因的转录组学分析*

张　博**，韩海斌，刘　敏，宋米霞，刘爱萍***
（中国农业科学院草原研究所，呼和浩特　010010）

摘　要：本研究对伞裙追寄蝇正常发育、滞育的蛹进行 RNA 测序，并对筛选出来的滞育关联基因进行 KEGG 通路富集分析，从分子水平解析伞裙追寄蝇滞育发育机理。本研究以正常发育、滞育 40d 的伞裙追寄蝇蛹为研究对象，分别抽提 RNA，合成 cDNA，构建cDNA文库，文库检测合格后进行 Illummina Hiseq 测序。根据测序结果，共获取 unigene 58 050个，平均长度为1 109bp。采用对正常发育组和滞育组进行差异表达分析，分别获得差异表达基因上调及下调分别为 4 355个和 3 158个。深入分析比对结果，将在padj<0. 05 且｜$\log_2^{\mathrm{FoldChange}}$｜>1 的 unigene 定义为滞育关联基因，共有 846 个基因为滞育关联基因。应用 KEGG KAAS 在线 pathway 比对分析工具对滞育关联基因进行通路富集分析，结果发现这些基因主要集中在碳水化合物代谢、氨基酸代谢、脂质代谢等途径中。

关键词：伞裙追寄蝇；滞育；转录组测序；滞育关联基因；KEGG 分析

---

* 基金项目：国家重点研发计划项目：“天敌昆虫防控技术及产品研发”（2017YFD0201000）牧草害虫寄生性天敌昆虫产品创制及应用；国家重点研发计划项目：政府间国际科技创新合作重点专项（2017YFE0104900）“中美农作物病虫害生物防治关键技术创新合作研究”——苜蓿蚜虫寄生性天敌应用技术的引进创新

** 第一作者：张博；E-mail：zhangbojenny1001@ 163. com

*** 通信作者：刘爱萍，研究员；E-mail：liuaiping806@ sohu. com

低温冷藏对大草蛉质量的影响及牛胰岛素对繁殖力的恢复*

张婷婷[1,2]，刘小平[1]，毛建军[1**]
(1. 中国农业科学院植物保护研究所　农业部作物有害生物综合治理重点实验室
中美合作生物防治实验室，北京　100193；2. 东北林业大学林学院，哈尔滨　150040)

摘　要：大草蛉是我国农、林害虫最重要捕食性天敌昆虫之一，分布广泛。目前，滞育和低温冷藏方法被用于提高天敌昆虫商业化生产效率。本实验通过将蛹置于10℃冷藏不同天数来评价低温对大草蛉质量的影响。结果表明，随着贮藏时间的延长，从冷藏中取出后，羽化率逐渐下降。贮藏20d后，羽化率约为未冷藏组的62.8%，冷藏后成虫的繁殖力、羽化前期、产卵期、寿命与羽化率呈相似的下降趋势，然而，低温对产卵前期和孵化率的影响并不显著，并且处理组和对照组之间的产卵期在冷藏50d之内没有显著差异。冷藏20d后，从冷藏蛹中羽化出的雌虫的繁殖力约为未冷藏蛹的64.5%。羽化后第6天，与对照组相比，处理组的蛋白酶、脂肪酶、海藻糖酶活性和卵巢的发育程度均有显著性降低。对羽化后第5天的雌性成虫进行解剖，发现处理组卵泡大小和卵泡数量均小于对照组。对低温冷藏后的雌成虫注射牛胰岛素和BSA，发现注射牛胰岛素后卵巢发育和生殖能力均得到显著提高，而注射BSA后的卵巢发育仍然不成熟。同时，低温冷藏后，雌虫体内的ILPs表达量明显低于未冷藏组。实验结果表明，牛胰岛素可以作为低温冷藏大草蛉繁殖能力恢复的重要刺激因子，从而促进捕食性天敌商业化生产。

关键词：低温冷藏；大草蛉；牛胰岛素；繁殖力

---

* 基金项目：国家重点研发计划项目（2018YFD0201202）
** 通信作者：毛建军；E-mail：maojianjun0615@126.com

有害生物综合防治

水稻绿色防控示范区扶贫攻坚的技术效应*

袁玉付**，仇学平，宋巧凤，谷莉莉，吴寒斌
（江苏省盐城市盐都区植保植检站，盐城 224002）

摘　要：为探索植物保护扶贫攻坚，2018 年，江苏省盐城市盐都区通过实施重大病虫害防治绿色防控示范区建设项目，践行植保扶贫行动，积极进行技术扶贫，将水稻绿色防控示范区的关键技术普及辐射到千家万户，助力扶贫攻坚，促进乡村振兴，取得了农药减量成效突出、稻米品质明显提升、生产环境有效改善、增效和示范辐射显著的技术效应，做出了植保技术在扶贫攻坚中的贡献。

关键词：水稻；绿色防控；示范区；扶贫攻坚；技术效应

党的十九大报告，习近平总书记再次强调，坚决打赢脱贫攻坚战，同时提出“乡村振兴”战略。现代植保倡导绿色发展、生态植保，当然要以绿色植保促进扶贫攻坚，推动绿色防控示范区建设，以绿色防控示范技术助力扶贫攻坚。2018 年，盐城市盐都区切实做好省级水稻病虫害绿色防控示范区建设工作，在盐都七星现代农场建核心区，面积 $200hm^2$，辐射 6 镇、区和街道，面积 $2441hm^2$，让水稻绿色防控示范区建设在扶贫攻坚中发挥超越的植保技术导向标效应。

1　策略目标

1.1　技术策略

从示范区生态系统的总体出发，坚持“预防为主、综合防治”的植保方针，本着安全、经济、有效的原则，树立“科学植保、公共植保、生态植保、绿色植保”理念，以精准测报、高水平农业防治措施为基础，协调运用高质量理化防治和生物防治措施，大力推广应用生物农药和高效、低毒、低残留、对环境友好的农药，减少化学农药使用量，掌握好用药安全间隔期，以达到绿色、高质量、低成本、水稻生产安全、稻米质量安全和稻田生态环境安全的目的。

1.2　技术目标

示范区绿色防控产品和主推技术到位率 100%，病虫防治效果 90%以上，病虫危害损失率 5%以下；生物物理等非化学农药的绿色防控技术覆盖率 30%以上；农药使用量比非绿防对照区减少 20%以上；稻米农药残留检测合格率 100%。

---

* 资金项目：2018 年江苏省级农林渔病害防治及处理项目的重大病虫害防治中绿色防控示范区建设项目

** 第一作者：袁玉付，推广研究员，主要从事植保技术推广工作；E-mail：yyf-829001@163.com

2 路径关键

2.1 技术路径

选用抗性良种+种子药剂处理+打好“出嫁”药+ 生态农艺调控+涵养天敌控虫+理化阻隔诱控+科学安全农药+推进统防统治。

2.2 技术关键

2.2.1 选用抗性良种

选用多抗适宜南粳 9108 等良种，统一供种，播前及时筛选、晒种，提高发芽势、发芽率与抗病能力。

2.2.2 种子药剂处理

用 20%氰烯·杀螟丹 1 000倍液或 17%杀螟·乙蒜素 200~400 倍液、亮盾（咯菌清+精甲霜灵）浸拌种，预防恶苗病、干尖线虫病。

2.2.3 打好“出嫁”药

移栽前 2~3d 喷施 1 次“送嫁”药，预防大田初期的灰飞虱、稻瘟病。

2.2.4 生态农艺调控

浅水灌溉、干湿交替、及时搁田，改善稻田生态环境，前期促早发、中期控无效分蘖、拔节后改善根系生长条件，培育健壮的群体；测土配方施肥，减少氮肥用量，提高水稻抗病、抗倒能力。

2.2.5 涵养天敌控虫

蜘蛛为纯肉食性节肢动物，利用其喜好捕食稻飞虱等昆虫为主的特性，在稻田周边种植芝麻、黄豆等天敌适生寄主，稻田“少用药、选对药”，保护、涵养稻田蜘蛛等天敌，控制稻飞虱等的发生危害。示范区推广的“稻田蜘蛛控虱技术”是绿色防控扶贫攻坚的突破性技术之一，其特点是不增加农户成本，在精准测报的前提下，水稻生长前期充分利用自身补偿能力，适当放宽防控指标，不用、慎用杀虫剂，促进天敌种群增殖，水稻全生育期不用阿维菌素等对蜘蛛等天敌杀伤力大的杀虫剂。

2.2.6 理化阻隔诱控

秧田覆盖无纺布；每 1.33hm^{2}左右设置太阳能杀虫灯 1 盏，示范区杀虫灯全覆盖，诱杀稻纵卷叶螟、稻飞虱等害虫成虫。在稻纵卷叶螟发蛾期，每亩放置干式诱捕器 1~2 个，每个诱捕器内置稻纵卷叶螟诱芯 1 个，每 20~30 天换 1 次诱芯。示范区使用北京中捷四方生物科技股份有限公司的小船诱捕器 400 套，小船诱捕器胶片 2 000张，稻纵卷叶螟性诱剂诱芯 7 000粒。示范田边种植香根草等诱集植物诱虫控害。

2.2.7 科学安全用药

根据精准测报信息，有针对性选用对天敌安全、对环境友好的生物农药或高效低毒低残留农药，不用中高毒农药。防治稻瘟病用三环唑、稻瘟灵、低聚糖素等，防治纹枯病、稻曲病用低聚糖素、噻呋·已唑醇、肟菌·戊唑醇、苯甲·丙环唑（嘧菌酯）等，防治用稻纵卷叶螟、大螟用短稳杆菌、甲维盐、阿维（甲维）·茚虫威、氯虫苯甲酰胺等，防治稻飞虱用烯啶虫胺、呋虫胺、吡蚜酮等，合理应用激健、有机硅等专用助剂，提高防效，减少农药使用量。示范区使用 100 亿孢子 /mL 短稳杆菌悬浮剂 515kg、6%低聚糖素水剂 187.5kg。

2.2.8 推进统防统治

统一测报、统一时间、统一药剂、统一方法、高效植保机械施药。

3 技术效应

3.1 农药减量成效突出

示范区通过精准监测，协调利用农业、物理、生物等绿色防控措施，化学农药减量突出。水稻绿色防控示范区内有机米生产区、有机米转化期生产区、稻田综合种养田块面积共 160hm^2，全部未用化学农药，主要采用健康栽培、使用低聚糖素进行植物免疫诱抗、使用杀虫灯、性诱剂、稻田养鸭、养小龙虾、香根草等物理诱、杀虫措施、利用自然天敌等，辅助生物农药，农药用量比常规稻田减少 80%以上；生态功能大米生产区 40hm^2，除生态调控、健康栽培外，全部使用杀虫灯，使用天然硅肥提高水稻抗病性，重点病虫使用生物农药和高效低毒农药进行防治，大田期共使用 3 次农药，667m^{2}用农药纯品 54.4g，比大面积减少 25%以上。

3.2 稻米品质明显提升

盐都七星现代农业发展有限公司生产的大米、小龙虾经北京中安质环认证中心抽样送谱尼测试集团股份有限公司检测，未检出农药，示范区稻米农药残留检测合格率 100%。

3.3 生产环境有效改善

由于推广绿色防控措施，选用高效低毒农药和生物农药，应用高效植保机械，减少了化学农药的使用次数和用量，提高了农药利用率，减少了农药对环境和生态的污染，大大改善了土壤、水等生产环境。

3.4 增效和示范辐射显著

水稻绿色防控示范区生产的“七星谷”牌有机米市场价每千克 39.6 元，“盐溢香”绿色功能籼米每千克 32.6 元、绿色功能粳米每千克 45.6 元，“虾粳香”牌绿色大米每千克 10 元，比普通稻田 667m^{2}增收益 1 000~3 000元，“盐溢香”绿色功能米已在天猫、淘宝网上销售。据田间测产对比，示范区比面上大户自主防治区平均增产 5%~20%，比农户自防田平均少用药 1.6 次，折人民币 32 元，平均 667m^{2}增产 46kg，折人民币 102 元，两项合计 134 元，示范和辐射区总节本增效 265.32 万元。示范区辐射带动周边 6 镇、区和街道，1.21 万户水稻种植户提升了种稻技术水平，加快了建档立卡贫困户的脱贫进程。

参考文献（略）

水稻纹枯病菌对噻呋酰胺的敏感性测定及田间防效试验*

谭清群**，何海永，陈小均，陈　文，黄　露，杨学辉***

（贵州省植物保护研究所，贵阳　550009）

摘　要：为明确贵州省水稻纹枯病菌（*Rhizoctonia solania*）对噻呋酰胺的敏感性，采用菌丝生长速率法测定噻呋酰胺对111株水稻纹枯病菌菌株的EC_{50}，并评价其对水稻纹枯病的田间防治效果。结果表明，供试菌株对噻呋酰胺的EC_{50}值介于0.009 9~0.574 5μg/mL，平均值为0.0868μg/mL。敏感性频率分布显示，水稻纹枯病菌中存在对噻呋酰胺敏感性较低的亚群体，其中83.78%的菌株敏感性频率分布符合正态分布，平均EC_{50}值为0.053 65μg/mL，可将该平均值作为水稻纹枯病菌对噻呋酰胺的敏感基线。田间试验结果表明，240g/L噻呋酰胺悬浮剂对水稻纹枯病有较好防效，其有效成分22.7g/亩处理在贵州长顺和安龙稻区的防效均达94%，因此，噻呋酰胺可作为防治水稻纹枯病的有效药剂。

关键词：水稻；纹枯病菌；噻呋酰胺；敏感性

---

* 基金项目：贵州省联合基金（黔科合J字LKN〔2013〕08号）

** 第一作者：谭清群，硕士，助理研究员；E-mail：tanqingqun123@126.com

*** 通信作者：杨学辉，博士，研究员；E-mail：yxuehui66@163.com

四川省小麦白粉病高效轻简化防治技术*

夏先全[1**]，魏会廷[1]，张　伟[2]，邢　燕[3]，敬华英[4]，叶慧丽[1]，肖万婷[1]

（1. 四川省农业科学院植物保护研究所，农业部西南作物有害生物综合治理重点实验室，成都　610066；2. 四川省农业厅植保站，成都　610016；3. 广安市农业局植保植检站，广安　638000；4. 西充县农牧局植保站，西充　637200）

摘　要：白粉病是四川小麦生产上的重要病害之一，近年来发生普遍和严重。通过分析四川小麦白粉病的发生特点，对包括种植抗性品种、注意栽培管理、选择药剂及适当施药方式等多项措施形成的小麦白粉病高效轻简化防治技术进行了说明介绍，为有效控制四川省小麦白粉病，保障小麦安全生产提供技术参考。

关键词：小麦；白粉病；发生特点；防治技术

小麦白粉病是由小麦白粉菌［*Blumeria graminis*（DC.）Speer］引起的小麦生产上的重要气传病害。在四川，小麦白粉病和条锈病、赤霉病并称为是小麦生产上的三大主要病害，最近几年来，包含省内成都平原麦区、川北的广元、绵阳、川东南的宜宾、乐山以及川西的雅安、西昌等地市麦区，均为白粉病常发流行区，为害较重。

1　发病症状

小麦白粉病主要侵染叶片和叶鞘，病情严重时也可为害穗部的颖壳和芒。初发病时，叶面出现1~1.5mm的白色斑点，后逐渐扩大为近圆形至椭圆形白色霉斑，霉斑表面有一层白粉，遇有外力或振动立即飞散。这些粉状物就是该菌的菌丝体和分生孢子。后期病部霉层变为灰白色至浅褐色，病斑上散生有针头大小的小黑粒点，即病原菌的闭囊壳。

2　传播方式及发生特点

小麦白粉病菌靠分生孢子或子囊孢子借气流传播到感病小麦叶片上，遇有温湿度条件适宜，病菌萌发长出芽管，芽管前端膨大形成附着胞和侵入丝，穿透叶片角质层，侵入表皮细胞，形成初生吸器，并向寄主体外长出菌丝，后在菌丝丛中产生分生孢子梗和分生孢子，成熟后脱落，随气流传播蔓延，进行多次再侵染。病菌在发育后期进行有性繁殖，在菌丛上形成闭囊壳。

因为小麦白粉菌是高度专性寄生菌，所以小麦白粉菌的越夏情况及其夏季寄主是影响

---

* 基金项目：四川省科技计划项目（2016NYZ0053）；国家现代农业产业技术体系四川麦类作物创新团队

** 第一作者：夏先全，副研究员，研究方向：主要从事小麦品种抗性鉴定和小麦病虫害综合防控；E-mail：13258137151@163.com

白粉病发生与流行的关键因子。四川小麦白粉病初侵染源有3种情况：一是以阿坝州等地为代表的川西北盆地边缘越夏区，初侵染源为当地越夏的子囊壳和紧邻高原春麦上的分生孢子及山区自生麦苗上的分生孢子；二是屏山—筠连等片区为代表的川南麦区，小麦白粉病初侵染源，主要来自800m海拔以上自生麦苗上的分生孢子；三是盆地中部麦区，初侵染源完全依赖盆地周缘秋苗上的分生孢子。另外，西南气流、西北气流和西北偏北气流是盆地周边菌源向盆地内扩散的重要途径。

3 轻简化综合防治技术

小麦白粉病高效轻简化防治技术包含抗性品种、栽培措施和药剂3个方面的内容。

3.1 抗性品种

不同的小麦品种对白粉病的抗感差异非常明显，并且品种抗病性能够遗传。经过种子管理部门审定的白粉病抗性品种其抗性一般可以保持3~5年，种植了这类品种，生产上就可以少用甚至不用防治白粉病的化学农药。特别对于省内越来越多的小麦种植大户和农业专合社来说，选择种植小麦白粉病抗性品种，既节省了购买和喷施化学农药的经济成本，又促进了粮食安全和环境保护，是最经济有效的防治措施。目前，省内小麦品种中白粉病抗性较好的有绵麦602、蜀麦1671、内麦101、蜀麦1622、绵麦55、川麦87、蜀麦1743、川育34、绵麦316、川农38、科成麦11号、川麦1546、西科麦11号、川麦1557、南麦660、绵麦1501、川麦1566、绵麦902、绵麦52、绵麦315、科成麦6号、绵麦826、川麦93、中麦133、蒲麦2号、蜀麦114、科成麦7号、国豪麦288、绵麦53等，可以根据种子农艺性状和各地不同生态条件选择种植。

3.2 栽培措施

在小麦密度偏大、施氮肥过量的情况下，麦株旺长，田间湿度大或者发生倒伏的麦田，发病往往较重。施氮过多，造成植株贪青、发病重。管理不当、水肥不足、土地干旱、植株生长衰弱、抗病力低、也易发生该病。此外密度大发病重，如果又碰上小麦生长后期雨量偏多分布均匀，温度又偏低，将延长白粉病的流行期，加重病情。所以特别需要注意合理施肥和合理密植，重点是氮、磷、钾肥的配合使用，以及注意排水，降低田间湿度。

3.3 防治方法

四川小麦白粉病的流行激增期多在3月上至4月中旬，白粉病的防治关键时期也应在此期范围内。在没有做到种植抗性品种和栽培预防措施的情况下，或者遇到白粉病流行年份时，小麦白粉病的防治应在未发病或发病初期，结合小麦条锈病、蚜虫等一起用药防治。白粉病防治主要推荐药剂主要有三类：①三唑类杀菌剂：包含三唑酮乳油、丙环唑乳油、烯唑醇可湿性粉剂、腈菌唑可湿性粉剂等；②甲氧基丙烯酸酯类：包含烯肟菌酯乳油、氯啶菌酯乳油、苯醚菌酯悬浮剂、烯肟菌胺悬浮剂、嘧菌酯悬浮剂、醚菌酯悬浮剂等药剂；③其他杀菌剂或混剂：比如甲基硫菌灵可湿性粉剂、硫·酮可湿性粉剂、己唑醇·福美双可湿性粉剂等。为了避免病原菌产生抗药性，不同类型的杀菌剂建议轮换使用。

在施药器械方面，对于管理着几百上千亩麦田的种植大户和农业专合社，为了做到省工增效和轻简化，可以采用植保无人机对小麦白粉病等病害进行药剂防治，作业效率是人工施药的60~80倍，减少农药浪费和环境污染。但是采用无人机防治需要注意农药剂型的选择，剂型选择为水剂、乳油、悬浮剂等的用药剂防治效果较为理想。目前，四川省内已有像邛崃市蜀丰现代农业植保联合社、梓潼县平强农业科技有限公司等多家组织机构和社会团体对外提供专业的无人机植保服务，这种植保无人机加社会化统一服务正在逐渐普及和推广当中，是小麦白粉病高效轻简化防治技术的重要组成部分。

小麦是四川省重要的粮食作物，但是由于其单一经济价值不高，小麦种植户总体上存在管理粗放、投入较低的情况，种植方式逐渐由农户分散种植向农业专合社或种植大户规模化种植转变过渡。因此，提升小麦品质和产量，保住口粮，积极推广病害高效轻简化综合防治技术变得更为重要和迫切。

参考文献

［1］ 李宏．四川盆地小麦白粉病菌的侵染循环［J］．西南农业大学学报，1987（2）：159-165.

［2］ 涂建华，李媛，廖华明，等．四川省小麦白粉病流行规律研究［J］．西南农业学报，1999，12（4）：61-64.

［3］ 中国农业科学院植物保护研究所，中国植物保护学会．麦类白粉病［M］//中国农作物病虫害（上册）．北京：中国农业出版社，2014：332-335.

农业灌溉措施对小麦茎基腐病发生的影响*

陈立涛[1**]，吴金虎[1]，王永芳[2]，马继芳[2]，董志平[2***]
（1. 河北省馆陶县植保植检站，馆陶　057750；2. 河北省农林科学院谷子研究所/国家谷子改良中心，河北省杂粮研究重点实验室，石家庄　050035）

小麦茎基腐病发生面积不断扩大，已成为小麦生产上的主要常发病害，造成小麦根部褐变、死苗、茎基部褐变、矮化，灌浆期可导致整株枯死，引发白穗发生。2019 年在小麦田间普查时，发现不同的灌溉次数的地块间白穗率有所不同。为弄清农业灌溉措施对小麦茎基腐病发生的影响，笔者对不同灌溉时间和次数的地块进行了调查，试图分析灌溉与小麦茎基腐病的关系。

地块选择在馆陶县寿山寺乡西宝村，全村地块常年小麦玉米连作。2018 年 10 月 10—17 日播种，品种为农大 399。播种量在 10~12. 5kg/667m^2，土质为壤土，肥沃，产量处于较高水平。

选择不同的灌溉时间和次数进行比较。其中年前浇冻水时间在 12 月上中旬，返青起身水时间在 2 月下旬至 3 月上旬，拔节孕穗期浇水时间在 4 月中旬，灌浆水时间在 5 月 5—15 日。以灌溉时间和次数不同确定不同的地块类型田，各类型田选择 3 块进行调查。调查时间在乳熟期 5 月 21—25 日。每块田调查 3 点，正三角形取样，每点调查 2m^2，记录白穗数和 1m^{2}的小麦穗数，计算白穗率。调查时距离地头 20m 以上，边行不进行调查。结果见表。

表　不同灌溉时间和次数调查结果

浇水时间	浇水次数	2m^{2}白穗数（个）	白穗率（%）
返青起身水、灌浆水	2	34. 2	2. 44Aa
冻水、返青起身水、灌浆水	3	14. 3	1. 03ABb
返青起身水、拔节孕穗水、灌浆水	3	6. 8	0. 49Bb
冻水、返青起身水、拔节孕穗水、灌浆水	4	5. 7	0. 41Bb

结果显示，不浇冻水、年后浇返青起身水和灌浆水共 2 水的地块，2m^{2}白穗数最多，平均为 34. 2 穗，白穗率最高，为 2. 44%，显著高于其他 3 种地块。年前浇冻水、年后浇 2 水，年后浇 3 水，浇冻水和年后 3 水的地块，白穗率分别为 1. 03%、0. 49%、0. 41%，分析结果差异不显著。年前浇冻水、年后 2 水的地块白穗为 14. 3 穗，比年后 2 水的地块

* 项目资助：粮食丰产增效科技创新 2018YFD0300502

** 第一作者：陈立涛，高级农艺师，主要从事农作物病虫害研究；E-mail：chenlitao008@163. com
*** 通信作者：董志平，研究员，主要从事农作物病虫害研究；E-mail：dzping001@163. com

白穗数减少 58. 2%。年后 3 水的地块白穗数为 6. 8 穗，比年后 2 水的地块白穗数减少 80. 1%。浇冻水、年后 3 水的地块白穗数为 5. 7 穗，比年后 2 水的地块减少 83. 3%。

由此可见，增加灌溉次数能减少小麦茎基腐病的发生。徐飞等研究也表明，干旱区域较不干旱区域发生严重。国外研究显示小麦茎基腐病的发生严重程度与生长期降雨量、年降雨量呈负相关。地头处缺水的几率多于地块内部，干旱程度也是最高的。从近几年本地调查的情况看，地块的地头是茎基腐病白穗症状出现时间最早的区域，地头几米处白穗的数量也是最高的。

本次调查显示，小麦生育期内增加灌溉次数，明显增加田间的含水量，缓解田间的旱情，茎基腐病的发生数量也随之减少，证明土壤干旱的环境能促进茎基腐病发生。本次调查是在壤土性质的土质上进行的，如果是在黏土性质的土质上进行，调查结果可能会不同。许烨等人调查在黏土地、地势低洼、排水不良的地块发生严重。黏土土质保水保肥能力强，且持续时间较长，抗干旱能力较好，增加灌溉次数对茎基腐病的影响需要进一步调查。

小麦赤霉病防控补助项目扶贫攻坚的成效*

许怀萍[1**]，袁玉付[2]，仇学平[2]，宋巧凤[2]，吴寒斌[2]
（1. 江苏盐城盐都台湾农民创业园管理委员会，盐城 224000；
2. 盐城市盐都区植保植检站）

摘　要：农业项目扶贫攻坚旨在通过惠农政策帮助农户增收脱贫，2018 年盐都区通过小麦赤霉病防控补助项目助推扶贫攻坚，积极做到"精心组织，分工协作"、"明确对象，公开标准"、"跟标采购，统一发放"、"广泛宣传，开展培训"、"严把环节，严格督查"等，取得了推动大面积防治工作开展、提高赤霉病防控的技术对路率、减少化学农药的用量和环境污染以及加快种植业农户的脱贫进程的成效。

关键词：小麦赤霉病；防控；补助项目；扶贫攻坚；成效

2018 年盐都区通过小麦赤霉病防控补助项目助推扶贫攻坚工作，全面、高质量打好小麦赤霉病防治主动仗，控减损失，增加农民收入。整合中央农业生产救灾及特大防汛抗旱补助资金、农业支持保护补贴（粮食适度规模经营）项目资金共 280 万元，用于小麦赤霉病防治药剂补助，实现小麦种植户防治赤霉病药剂补助全覆盖，起到了主攻手和杀手锏的作用。

1　主要成效

盐都区积极落实 4 月 23 日盐城市政府召开的小麦赤霉病防治专题会议精神，4 月 24 日迅速与财政部门会商，决定从农业支持保护补贴（粮食适度规模经营）项目剩余资金中安排 200 万元，再加上当年中央农业生产救灾及特大防汛抗旱补助资金 80 万元，计 280 万元，用于 2018 年小麦赤霉病防治药剂补助，药剂在盐城市农委公布的防治小麦赤霉病药剂政府采购中标供货企业名录中，采购 48%氰烯·戊唑醇悬浮剂 7 250kg，45%戊唑醇·咪鲜胺水乳剂 15 380kg，45%戊唑醇·咪鲜胺可湿粉 3 340kg，42%戊唑醇·咪鲜胺可湿粉 3 400kg，计 29 370kg，对全区小麦种植户 40.88 万亩小麦实现防病药剂补助全覆盖，每亩发放 48%氰烯·戊唑醇悬浮剂（或 45%戊唑醇·咪鲜胺水乳剂）50g。通过项目实施，促进了小麦赤霉病防控项目扶贫攻坚工作高质量开展，取得了四项成效。

1.1　推动了大面积防治工作开展

通过小麦赤霉病防治药剂补助项目的实施，为开展小麦赤霉病防控工作起到积极的推动作用，全区 40.88 万亩小麦，赤霉病累计防治面积 81.7 万 亩次，每亩平均防治 2 次。

---

* 资金项目：2018 年中央财政农业生产救灾及特大防汛抗旱补助资金项目的小麦赤霉病应急防控项目等

** 许怀萍，高级农艺师，主要从事农业技术推广工作；E-mail：yyf-829001@163.com

1.2 提高了赤霉病防控的技术对路率

通过项目实施，实现防治赤霉病高效对路药剂全覆盖，减少了低效、劣质药剂的使用面积，防治赤霉病药剂对路率100%。

1.3 减少了化学农药的用量和环境污染

由于推广使用了氰烯·戊唑醇悬浮剂和戊唑醇·咪鲜胺水乳剂等新型环境友好型农药，剂型环保，药剂对小麦赤霉病高效低抗，每亩用量50g，防病效果80%以上，比过去常用的40%多酮150g，亩用药量减少66.7%，防效提高20个百分点左右，项目区使用全覆盖，共减少农药商品用量40 880kg，减药提效作用非常显著。

1.4 加快了种植业农户的脱贫进程

项目总金额280万元，由于采取政府公开招标竞价采购，采购价远低于市场价，同时，由于农药价格上涨，赤霉病防治时农药价格比政府采购招标时上涨30%，综合考虑多方因素，通过项目实施实际为节本增收，农民减少农药成本312万元，户平减少开支32元。

2 精准做法

2.1 精心组织，分工协作

区植保植检站成立了项目实施小组，牵头负责具体实施工作，各镇（区、街道）农业服务中心主任负责辖区内项目实施工作。2018年4月25日区农委制定印发了《盐都区2018年小麦赤霉病防治药剂补助项目实施方案》（都农发〔2018〕48号），并进行会议落实，各镇（街道、区）农业中心主任、农益惠公司负责人等项目实施单位负责人出席。会上，对项目药剂的补助对象、品种、标准、方式和操作办法、时间安排及各项保障措施等项目方案具体内容进行了解读，对项目实施工作进行布置落实。

2.2 明确对象，公开标准

补助对象是区内自愿实施小麦赤霉病防治的农户（包括家庭农场、种植大户、种植企业等）。按照“谁实施补助谁，谁种田补助谁”的原则，提高补助的针对性。大麦田不补助。补助品种是48%氰烯·戊唑醇，或45%戊唑·咪鲜胺，或42%戊唑醇·咪鲜胺。公开补助标准，按小麦实际在田面积进行补助，1亩以上田块，四舍五入。不足1亩的按1亩补助。每亩补助48%氰烯·戊唑醇悬浮剂或45%戊唑·咪鲜胺水乳剂50g。

2.3 跟标采购，统一发放

盐都区财政局与农委，2018年于4月24日召开小麦赤霉病防治药剂补助项目会办会，决定在市农委公布的《2018年小麦赤霉病防控药剂供应商采购项目中标信息》中，综合考虑高效环保、供货能力、合作意向等因素，择优选择供货企业，确定5家供货企业。各镇（区、街道）农业服务中心根据区核定的补助面积、药剂分配数量，按农户小麦面积，分解到每个农户，登记造册，在农户所在村（居）张榜公示。公示数与发放数要严格一致。补助物资统一由农药零差价配送公司—农益惠农业发展有限公司配送、组织发放，农业中心、村（居）协助。农益惠农业发展有限公司根据农业中心分解的发放明细表，在规定时间内将补助物资发放到位，发放时由农户签字（盖章）确认，并认真做好包装废弃物回收工作。

2.4 广泛宣传，开展培训

为促进小麦赤霉病防控补助项目扶贫攻坚，掌握小麦赤霉病防控物资的使用技术，区农委组织区、镇两级农技人员，结对帮扶，挂钩到镇村（居），包片蹲点，服务和指导农民开展赤霉病防控。每个镇（区、街道）建立一个连片小麦赤霉病防控示范匡口，作为防治的指挥田和技术措施的检验田。区、镇两级共建立小麦赤霉病防控示范区22个，面积计8 000亩。区植保站2018年4月17日至5月5日，共发布小麦赤霉病等穗期病虫防治电视预报19天57次，通过《盐都日报》《盐都新闻》《植保专栏》宣传30多次，在12 316平台发送防治、提醒、督促短信4次1.2万条，在盐城市盐都区人民政府网站发布项目文件、公示、小麦赤霉病防治情报、通知、信息10次。悬挂宣传横幅100条，张贴、发放小麦赤霉病防治公告3 000份、病虫情报1 000份、明白纸12万份，开展技术培训6次，900人次，种田农户知晓率99%以上。

2.5 严把环节，严格督查

2.5.1 落实工作责任

区植保植检站负责项目实施工作，各镇农业中心负责辖区内实施的有关工作，农益惠农业发展有限公司负责物资配送、组织发放工作，明确专人负责，组织精干力量，周密组织发放，确保补助药剂在防治中用得上，发挥作用。严格遵守项目纪律，严禁优亲厚友、弄虚作假、私自截留、倒买倒卖、搭车卖药，补助药剂严禁在农药零差价配送点以外的农药销售点发放。在发放、使用过程中，加强安全教育，防范安全风险。

2.5.2 严把物资质量关

区农业行政执法大队对补助物资进行随机抽样送检。货物入库时，农益惠公司认真做好物资验收（生产日期、数量、质量、包装等）和样品留存工作。

2.5.3 公示补助清册

对农户的补贴面积、补助物资数量在农户所在村（居）张榜公示，公示期不少于7d，并拍照存档。接受社会和群众监督，确保公开、公平、公正。

2.5.4 强化监督检查

2018年4月17日区农委成立5个由委班子成员带队的督查组，分赴各地督查指导。各镇农业服务中心对所辖板块的村居进行项目实施指导和检查，实地查看项目物资发放公示并拍照，核对面积与发放标准是否相符。5月9日区农委联合区财政局组成督查组对项目进行检查，深入大冈、郭猛镇的5个村居，抽查农户50户，抽查面积147.28亩。实地察看发放物资公示情况、随机访谈农户、调查物资实际发放数量，小麦赤霉病补助项目药剂到户率、发放正确率100%。

不同药剂拌种对黑束病菌侵染玉米的影响*

杨克泽[1,2]**，吴之涛[1,2]，马金慧[1,2]，何树文[3]，高正睿[1,2]，
陈志国[1,2]，狄建勋[4]，任宝仓[1,2]***
（1. 甘肃省农业工程技术研究院，武威 733000；2. 甘肃省特种药源植物种质创新与安全利用重点实验室，武威 733000；3. 甘肃省张掖市植保站，张掖 734000；4. 甘肃黄羊河集团种业有限责任公司，武威 733000）

摘　要：玉米黑束病是由直枝顶孢霉菌（*Acremonium strictum* W. Gams）引起的系统侵染性病害，是玉米生产中造成玉米空秆的主要原因，同时也造成部分品种形成空秕穗，严重减产。本研究以感病玉米品种为试验材料，用10种不同作用机理药剂包衣玉米种子，在张掖临泽农场进行了防治玉米黑束病的田间试验，结果表明：供试药剂出苗率和根冠比都高于对照，除苯醚甲环唑外，其他处理株高均高于对照，7种药剂处理后空秆率较对照降低，其中32.5%苯甲·嘧菌酯+赤·吲乙·芸薹处理后空秆率最低，3种药剂处理后空秆率升高，其中苯醚甲环唑处理后空秆率最高；用32.5%苯甲·嘧菌酯+赤·吲乙·芸薹处理玉米种子后胚根死亡率、节间变褐率和胚轴变褐率都最低，与对照差异极显著；经剖茎观察表明，除苯醚甲环唑外，其他药剂处理后茎节部变褐率和维管束变褐率都较对照降低，其中用苯醚·咯菌腈处理玉米种子后维管束变褐率最低，为36.67%，与对照差异极显著；田间调查表明各处理对玉米黑束病均有一定的防治作用，其中32.5%苯甲·嘧菌酯+赤·吲乙·芸薹防效最好，为55.15%，其次是克菌丹和18%吡唑嘧菌酯，分别为50.16%和49.89%。本次试验填补了国内药剂拌种防治玉米黑束病的空白，为该病害的有效控制提供了理论依据。

关键词：种子包衣；玉米黑束病；防治；产量

玉米黑束病是由直枝顶孢霉菌（*Acremonium strictum* W. Gams）引起的系统侵染性病害，是玉米生产中造成玉米空秆的主要原因，同时也造成部分品种形成空秕穗，严重减产[1]。玉米黑束病1972年在我国山东惠民首次发生[2]，1984年我国从南斯拉夫引种时种子携带玉米黑束病菌导致甘肃、新疆等地玉米黑束病发生严重[3]。目前，国内河南省、山西省、河北省和北京等省市均有该病发生，发病范围逐渐扩大，发病程度逐渐加重，发病率个别田块高达20%以上。据统计，耐病品种单株产量损失率达14.67%，感病品种达66.0%，对我国玉米生产造成威胁[4]。由于该病菌的主要传播途径之一是通过种子，也是造成该病害远距离传播和蔓延的主要原因，土壤和病残体等也可传播，玉米黑束病在连作制种田有严重发生态势，一旦发生，很难防治，因此在制种田预防和防治该病害非常必要。近几年，玉米黑束病在国家玉米制种基地甘肃临泽发病比较普遍，造成严重危害，国

* 基金项目：甘肃省青年科技基金计划项目（17JR5RA016）；甘肃省玉米产业体系病虫害鉴定与防控岗位（GARS-02-03）；甘肃省重点研发计划项目（18YF1NA011）资助

** 第一作者：杨克泽，硕士，农艺师，主要从事作物真菌病害研究；E-mail：307231530@qq.com
*** 通信作者：任宝仓，副研究员，主要从事玉米病虫害研究及防治；E-mail：463573198@qq.com

内药剂防治该病的报道少之又少；为了明确不同供试药剂对黑束病菌侵染玉米胚根及胚轴的影响和对玉米黑束病的防治效果，笔者项目组通过田间挖根、镜检追踪、剖茎观察，筛选出对玉米黑束病防效较好的药剂，为玉米黑束病的防治提供理论依据。

1 材料与方法

1.1 供试材料

供试玉米品种：农大 808（母本）；供试药剂：0.136%赤・吲乙・芸薹（碧护），由北京诚禾佳信咨询服务有限公司提供，种子用量 0.12g/kg，其他药剂见表 1。

表 1 种子包衣防治玉米黑束病供试药剂及用量

序号	药剂名称	生产厂家	种子用量（mL/kg）
1	4.23%种菌唑・甲霜灵（顶苗新）	美国爱利思达公司	2
2	27%苯醚・咯・噻虫（酷拉斯）	先正达（中国）投资有限公司	2
3	苯醚・咯菌腈（适麦丹）	先正达（苏州）作物保护有限公司	3
4	苯醚甲环唑（敌委丹）	先正达（苏州）作物保护有限公司	3
5	戊唑醇（亮穗）	安道麦马克西姆有限公司	1.5
6	18%吡唑嘧菌酯（齐跃）	巴斯夫（中国）有限公司	0.33
7	32.5%苯甲・嘧菌酯（阿米妙收）	先正达（苏州）作物保护有限公司	0.7
8	精甲・咯・嘧菌（宝路）	先正达（苏州）作物保护有限公司	1.5
9	咯菌腈・精甲（满适金）	先正达（苏州）作物保护有限公	1.5
10	克菌丹	美国爱利思达公司	4
11	噻虫胺（护粒丹）	江苏富美实农化有限公司	3

1.2 试验地概况

试验地点在张掖市临泽县农技推广中心试验农场，海拔 1 500m；前茬玉米，地力均匀，试验水肥条件较好。试验地为东西条田，膜幅宽 1m，小区长 18m，面积 $18m^2$，每膜种植 2 行，栽培管理条件一致，符合试验要求；种植时间 2017 年 4 月 25—26 日，人工播种。

1.3 试验处理

试验共设 10 个处理和 1 个对照，3 次重复随机区组设计，其中 T1-T10 分别用表 1 中序号 1 至 10 的药剂按剂量对水拌种，其中 T7 再加 0.12g 的 0.136%赤・吲乙・芸薹，每处理另加 3mL 的噻虫胺，对照只用噻虫胺（3mL/kg）进行包衣，再设 1 个清水对照，以自然发病的玉米为研究对象。

1.4 试验调查

1.4.1 出苗率调查

于 2017 年 5 月 15 日调查出苗率，调查每个重复播种总株数和出苗总株数，统计出苗率。

1.4.2　试验调查

在拔节期，采取5点取样，每个处理取30株（一个重复3株），带根挖出后带入室内进行清洗，待水分干后，进行称重，测量株高和统计叶片数，然后检查根部病斑、调查胚根和胚轴侵染率和发病情况，并统计和照相，统计完后每处理留10株样品，保存冰箱后待镜检。在玉米开花期，每个处理取30株（一个重复3株）剖茎调查茎节变褐率、维管束变褐率和髓部发病程度。髓部病情分级标准参考郝凯等的方法[5]：髓部分级标准：0级，髓部无症状；Ⅰ级，髓部有黄褐色零星病点；Ⅱ级，髓部1/3以下的病点相连呈黄褐色至褐色，节部轻微变色；Ⅲ级，髓部1/3以上的病点连片，节部变成褐色。

2017年9月8日调查发病率和病情指数。病情分级标准：0级，没有发病；Ⅰ级，顶部1~3个叶片变色，但病叶未枯死，雌穗形成，但不饱满；Ⅱ级，顶部4~5个叶片变色或有1~2叶干枯，雌穗形成，但果穗较小、籽粒较少；Ⅲ级：6片叶以上发病或有3叶以上干枯或全株枯死，髓部节间变褐色，雌穗未发育，形成空秆。

2　结果与分析

2.1　不同药剂包衣对玉米出苗率和生长的影响

玉米出苗后，对出苗率进行了田间统计，出苗率在51.80%~69.07%，所有药剂处理过的种子出苗率高于对照，可以看出药剂包衣提高了玉米的出苗率，并且所用剂量对玉米安全，其中18%吡唑嘧菌酯处理玉米出苗率居首位，27%苯醚·咯·噻虫次之，除苯醚·咯菌腈、苯醚甲环唑和戊唑醇外，其他处理与对照之间差异极显著。除苯醚甲环唑外，其他处理株高都高于对照，其中用32.5%苯甲·嘧菌酯+赤·吲乙·芸薹和咯菌腈·精甲株高最高，分别为180.02cm和180.00cm，与对照差异显著。所有处理玉米根冠比都大于对照，其中32.5%苯甲·嘧菌酯+赤·吲乙·芸薹和18%吡唑嘧菌酯处理玉米种子后根冠比最大，分别为0.346和0.328，咯菌腈·精甲和苯醚·咯菌腈次之，为0.325和0.324，用苯醚甲环唑处理玉米种子，根冠比最小，为0.273。

表2　不同药剂拌种对玉米出苗率和生长的影响（调查日期：2017年5月15日）

处理	出苗（%）	株高（cm）	根冠比
4.23%种菌唑·甲霜灵	65.29a	173.5ab	0.286 b
27%苯醚·咯·噻虫	66.82a	170.3bc	0.303 ab
苯醚·咯菌腈	56.59bcd	177.5ab	0.325 ab
苯醚甲环唑	53.32 cd	165.5c	0.273 b
戊唑醇	53.05 cd	174.0ab	0.322 ab
18%吡唑嘧菌酯	69.07a	169.5bc	0.328 ab
32.5%苯甲·嘧菌酯+赤·吲乙·芸薹	57.34bc	180.02a	0.346 a
精甲·咯·嘧菌	59.81b	172.5abc	0.304 ab
咯菌腈·精甲	65.18a	180.0a	0.324 ab

（续表）

处理	出苗（%）	株高（cm）	根冠比
克菌丹	64.96a	176.0ab	0.316 ab
CK	51.80d	169.5bc	0.272 b

注：小写字母表示5%水平下差异显著性。

2.2 不同药剂包衣处理对玉米空秆率的影响

试验结果表明（表3），除4.23%种菌唑·甲霜灵、苯醚甲环唑和精甲·咯·嘧菌外，其他处理玉米空秆率均低于对照，其中32.5%苯甲·嘧菌酯+赤·吲乙·芸薹处理后空秆率最低，为26.82，较对照降低了31.54%，其中苯醚甲环唑处理后空秆率最高，为45.59，较对照增加了16.36%。

表3 不同药剂包衣处理对玉米空秆率的影响（调查日期：2017年9月21日）

处理	空秆率（%）	CK±（%）
4.23%种菌唑·甲霜灵	43.86a	+11.94
27%苯醚·咯·噻虫	35.31a	-9.87
苯醚·咯菌腈	31.67a	-19.16
苯醚甲环唑	45.59a	+16.36
戊唑醇	27.72a	-29.24
18%吡唑嘧菌酯	28.86a	-26.34
32.5%苯甲·嘧菌酯+赤·吲乙·芸薹	26.82a	-31.54
精甲·咯·嘧菌	43.86a	+11.94
咯菌腈·精甲	31.29a	-20.13
克菌丹	33.33a	-14.92
CK	39.18a	

注：a表示5%水平下差异显著性。

2.3 药剂拌种对玉米黑束病菌侵染玉米胚根及胚轴的影响

由表4可以看出，用苯醚甲环唑处理玉米种子后胚根死亡率大于对照并与对照差异不显著外，其他处理都低于对照并与对照差异极显著，其中用32.5%苯甲·嘧菌酯+赤·吲乙·芸薹和克菌丹处理后胚根死亡率最低，为12.00%；用27%苯醚·咯·噻虫处理后节间变褐率与对照相同，差异不显著，其他处理都低于对照并与对照差异极显著，其中用32.5%苯甲·嘧菌酯+赤·吲乙·芸薹处理节间变褐率最低为12%；胚轴变褐率各处理都低于对照并与对照差异显著，其中用32.5%苯甲·嘧菌酯+赤·吲乙·芸薹处理胚轴变褐率最低为12%，说明经药剂拌种后大大降低了玉米黑束病菌侵染胚轴、胚根及节间的几率。

表4 不同药剂处理下玉米胚部发病情况（调查时间：2017年6月3日）

处理	胚根死亡率（%）	节间变褐率（%）	胚轴变褐率（%）
4.23%种菌唑·甲霜灵	50.00bc	33.33c	23.00f
27%苯醚·咯·噻虫	56.00b	80.00a	28.00ef
苯醚·咯菌腈	48.00bc	64.00b	54.00b
苯醚甲环唑	84.00a	64.00b	40.00d
戊唑醇	40.91c	63.64b	36.36de
18%吡唑嘧菌酯	24.00d	24.00d	52.00bc
32.5%苯甲·嘧菌酯+赤·吲乙·芸薹	12.00e	12.00e	12.00g
精甲·咯·嘧菌	41.67c	12.50e	36.67de
咯菌腈·精甲	16.00de	40.00c	40.00d
克菌丹	12.00e	36.00c	44.00cd
CK	80.00a	80.00a	68.00a

注：小写字母表示5%水平下差异显著性。

2.4 不同药剂处理对玉米茎髓部发病程度的影响

通过剖茎观察表明（表5）：药剂处理以后各处理发病程度和平均病级都较对照有所降低，32.5%苯甲·嘧菌酯+赤·吲乙·芸薹处理后病情指数最低为48.89%，与对照差异极显著，防效也最高为26.67%，其他处理和对照之间差异不显著；用18%吡唑嘧菌酯和32.5%苯甲·嘧菌酯+赤·吲乙·芸薹处理玉米种子平均病级与对照差异显著，都为1.5级；除苯醚甲环唑外，其他药剂处理后茎节部变褐率都较对照有所降低，并且相互之间差异不显著，维管束变褐率都较对照降低，其中用苯醚·咯菌腈处理玉米种子后维管束变褐率最低为36.67%，与对照差异极显著，其次为18%吡唑嘧菌酯和32.5%苯甲·嘧菌酯+赤·吲乙·芸薹。

表5 不同药剂处理下玉米茎髓部发病情况（调查时间：2017年7月28日）

处理	茎节部变褐率（%）	维管束变褐率（%）	平均病级	病情指数	防效（%）
4.23%种菌唑·甲霜灵	93.33abc	41.30ab	1.6ab	53.33a	20.01
27%苯醚·咯·噻虫	96.67ab	43.33ab	1.7ab	55.56ab	16.66
苯醚·咯菌腈	86.67abc	36.67b	1.6ab	52.22ab	21.67
苯醚甲环唑	100.00a	60.00ab	1.9ab	62.22ab	6.67
戊唑醇	93.33abc	53.33ab	1.7ab	57.78ab	13.33
18%吡唑嘧菌酯	90.00bc	40.00ab	1.5b	50.00ab	25.00
32.5%苯甲·嘧菌酯+赤·吲乙·芸薹	86.67abc	40.00ab	1.5b	48.89b	26.67
精甲·咯·嘧菌	93.33abc	53.33ab	1.7ab	57.78ab	13.33

（续表）

处理	茎节部变褐率（%）	维管束变褐率（%）	平均病级	病情指数	防效（%）
咯菌腈·精甲	93.33abc	50.00ab	1.6ab	54.44ab	18.34
克菌丹	90.00bc	50.00ab	1.7ab	55.56ab	16.66
CK	100a	63.33a	2.0a	66.67a	

注：小写字母为5%显著水平。

2.5 不同药剂包衣处理对玉米黑束病的防治效果

试验结果表明（表6），所有处理病情指数与对照差异极其显著。苯醚甲环唑处理玉米种子其防效与其他处理差异显著，32.5%苯甲·嘧菌酯+赤·吲乙·芸薹包衣处理对玉米黑束病的防治效果最好，为55.15%；其次是克菌丹和18%吡唑嘧菌酯，防治效果为50.16%和49.89%，苯醚·咯菌腈和咯菌腈·精甲防治效果也较好，为49.61%。

表6 不同药剂对玉米黑束病的防治效果（调查日期：2017年9月8日）

处理	病情指数	防效（%）
4.23%种菌唑·甲霜灵	21.33a	46.85a
27%苯醚·咯·噻虫	22.44a	44.08a
苯醚·咯菌腈	20.22a	49.61a
苯醚甲环唑	28.9b	27.98b
戊唑醇	20.44a	49.07a
18%吡唑嘧菌酯	20.11a	49.89a
32.5%苯甲·嘧菌酯+赤·吲乙·芸薹	18a	55.15a
精甲·咯·嘧菌	21.56a	46.27a
咯菌腈·精甲	20.22a	49.61a
克菌丹	20a	50.16a
CK	40.13c	

注：小写字母表示5%水平下差异显著性。

3 结果与讨论

本研究通过种子包衣进行玉米黑束病的防治试验，并观察不同药剂处理后玉米胚部和茎髓部发病情况来明确不同药剂对玉米黑束病的防治效果。通过种子包衣后各处理出苗率都高于对照，各药剂对种子安全无药害发生，32.5%苯甲·嘧菌酯+0.136%赤·吲乙·芸薹处理玉米种子后出苗率、株高和根冠比都最高；调查表明32.5%苯甲·嘧菌酯+0.136%赤·吲乙·芸薹处理后空秆率最低，较对照降低了31.54%；不同药剂处理下玉米胚部发病情况也有差异，用32.5%苯甲·嘧菌酯+赤·吲乙·芸薹处理后胚根死亡率节、间变褐率和胚轴变褐率都最低；从不同药剂处理下玉米茎髓部发病情况来看，所有处理茎节部变褐率与对照差异不显著，维管束变褐率除苯醚·咯菌腈外，其他处理都与对照差异不显著；从防治效果来看，32.5%苯甲·嘧菌酯+0.136%赤·吲乙·芸薹防效最好，其次是18%吡唑嘧菌酯和克菌丹，苯醚甲环唑处理后，发病较严重，防效最低。

玉米黑束病是典型的种传病害，土壤和病残体也可以传播，是苗期根部受侵以后引起的系统性病害。国内对该病害的研究报道也较少，孟有儒等对玉米黑束病的症状与病原生理特性进行过研究[4]。目前还没有较好的药剂来控制该病害的发生，较好的防治方法就是选育抗病品种。郝铠等2009年进行了玉米黑束病的抗性鉴定工作，结果表明我国抗黑束病的种质资源相对丰富，而且品种（系）抗、感病界限十分明显[5]，并结合合理施肥、灌溉和轮作等农业措施进行防治。本试验通过种子包衣进行了黑束病的防治，初步筛选出了几种药剂对该病害具有较好的控制作用，如克菌丹、32.5%苯甲·嘧菌酯+0.136%赤·吲乙·芸薹和18%吡唑嘧菌酯处理玉米种子以后不仅提高了出苗率，发病率和空秆率较对照降低幅度较大，对玉米黑束病具有较好的防效，综合分析得出精甲·咯·嘧菌、戊唑醇、苯醚·咯菌腈和27%苯醚·咯·噻虫对黑束病也有一定的防治作用，苯醚甲环唑对黑束病防效最低。本次试验填补了国内药剂拌种防治玉米黑束病的空白，为该病害的有效控制提供了理论依据。

参考文献

[1] 周肇蕙，韩闽毅，严进．玉米黑束病的初步研究［J］．植物病理学报，1987，17（2）：84-88.

[2] 戚佩坤．玉米、高粱、谷子病原手册［M］．北京：科学出版社，1978.

[3] 孟有儒．玉米病害概论［M］．兰州：甘肃科学技术出版社，2004.

[4] 石永红．玉米黑束病的发生与防治［J］．现代农业科技，2014，12：130-131.

[5] 孟有儒，张保善．玉米黑束病研究病害症状与病原生理特性的研究［J］．云南农业大学学报，1992，7（1）：27-32.

[6] 郝铠，孟有儒．玉米黑束病产量损失及品种抗病性鉴定［J］．草业科学，2009，26（7）：133-136.

防治细菌病害的理想药剂——噻菌铜（龙克均）

张文胜，王培楷，熊兴平*

（浙江龙湾化工有限公司，温州　325013）

摘　要：噻菌铜（20% SC）是一种新型的噻唑类有机铜杀菌剂，对防治作物细菌性病害具有理想的效果。对水稻细菌性条斑病、白叶枯病的防效达71%~86%，对柑橘溃疡病的防效达86%以上，对真菌性病害亦有优良的防治效果。噻菌铜，具有结构新颖、内吸性能好、传导性强和治疗效果明显、剂型先进、低毒和安全等特点，在农业部已正式登记了12个作物15个病害。

关键词：噻菌铜；作用机理；毒理；安全评价；细菌病害；田间药效

目前，国内外能够有效防治农作物细菌性病害的杀细菌剂品种资源，还比较缺乏。

在防治水稻细菌性病害上，近年来使用的主要药剂就是叶枯唑。据南京农业大学的研究结果表明，水稻白叶枯病细菌极易对该药产生抗药性，细菌性条斑病也存在类似的情况。故近几年来，各地反映叶枯唑的药效很差，发病后病情得不到有效的控制。2016年11月，叶枯唑制剂登记，不再续展。

在果树上，特别是柑橘，我国常用国产和进口的无机铜杀菌剂，也存在着药效不理想、容易产生药害和螨类的增殖猖獗发生等问题。在蔬菜细菌性病害上，更无好的药剂防治，常用的农用链霉素（2016年6月14日之后，已被停止登记；2018年6月14日之后，市场上不再销售），效果较差，抗药性很强，细菌病害仍然得不到有效的防治。噻菌铜的创制成功，解决了细菌性病害的防治难题，从而为细菌性病害的防治找到了新的药剂。

噻菌铜的注册商标为“龙克均”（20% SC，以下统称“龙克均”），英文名为thiodiazole-copper，化学名称为2-氨基-5-巯基-1，3，4-噻二唑铜，是浙江龙湾化工有限公司自行创制发明的国家专利新产品，具有自主知识产权，已获得5项国家发明专利。2000年取得农药临时登记证件，2008年转为正式登记，证号为PD20086024。截至2019年6月20日，已经获得12个作物15个病害的正式登记，其中属于细菌性病害的防治对象已达到11个（水稻细菌性条斑病、水稻白叶枯病、柑橘溃疡病、大白菜软腐病、番茄细菌性叶斑病、黄瓜细菌性角斑病、烟草青枯病、烟草野火病、兰花软腐病、桃树细菌性穿孔病和猕猴桃溃疡病），其中属于真菌病害的防治对象已达到4个（西瓜枯萎病、棉花苗期立枯病、柑橘疮痂病、马铃薯黑胫病）。

噻菌铜是目前国内的高效、低毒、安全的噻唑类有机铜的新型杀细菌剂。经过全国3 400余万亩水稻、柑橘、蔬菜、瓜类和果树上的大量试验和大田示范使用，其防治效果明显，药效优于一般的常用细菌药剂和各类无机铜制剂。

---

* 通信作者：熊兴平；E-mail：379421189@ qq. com

1 杀菌机理

噻菌铜的结构由两个基团组成。

一是噻唑基团，在植物体外对细菌抑制力差，但在植物体内却是高效的治疗剂。药剂在植株的孔纹导管中，细菌受到严重损害，其细胞壁变薄，继而瓦解，导致细菌的死亡。

二是铜离子，具有既杀细菌又杀真菌的作用。药剂中的铜离子与病原菌细胞膜表面上的阳离子（H^+，K^+等）交换，导致病菌细胞膜上的蛋白质凝固杀死病菌；部分铜离子渗透进入病原菌细胞内，与某些酶结合，影响其活性，导致机能失调，病菌因而衰竭死亡。

总之，噻菌铜在两个基团的共同作用下，杀菌更彻底，防治效果更好，防治对象更广泛。

2 毒理学评价

2.1 急性毒性

广东省劳动卫生监察所实验结果表明：20%龙克均 SC 对 SD 大鼠的急性经口 LD_{50}在雌雄大鼠均大于 5 050mg/kg，属低毒级，对 SD 大鼠的急性经皮 LD_{50}大于 2 150mg/kg，属低毒级。

2.2 皮肤变态反应（致敏）

广东省劳动卫生监察所实验结果表明：20%龙克均 SC 对白化豚鼠的致敏率为 0，属弱致敏物。

2.3 鼠伤寒沙门氏菌回复突变试验（Ames 试验）

广东省劳动卫生监察所实验结果表明：95%龙克均原药各剂量组在加 S9 或不加 S9 的情况下，各试验组的回变菌落数与阴性对照组比较，均未超过各测试菌株自然回变数的 2 倍。按评定标准，95%龙克均原药的致突变作用为阴性。

2.4 小鼠睾丸精母细胞染色体畸变试验

广东省劳动卫生监察所实验结果表明：95%龙克均原药各剂量组与阴性对照组比较无显性差异（$P>0.05$）；95%龙克均原药各剂量组及阴性对照与阳性对照比较有高度显著性差异（$P<0.01$）。在各试验剂量下，不引起小鼠睾丸初级精母细胞染色体畸变增加，结论为无致突变作用。

2.5 小鼠骨髓多染红细胞微核试验

广东省劳动卫生监察所实验结果表明：95%龙克均原药各剂量组与溶剂对照组比较，微核率差别无显著性意义（$P>0.05$）；95%龙克均原药各剂量及溶剂对照组与阳性对照比较，微核率差别有显著性意义（$P<0.05$）。结果评定：95%龙克均原药在所用剂量下，无致微核作用。

2.6 亚慢性经口毒性试验

广东省劳动卫生监察所实验结果，各组大鼠摄食 95%龙克均原药剂量分别为 5.04mg/（kg·d）、20.16mg/（kg·d）、80.6mg/（kg·d），共 3 个月。以一般状态，体重、血常规 10 项：血清谷丙转氨酶、血清谷草转氨酶、血清碱性磷酸酶、血清乳酸脱氢酶、血清胆碱酯酶、总胆红素、游离血红蛋白、血尿素氮和心、肝、脾、肺、肾、脑脏器系数及病理为观察指标。结果低、中剂量组动物无异常发现。结果评定，95%龙克均原药在 90 天亚慢性经口接触中的最大无作用剂量为 20.16mg/（kg·d）。

3 安全性评价

3.1 对鸟、鱼、蜜蜂、家蚕的安全性评价

国家环境保护局南京环境科学研究所对 20%龙克均 SC 在鸟、鱼、蜜蜂、家蚕上进行毒性试验及安全评价。

（1）龙克均 20%悬浮剂对鹌鹑的一次性剂量直接经口注入灌胃的急性毒性 $LD_{50}>$ 2 000mg/kg，因此龙克均对鸟类是安全的。

（2）试验结果认为，20%龙克均 SC 对斑马鱼的毒性很低，在田间使用的喷雾浓度为 400mg/L 下，对鱼类是安全的。

（3）20%龙克均 SC 对蜜蜂的胃杀毒性 $LD_{50}>$2 000mg/L，触杀毒性 $LD_{50}>$3 250mg/L，该药的田间喷雾浓度为 400mg/L，田间弥雾浓度为 2 000~4 000mg/L，所得出的 LD_{50} 值均大于或至少相当于田间施用浓度，因此该药对蜜蜂的胃杀毒性和触杀毒性均属低毒，正常使用不会对蜜蜂造成危害。

（4）试验结果：食下毒叶法测得龙克均 20%SC 对家蚕 24h、48h 及三龄起蚕的半数致死浓度 $LD_{50}>$750mg/kg，以药液浓度计为 1 500mg/L，而该药的田间喷雾浓度（折算后）为 200mg/L，田间弥雾浓度（折算后）为 1 000~2 000mg/L，LD_{50} 值是田间喷雾浓度的 7.5 倍，大于或至少相当于田间弥雾浓度。因此，该药对家蚕毒性低，正常使用不会对家蚕造成危害。

3.2 对环境的安全性评价

20%龙克均制剂，以水为载体的悬浮剂，不含甲苯、二甲苯等有机溶剂，以及无粉尘，对环境不会造成污染。

3.3 重金属残留检测

铜基杀菌剂的使用，不可避免地造成铜元素在环境中的积累。因此，当前开发使用的铜基杀菌剂在保持药效的同时，需不断降低铜的使用量。从无机铜转为有机铜，是一条很好途径。据徐家基对 77%可杀得（氢氧化铜）WP 在橘园全年喷药 400 倍液和 800 倍液 7 次，成熟时检测可杀得的铜残留量为 4.62mg/kg 和 3.54mg/kg，施药 5 次为 2.44mg/kg，而可杀得常用浓度为 500~600 倍液，全年一般仅用 2~3 次，在柑橘上残留量远低于 2.44mg/kg。参照我国食品卫生标准规定的糖水橘罐头铜含量不得超过 10mg/kg，可见可杀得在柑橘中铜残留量在安全范围之内。而 77%可杀得 WP 的铜含量是 20%噻菌铜 SC 含铜量的 12 倍多，故龙克均在农作物的使用中，是极为安全的。

3.4 农药残留检测

噻菌铜结构中，除铜离子外，另一个基团为噻二唑（2-氨基-5-巯基-1，3，4-噻二唑）。浙江省农科院农药残留组测定结果：在田间喷药最后一次距收割期 7 天以上的样品中，均未检测出降解物。对大面积使用后的稻谷检测：除个别糙米样品有痕迹外，其余糙米样品中均未检出。因此在糙米中不存在超出残留允许标准。

4 特点

4.1 既杀细菌，又杀真菌

噻菌铜防治作物细菌性病害具有良好的效果，其药效优于常用农药，且对真菌性病害也具有高效。

4.2 低毒、安全、环保

毒性极低，经口 LD_{50}>5 050mg/kg，无致畸、致癌、致突变作用，对人、作物、牲畜安全；对鱼、鸟、蜜蜂、家蚕等生物，均无不良影响。

4.3 剂型先进，以水为介质

该药为水悬浮剂，不含有毒溶剂（甲苯、二甲苯），无粉尘污染。

4.4 作用性能好，具有内吸传导作用

该药具有很强的内吸传导性，且有很好的治疗和保护作用。

4.5 克服了无机铜制剂的局限

（1）不容易产生药害：无机铜制剂一般药效欠佳，需要加大用药量来提高效果，这往往因使用不当而引起药害，同时因为含铜量太高，在作物的花期和幼果期禁止使用。龙克均属有机铜制剂，含铜量低，克服了上述缺点，在作物的各个生育期均可使用，而且很安全，不会产生药害。

（2）不会诱发螨类的猖獗发生：据报道，大多数无机铜制剂在柑橘上连续多次使用后，因为含铜量极高，容易引起柑橘红蜘蛛的增殖。经浙江省柑桔所室内及田间试验测定，因为田间制剂含铜量极低（3.9%），20%噻菌铜在柑橘上一年多次连续使用，也不会造成红蜘蛛的增殖。

（3）可以混配、混用：大多数无机铜制剂因为呈现碱性，往往不能与其他大多数杀虫剂、杀螨剂和杀菌剂混配或混用。而除强碱性农药外，噻菌铜均可与其他各类农药混配或混用。

5 田间药效

5.1 防治水稻细菌性条斑病

20%龙克均 SC 亩用量为 100g，对水 50kg，在病害发生期用药防治一次，其防治效果可达 70.96%~85.73%，比常用药剂叶枯唑的防效 42.84%~67.75%提高接近 30%，亦优于常用农药绿乳铜（松脂酸铜）、消菌灵（氯溴异氰尿酸）、农用链霉素和植保灵（菌毒清）等药剂（表 1）。

表 1 防治水稻细菌性条斑病的药效 （单位:%）

试验单位	龙克均	叶枯唑	对比药剂	对比药剂防效
浙江瑞安市植保站	78.70	56.40	绿乳铜	68.00
浙江温岭市植保站	70.98	42.84	消菌灵	51.57
浙江遂昌县植保站	72.70	43.80	植保灵	52.90
江西省药检所	80.72	63.92	—	—

（续表）

试验单位	龙克均	叶枯唑	对比药剂	对比药剂防效
江西南昌市农科所	85.73	—	绿乳铜	55.15
广西壮族自治区植保总站	80.90	64.30	—	—
福建省植保站	70.96	57.59	农用链霉素	60.21
南京农业大学	77.58	67.75	—	
湖南省植保站	74.10	66.40	—	

注：20%龙克均 SC 100g/亩；20%叶枯唑 WP 100~125g/亩；12.5%绿乳铜 EC 100mL/亩；消菌灵 2 000倍液稀释；植病灵 600 倍液稀释。

5.2 防治水稻白叶枯病

20%龙克均 SC 亩用量为 100g，对水 50kg，在病害发生期用药防治一次，药效在 73.15%~81%，比对照农药叶枯唑亩用量为 125g 的防效 34.5%~65.9%提高接近 32%（表 2）。

表 2　防治水稻白叶枯病药效　（单位:%）

试验单位	龙克均	叶枯唑
浙江瑞安市植保站	73.15	42.30
安徽省药检所	81.00	65.90
广东省植保所	74.23	36.77
浙江省药检所	75.80	34.50

注：20%龙克均 SC 100g/亩；20%叶枯唑 WP 125g/亩；20%叶枯唑 WP 200g/亩（安徽省）。

5.3 防治柑橘溃疡病

20%龙克均 SC500 倍液，防治柑橘果实与叶片溃疡病的效果为 76.3%~89.87%，优于对照药剂 77%可杀得 WP500 倍液的药效，远优于叶枯唑和农用链霉素的防治效果（表 3）。

表 3　防治柑橘溃疡病药效　（单位:%）

试验单位	龙克均	可杀得	叶枯唑	链霉素	对象
浙江省柑橘所	89.87	80.84	55.13	50.06	果实
浙江省柑橘所	86.71	73.87	9.89	19.63	叶片
广西特色作物研究院	85.90	87.00			果实
广西特色作物研究院	76.30	77.20			叶片
湖南省植保站	82.30	75.00			叶片
湖南省植保站	77.09	74.21			果实

注：20%龙克均 SC 500 倍液；77%可杀得 WP 500 倍液；20%叶枯唑 600 倍液。

5.4 防治柑橘疮痂病

20%龙克均SC500倍液，防治柑橘果实与叶片疮痂病的效果为65%~95.23%，优于对照药剂77%可杀得（氢氧化铜）WP500倍液药效，远优于代森锰锌和多菌灵的防效（表4）。

表4 防治柑橘疮痂病药效

单位：%

试验单位	龙克均	可杀得	代森锰锌	多菌灵	对象
浙江省柑橘所	95.23	87.90	51.91	42.68	叶片
浙江省柑橘所	72.93	66.65	48.67	43.74	果实
广西特色作物研究院	73.00	74.50	—	—	叶片
广西特色作物研究院	65.00	72.20	—	—	果实
湖南省植保站	83.69	75.00	—	—	叶片
湖南省植保站	81.14	75.39	—	—	果实

注：20%龙克均SC 500倍液；77%可杀得WP 500倍液；50%多菌灵WP 600倍液；80%代森锰锌WP 525倍液

5.5 对其他病害的防治效果

（1）河北省植保所试验龙克均防治大白菜软腐病，防治效果可达76.92%~79.72%，优于72%农用链霉素。

来自全国各地的试验示范表明（表5），对黄瓜角斑病、菜豆角斑病、茄科青枯病、姜瘟病、魔芋软腐病等细菌性病害，龙克均药效优良，均优于对比常用农药（叶枯唑、链霉素、氢氧化铜、王铜）。

（2）在真菌性病害的防治上，也取得优良的防效。

广东省植保站：应用20%龙克均SC 400倍液，防治香蕉叶斑病，防效为70.72%，略优于进口农药42%喷克（代森锰锌）WP 600倍液67.37%的防效。

北京市农药检定所：应用20%龙克均防治西瓜枯萎病，其防治效果为73.5%~84.9%，并且对其他作物的枯萎病等也取得很好的防效。

表5 噻菌铜（龙克均）各地示范试验效果

作物	病害	试验单位	使用方法	防治效果
大白菜	软腐病	天津武清区植保站	600倍液喷雾	76.70%
		河北省农林科学院植保所	600倍液喷雾	70.59%~79.72%
生姜	姜瘟病（腐烂病）	山东省植保植检站 莱芜市植保站	300倍液灌根 600倍液粗喷	86.52%
黄瓜	细菌性角斑病	浙江省农药检定所	500倍液喷雾	62.87%~71.34%
		山东青州市植保站	500倍液喷雾	78.45%
		北京市农药检定所	500倍液喷雾	79.3%~81.4%

（续表）

作物	病害	试验单位	使用方法	防治效果
西瓜	枯萎病	北京市农药检定所 大兴区植保植检站	300 倍液灌根 600 倍液粗喷	84.9%
芝麻	青枯病枯萎病	江西南昌市农科所 江西进贤赵埠农技站	500 倍液喷雾	66.67%～75.00%
水稻	细菌性条斑病	江西省农药检定所	500 倍液喷雾	75.76%～80.72%
		江西南昌市农科所	500 倍液喷雾	85.73%
	白叶枯病	广东省农业科学院植保所	600 倍液喷雾	74.15%
		浙江省农药检定所	700 倍液喷雾	65.20%
	细菌性基腐病	山东省鱼台县植保站	1 000 倍液浇灌	87.67%
	稻曲病	浙江省农药检定所 浙江平湖市植保站	500 倍液喷雾	85.99%～91.49%
柑橘	疮痂病	广西特色作物研究院	400 倍液喷雾	65.0%～73.2%
		福建省泉州市植保站	500 倍液喷雾	84.2%
	溃疡病	浙江省农业科学院植保所	700 倍液喷雾	90.30%～91.90%
		广东省植保总站	600 倍液喷雾	93.42%
香蕉	叶斑病	广东省农业科学院植保所	600 倍液喷雾	64.19%～70.72%
		福建省农药检定所	600 倍液喷雾	74.92%

防治黄瓜角斑病药效示范试验：经三省三地示范试验表明（表5）：20%噻菌铜（龙克均）SC 使用 500 倍液防治黄瓜角斑病的平均防治效果为 74.81%（67.48%～78.5%），与对照药剂 72%农用链霉素和 53.8%可杀得 1 000倍液的防治效果 74.78%（71.6%～76.97%）相当（表5）。各地示范试验表明，噻菌铜（龙克均）对黄瓜细菌性角斑病的防治效果良好。

施药时期：在黄瓜角斑病始病防治；用药量：20%噻菌铜（龙克均）使用 400～600 倍液，亩喷药液 50kg，对叶片正反两面均匀喷雾。对黄瓜无药害，使用安全，且对黄瓜茎枯病、霜霉等病害有较好的兼治作用。

表 5　20%噻菌铜（龙克均）防治黄瓜角斑病药效示范试验

作物	试验单位及地点	噻菌铜防效（%）	农用链霉素防效（%）	备注
黄瓜	山东省青州市植保站	78.45	75.78	链霉素 500 万单位
	海南省植保站	67.48	76.97	
	湖北省植保总站（云梦）	78.5	71.6	72%链霉素 1 000倍液
	平均（%）	74.81	74.78	

防治白菜软腐病药效示范试验：经河北省农林科学院植保所、浙江大学农业与生物技术学院系等单位试验，20%噻菌铜 SC 使用 500 倍液防治白菜软腐病 2 次，平均防治效果为 66.6%（59.1%~80.5%），略优于对照药剂农用链霉素，对作物安全。

防治西瓜枯萎病药效示范试验：经浙江省农药检定所、北京市农药检定所试验，20%噻菌铜 SC 使用 500 倍液防治西瓜枯萎病 2 次，平均防治效果 65.2%（50.3%~73.5%），优于对照药剂甲基硫菌灵的防治效果（61.3%），对作物安全。

防治烟草野火病药效示范试验：经中国农业科学院烟草研究所、河南省农药检定所、贵州省农业科学院、浙江省农药检定所等单位试验，20%噻菌铜悬浮剂使用 500 倍液防治烟草野火病 2 次，平均防治效果 74.29%（61.64%~87.11%），优于对照药剂 72%农用链霉素 1 000倍液的平均防治效果 70.49%（57.60%~83.20%）。

参考文献（略）

植物慢性病害的机理和源头调治法

辛玉成[1*]，王　军[2]，顾松东[1]，段方锰[1]，练　森[1]
（1. 青岛农业大学植物医学学院，青岛　266109；2. 临沂大学，临沂　276000）

摘　要：根据植物病害症状表现的特征，划分为急性伤害和慢性病害；慢性病害再分为与有害生物和非有害生物分别相关的两个类型；从而设定出植物慢性病害的定义和范畴；阐述了适合于植物慢性病害的源头假说和引用因缘果法则解析。观察确定出了植物慢性病发生发展的因（主导病因或内因）是根系源头内伤；而有害生物中的真菌、细菌和病毒以及营养元素失调为主的土肥水失调为慢性病害的缘（外因）；认定所有植物慢性病为果。制定出了以源头处置为主的综合调制方案。

关键词：植物；慢性病；源头假说；根系伤；因缘果理论

在现代植物病理学学科中，仅仅把植物病害按病原类型划分为有害生物和非有害生物病害两个类群。然而，有些类型是有发生规律的，但有些是没有规律的，容易造成误解。同时对有发生规律的部分病害，根据哲学上的内因和外因定律，以及宇宙间万事万物都离不开的因缘果法则分析，这类病害均是由内因（因）和外因（缘）共同作用而产生；但植物病害中并没有研发出内因。到目前为止的植物病害的定义和病因的确定缺少了植物体自身这一主因；也就是说仅仅把有害生物和非有害生物作为病因是片面的、不符合哲学规律的。已经明确了有害生物和非有害生物因素均为植物医学的外部害源。通过对苹果等多种植物病害对应根系的观察确定根伤为这类病害的内因（因），以及生物医学慢性病方面初步研发，为了明确概念和进一步的深入研发，需要首先明确植物病害的新的分类、定义、理论体系和源头调治法。

1　植物病害的新的分类和慢性病的源头假说

1.1　植物病害的新的分类和范畴

根据植物被害状的特性和病害发生的特点，可划分为急性伤害和慢性病害。急性伤害或称之为本处组织外伤型，包括：与有害药物、机械损伤、日烧、线虫和寄生性种子植物等直接对植物体作用的外部因素有关的病害，由其所随机导致的直接外伤的异常状态，具有偶然性和不规律的特点，无需作为主要病理学的范畴。慢性病害即源头组织内伤型类群，是植物体受内因（因）、外因（缘）的共同作用，经过孕育形成和一定的途径逐步产生（发生发展）的病害，包括与有害生物的真菌、细菌和病毒有关的病害，以及非有害生物的土肥水等失调有关的病害。这类慢性病应为植物病理学或植物医学主要研发的目标。

1.2　植物慢性病害的源头假说和定义

鉴于植物体的叶片、花、果、枝、根系的器官类型和运输传导等关联性，可以推断位

* 第一作者：辛玉成；E-mail：370268746@ qq. com

于地下部的根系，是整个植物体的源头，同时也就是植物慢性病发生孕育的场所，即根系是植物慢性病发生的源头部位，可称之为源头假说。

植物体整个生长发育的过程中，在植物体自身根系源头内伤（因）的主导下，同时受到有害生物或不良环境条件（缘）的共同作用，致使植物体正常的生长发育受阻和生理功能失调等，在组织结构和外观上呈现出异常表现，甚至引起产量降低、品质变劣等现象，即可称为植物的慢性病（果）。

2 植物病害慢性病发生的因缘果法则和源头调治法

植物的慢性病同样应该符合哲学的内因和外因定律，以及宇宙间万事万物都离不开的因缘果法则。病患是在植物体上发生，因此在植物本体上发生的各类被害状、特别是植物慢性病病害，作为“果”是非常恰当的。有害生物的真菌、细菌和病毒，作为从外进入或影响植物体、或依附于植物体生存、或在植物发病后的部位生长出的生物，恰恰是影响条件，被称为缘（即外因）最为恰当；而营养元素等土肥水失调的各类非有害生物的因素本身就是缘（外因）。所以植物医学中慢性病的因（内因），一定是植物体本身存在的广泛适用于所有慢性病病患的决定性要素，即根系源头内伤（简称根伤）最为符合。为了概念的明确，均以因（内因）、缘（外因）、果（慢性病害的症状）法则阐述。并制定出源头处置为主的综合调治法。

2.1 论证植物慢性病的因缘果理论

按照传统植物病理学的观点，如果把真菌、细菌和病毒作为病害的内因（因），那么真菌和细菌均通过风雨、气流和雨水等传播，是广泛的、大面积的，如果多雨和潮湿等发病条件（外因）具备，那么内因和外因（因和缘）就均具备了，病害应是大面积的、普遍的发生，而事实上病害是有发病中心的和局部的；再病毒只要进入植物体，就一直在植物体内存活，即内因（因）已经具备，只要低温等发病条件（外因）具备，均应是系统呈症和持续发生，但生产中有局部呈症现象和症状潜隐现象。以上植物慢性病的实际发病规律显然与逻辑不符。

同理，植物病理学已经确认只要土壤中营养元素失调就是大面积广谱性的，如果元素失调是内因（因）的话，只要不良天气等发病条件（外因或缘）适宜，如苦痘病和小叶病等应该普遍发病；但事实上生产中苦痘病等大多只有部分果实的局部呈症。以上植物慢性病的实际发病规律也显然与逻辑不符。

在植物病理学中叙述植物体自身抗病性和免疫力等影响植物慢性病的发生，只是没有明确是主导因素。通过对多种慢性病病患的观察，确定出这类病患均与根系内伤有关，由此确定根系为源头，根系内伤可作为植物体抗性表现的代称，即根系源头内伤（简称根伤）是植物慢性病发生的因（内因）。因此，植物慢性病的发生由植物体本身的因主导，有害生物和非有害生物的相关因素（缘）共同作用，即可解释所有慢性病患发生（果）的实际规律，完全符合因缘果法则的逻辑关系。

2.2 源头处置为主的综合调治法

对植物的苦痘、腐烂和肿瘤（枝干轮纹）等慢性病经 10 年以上连续采用生根养根生物制剂等措施以解除根伤（内因或因），以及对所有慢性病（果）再配合含 13 元素有机螯合生物制剂土壤施用。其中苦痘和花叶等营养元素失调和病毒类慢性病，当季见效，连续两年后，几乎没有病果或病叶的出现；对果树腐烂和病瘤等枝干慢性病再配合以腐殖酸和胡椒等植物源制剂枝干喷涂和土壤施用，连续两年后，病瘤和病斑等愈合及其自动脱落，无需刮除，树干光滑康健，每年度处置一次树体枝干康健无病瘤和粗皮且不复发，比常规手术刮除和三唑类化学药剂处理省时省力无毒副作用；对白粉病、霜霉病和锈病等有害生物真菌和细菌有关的病害，必要时再配合适宜药剂预防即可。

3 结论与讨论

植物慢性病的发生主要由植物体的源头根系内伤主导，继而体现和决定着植物体的抗病性、自愈力和免疫力等属性；植物根系源头内伤的鉴别可以通过各类植株根系状态的对比、部分植物伤流量的测定等方式验证和证实。因此，建议在慢性病方面，不能仅仅以害缘为研究主体，不能仅仅以防治有害生物作为主要目标，而是调治植物体的根系更加重要。由此，可以制定出一套同时适合于所有植物慢性病的辨因施治的基本方案，更新原有辨症论治的复杂方案，真正做到有效地发挥植物体的抗病性、免疫力和自愈力。只要尽量做到“因”不再存在，只有慢性病害缘的存在就不会发病或减轻危害程度，即调因而多果通灭，必将成为植物病理学的主要研发方向之一。当然，本文仅为初步的研发总结，具体结论还需要专家们进一步的校正。

参考文献

[1] 高必达．园艺植物病理学［M］．北京：中国农业出版社，1996.

[2] 管致和．植物医学导论［M］．北京：中国农业大学出版社，1996.

[3] 辛玉成，段方锰，王军，等．苹果病害的发生与根系源头内伤相关性的观察简报［J］．烟台果树，2018，141（1）：18.

[4] 辛玉成．苹果树腐烂病发生原因简述［J］．烟台果树，2019，142（1）：55.

[5] 辛玉成．有机螯合生物菌剂在苹果园的应用试验［J］．中国果树，2018（6）：27-28.

[6] 辛玉成，段方锰，顾松东．生物肿瘤的起因及源头体伤和药食的调治［J］．生物化工，2018，4（6）：108-109.

[7] 辛玉成，亓卫国，段方锰，等．生物慢性病的源头和内因及源头调治法［J］．生物化工，2019，5（2）：93-95.

15 种杀菌剂对咖啡炭疽菌的室内毒力测定*

巩佳莉[1,2**]，陆　英[2]，贺春萍[2]，吴伟怀[2]，梁艳琼[2]，
黄　兴[2]，郑金龙[2]，习金根[2]，易克贤[2***]
（1. 南京农业大学植物保护学院，南京　210000；
2. 中国热带农业科学院环境与植物保护研究所，海口　571101）

摘　要：咖啡炭疽病（coffee anthracnose）是影响咖啡质量和产量的重要病害之一，为筛选出对炭疽病高效的杀菌剂，本试验采用菌丝生长速率抑制法，测定了 15 种杀菌剂对咖啡炭疽菌（*Colletotrichum* spp.）的室内毒力。15 种杀菌剂分别为：97.3% 戊唑醇、95% 苯醚甲环唑、80% 多菌灵、97.2% 咪鲜胺、70% 甲基硫菌灵、50% 嘧菌酯、75% 百菌清、50% 异菌脲、40% 腈菌唑、40% 嘧霉胺、50% 咪鲜胺锰盐、80% 代森锰锌、80%烯酰吗啉、77% 硫酸铜钙、70% 丙森锌。结果表明，不同杀菌剂对咖啡疽病菌菌丝生长的抑制效果存在明显差异，其中咪鲜胺、多菌灵、咪鲜胺锰盐、嘧菌酯、苯醚甲环锉对咖啡炭疽菌菌丝生长具有较强的抑制作用，其 EC_{50} 值分别为：0.0358μg/mL、0.128μg/mL、0.1452μg/mL、0.1616μg/mL、0.8367μg/mL，均低于 1μg/mL；其次为嘧霉胺、甲基硫菌灵、戊唑醇、硫酸铜钙、唏硫玛琳，其 EC_{50} 值分别为：1.8686μg/mL、3.4059μg/mL、7.4905μg/mL、12.4788μg/mL、15.0906μg/mL；效果最差的为腈菌脂、代森锰锌、百菌清、丙森锌、异菌脲，其 EC_{50} 值分别为：36.4532μg/mL、53.3999μg/mL、290.0661μg/mL、849.7937μg/mL、4 400.3908μg/mL。该研究结果为咖啡炭疽病的田间药剂防治提供理论依据。

关键词：咖啡；炭疽病；杀菌剂；室内毒力测定

* 基金项目：国家重点研发计划项目“特色经济作物化肥农药减施技术集成研究与示范”（2018YFD0201100）资助

** 第一作者：巩佳莉，在读研究生，资源利用与植物保护专业；E-mail：2018802222@ njau. edu. cn
*** 通信作者：易克贤，研究员，博士生导师，研究方向：植物病理学；E-mail：yikexian@ 126. com

木霉菌 T23 对化学药剂敏感性分析*

华丽霞**，何　炼，曾华兰***，叶鹏盛　蒋秋平
（四川省农业科学院经济作物育种栽培研究所，成都　610300）

摘　要：木霉菌是目前为止应用最为广泛的作物病害生防真菌，不仅能有效地控制作物病害，还能促进作物的生长，具有重要的开发应用价值。T23 是一株从四川农田土壤环境中分离得到的木霉菌株，经 ITS 测序，发现该菌株与绿色木霉（*Trichoderma viride*）序列高度同源，属于绿色木霉的一种。该菌株对多种植物病原真菌具有显著的拮抗效果。然而，在病害大流行时，单一的生防菌剂或化学药剂对病害的防控效果均不理想，需要多种药剂混合使用，最终达到控制病害大暴发的效果。因此，有必要深入了解生防菌株对不同化学药剂的敏感性，为生防菌剂与化学药剂的复合使用提供重要的参考信息。

本研究选择了 8 种从市面上购买得到的不同类型杀菌剂，包括 40%嘧霉胺 SC、60%嘧菌酯 WG、77%氢氧化铜 WP、15%苯醚甲环唑 WG、40%腈菌唑 WP、23%松脂酸铜 EC、8%氟硅唑 ME、10%多抗霉素 B WP 等，探索木霉菌 T23 对这几种化学药剂的敏感性。结果发现，木霉菌对 15%苯醚甲环唑 WG 、40%腈菌唑 WP 及 8%氟硅唑 ME 高度敏感，15%苯醚甲环唑 WG 浓度范围为 400～2 000mg/L、40%腈菌唑 WP 浓度为 100～1 000mg/L、8%氟硅唑 ME 浓度为 400～2 000mg/L 时，木霉菌 T23 均无法生长。木霉菌 T23 在低浓度的 40%嘧霉胺 SC（500mg/L）、60%嘧菌酯 WG（200mg/L）、23%松脂酸铜 EC（600mg/L）培养基中有较好的耐受能力，菌落直径可达对照的 78%以上，且菌落为规则的圆形菌落；虽然木霉菌 T23 在低浓度的 10%多抗霉素 BWP（300mg/L）中菌落直径也能达到对照的 70%，但是菌落形态不规则；木霉菌 T23 在不同浓度的 77%氢氧化铜 WP 中生长情况不理想。本研究对木霉菌 T23 的化学药剂敏感性进行了初探，相关结果将为木霉菌 T23 与化学药剂的复合使用提供参考。

关键词：生物防治；木霉；药敏试验；生防菌；杀菌剂

---

* 基金项目：国家自然科学基金项目（31701830）；“十三五”国家重点研发专项子课题——新型病毒及其他微生物杀菌剂的研制与示范（2017YFD0201103）

** 第一作者：华丽霞，主要从事生物防治及功能微生物研究；E-mail：newpage@ stu. scau. edu. cn

*** 通信作者：曾华兰，主要从事植物保护工作；E-mail：zhl0529@ 126. com

复合多功能配方药剂对甘蔗梢腐病防控效果评价*

李文凤**，张荣跃，王晓燕，单红丽，李　婕，
尹　炯，罗志明，仓晓燕，黄应昆***
（云南省农业科学院甘蔗研究所，云南省甘蔗遗传改良重点实验室，开远　661699）

摘　要：近年云南蔗区多雨高湿加上大面积种植的主栽品种粤糖 93-159、新台糖 25 号、新台糖 1 号和川糖 79-15 等高感甘蔗梢腐病，导致甘蔗梢腐病在云南临沧、玉溪、版纳、普洱、红河等主产蔗区大面积暴发危害成灾，减产减糖严重，甘蔗生产受到严重灾害威胁。为筛选防控甘蔗梢腐病的复合多功能配方药剂及精准施药技术，选用 50%多菌灵 WP、75%百菌清 WP、25%嘧菌酯 EC、25%吡唑醚菌酯 SC、30%苯甲嘧菌酯 SC 进行人工叶面喷施田间药效试验和生产示范验证。试验结果及综合评价分析显示，（50%多菌灵 WP 1 500g+75%百菌清 WP 1 500g+磷酸二氢钾 2 400g+农用增效助剂 300mL）/hm^2、（25%吡唑醚菌脂 SC 600mL+磷酸二氢钾 2 400g+农用增效助剂 300mL）/hm^2 等 2 个药剂配方处理对甘蔗梢腐病均具有良好的防治效果，2 个药剂配方处理的病株率均在 8.96%以下，其防效均达 90.59%以上，显著高于对照药剂配方处理（75%百菌清 WP 1 500g+磷酸二氢钾 2 400g+农用增效助剂 300mL）/hm^2 和（50%多菌灵 WP 1 500g+磷酸二氢钾 2 400g+农用增效助剂 300mL）/hm^2 的防效 57.4%和 67.37%。2 个药剂配方处理防控效果显著、稳定，推荐为防控甘蔗梢腐病最佳药剂配方，可在 7—8 月发病初期，按 2 个药剂配方每公顷用药量对水 900kg，采用电动背负式喷雾器人工叶面喷施、7~10d 喷 1 次，连喷 2 次，可有效控制甘蔗梢腐病暴发流行。

关键词：复合多功能配方药剂；甘蔗梢腐病；防效评价

---

* 基金项目：国家现代农业产业技术体系（糖料）建设专项资金（CARS-170303）；“云岭产业技术领军人才”培养项目“甘蔗有害生物防控”（2018LJRC56）；云南省现代农业产业技术体系建设专项资金

** 第一作者：李文凤，研究员，主要从事甘蔗病害研究；E-mail：ynlwf@ 163. com

*** 通信作者：黄应昆，研究员，从事甘蔗病害防控研究；E-mail：huangyk64@ 163. com

柑橘果园黄龙病分类防控技术的研究与探讨*

宋晓兵**，崔一平，彭埃天***，程保平，凌金锋，陈　霞

（广东省农业科学院植物保护研究所，广东省植物保护新技术重点实验室，广州　510640）

摘　要：柑橘黄龙病是柑橘产业上最具毁灭性的病害，目前尚无有效的治疗药剂和抗病品种。为延缓柑橘黄龙病的传播，减少果农损失，促进柑橘产业的可持续健康发展，笔者团队对柑橘黄龙病综合防控技术进行了多年的系统研究，实践探讨出一套柑橘黄龙病流行区的果园分类防控技术，确立了柑橘黄龙病果园分类标准，并提出了配套的综合防治措施加以应用，取得了一定的成效。结合果园柑橘黄龙病田间发病状况和收益情况，将柑橘果园分为4类：无病果园，全园柑橘树没有黄龙病症状；轻度发病果园，黄龙病树占果园柑橘总数的5%以下；中度发病果园，黄龙病树占果园柑橘总数的6%~20%；重度发病果园，黄龙病树占果园柑橘总数的20%以上。柑橘黄龙病果园分类防控技术核心内容包括：加强苗木检疫，推广大苗移栽种植，减少柑橘早期染病几率；新建果园遵循苗木检疫和综合防控措施，杜绝外来病原侵入；轻度发病果园及时挖除病树，统防统治柑橘木虱；中度发病果园提倡“带病生存”，使用病树复壮技术，提高柑橘对黄龙病的抗性，延长结果年限；重度发病果园及时改种，减少因果园丢荒、失管造成柑橘木虱的迁飞传播。

关键词：柑橘黄龙病；柑橘木虱；无病种苗；分类防控；探讨

---

* 基金项目：国家重点研发计划项目（2018YFD0201500、2017YFD0202000）；广东省柑橘芒果产业技术体系创新团队项目

** 第一作者：宋晓兵，副研究员，主要从事柑橘病害综合防治技术研究；E-mail：xbsong@126.com

*** 通信作者：彭埃天，研究员，主要从事南方果树病害防控技术研究；E-mail：pengait@163.com

密克罗尼西亚联邦椰子、槟榔病虫害现状*

唐庆华[1**]，黄贵修[2]，覃伟权[1***]，范海阔[1]，弓淑芳[1]，刘国道[3]
（1. 中国热带农业科学院椰子研究所，文昌　571339；2. 中国热带农业科学院国际合作处；3. 中国热带农业科学院院机关，海口　571101）

摘　要：密克罗尼西亚联邦地处西太平洋，由雅浦、丘克、科斯雷、波纳佩 4 个州和 600 多个岛屿组成，属热带海洋性气候，椰子和槟榔为该国重要经济作物。其中，椰子有"生命之树"（Tree of Life）之称，槟榔主要用于出口创汇。2018 年 6 月 11 日至 7 月 5 日，笔者对密克罗尼西亚联邦 4 个州进行了农业技术培训，并对椰子、槟榔病虫害进行了较系统的调查。调查发现，椰子病害有泻血病、疑似致死性黄化病、灰斑病、炭疽病、煤烟病、茎基腐病共 6 种；害虫有马里亚纳椰甲、深蓝椰甲、二疣犀甲、椰园蚧、椰红蚧、椰子扁蛾、椰子粉蚧共 7 种。其中，椰子泻血病在科斯雷州发病较重，在发病中心处已有数十株椰子感染，12 株植株死亡、遭砍伐；椰甲虫共有 2 种，在 4 个州均有发生，为害最为严重。根据形态特征以及文献记录，笔者将其鉴定为马里亚纳椰甲和深蓝椰甲，2 种椰甲虫的具体分布有待进一步详细调查。此外，在丘克州发现了一种症状类似于椰子致死性黄化病的病害，已有植株发病死亡。槟榔病害有疑似槟榔黄化病、炭疽病、茎基腐病共 3 种。其中，类似槟榔黄化病的病害分布于科斯雷州一个印度裔美国科学家管理的育苗基地。类椰子致死性黄化病和类槟榔黄化病有待进一步研究。

关键词：密克罗尼西亚联邦；椰子；槟榔；病虫害

---

* 基金项目：农业农村部"一带一路"热带项目："椰子菌草种植示范园"（BARTP-06）

** 第一作者：唐庆华，博士，副研究员，研究方向为热带棕榈植物病害综合防控技术；E-mail: tchuna129@ 163.com

*** 通信作者：覃伟权，研究员；研究方向为热带棕榈植物病虫害防控技术；E-mail: QWQ268@ 163.com

吉林省越冬茄子病虫害的发生情况调查*

王　娜**，于　娅，程　艳，霍云龙，王　飞，宫国辉***
（吉林省农业科学院经济植物研究所，公主岭　136105）

摘　要：为了解吉林省越冬茄子病虫害发生情况，为越冬茄子栽培及病虫害的防治工作提供必要依据，对吉林省农业科学院经济植物研究所日光温室大棚近两年越冬茄子的病虫害种类进行调查，结果显示：越冬茄子上发生的病害主要有茄子黄萎病、灰霉病、细菌性褐斑病、污霉病，发生的虫害主要有白粉虱、潜叶蝇、蚜虫。

关键词：越冬；茄子；病虫害；吉林省

---

* 基金项目：吉林省科技厅技术攻关类项目-吉林省日光温室茄子、黄瓜冬季生产技术研究（20190301052N Y）

** 第一作者：王娜，硕士，助理研究员，现从事蔬菜病虫害防治研究；E-mail：147090008@ qq. com

*** 通信作者：宫国辉，研究员，现主要从事蔬菜栽培与育种研究工作；E-mail：ggh3223025@126. com

枯草芽孢杆菌 Czk1 与杀菌剂协同防治橡胶炭疽病*

谢　立[1**]，董文敏[3]，梁艳琼[2]，翟纯鑫[3]，吴伟怀[2]，
李　锐[2]，贺春萍[2***]，易克贤[2]

（1. 海南大学林学院，海口　570228；2. 中国热带农业科学院环境与植物保护研究所，农业农村部热带农林有害生物入侵检测与控制重点实验室，海南省热带农业有害生物检测监控重点实验室，海口　571101；3. 南京农业大学植物保护学院，南京　210095）

摘　要：由胶孢炭疽菌（*Colletortrichum gloeosporioides*）和尖孢炭疽菌（*Colletortrichum acutatum*）引起的炭疽病是橡胶树上一种重要的叶部病害。目前该病害防治主要以化学防治为主，但易引起抗药性及环境污染问题，而单一的生物防治又缺乏防治效果的稳定性和长久性。探讨化学和生物协同防治橡胶炭疽病害成为新的防治策略措施。本研究以橡胶胶孢炭疽菌 RC178 为靶标菌，分别测定杀菌剂咪鲜胺、“根康”对 RC178 的室内毒力及其与生防菌 Czk1 的相容性，并将以各自 EC_{50} 值为基础进行混配，测定菌药复配剂对 RC178 的防治效果。结果表明：“根康”和咪鲜胺都可以在较低的浓度下抑制炭疽菌 RC178 的生长，也能与 Czk1 很好的相容。分别将“根康”（$EC_{50}=0.5\mu g/mL$）、咪鲜胺（$EC_{50}=0.1\mu g/mL$）与生防菌 Czk1（$EC_{50}=4.7\times10^9 CFU/mL$）混配，当 V（Czk1）：V（根康）＝7：3 时，对 RC178 抑制的增效作用最高，增效比为 1.03。当 V（Czk1）：V（咪鲜胺）＝8：2 时，对 RC178 抑制的增效作用最高，增效比为 1.06。菌药复配剂防效显著优于单剂“根康”、咪鲜胺和生防菌 Czk1 的防效，且“根康”和咪鲜胺的使用量均不足单剂使用量的 1/3，表明二者复配有明显的增效作用，且大大降低了化学药剂的使用量。将杀菌剂与 Czk1 进行复配，探讨复配剂对橡胶炭疽病菌的室内毒力效果，旨在构建由生防菌与化学药剂组成的菌-药复剂，为下一步盆栽和田间防治提供理论依据。

关键词：橡胶炭疽病；枯草芽孢杆菌；菌药复配；协同防治

---

* 基金项目：国家重点研发计划项目（No. 2018YFD0201100）；国家天然橡胶产业技术体系建设专项资金资助项目（No. CARS-33-GW-BC1）

** 第一作者：谢立，硕士研究生；研究方向：林业；E-mail：13178981326@163.com

*** 通信作者：贺春萍，研究员；研究方向：植物病理学；E-mail：hechunppp@163.com

炭疽病菌 *C. truncatum* 对 DMI 类杀菌剂的天然抗性分子机理研究

陈淑宁*，袁会珠**

（中国农业科学院植物保护研究所，北京　100193）

摘　要：平头炭疽菌（*C. truncatum*）是一种重要的代表性炭疽菌，其寄主极广，在亚热带地区作物上造成严重为害。羊毛甾醇脱甲基化酶抑制剂（DMIs），被广泛应用于植物病原菌的防治。本研究从中国及美国不同地区的桃子、大豆、柑橘、海棠花等多种寄主上收集 *C. truncatum* 菌株，并测试其对苯醚甲环唑、丙环唑、戊唑醇、叶菌唑、粉唑醇和腈苯唑 6 种 DMI 类杀菌剂的敏感性。结果显示，和其他炭疽菌属真菌对 DMI 类药剂敏感相反，所有的 *C. truncatum* 菌株均对戊唑醇、叶菌唑、粉唑醇、腈苯唑表现抗性，且对苯醚甲环唑和丙环唑较为不敏感。研究表明，炭疽菌属真菌含 *CYP51A* 及 *CYP51B* 两个同源基因，二者在菌体内均能正常表达，但表达量和菌株对 DMIs 药剂的敏感性之间无相关性。笔者比较了不同炭疽菌属真菌间底物结合区的氨基酸序列，发现 CYP51A 中含 L208Y、H238R、S302A、I366L 四个氨基酸差异性位点，CYP51B 中含 H373N、M376L、S511T 三个氨基酸差异性位点；且这些氨基酸差异性位点在不同地区、不同寄主来源的 *C. truncatum* 菌株中均存在。笔者通过分子对接手段分析发现，CYP51A 及 CYP51B 上的点突变均造成其和 DMIs 药剂结合松散。

关键词：炭疽病；抗药性；DMI；杀菌剂

---

* 第一作者：陈淑宁，博士后，研究方向为杀菌剂抗药性分子机理；E-mail：shuningchen89@gmail.com

** 通信作者：袁会珠，研究员，研究方向为农药使用技术

北京市郊小麦蚜虫及小麦白粉病的预测预报*

王炜哲[1**]，邓　杰[1]，谢爱婷[2]，马占鸿[1***]
（1. 中国农业大学植物保护学院，北京　100193；2. 北京市植保站，北京　100029）

摘　要：小麦蚜虫和小麦白粉病是农业生产中的重要病虫害。本文聚焦北京市郊区小麦蚜虫和小麦白粉病的测报，基于气象大数据和病虫害调查，采用 K 最近邻（KNN）、决策树两种机器学习算法及线性回归方法，分析小麦蚜虫、小麦白粉病的发生发展与气象、作物生长等因素的相关关系，构建监测预警模型，并评价分析。结果表明，对小麦蚜虫发生发展起主导作用的特征因子共有 7 项，包括小麦生育期、蚜虫基数 2 个非气象因子和 3 月中旬最低湿度、4 月上旬最高温度、4 月上旬最低日照、4 月上旬最低湿度和 4 月中旬平均温度 5 个气象因子，用 K 最近邻（*KNN*）算法较好，模型对应的 *EVS*、*MAE*、*MSE* 和 R^2 分别为 0. 791、0. 393、0. 426 和 0. 79；小麦白粉病共筛选出 10 个特征因子，其中降水天数和日照时数是影响其发生发展的最主要因素，阴雨日多、通风透光不良时病害较重，其 *KNN* 模型的 *EVS*、*MAE*、*MSE* 和 R^2 分别为 0. 679、0. 488、0. 667 和 0. 677。上述研究对于北京市郊蚜虫和白粉病研究及防控有重要参考意义。

关键词：小麦蚜虫；小麦白粉病；预测预报；机器学习

---

* 基金项目：北京市农业科技计划项目；宁夏重点研发计划重大项目（2016BZ09）

** 第一作者：王炜哲，本科生，植物病害流行学方向；E-mail：wz897426685@ 163. com

*** 通信作者：马占鸿，教授，博士生导师，主要从事植物病害流行和宏观植物病理学研究；E-mail：mazh@ cau. edu. cn

推广环境友好型农药的生态植保路径

宋巧凤*，袁玉付，仇学平，成晓松，吴寒斌
（江苏省盐城市盐都区植保植检站，盐城 224002）

摘　要： 环境友好型农药具有无毒或低毒、低残留、高效、对生态环境安全等优点，盐都区通过多年试验示范的实践，逐年加大环境友好型农药的推广力度，积极策划打好污染防治攻坚战行动，防控农药面源污染，高效低毒低残留和生物农药等环境友好型农药使用占比逐年上升，并总结出“制定文件引领、情报宣传推介、绿色防控带动、统防统治配送和项目免费发放”5条推广环境友好型农药的路径，践行“生态植保”行动，保护着境内种植业的生态环境安全。

关键词： 环境友好型；农药；生态植保；路径

盐都区位于江苏省中部偏东、苏北平原中部，紧靠盐城市区，辖18个镇（园区、街道），256个村（居），总人口74.75万人，其中农业人口40.96万人，耕地面积5.26万 hm^2。近几年持续执行“绿色发展、绿色植保”工作导向，在重拳强化重大病虫监测、积极开展生态植保技术宣传培训、大力推广绿色防控技术产品、倡导科学、安全、规范用药、大规模推进统防统治、全力打好污染法治攻坚战的综合措施的同时，强化推广环境友好型农药，五条路径践行生态植保行动。

1　推广成效

农药是农业生产重要农资，古人曾用盐和灰除草，开启了天然农药的时代。“刀耕火种”年代早就远去，化学农药给种植业带来过“幸福和伤害”，随着科学技术的进步，农药经历了由低效到高效、由高毒到绿色、从高风险到生态安全的过程。从替代高毒农药、农药减量增效、农药零增长行动，高效低毒低残留和生物农药等环境友好型农药使用占比不断上升。盐都区2018年总种植面积8.41万 hm^2次，其中，小麦2.73万 hm^2、水稻2.80万 hm^2、蔬菜1.80万 hm^2次、油菜0.47万 hm^2、大豆0.27万 hm^2、果树0.19万 hm^2，其他作物0.16万 hm^2。据对30个小麦种植户、30个水稻种植户、10个蔬菜种植户用药情况定点跟踪调查统计，小麦、水稻、蔬菜高效低毒低残留和生物农药等环境友好型农药使用占比分别为91.70%、91.25%、94.05%（表1），平均91.50%，达到并超过江苏省占比指标，连续3年实现农药零增长，达到负增长。

* 第一作者：宋巧凤，高级农艺师，主要从事植保技术推广工作；E-mail：yyf829001@163.com

表 1　2018 年盐都区主要农作物高效低毒低残留和生物农药等环境友好型农药使用情况调查统计情况

作物	用药次数	低、微毒农药占比（%）	中毒农药占比（%）	高毒农药占比（%）
小麦	2.93	91.70	6.21	2.09
水稻	5.43	91.25	8.66	0.08
蔬菜	5.36	94.05	5.95	0.00

2　推广路径

环境友好型要求农药走向更高效、更环保和更安全，改变了以前仅以高效、低毒为首选的状态，要求把药剂对环境安全作为首要条件，已经成为推广的发展方向。2018 年盐都区围绕开展打好污染防治攻坚战，防控农药面源污染，通过以下 5 个路径，积极推广环境友好型农药，践行生态植保行动。

2.1　制定文件引领

根据省、市、区目标任务要求，结合区内实际，先后制定了《2018 年化学药减量提效实施方案》（都农发〔2018〕35 号）、《2018 年植保社会化服务推进意见》（都农发〔2018〕41 号）、《关于切实做好 2018 年度全区农作物病虫害绿色防控示范区建设工作的通知》（都农发〔2018〕65 号）、《盐都区农药安全使用制度》（都农发〔2018〕117 号）、《2018 年水稻、蔬菜、小麦绿色防控技术意见》（都农发〔2018〕13 号）等文件、方案、意见，把推广高效低毒低残留和生物农药等环境友好型农药摆在生态植保的突出位置，强化引领作用。盐都区政府把高效低毒农药使用占比列入农业农村重点工作考核内容。

2.2　情报宣传推介

2.2.1　电视预报

与盐都区电视台合办《植保专栏》节目，每周 1 期，周 1~5 各播出 1 次，在重大病虫防治关键时期开展电视预报 12 期，通过情报电视化、可视化，发布病虫信息、宣传防治新技术、推广高效低毒低残留和生物农药等环境友好型农药使用技术。

2.2.2　会议培训

通过召开病虫分析会、防治推进会、现场培训会和新型职业农民培训，组织水稻、果蔬病虫绿色防控、统防统治观摩培训 2 次，举办水稻绿色生产高效模式、农药科学规范使用、农药减量提效技术、专业化统防统治等培训 22 期次，培训 1 738人次。邀请省、市植保专家讲课 8 次，大力宣传推广高效低毒低残留和生物农药等环境友好型农药，减少中毒农药使用，严格禁止高毒农药。

2.2.3　情报导向

在发布盐都区《植物病虫情报》时，每期都优先推荐宣传环境友好型农药，2018 年共发布病虫草情报 19 期，高效低毒低残留和生物农药等环境友好型农药推介率 95%以上。

2.3　绿色防控带动

积极开展农作物绿色防控示范区建设工作，2018 年共建立小麦、水稻、果蔬绿色防控示范区 57 个，其中省级绿色防控示范区 2 个，分别是在盐都七星现代化农场建立

200hm^{2}水稻病虫害绿色防控示范区、在大冈镇佳富村建立24.87hm^{2}桃树病虫害绿色防控示范区。在示范区，除重点推广抗耐作物品种、生态调控、健康栽培等农业措施，防虫网、“四诱技术”等物理措施，稻鸭共作、稻鱼（虾）共育、蜘蛛控虫等生物措施外，对重发病虫全部按照科学、规范用药的要求，推广应用高效低毒低残留和生物农药等环境友好型农药，如：100亿孢子/mL短稳杆菌悬浮剂51.5万mL、6%低聚糖素水剂18.75万mL、1%苦参碱可溶液剂69.76万mL，示范区环境友好型农药使用占比100%。通过绿色防控示范区示范引导，带动大面积环境友好型农药的推广应用。

2.4 统防统治配送

结合实施小麦赤霉病防治项目、水稻统防统治用工补贴项目，支持植保专业化防治组织开展专业化防治服务，配送推广应用高效低毒低残留和生物农药等环境友好型农药。2018年，新发展植保专业化服务组织7个，新增高效植保机械55台套，培植了农益惠、平安、秦南、好兄弟、田欢、勇睿、昕奇、大纵湖等一批各具特色的植保专业化服务组织。据统计，盐都区稻麦统防统治面积达14.27万hm^{2}次，占重大病虫防治面积66.2%。80%以上的家庭农场和种植大户采用高效植保机械进行喷药，环境友好型农药、环境友好型剂型和农药利用率大大提高。特别是植保无人机飞防发展迅速，累计飞防面积达0.84万hm^{2}次，比上年增2.6倍，远远高于预期。由于统防统治统一技术、统一药剂、统一方式、高效植保机械施药，用药时间准，环境友好型农药使用占比93%以上。同时利用区政府推行农药零差率配送试点的契机，对328个试点的家庭农场及秦南镇凤翔村重大病虫草防治进行集中环境友好型农药统一配送，配送面积0.3万hm^2，环境友好型农药配送率98%以上。

2.5 项目免费发放

通过实施小麦赤霉病应急防控项目、赤霉病药剂补助项目，2018年向区内小麦种植户免费发放氰烯·戊唑醇、戊唑·咪鲜胺等防治小麦赤霉病的环境友好型农药2.937万kg，实施面积3.56万hm^2。通过水稻、果树、蔬菜绿色防控示范区项目免费发放短稳杆菌、苦参碱、低聚糖素等环境友好型农药1 400kg。通过惠农植保项目实施，提高了环境友好型农药的使用范围和覆盖率，同时带动了大面积环境友好型农药的推广使用。

氮肥对噻嗪酮防治褐飞虱效果的影响*

卢文才**，马连杰，余　端，张　慧，杭晓宁，张　健，廖敦秀***
（重庆市农业科学院农业资源与环境研究所，重庆　401329）

摘　要：我国农户水稻种植中往往存在着氮肥施用过量的情况，不仅会导致一系列的资源环境问题，而且会提高水稻对害虫为害的敏感性和增强害虫的抗逆性。为探明不同氮素处理对噻嗪酮防治褐飞虱 *Nilaparvata lugens*（Stål）效果的影响效应，本研究比较不同氮素水平下褐飞虱对噻嗪酮的抗性发展趋势和连续 2 年田间调查不同施氮水平下噻嗪酮对褐飞虱的防治效果。经过 10 代室内抗性筛选后，3 种氮素浓度［3mmol/（L·NO_3）、0.3mmol/（L·NO_3）、0mmol/（L·NO_3）］培育的褐飞虱种群（来源相同）对噻嗪酮抗性系数（RR）分别增长至 17.76、12.77 和 8.23。田间试验表明，高量施氮稻田噻嗪酮（使用推荐剂量 150g·a.i./hm^2）对褐飞虱防效显著低于低量施氮和未施氮肥稻田，2017 年，其防效分别为 64.4%、79.3%和 84.6%；2018 年，其防效分别为 72.2%、84.5%和 88.7%。研究结果表明，随着氮素浓度增加，噻嗪酮对褐飞虱的抗性发展速率呈现较快趋势，以及田间表现高量施氮降低了噻嗪酮的防治效果。

关键词：氮肥；褐飞虱；噻嗪酮；抗性；防效

---

* 基金项目：重庆市科研机构绩效激励引导专项（cstc2018jxjl80038）

** 第一作者：卢文才，博士，助理研究员，研究方向为害虫抗药性及综合治理；E-mail: wencailu163@163.com

*** 通信作者：廖敦秀，研究员，研究方向为有害生物绿色防控；E-mail：664852751@qq.com

玉米重要害虫二点委夜蛾绿色生态防控技术示范效果*

王永芳[1**]　马继芳[1]　王孟泉[2]　白　辉[1]　董志平[1***]

（1. 河北省农林科学院谷子研究所，国家谷子改良中心，河北省杂粮研究重点实验室，石家庄　050035；2. 平乡县农业局植保站，邢台　054500）

二点委夜蛾是黄淮海地区夏玉米苗期的重要害虫，具有食性杂、繁殖能力强，虫量多、为害快、损失重、防治难度大等暴发为害的特点，2011 年在黄淮海 7 省（市）暴发 3 318万亩，单株虫量最高可达 20 多头，为害率最高达 90%，不少地块毁种。2014 年该虫再次严重发生，发生范围进一步扩大，其中河北发生 1 288. 05万亩。目前该虫已经成为当地常发性害虫，每年做好防控工作是非常必要的。本课题组 2005 年首先发现并报道了二点委夜蛾新害虫，经过十几年研究，澄清了该虫的生物学习性及发生规律，研发了高效杀虫灯、高效专用性诱剂，在小麦收获玉米播种期间采用小麦秸秆细粉碎、小麦灭茬并压实、清除玉米播种行麦秸等破坏二点委夜蛾成虫和幼虫栖息场所的方法进行绿色生态防控。笔者为了验证和展示这些技术的防控效果，2019 年度在河北邢台的平乡县和石家庄的正定县进行了大面积示范，示范技术的防控效果见表 1。

表 1　二点委夜蛾绿色生态防控效果

示范地点：玉米品种	示范内容	示范面积（亩）	平均被害株率（%）	防治效果（%）
平乡县寻召乡后张范村：万盛 68	高效杀虫灯	300	0. 4	98. 33
	小麦秸秆细粉碎	130	0. 4	98. 33
	小麦灭茬并压实	80	0. 8	96. 67
	对照（CK）	30	24. 0	—
正定县新安镇七吉村：兰德玉六	小麦灭茬并压实	60	0. 4	90. 91
	播种机+清垄器	100	0. 4	90. 91
	清垄播种机	100	0. 0	100. 00
	对照（CK）	20	4. 4	—
正定县北早现乡北孙村：兰德玉六	深松分层施肥播种机	100	0. 0	100. 00
	对照（CK）	30	3. 2	—

* 项目资助：粮食丰产增效科技创新（2018YFD0300502）

** 第一作者：王永芳，副研究员，主要从事生物技术及农作物病虫害研究；E-mail：yongfangw2002@163. com

*** 通信作者：董志平，研究员，主要从事农作物病虫害研究；E-mail：dzping001@163. com

由表1可见，采用佳多4#灯管的高效杀虫灯，从4月1日开始对越冬代和1代成虫进行诱杀，可以有效控制二点委夜蛾的危害，对300亩玉米进行示范，防效可达98.33%；小麦秸秆细粉碎，也就是小麦成熟后收获，将麦秸粉碎至5cm以下，使其自然沉落在麦茬之间，二点委夜蛾成虫不易在此栖息产卵，防效也达98.33%；小麦灭茬并压实，即小麦收割后，利用灭茬机粉碎麦秸和麦茬，然后再播种玉米，破坏二点委夜蛾喜欢的高麦茬上覆盖麦秸的生态环境，在平乡县防效达96.67%，在正定县防效达90.91%；清除玉米播种行麦秸，包括人工、机械等多种形式，清理的越干净防效越高，本研究在正定县七吉村采用播种机上安装清垄器的方法，将玉米播种行10cm范围内的麦秸清理干净，防效达90.91%，采用专门研制的"麦茬地清垄施肥免耕精量播种机"进行播种，能将播种行15cm范围内的麦秸清理干净，防效达100%，北孙村利用深松分层施肥播种机，能将播种行20cm范围内的麦秸清理干净，防效也达100%。由此可见，二点委夜蛾绿色生态防控技术示范的防效均在90%以上，可以代替二点委夜蛾发生后采用撒毒饵进行防治，节药节本增效，值得大面积推广应用。

毒死蜱和吡虫啉混配抑制 *CYP4DE1*、*CYP6AY1v2*、*CYP353D1* 和 *CYP439A1* 表达介导对褐飞虱的协同增效作用*

徐　鹿[1**]，孙　杨[2]，罗光华[1]，徐德进[1]，徐广春[1]，
黄水金[2]，韩召军[3]，张亚楠[4]，顾中言[1]
（1. 江苏省农业科学院植物保护研究所，南京　210014；2. 江西省农业科学院植物保护研究所，南昌　330200；3. 南京农业大学植物保护学院，农作物生物灾害综合治理教育部重点实验室，南京　210095；4. 淮北师范大学生命科学学院，淮北　235000）

摘　要：杀虫剂混配是治理害虫抗药性的有效手段。目前，褐飞虱 *Nilaparvata lugens* (stål) 已对毒死蜱和吡虫啉进化出高水平抗性，但毒死蜱和吡虫啉增效配比可显著地增加对褐飞虱的毒力达到协同增效作用，然而，毒死蜱和吡虫啉协同增效的机制仍不清楚。本研究通过点滴生测法筛选得到毒死蜱与吡虫啉在 1：0.5 的比例下混合表现出对褐飞虱协同增效作用，联合指标值为 0.18。利用 Illumina Hiseq™x Ten 构建毒死蜱和吡虫啉单剂和增效混剂的基因数据库，并通过转录组比较分析发现 17 个下调基因可能参与毒死蜱和吡虫啉的协同作用。利用实时定量 PCR 分析发现这 17 个候选基因的表达模式与转录组测序数据相匹配。喂食这 17 个候选基因 dsRNA 进一步降低了其中 10 个基因的表达量（1.68~4.13 倍），但仅喂食 *CYP4DE1*、*CYP6AY1v2*、*CYP353D1* 和 *CYP439A1* 的 dsRNA 能显著地引起若虫死亡率升高（81.45%~90.34%），增加毒死蜱和吡虫啉混配的协同增效作用。通过比较转录组和 RNAi 证实，多个下调表达的 P450 基因与毒死蜱和吡虫啉混配的协同增效作用有关。研究结果表明，毒死蜱和吡虫啉混配可能通过抑制 P450 基因表达介导对褐飞虱的协同增效作用。

关键词：褐飞虱；转录组；协同增效；毒死蜱和吡虫啉混配；细胞色素 P450；RNAi

* 基金项目：国家自然科学基金（31672024）；国家重点研发计划（2017YFD0200305）；国家水稻产业技术体系项目（CARS-01-37）；江苏省自然科学基金（BK20150539）；江苏省农业科技自主创新资金 [CX（16）1001]

** 第一作者：徐鹿，从事研究领域为农药毒理学和应用技术；E-mail：xulupesticide@163.com

二点委夜蛾高效杀虫灯对其他灯诱害虫的诱杀效果*

马继芳**，王永芳，白　辉，董志平***

（河北省农林科学院谷子研究所，国家谷子改良中心，

河北省杂粮研究重点实验室，石家庄　050035）

根据二点委夜蛾对340~360nm和440nm的光敏感，选择鹤壁佳多科工贸股份有限公司生产的PS-15II型频振式杀虫灯及20种诱虫光源进行试验，筛选出频振4#光源对二点委夜蛾诱集效果最好，比常规灯管诱杀量增加21.3%~133.3%，平均73.5%，确定为二点委夜蛾高效杀虫灯。为了明确该灯对其他灯诱害虫的诱杀效果，2018年7月笔者在石家庄市进行了试验，比较4#灯管与常规灯管对主要害虫的诱杀能力。两台杀虫灯间隔300m，每日调换位置，逐日记载诱杀害虫的种类和数量见表1。

表1　二点委夜蛾高效杀虫4#光源与常规光源对其他灯诱害虫的诱杀量比较（头）

项目	二点委夜蛾		棉铃虫		黏虫		其他螟蛾类		铜绿丽金龟		大黑鳃金龟		黄褐丽金龟		其他甲虫	
	4#	常规	4#	常规	4#	常规	4#	常规	4#	常规	4#	常规	4#	常规	4#	常规
7月15日	131	31	0	0	0	0	17	10	227	212	8	11	22	11	3	2
7月16日	126	29	0	0	0	0	10	10	288	270	8	6	23	25	2	1
7月17日	186	131	0	0	0	0	6	5	341	280	27	24	22	15	4	9
7月18日	65	58	0	0	0	0	9	7	335	239	15	6	13	9	3	4
7月19日	296	176	0	0	0	0	19	10	401	360	23	27	19	29	3	2
7月20日	312	630	0	0	0	0	11	15	370	391	6	4	20	34	1	0
7月21日	786	639	0	0	0	0	45	7	253	389	25	21	28	27	5	9
7月22日	435	96	12	2	4	0	66	7	225	220	4	3	45	32	7	3
7月23日	297	234	24	22	9	6	22	8	181	172	41	34	22	17	11	7
7月24日	345	286	57	21	17	13	98	37	231	185	16	9	26	10	14	5
7月25日	186	215	39	41	15	9	27	35	205	141	34	34	15	16	1	3
7月26日	81	79	41	37	8	1	64	49	104	84	13	6	12	15	8	7

* 项目资助：粮食丰产增效科技创新 2018YFD0300502

** 第一作者：马继芳，研究员，主要从事生物技术及农作物病虫害研究；E-mail：zhibaoshi001@163.com

*** 通信作者：董志平，研究员，主要从事农作物病虫害研究；E-mail：dzping001@163.com

（续表）

项目	二点委夜蛾		棉铃虫		黏虫		其他螟蛾类		铜绿丽金龟		大黑鳃金龟		黄褐丽金龟		其他甲虫	
	4#	常规	4#	常规	4#	常规	4#	常规	4#	常规	4#	常规	4#	常规	4#	常规
7月27日	216	165	14	24	9	7	10	11	48	25	25	17	5	15	1	4
合计（头）	3462	2769	187	147	62	36	404	211	3209	2968	245	202	272	255	63	56
增效（%）	25.0		27.2		72.2		91.5		8.1		21.3		6.7		12.5	

由此可见，4#光源不但能高效诱杀二点委夜蛾，对棉铃虫、黏虫及其他螟蛾类害虫诱杀能力也强，分别提高了27.2%、72.2%和91.5%；对铜绿丽金龟、大黑鳃金龟、黄褐丽金龟等主要金龟子及其他甲虫的诱杀能力也提高了8.1%、21.3%、6.7%和12.5%，可以替代常规光源用于对害虫的测报和防治。

储粮害虫磷化氢抗性新方法研究

单常尧[1,2]，陈　鑫[2]，李　娜[2]，张　涛[2]
（1. 河南工业大学粮油食品学院，郑州　450001；
2. 国家粮食和物资储备局科学研究院，北京　100037）

摘　要：据报道，我国已有个别品系储粮害虫的抗性倍数达到2 000倍以上，其完全致死浓度甚至超过了磷化氢气体（Phosphine，PH_3）的燃爆极限（26g/m^3），这意味着粮库采用磷化氢熏蒸的方式很难将其杀灭。为全面监测储粮害虫磷化氢抗性情况，及时发布储粮害虫抗性数据，指导行业高效开展储粮害虫防治工作，确保磷化氢高抗性、极高抗性害虫再猖獗，快速、精确、高频的害虫抗性测定装置和技术研发成为必须要解决的问题。

本研究以储粮害虫锈赤扁谷盗［*Cryptolestes ferrugineus*（Stephens）］为实验对象，采用国家粮食和物资储备局科学研究院自行研制的储粮害虫抗性测定装置，参照FAO推荐方法对3个储粮生态区4个锈赤扁谷盗品系的磷化氢抗性进行了测定，获得了置信区间0.95的范围内LC_{50}和LC_{95}值，确定了锈赤扁谷盗磷化氢抗性系数Rf值，实验环境温度设定为25 ℃±2 ℃，湿度设定为70%±5%，磷化氢浓度850mg/L。参照曹阳等在基于磷化氢击倒中时间的储粮害虫抗性快速测定方法研究中提到的方法测定了半数击倒时间KT_{50}，实验用磷化氢气体浓度设定为2.0mg/L，环境温度设定为25 ℃±2 ℃，湿度设定为70%±5%。实验数据采用R-3.5.2和Statistical Product and Service Solutions 22.0进行可视化处理。测定结果显示：4个品系的锈赤扁谷盗磷化氢抗性存在差异，内蒙古通辽品系Rf为3.727，KT_{50}为45min，属于低抗性品系；广西南宁品系（Rf为37.000，KT_{50}为170min）、山东费县品系（Rf为38.000，KT_{50}为174min）、广东广州品系（Rf为45.455，KT_{50}为187min）属于中抗性品系；4个品系KT_{50}与Rf、LC_{50}均呈正相关，同时lg（LC_{50}）和lg（KT_{50}）呈直线相关。

研究结果表明，抗性测定装置和方法测得的锈赤扁谷盗磷化氢抗性水平符合实际情况，测得的半数击倒时间KT_{50}和致死中浓度LC_{50}与参考文献中记录基本一致，证明装置所得数据的准确可靠，能够实现储藏过程中害虫抗性的快速测定，对现场熏蒸或制定应急熏蒸预案过程中判断抗性程度具有指导意义。

关键词：储粮害虫；锈赤扁谷盗 ；磷化氢 ；抗性测定装置；抗性倍数

ToCV 单独侵染与 TYLCV&ToCV 复合侵染对烟粉虱寄主适应性的影响及其生理机制分析*

丁天波**，李　洁，周　雪，张　壮，褚　栋***

（青岛农业大学植物医学学院，山东省植物病虫害综合防控重点实验室，青岛　266109）

摘　要：目前，80%以上的植物病毒依靠媒介昆虫进行传播，植物病毒亦能够对媒介昆虫的寄主适应性产生影响。本研究以 2 种重要番茄病毒［番茄褪绿病毒（*Tomato chlorosis virus*，ToCV）和番茄黄化曲叶病毒（*Tomato yellow leaf curl virus*，TYLCV）］为主体，探讨了 ToCV 单独侵染和 TYLCV&ToCV 复合侵染模式下对其共同传播媒介烟粉虱（*Bemisia tabaci*）寄主适应性的影响和生理机制。研究结果发现：①烟粉虱以 ToCV 侵染和 TYLCV&ToCV 复合侵染番茄植株作为寄主时，其存活率均显著低于健康番茄植株（$P < 0.05$），其中取食 TYLCV&ToCV 复合侵染番茄的烟粉虱存活率最低；烟粉虱在 TYLCV&ToCV 复合侵染番茄植株上的产卵量最低，显著低于其在健康番茄植株上的产卵量（$P < 0.05$），是 ToCV 侵染番茄，烟粉虱在健康番茄植株上产卵量最高。②TYLCV&ToCV复合侵染植株总糖含量低于健康番茄和 ToCV 侵染番茄植株，并且同 ToCV 侵染植株之间差异显著（$P < 0.05$）。③经 TYLCV&ToCV 复合侵染后，番茄植株体内水解氨基酸总含量明显低于健康番茄植株，并显著低于 ToCV 侵染植株（$P < 0.05$）；TYLCV&ToCV 复合侵染植株体内 14 种氨基酸（天冬氨酸、苏氨酸、丝氨酸、甘氨酸、丙氨酸、缬氨酸、异亮氨酸、亮氨酸、酪氨酸、苯丙氨酸、赖氨酸、组氨酸、精氨酸和脯氨酸）比例均显著低于 ToCV 侵染番茄植株（$P < 0.05$）。上述研究结果表明，相对于 ToCV 单独侵染，TYLCV&ToCV 复合侵染能够较大程度地降低烟粉虱的寄主适应性，而其寄主适应性的降低同番茄植株被病毒侵染后其营养条件的恶化存在一定关系。本研究结果进一步丰富了植物病毒—媒介昆虫—寄主植物互作理论体系，对重要媒介昆虫烟粉虱及其所传播番茄病毒的科学、有效防控具有指导意义。

关键词：烟粉虱；番茄褪绿病毒；复合侵染；寄主适应性；氨基酸

---

* 基金项目：国家自然科学基金青年科学基金（31501707）；泰山学者建设工程专项经费；青岛农业大学高层次人才科研基金（6631115033）；山东省农业科学院农业科技创新工程（CXGC2016B11）

** 第一作者：丁天波，副教授，研究方向为媒介昆虫与植物病毒互作及机制；E-mail：tianboding@126.com

*** 通信作者：褚栋，教授；E-mail：chinachudong@sina.com

三种杀虫剂胁迫下西花蓟马（*Frankliniella occidentalis*）共响应基因的鉴定与分析*

Gao Yue[1**], Min Ju Kim[1], In Hong Jeong[2], J. Marshall Clark[3], Si Hyeock Lee[1,4***]

(1. Department of Agricultural Biotechnology, Seoul National University, Seoul, Republic of Korea; 2. Division of Crop Protection, National Insstitute of Agricultural Science, Rural Development Administration, Republic of Korea; 3. Department of Veterinary & Animal Sciences, University of Massachusetts at Amherst, MA, USA; 4. ResearchInstitute for Agriculture and Life Science, Seoul National University, Seoul, Republic of Korea)

摘　要：西花蓟马（*Frankliniella occidentalis*）是一种重大的园艺害虫，在世界多个国家发生危害，造成了巨大的经济损失。由于杀虫剂施用仍是防治西花蓟马的主要措施，现在其已经对多种杀虫剂产生了较高水平的抗性，进一步增加了其防治的难度。为实现对西花蓟马种群的合理控制，开展对西花蓟马抗性机制的研究成为必要举措之一。基于此，本研究选用虫螨腈、呋虫胺和多杀菌素 3 种不同类型杀虫剂，运用 RCVpW 法（Residual Contact Vial plus Water）以亚致死剂量对西花蓟马进行处理，并进行数字表达谱分析。结果表明，3 种杀虫剂亚致死剂量胁迫下，西花蓟马体内共有 230 个基因发生共响应，其中 199 个上调，31 个下调。GO 分析结果显示，不同杀虫剂胁迫下，西花蓟马 GO 通路分布情况不同；大量共上调的基因同蛋白质、脂质和碳水化合物代谢相关；同时筛选出 10 个解毒代谢酶基因，包括 4 个细胞色素 P450 基因（Cyp6a1、Cyp6a13、Cyp6a14、Cyp6k1）、4 个 UGT 基因（UGT2B2、UGT2B15、UGT2B17、UGT2C1）、1 个谷胱甘肽 S 转移酶基因和 1 个 ATP 结合盒转运体基因（ABC transporter G20）。此外，笔者发现 3 种杀虫剂胁迫下，3 个含有 C_2H_2-型锌指结构的转录调节基因 mRNA 表达水平均下调。上述研究结果暗示了上述共响应基因可能介入了西花蓟马的通用抗性机制，但其具体的角色和机理则需要进一步的研究。

关键词：西花蓟马；杀虫剂胁迫；亚致死剂量；数字表达谱；细胞色素 P450

---

* 基金项目：Grant PJ013356032019 from Rural Development Administration (RDA), Korea

** 第一作者：高岳，博士研究生在读，研究方向为昆虫分子生物学与毒性学；E-mail：speedgy@snu. ac. kr，gyloveasd@ gmail. com

*** Corresponding author：Si Hyeock Lee，Department of Agricultural Biotechnology，Seoul National University 151-921，Republic of Korea. Tel.：+82 2 880 4704；fax：+82 2 873 2319；E-mail：shlee22@ snu. ac. kr

辣根素 AITC 对异迟眼蕈蚊的活性探究*

苟玉萍**，李景功，李鸿雁，林春燕，孙伟虎，李　叶，刘长仲***

（甘肃农业大学植物保护学院，甘肃省农作物

病虫害生物防治工程实验室，兰州　730070）

摘　要：异迟眼蕈蚊于 1948 年由 Frey 首次报道，是一种常见的温室作物害虫，寄主范围广，为害性强，对食用菌、药用菌及观赏植物造成严重经济损失，在世界范围内普遍发生。2013—2014 年，笔者课题组在甘肃省的甘谷县、武山县、靖远县、兰州市七里河区等地调查发现，异迟眼蕈蚊对韭菜、大葱、大蒜、百合等作物为害，并成为根蛆类害虫的优势种。2015—2017 年，田间进一步调查发现异迟眼蕈蚊与韭菜迟眼蕈蚊混合发生，不仅为害韭菜地下部分，造成地上部分萎蔫、皱缩，影响韭菜产量与品质，幼虫还可取食蚕豆、生菜以及白菜根部，影响蔬菜的生长，致使蔬菜品质下降，产量降低。

异硫氰酸烯丙酯（Allyl isothiocyanate，AITC）俗称为辣根素，是一类广泛存在于辣根、芥菜、甘蓝和山葵等十字花科植物中的天然含硫次生代谢物，是一种无色至淡黄色油状液体，高浓度下具有强烈的挥发性，有刺激性芥子气味，常用于制备食品防腐剂以及杀菌剂和除草剂，在抗癌、神经保护和心机保护等方面的作用和效果也备受关注。近年来，因 AITC 具有安全高效性，在病虫害防治方面广受重视，并对玉米象、绿豆象、水稻褐飞虱、根结线虫、山药种薯短体线虫等取得良好的防治效果。

本研究以 AITC 为植物源杀虫剂，通过胃毒触杀联用法和三角瓶密闭熏蒸法对幼虫和成虫分别处理，初步探讨其对异迟眼蕈蚊的作用效果；利用昆虫触角电位 EAG 技术，分析异迟眼蕈蚊对 AITC 不同浓度的电位反应。此外，采用两性生命表方法，分析 AITC 亚致死胁迫后异迟眼蕈蚊子代种群参数的变化，以期为异迟眼蕈蚊综合治理提供新的参考。

关键词：异迟眼蕈蚊；异硫氰酸烯丙酯；EAG；两性生命表

---

* 基金项目：公益性行业（农业）科研专项“作物根蛆类害虫综合防治技术研究与示范”（201303027）

** 第一作者：苟玉萍，博士研究生，主要研究农业昆虫与害虫综合防治；E-mail: gouyp1988@163.com

*** 通信作者：刘长仲，博士生导师，教授，主要从事昆虫生态及害虫综合治理研究；E-mail: liuchzh@gsau.edu.cn

云南蔗区甘蔗螟虫综合防控技术集成与应用*

李文凤**，张荣跃，尹　炯，王晓燕，单红丽，李　婕，
罗志明，仓晓燕，黄应昆***
（云南省农业科学院甘蔗研究所，云南省甘蔗遗传改良重点实验室，开远　661699）

摘　要：本研究针对云南蔗区灾害性蔗螟防控难题，历时 10 年协同攻关，系统攻克了蔗螟综合防控瓶颈，形成了一批核心产品技术，促进了甘蔗产业绿色高质量发展，并取得几方面的创新性成果：首次明确了云南蔗区灾害性螟虫种类、种群结构及灾害特性，为制定综合防控技术与应用提供了科学依据；构建了云南蔗区螟虫种群监测技术体系和预警监测网点，实现了蔗螟种群动态精准监测，为综合防控提供了技术支撑；开发了云南蔗区螟虫无人机飞防施药技术且大面积成功应用，为有效防控螟虫成功开辟了一条轻简高效新途径；研究形成灯诱和性诱诱杀成虫技术规模化应用，推进了螟虫绿色防控技术进步；在云南蔗区集成无人机飞防、生物制剂、理化诱控、性诱剂诱捕等综合防控技术，制定了标准化技术规程，显著提高了大面积整体防控效果；多年来在云南蔗区 8 个主产州（市）组织进行了甘蔗螟虫综合防控技术推广应用，控制了危害，防控效果显著。2017—2018 年累计推广应用 278 000hm^2（无人机飞防 13 334hm^2），共挽回甘蔗损失 3 666 000t，增加蔗糖 469 000t，新增销售额 39. 79 亿元，新增利润 12. 51 亿元，增税 1. 88 亿元。研究成果技术集成度高、实用性强、转化程度高，经济、社会和生态效益显著，为云南蔗区蔗糖业持续稳定发展、减损增效提供了技术支撑，为边疆民族经济发展和农民增收脱贫做出了重大贡献。

关键词：云南蔗区；甘蔗螟虫；综合防控；应用

---

* 基金项目：国家现代农业产业技术体系（糖料）建设专项资金（CARS-170303）；“云岭产业技术领军人才”培养项目“甘蔗有害生物防控”（2018LJRC56）；临沧南华科企合作项目“甘蔗虫害草害科技防控（LT12-13E130328-041）”；云南省现代农业产业技术体系建设专项资金

** 第一作者：李文凤，研究员，主要从事甘蔗病虫害研究；E-mail：ynlwf@ 163. com

*** 通信作者：黄应昆，研究员，从事甘蔗病虫害防控研究；E-mail：huangyk64@ 163. com

云南蔗区甘蔗主要病虫害无人机防控技术*

李文凤[1**]，王晓燕[1]，张荣跃[1]，单红丽[1]，范源洪[2]，
徐　宏[3]，黄丕忠[4]，李泽娟[5]，段婷颖[5]，康　宁[6]，黄应昆[1***]
（1. 云南省农业科学院甘蔗研究所，开远　661699；2. 云南省高原特色农业产业研究院，昆明　650201；3. 云南紫辰农业发展有限公司，祥云　672100；4. 临沧南华糖业有限公司，临沧　677500；5. 云南凯米克农业技术服务有限公司，昆明　650000；6. 德宏州甘蔗科学研究所，陇川　678707）

摘　要：本研究针对传统人工喷药防治存在缺陷和甘蔗高秆作物中后期施药难、劳力缺乏和作业效率低等问题，从飞防机型选择、专用药及助剂筛选、药械融合、田间作业、技术规范、规模化应用组织模式等层面对甘蔗主要病虫飞防技术进行了系统开发示范，分析确定了适宜云南低纬高原蔗区的无人机机型及飞行技术参数，筛选出无人机飞防最佳药剂配方组合和施用技术，形成了云南低纬高原蔗区甘蔗主要病虫无人机防控技术且大面积成功应用（2018 年推广应用无人机飞防 15 527hm^2），为全面推广应用无人机飞防甘蔗病虫常态化提供了成熟的全程技术支撑。采用无人机防控甘蔗病虫具有超低量施药、作业效率高等优点，可有效解决高秆作物后期喷施困难、劳动力紧张和作业效率低的问题，为有效防控甘蔗病虫成功开辟一条轻简高效新途径，切实加快甘蔗病虫害统防统治进程，对有效降低暴发流行灾害性甘蔗病虫给蔗农和企业造成的损失，提高甘蔗产量和糖分，具有极为明显的效果，对实现甘蔗病虫全程精准防控，甘蔗提质增效，保障国家食糖安全起到了重要的作用。

关键词：云南蔗区；甘蔗病虫；无人机；防控技术

---

* 基金项目：国家现代农业产业技术体系（糖料）建设专项资金（CARS-170303）；云南省现代农业产业技术体系建设专项资金；“云岭产业技术领军人才”培养项目“甘蔗有害生物防控”（2018LJRC56）；临沧南华科企合作项目“甘蔗虫害草害科技防控（LT12-13E130328-041）”

** 第一作者：李文凤，研究员，主要从事甘蔗病虫害研究；E-mail：ynlwf@ 163. com

*** 通信作者：黄应昆，研究员，从事甘蔗病虫害防控研究；E-mail：huangyk64@ 163. com

贵州菜蚜对杀虫剂的敏感性监测*

李文红[1**]，李添群[2]，杨丽娟[3]，邓利荣[4]，王慧敏[3]，周宇航[1]，李凤良[1]

（1. 贵州省农业科学院植物保护研究所，贵阳　550006；2. 贵州省修文县植保植检站，修文　550299；3. 长江大学，荆州　434023；4. 贵阳学院，贵阳　550000）

摘　要：持续监测菜蚜田间种群对杀虫剂的敏感性，是菜蚜防治与抗药性治理的重要措施，本研究旨在探析贵州菜蚜对十字花科蔬菜地常用杀虫剂的敏感性。采用叶片浸渍法测定了2017—2018年贵州贵阳市花溪区、贵阳市修文县、毕节市黔西县、遵义市播州区桃蚜、甘蓝蚜和萝卜蚜田间种群对10余种常用药剂的敏感性，并分别以物种、年份、地区和杀虫剂为变量进行数据比较和统计分析。结果表明，3种菜蚜间差异显著：桃蚜对杀虫剂的敏感性明显低于甘蓝蚜和萝卜蚜（分别相差12.7倍和15.5倍）；地区间差异不明显：贵阳、黔西和息烽甘蓝蚜对杀虫剂敏感性没有差异；贵阳和遵义萝卜蚜对杀虫剂敏感性也没有差异。年度间变化：从2017—2018年桃蚜和甘蓝蚜抗药性分别上升了2.2倍和1.9倍；其中贵阳市桃蚜种群对烯啶虫胺、噻虫啉、噻虫嗪、毒死蜱、噻虫胺和溴氰虫酰胺的抗性上升非常明显，贵阳市甘蓝蚜种群对功夫菊酯、氟啶虫胺腈、毒死蜱、吡虫啉和噻虫嗪的抗性也有不同程度上升。基于文中监测数据和归纳分析，作者对贵州菜蚜的用药提出如下参考建议：多数药剂对甘蓝蚜和萝卜蚜的毒力较高，优先推荐毒死蜱、噻虫嗪和溴氰虫酰胺等交替轮换使用；桃蚜对多数杀虫剂不敏感，且抗性上升快，推荐氟啶虫胺腈、吡虫啉和抗蚜威等药剂暂时还可以用于防治贵州桃蚜，急需寻找新型高效的药剂交替轮换使用。

关键词：桃蚜；甘蓝蚜；萝卜蚜；杀虫剂；敏感性

* 基金项目：贵州省科技支撑计划（黔科合支撑〔2016〕2532号）；贵州省科研机构服务企业行动计划项目（黔科合服企〔2015〕4012号）

** 第一作者：李文红，从事昆虫毒理及抗药性研究；E-mail：liwh2015@126.com

6种杀虫剂对云南地区番茄潜叶蛾的室内毒力测定

马　琳[1,2*]，李晓维[2]，王树明[3]，王田珍[3]，吕要斌[1,2**]
(1. 浙江省农业科学院植物保护与微生物研究所，杭州　310021；2. 南京农业大学植物保护学院，南京　210095；3. 云南省玉溪市植保植检站，玉溪　653100)

摘　要：番茄潜叶蛾 *Tuta absoluta*（Meyrick）原产于南美洲，严重为害番茄等多种茄科作物，是最具毁灭性的世界性入侵害虫之一。近两年该虫在我国云南、新疆等地区零星发生，对我国番茄产业造成严重威胁。本研究旨在评估甲维盐、氯虫苯甲酰胺、氯虫腈、多杀菌素、茚虫威、溴氰菊酯等6种杀虫剂对入侵云南的番茄潜叶蛾种群的杀虫活性，为番茄夜蛾防控提供技术支持。本研究采用浸叶法，测定了6种原药对云南地区室内和田间种群3龄幼虫的 LC_{50} 值、建立甲维盐和氯虫苯甲酰胺的毒力敏感基线。结果表明，6种杀虫剂对云南室内品系3龄幼虫的 LC_{50} 值大小顺序为：多杀菌素0.54mg/L>氯虫苯甲酰胺0.14mg/L>茚虫威0.09mg/L>溴氰菊酯0.045mg/L>氯虫腈0.043mg/L>甲维盐0.005mg/L；田间品系 LC_{50} 值大小顺序为：氯虫苯甲酰胺12.78mg/L>多杀菌素5.91mg/L>茚虫威2.84mg/L>溴氰菊酯2.14mg/L>氯虫腈0.94mg/L>甲维盐0.34mg/L。番茄潜叶蛾田间品系对多杀菌素、氯虫腈、茚虫威、溴氰菊酯、甲维盐、氯虫苯甲酰胺的敏感性分别降低了11倍、22倍、32倍、48倍、68倍、92倍。以上结果表明，云南地区番茄潜叶蛾种群对多种农药产生了一定的抗性，甲维盐、氯虫腈对番茄潜叶蛾的敏感性最强，可作为防控该害虫的首选药剂。

* 第一作者：马琳，研究生；E-mail：2018802192@njau.edu.cn
** 通信作者：吕要斌，研究员；E-mail：luybcn@163.com

黄曲条跳甲发生为害及综合防治技术研究进展*

肖　勇[1,2**]，林庆胜[1,2]，尹　飞[1,2]，杨　暹[3]，李振宇[1,2]
（1. 广东省农业科学院植物保护研究所，广州　510640；2. 广东省植物保护新技术重点实验室，广州　510640；3. 华南农业大学，广州　510642）

摘　要：黄曲条跳甲 *Phyllotreta striolata*（Fabricius）属鞘翅目（Coleoptera）叶甲科（Chrysomelidae），是一种严重为害蔬菜的世界性害虫，主要为害十字花科蔬菜，如菜心、萝卜、白菜、芥菜、油菜和甘蓝等。黄曲条跳甲广泛分布在亚洲、欧洲和北美洲等许多国家和地区。在我国，早在20世纪60年代就有报道杭州地区黄曲条跳甲在蔬菜上为害严重。目前，在我国各地也均有分布，北至黑龙江、内蒙古地区，南至广东、福建地区，西至甘肃地区，东至上海、江苏地区。近年来，随着我国各地农业产业结构调整，十字花科蔬菜种植面积连续扩大，且大部分地区无休耕期，连作、套种、间种普遍，给黄曲条跳甲的连续发生创造了良好环境。在我国南方部分地区，黄曲条跳甲由次要害虫上升为主要害虫，有超越小菜蛾成为蔬菜生产上第一大害虫的趋势。据广东省农作物有害生物预警防控中心报道，2019年上半年广东省黄曲条跳甲发生面积520万亩次，百株成虫量一般100~600头，高的可达1 000~8 000头，明显高于常年。该虫持续发生原因和对其合理有效的防治技术成为待解决的科学难题。本研究总结了黄曲条跳甲的生态学特征、防治现状及防治措施等近年来国内外的研究进展，以期为该虫的综合防治提供理论支撑。

关键词：黄曲条跳甲；十字花科；研究进展；综合防治

* 基金项目：广东省乡村振兴战略专项-农业科技创新及推广项目（2019KJ122）

** 第一作者：肖勇，主要从事昆虫分子生态学及害虫控制研究领域；E-mail：xiaoyongxyyl@163.com

6 生物杀虫剂对黏虫的室内毒力及田间药效*

李鸿波**，戴长庚，胡　阳
（贵州省农业科学院植物保护研究所，贵阳　550009）

摘　要：为筛选出对黏虫具有较好防治效果的生物农药，采用生测法和喷雾法分别测定了 6 种生物农药对黏虫的室内毒力和田间防效。结果表明：阿维菌素对黏虫的 3 龄幼虫的毒力最高，其 LC_{50} 为 0. 91μg/mL，其次为短稳杆菌和绿僵菌 1，其 LC_{50} 分别为 2.73×10^4 和 4.90×10^6 孢子数/mL，其余 3 种杀虫剂的 LC_{50} 在（4. 97~6. 12）$\times10^6$ 孢子数/mL。田间试验结果表明，不同杀虫剂对黏虫幼虫的防效具有显著差异。无论是 3d 还是 7d，阿维菌素的防效均大于 84%，显著高于其他杀虫剂。其次为短文杆菌和甘蓝夜蛾 NPV，药后 3d 防效分别为 67. 33%和 59. 00%，药后 7d 防效分别为 70. 67%和 68. 33%。此外，无论是药后 3d 还是 7d，其他 3 种生物杀虫剂的防效均低于 60%。阿维菌素对黏虫具有较好的控制效果，建议在生产上使用。

关键词：生物杀虫剂；黏虫；室内毒力测定；田间药效

---

* 基金项目：国家重点研发计划项目“南方山地玉米化肥农药减施技术集成研究与示范”（2018YFD0200700）

** 第一作者：李鸿波，博士，副研究员，研究方向为玉米害虫综合治理；E-mail: gzlhb2017@ 126. com

农药替代技术对瓜实蝇的诱杀效果研究*

李忠彩[1**]，李先喆[3]，杨国萍[1]，邓金奇[1]，何行建[1]，彭德良[2]，黄文坤[2***]

（1. 湖南省汉寿县植保植检站，汉寿 415900；2. 中国农业科学院植物保护研究所植物病虫害生物学国家重点实验室，北京 100193；3. 湖南省怀化市烟草公司新晃县分公司，新晃 419200）

摘　要：瓜实蝇是南方露地瓜类作物的主要害虫之一，严重影响瓜类的产量和品质。为减少防治露地蔬菜害虫的化学农药用量，建议推广露地蔬菜农药替代技术。2018—2019 年，在湖南省汉寿县辰阳街道华诚蔬菜专业合作社，探究了性诱剂、食诱剂及黄板色诱等多种诱捕方式对瓜实蝇的诱杀效果。结果表明：纽康性诱与瑞丰食诱的防治效果最好，单日诱虫量在 22 头以上；其次为黄板色诱，单日诱虫量在 13 头以上；再次为中捷四方性诱，单日诱虫量仅 10 头左右。方差分析表明，纽康性诱与中捷四方性诱、黄板色诱在诱虫量上存在显著差异。纽康性诱与瑞丰食诱在诱虫量上不存在显著差异，但对瓜实蝇的诱杀效果最好，适于在生产上推广应用。本研究结果可对减少化学农药用量、推广蔬菜害虫绿色防控技术奠定基础。

关键词：瓜实蝇；农药替代技术；性诱剂；食诱剂；黄板诱杀

瓜实蝇 *Bactrocera cucurbitae*（Coquillett）是我国重要的入侵性害虫，起源于印度，广泛分布于世界各地的热带、亚热带及温带地区，可为害 100 多种寄主植物，是苦瓜、丝瓜、黄瓜、南瓜等露地蔬菜的主要害虫。雌虫将卵产于幼嫩的瓜皮里，造成瓜果流胶、畸形，孵化后幼虫蛀食瓜肉，使瓜果腐烂，造成严重的经济损失[1-2]。由于瓜实蝇飞翔灵活，单靠化学药剂难以持续有效地控制其为害，而性诱、食诱、黄板诱杀等绿色防控技术的引入，一方面能减少虫源基数，另一方面能减少农药的施用量，提高瓜果的卫生品质[3]。为此，笔者分析了不同诱捕方式诱虫数量的差异，探究了瓜实蝇食诱、性诱、黄板诱杀等不同诱捕方式的诱虫效果，将为瓜实蝇的绿色防控提供一定的参考依据。

1　试验材料与方法

1.1　试验材料

性诱瓶（宁波纽康生物技术有限公司），两种性诱剂（宁波纽康生物技术有限公司、北京中捷四方有限公司生产，下简称纽康、中捷四方），屋型诱捕器（广东瑞丰生物科技有限公司）、物理诱粘剂（广东豪之盛新材料有限公司），全降解黄板（上海盛谷光电科

---

* 基金项目：国家重点研发计划（2018YFD0201202）

** 第一作者：李忠彩，农艺师，从事农作物病虫害预测预报和大面积防治工作；E-mail：1140986902@qq.com

*** 通信作者：黄文坤，研究员，从事蔬菜线虫及病虫害绿色防控技术研究；E-mail：wkhuang2002@163.com

技有限公司)。

1.2 试验地点及作物

试验地点位于湖南省汉寿县辰阳街道华诚蔬菜专业合作社，作物品种为苦瓜，常年种植面积约 30hm^2。

1.3 方法

将宁波纽康、中捷四方生产的性诱剂滴入性诱瓶内海绵内（性诱），屋型诱捕器内上喷涂满物理诱粘剂（食诱），然后将两种诱瓶，屋型诱捕器及黄板（色诱）等悬挂于苦瓜田块；4 种诱铺装置 4 个处理，每个处理 3 次重复，每个重复间隔 20m 左右，小区呈长方形，作随机区组排列；监测时间为 2018 年 7 月 10 日至 8 月 10 日，2019 年 6 月 25 日至 7 月 25 日，监测期内不定期添加性诱剂和食诱剂。

1.4 数据统计分析

监测期结束统计各处理诱虫总数，3 次重复取平均值，并计算日平均值，各数据采用软件 Excel 2010、DPS-V 7.05 及 SPSS 进行处理与分析。

2 结果与分析

如表 1 所示，不同诱捕方式诱虫量日平均值表现为：纽康性诱>瑞丰食诱>黄板>中捷四方性诱，其中纽康日均诱虫量 26.52~27.31 头，监测期内诱虫效果最佳，黄板日均诱虫 8.73~10.85 头，诱虫量最少；方差分析表明，纽康性诱与中捷四方性诱、黄板色诱在诱虫量上存在显著差异，纽康性诱与瑞丰食诱在诱虫量上不存在显著差异，但对瓜实蝇的诱杀效果最好，适于在生产上推广应用。

表 1　不同诱捕方式对瓜实蝇的诱杀效果　（单位：头）

时间	纽康性诱	瑞丰食诱	黄板色诱	中捷四方性诱
2018 年	26.52±4.99A	22.88±1.60A	13.04±1.48B	8.73±1.36C
2019 年	27.31±5.28A	25.31±3.25A	15.62±2.26B	10.85±1.67C

注：同行不同大写字母表示差异极显著（$P<0.01$）

3 结论与讨论

随着农作物绿色防控集成技术大力推广及不断完善，生态调控、物理防治、生物防治等农药替代措施在作物病虫监测、防控及农药减量方面的作用日益凸显[4]，本研究对比了性诱、食诱、黄板等物理诱虫方式诱虫效果差异，结果表明，在监测期内，纽康性诱效果最佳，其次为瑞丰食诱，而中捷四方性诱的诱虫效果最差。

值得注意的是，在实施瓜实蝇绿色诱捕措施时，还需考虑成本及作物不同时期成虫发生量的差异，结合各种诱捕方式的特点，选择最佳组合诱杀方式；性诱剂主要诱捕雄虫，并且诱剂释放较稳定均匀，在瓜实蝇成虫发生盛期之前，放置性诱瓶，起到监测及降低基数作用；而食诱剂原料为天然香料，喷涂在屋型诱捕器上，有效物质释放面积大，并且雌雄虫均可引诱，所以前期诱虫效果极佳，但随着时间的推移，气味源释放量降低，粘满虫后喷涂液不再具有粘虫作用[3]，需要补充喷涂保持其粘虫效果，因此在瓜实蝇成虫发生盛期，可增加苦瓜田块屋型诱捕器的数量，并根据诱虫量定期补喷；而全降解黄板虽然每张成本较低，但由于亩用量大，人工成本相对较高，因此不适于推广使用。

需要指出的是，由于试验时间有限，并且供试作物仅苦瓜一种，因而本研究结果存在一定的局限性。在后续研究中，还有必要增加作物的监测种类，延长监测时间，提高取样计数的频率，从而使试验结果更加可靠。

参考文献

[1] Dhillon M K, Singh R, Naresh J S, *et al*. The melon fruit fly, *Bactrocera cucurbitae*: A review of its biology and management [J]. Journal of Insect Science, 2005, 5 (40): 1-16.

[2] 彭帅，郑丽霞，吴伟坚．瓜实蝇对寄主植物的产卵选择性 [J]. 环境昆虫学报，2013，35 (2)：273-276.

[3] 廖永林，张扬，李燕芳，等．不同诱捕处理在苦瓜地上对瓜实蝇和桔小实蝇的诱捕效果研究 [J]. 热带作物学报，2013，34 (1)：142-145.

[4] 张政兵．全面推进湖南省农作物病虫害绿色防控工作的思考 [J]. 中国植保导刊，2019，39 (5)：87-89.

陌夜蛾性信息素及其类似物的生物活性研究*

马好运**，王留洋，李　慧，翁爱珍，折冬梅，宁　君，梅向东***
（中国农业科学院植物保护研究所，植物病虫害生物学国家重点实验室，北京　100193）

摘　要：陌夜蛾（*Trachea atriplicis* Linnaeus），隶属于鳞翅目夜蛾科，是一种重要的农业害虫。性信息素作为调控昆虫行为的化学通讯物质，提供了一条控制害虫发生和为害的有效途径。本文主要介绍了陌夜蛾性信息素及其类似物的室内活性测定以及田间使用配方的优化研究。室内电生理试验（EAG）表明，陌夜蛾雄虫触角对顺-11-十六碳烯乙酸酯（*Z*11-16：Ac）和顺-11-十六碳烯-1-醇（*Z*11-16：OH）有较好的剂量效应（图1）。田间试验表明（表1），当顺-11-十六碳烯乙酸酯（*Z*11-16：Ac）、顺-11-十六碳烯-1-醇（*Z*11-16：OH）的质量比为10：1，剂量为1 100μg时，诱捕效果最好，每个诱捕器单日最大诱捕量可达11头（图2）。以陌夜蛾性信息素的主要成分*Z*11-16：Ac及其反式结构*E*11-16：Ac为母体，设计并合成了10种性信息素类似物（图3），通过EAG、Y型嗅觉仪试验及风洞试验，均表现出一定的生物活性。本研究为陌夜蛾的高效、绿色防控提供了新途径。

关键词：陌夜蛾；性信息素；性信息素类似物；绿色防控

表1　陌夜蛾性信息素组分及比例

配方	信息素组分及比例
M1	*Z*11-16：Ac
M2	*Z*11-16：OH
M3	*Z*11-16：Ac：*Z*11-16：OH=1：1
M4	*Z*11-16：Ac：*Z*11-16：OH=9：1
M5	*Z*11-16：Ac：*Z*11-16：OH=1：9

---

* 基金项目：国家重点研发计划资助（2018YFD0201000，2018YFD0201202和2018YFD0800401）；国家自然科学基金（31772175和31621064）

** 第一作者：马好运，硕士研究生，主要从事化学调控昆虫行为研究；E-mail: haoyunma1618@ 163.com

*** 通信作者：梅向东，副研究员；E-mail：xdmei@ ippcaas. cn

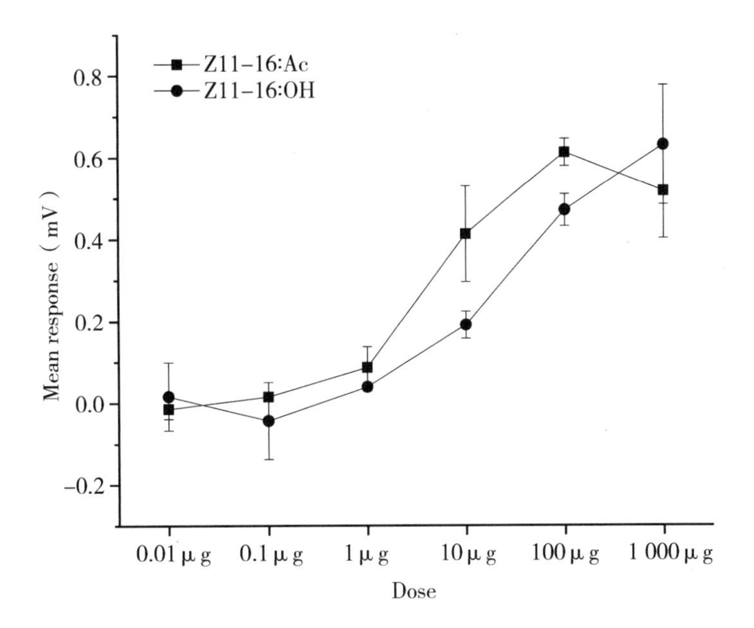

图 1　陌夜蛾雄虫随 Z11-16：Ac、Z11-16：OH 剂量变化的 EAG 响应值

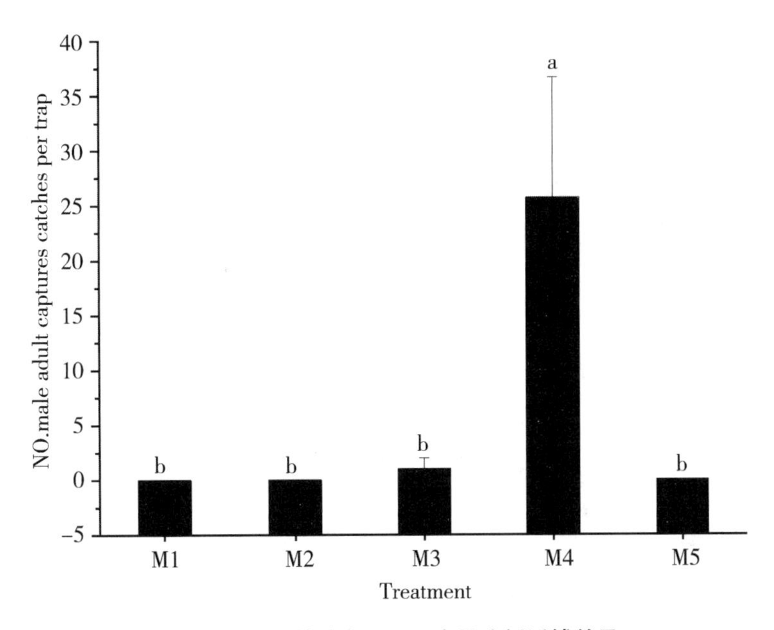

图 2　陌夜蛾性信息不同配方及比例诱捕效果

（北京，2018 年 6 月 23 日至 7 月 2 日），每个处理 3 个重复（Duncan's test，$P<0.05$）

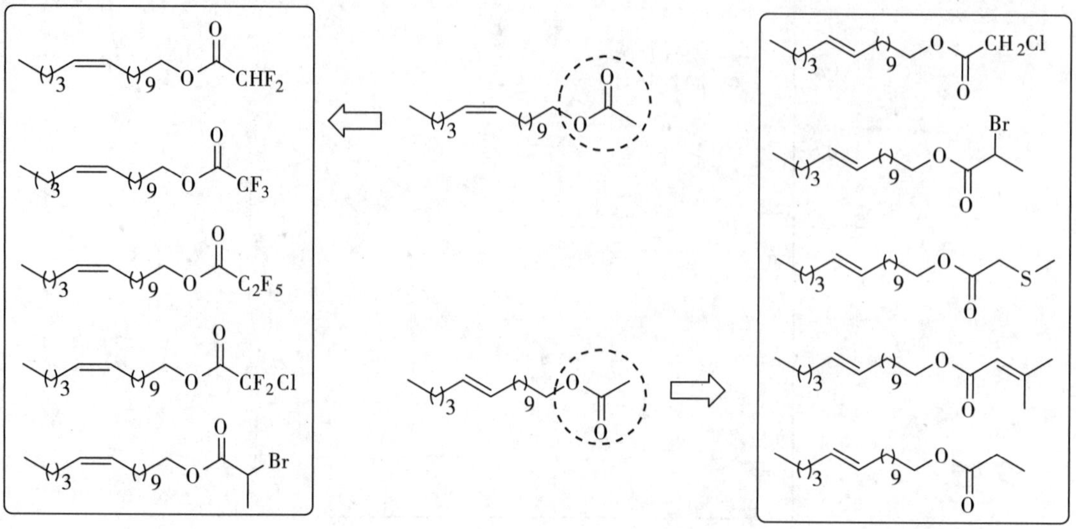

图 3 陌夜蛾性信息素主要成分 *Z*11-16：AC、反式异构体 *E*11-16：AC 及其类似物

机直播水稻“播喷同步”封闭除草的效果*

李儒海**，黄启超，褚世海，顾琼楠
（湖北省农业科学院植保土肥研究所，农业部华中作物有害生物综合治理重点实验室，农作物重大病虫草害防控湖北省重点实验室，武汉 430064）

摘　要：直播稻播后早期田间干湿交替的水分管理模式，有利于杂草的发生危害，严重的草害是直播稻生产中的难题之一。水稻机直播“播喷同步”封闭除草技术通过在水稻直播机上加装喷雾装置，实现了在直播水稻的同时由机械驱动对稻田封闭除草。该技术喷雾均匀、施药液量少、省工省力、作业效率高。为了明确机直播水稻“播喷同步”封闭除草的效果，进行了田间试验，共有11种封闭除草处理：33%嗪吡嘧磺隆水分散粒剂99g a. i. /hm^2、79. 2g a. i. /hm^2，19%氟酮磺草胺悬浮剂34. 2g a. i. /hm^2，300g/L丙草胺乳油450g a. i. /hm^2，120g/L噁草酮乳油360g a. i. /hm^2、288g a. i. /hm^2，40%苄嘧·丙草胺可湿性粉剂540g a. i. /hm^2、432g a. i. /hm^2，55%吡嘧·丙草胺可湿性粉剂618. 75g a. i. /hm^2，42%五氟·丙草胺可分散油悬浮剂630g a. i. /hm^2，38%苄·噁·丙草胺可湿性粉剂427. 5g a. i. /hm^2。

结果表明，施药后14天，水稻3叶期时，38%苄·噁·丙草胺可湿性粉剂427. 5g a. i. /hm^{2}处理的稻苗数为62. 4株/m^2，显著低于CK；是由于该处理紧邻进水口，而进水口封闭不严导致小区积水，进而导致稻苗药害。其他各封闭除草剂处理的水稻出苗数与CK无显著差异。各封闭除草剂处理对杂草的总防效均大于98%，处理间无显著差异。施药后44天，42%五氟·丙草胺可分散油悬浮剂630g a. i. /hm^{2}处理的总草株防效为63. 46%，38%苄·噁·丙草胺可湿性粉剂427. 5g a. i. /hm^{2}处理的总草株防效为72. 14%，二者之间无显著差异，均显著差于其他处理；其他处理的总草株防效较好，均大于80%。施药后44天，42%五氟·丙草胺可分散油悬浮剂630g a. i. /hm^{2}处理的总草鲜重防效为82. 11%，显著差于其他处理；其他处理的总草鲜重防效较好，均大于89%。总体上看，各处理的鲜重防效好于株防效。

从对水稻的安全性和对杂草的株防效及鲜重防效看，试验的除草剂均可用于湖北省直播中稻田封闭除草，而且能够减施除草剂推荐用量20%。

关键词：机直播水稻；播喷同步；除草效果

---

* 基金项目：国家重点研发计划项目（2016YFD0200800）；湖北省农业科技创新中心项目（2016-620-000-001-018）资助

** 通信作者：李儒海，博士，研究员，主要从事杂草生物生态学及综合治理研究；E-mail：ruhaili73@163. com

贵州外来入侵杂草胜红蓟灾变因子研究

叶照春，陈仕红，冉海燕，兰献敏，何永福
（贵州省农业科学院植物保护研究所，贵阳　550006）

摘　要：为探索胜红蓟在贵州入侵危害灾变因子，为胜红蓟的综合治理及预测预报提供科学依据。通过对胜红蓟生物学、生态学研究及耕作制度对胜红蓟发生危害影响监测。结果表明：胜红蓟种子量大、活力高，其萌发生长最适光照16h、温度25℃、土壤pH值为5、土壤含水量30%~50%等与贵州自然环境高度匹配。胜红蓟对贵州农田优势杂草辣子草、马唐种子萌发具有一定的化感抑制作用；且对贵州常用除草剂砜嘧磺隆较优势杂草辣子草更具有一定耐药性。在贵州单一耕作模式及粗放管理方式下，其田间主要优势杂草种类发生及危害相对保持稳定，胜红蓟发生危害在杂草群落中更容易保持优势地位。因此，胜红蓟在贵州入侵危害严重的主要因子为：自身种子量大，活力高，适应性强，传播速度快，容易形成单优群落而更具备竞争力，具有一定的化感作用和对当地常用除草剂具有一定耐药性、贵州气候条件优越以及耕作制度对其影响较小等综合因素。

关键词：贵州；胜红蓟；危害；灾变因子

几种除草剂及其不同处理方法在谷子上的效果比较*

冷廷瑞**，毕洪涛，李　广，金哲宇***，刘　娜，卜　瑞

（吉林省白城市农业科学院，白城　137000）

摘　要：通过使用不同除草剂组合，分别在谷子播后苗前和4~6片叶阶段进行试验小区全区处理，在谷子收获前调查各小区杂草发生种类，测量单位面积杂草株数，小区内杂草平均株高，平均单株干重，谷子收获后测量各小区谷子单位面积产量。经计算、分析后可知，扑草净、乙氧磺隆谷子播后苗前处理，稗草烯、异丙甲草胺、辛酰溴苯腈苗后处理组合在禾本科杂草、非禾本科杂草防控方面和单位面积产量方面均有最佳表现，有望通过除草剂配比改进和适时田间处理达到取代人工除草的目的。

关键词：除草剂；处理方法；谷子

近年来，随着人民生活水平的日益提高，人们对各类杂粮需求数量尤其是谷子数量表现上升趋势，这也导致了谷子的种植面积逐渐增多。在此方面谷子田间草害防控管理成为了影响谷子扩大生产的瓶颈问题。各地相关科技人员在谷子草害防治方面进行过多种尝试，其中抗除草剂[1]育种对谷子田防控杂草效果表现较好，但也存在各种不尽人意之处。笔者根据以往经验及相关科技资料，设计了几种除草剂组合分别在谷子播后苗前和4~6叶期对谷子田进行土壤处理和苗后茎叶处理。试图寻求安全有效的化学方法达到控制谷子田杂草危害的目的。

1　材料和方法

1.1　试验材料

试验用谷子品种为当地常见品种金谷2号。

试验用除草剂主要包括：

25%西草净[5]（吉林市绿盛农药化工有限公司）；

25%扑草净[2-5]（营口三征农用化工有限公司）；

50%稗草稀[5]（自制）；

48%苯达松[5]（苏州联合伟业科技有限公司）；

10%吡嘧黄隆[5]（江苏江南农化有限公司）；

32%苄嘧磺隆[5]（吉林省八达农药有限公司）；

15%乙氧磺隆（江苏江南农化有限公司）；

72%异丙甲草胺[5]（山东滨农科技有限公司生产）；

23.5%乙氧氟草醚（上海惠光环境科技有限公司）；

---

* 基金项目：吉林省科技发展计划项目 20190301062NY

** 第一作者：冷廷瑞，研究员，主要从事作物草害防治研究；E-mail：ltrei@ 163. com

*** 通信作者：金哲宇，研究员，主要从事植保科研工作

50%丙炔氟草胺[2]（住友化学有限公司）；

25%辛酰溴苯腈[5]（江苏瑞邦农药厂）。

1.2 试验方法

除草剂处理设计：

所有除草剂处理在试验运行过程中一律进行2次，第1次处理在谷子播后苗前进行土壤处理，第2次处理在谷子4~6片叶阶段，具体设计见表1。

表1 试验设计

处理号	播后苗前土壤处理	4片叶以后全小区处理
处理1	西草净、稗草稀	稗草稀、辛酰溴苯腈
处理2	扑草净、稗草稀	稗草稀、辛酰溴苯腈
处理3	空白对照	
处理4	稗草稀、苄嘧磺隆	异丙甲草胺、苯达松
处理5	稗草稀、吡嘧磺隆2倍剂量	稗草稀、吡嘧磺隆、苯达松
处理6	西草净、乙氧磺隆	稗草稀、丙炔氟草胺（速收）
处理7	稗草稀、苄嘧磺隆2倍剂量	稗草稀、丙炔氟草胺（速收）
处理8		人工除草对照
处理9	稗草稀、乙氧磺隆	乙氧氟草醚、辛酰溴苯腈
处理10	扑草净、乙氧磺隆	稗草稀、异丙甲草胺、辛酰溴苯腈

小区设计为4行区，10m行长，小区面积为24m^2，3次重复。茎叶处理1周后调查各除草剂处理谷子生长和杂草发生情况，在谷子收获之前调查各小区田间杂草种类、单位面积杂草株数、杂草平均株高（cm）、杂草总干重（g）等，用于计算各小区综合草情指数。谷子收获后测量各小区收获产量。

各处理综合草情指数=该处理单位面积杂草株数×杂草平均株高×平均单株干重

各处理杂草防治效果（%）= 100×（空白对照综合草情指数-该处理综合草情指数）/空白对照综合草情指数

试验用的各类除草剂每公顷正常剂量分别为：西草净3 000g；稗草烯1 500mL；扑草净2 000g；苄嘧磺隆300g；吡嘧磺隆500g；乙氧磺隆90g；辛酰溴苯腈2 000mL；异丙甲草胺2 000mL；苯达松3 000mL；丙炔氟草胺120g；乙氧氟草醚750mL。

2 结果和分析

2.1 田间效果观察

经田间观察可知，各除草剂处理均有一定数量的禾本科杂草存活，表明各除草剂处理对禾本科杂草均有一定程度的防控效果，但没有完全抑制禾本科杂草的危害。处理1、处理2、处理5、处理10等4个除草剂处理土壤处理后表现苗多数正常，部分地方表现偏矮、缺苗，后期恢复正常，非禾本科杂草表现多数被杀灭，表明经土壤处理后扑草净、西草净、吡嘧磺隆、乙氧磺隆等对谷子苗出土可能有轻微影响，同时也表明仍然有少量的非禾本科杂草不能得到有效抑制；处理3空白对照，表现苗生长正常，杂草多且较高大；处理4、处理6、处理7、处理9等4个除草剂处理土壤处理后苗表现生长正常，有少量杂草生长，后期有少量非禾本科杂草生长。表明各除草剂处理在茎叶处理时所用的除草剂辛酰溴苯腈、苯达松、丙炔氟草胺等对非禾本科杂草效果明显。

2.2 结果和分析

本项谷子田间草害防治试验，同样的试验设计分别在两个地点进行。调查内容完全一致，所得数据放在一起对比分析，具体禾本科杂草、非禾本科杂草发生情况，最后收获产量情况及结果分析见表2。

表2 谷子田间杂草发生情况、防治效果及单产结果

处理	禾本科杂草		非禾本科杂草		单位面积产量（g/m^2）
	综合草情指数	防治效果（%）	综合草情指数	防治效果（%）	
1	574	39fE	21	91.7abcdABC	93eD
2	338	64cdBC	27	91.1cdeABC	176bB
3	948	0gF	251	0fD	75eD
4	366	61cdCD	30	88.1deBC	173bcB
5	330	65cBC	41	83.8eC	139dC
6	400	58cdeCD	1	99.6aA	150cdBC
7	418	56deCD	0	99.9aA	175bcB
8	163	83aA	5	98.1abcAB	279aA
9	465	51eD	2	99.23abA	172bcB
10	241	75bAB	0	99.9aA	181bB

从表中结果可知，各处理禾本科杂草综合草情指数均表现远高于非禾本科杂草，表明禾本科杂草发生情况远比非禾本科杂草严重得多，即便是空白对照也是如此。从禾本科杂草防治效果方面来看，各除草剂处理对禾本科杂草的防治效果均在处理3空白对照和处理8人工除草对照之间，其中处理10的禾本科杂草综合草情指数在各除草剂处理中表现最低，对禾本科杂草的防治效果表现最好，与人工除草对照接近，但还存在显著差异，表明播后苗前的扑草净土壤处理和苗后的稗草稀、异丙甲草胺的处理对禾本科杂草的防控效果在本次试验中表现最好；其他除草剂处理禾本科杂草防治效果虽然均高于空白对照并均存在显著差异，但效果仍不理想，与非禾本科杂草相比所有除草剂处理防治效果均表现偏低，需要在以后的试验中继续改进对谷子田禾本科杂草的防治方法。

从非禾本科杂草防治效果来看，处理1、处理2、处理6、处理7、处理9、处理10等6个除草剂处理对非禾本科杂草的防治效果均表现与处理8人工除草对照相近且无显著差异；处理4、5等2个除草剂处理非禾本科杂草防治效果表现显著低于人工除草对照，但仍显著高于空白对照。表明在本次试验中苯达松对非禾本科杂草的防控效果相对不足，而辛酰溴苯腈、丙炔氟草胺等对非禾本科杂草的防治效果均有较为理想的表现，均可有效防

控谷子田非禾本科杂草危害。

从各除草剂处理的单位面积产量来看，处理2、处理4、处理7、处理9、处理10等5个除草剂处理的单位面积产量结果表现相互之间无显著差异，但与处理8人工除草对照相比差异极显著，虽然这5个处理的单产结果与处理3空白对照差异也极显著，但结果仍然不很理想；处理5、处理6等2个除草剂处理单产结果表现与前面5个处理及空白对照处理均有显著或极显著差异，效果不理想；处理1的单产结果与空白对照无显著差异，不适宜用于谷子除草。从总体结果来看，非禾本科杂草发生情况较轻，不是造成产量差异的主要原因，禾本科杂草发生情况表现很重，也是造成各处理产量差异的主要原因。

4 结论和讨论

4.1 结论

通过一个季节的谷子田间除草试验，经对各除草剂处理田间杂草发生情况和单位面积产量情况进行对比分析，可知本次谷子田间草害防治试验中有较好除草效果表现处理除草剂处理有处理10扑草净、乙氧磺隆播后苗前土壤处理，稗草烯、异丙甲草胺、溴苯腈苗后茎叶处理；处理2扑草净、稗草稀播后苗前土壤处理，稗草稀、辛酰溴苯腈苗后茎叶处理；处理7稗草稀、苄嘧磺隆2倍剂量播后苗前土壤处理，稗草稀、丙炔氟草胺苗后茎叶处理；处理4稗草稀、苄嘧磺隆正常剂量播后苗前土壤处理，异丙甲草胺、苯达松苗后茎叶处理；处理9稗草稀、乙氧磺隆播后苗前土壤处理，乙氧氟草醚、辛酰溴苯腈苗后茎叶处理等5个除草剂处理。表现较一般的处理有处理5，稗草稀、吡嘧磺隆2倍剂量播后苗前土壤处理，稗草稀、吡嘧磺隆、苯达松苗后茎叶处理；处理6西草净、乙氧磺隆播后苗前土壤处理，稗草稀、丙炔氟草胺苗后茎叶处理。不适宜的除草剂处理有处理1，西草净、稗草稀播后苗前土壤处理，稗草稀、溴苯腈苗后茎叶处理。其中处理10在禾本科杂草、非禾本科杂草防控方面和单位面积产量方面均有最佳表现，与人工除草对照相比只有一步之遥，有望通过除草剂配比改进和适时除草剂处理达到取代人工除草的目的。

4.2 讨论

在本次试验中，两个试验地点的谷子田内禾本科杂草发生情况均重于非禾本科杂草，而各类禾本科杂草中狗尾草发生程度最为严重，表明各除草剂处理对禾本科杂草的防控效果还不理想，尤其是对谷子田内的狗尾草防效不理想，需要继续寻找有效的药剂和方法。如果通过播后苗前土壤处理可以确保在谷子4片叶之前田内无禾本科杂草发生或禾本科杂草不超过2叶1心，则在谷子苗进入4片叶以后对某些用于土壤处理来防控禾本科杂草的药剂有可能表现出更强的抗性，结合某些通过茎叶处理防控非禾本科杂草的除草剂，对谷子田内草害防控有望和人工除草对照收到同样的效果。

参考文献略

东北地区燕麦田间杂草防治探索*

毕洪涛**，金哲宇，李广，冷廷瑞***，王敏军，卜　瑞

（吉林省白城市农业科学院，白城　137000）

摘　要：采取对除草剂的重新配比，在燕麦出苗后与禾本科杂草 2 叶 1 心之前进行 10 组不同的药剂处理，通过对田间的禾本科杂草及非禾本科杂草的防治效果、综合草情指数进行了测定，以及燕麦收获后各小区单位面积产量测定。分析后可知，异丙甲草胺+二甲戊灵正常剂量、五氟磺草胺+吡嘧磺隆正常剂量的 2 个处理组合，可有效防控田间禾本科杂草和非禾本科杂草，其产量结果与人工除草对照无显著差异，能起到明显的防治作用。

关键词：燕麦；除草

最近几年燕麦的种植面积，表现为上升趋势，燕麦田间除草需求也随之越来越大，为此我们做了一些相关的配套工作，在以往试验的基础上，我们通过本次燕麦除草示范试验，来验证目前推广的燕麦草害防控技术效果表现；并通过化学除草剂混用技术研究筛选新的有效药剂组合以便应对新的燕麦草害。

1　材料和方法

1.1　材料

试验燕麦品种：白燕 2 号

试验所需除草剂：72%异丙甲草胺（天津市华宇农药有限公司）[1-3]；33%二甲戊灵（巴斯夫欧洲公司）[3-4]、2.5%五氟磺草胺（美国陶氏益农公司）、23.5%乙氧氟草醚（上海惠光环境科技有限公司）；50%丙草胺（杭州庆丰农化有限公司）；50%乙草胺（吉化集团农药化工有限公司）、10%吡嘧磺隆（江苏江南农化有限公司）；32%苄嘧磺隆（吉林省八达农药有限公司）等。

1.2　方法

1.2.1　试验地点

本试验在吉林省白城市农科院试验小区进行，所有除草剂组合处理一律在燕麦出苗以后，禾本科杂草 2 叶 1 心之前进行。小区面积设计为 2m 宽，8m 长。

1.2.2　处理设计

试验共设计 10 个组合，具体药物处理设计如下：

处理 1，异丙甲草胺、二甲戊灵 2 倍剂量；

---

* 基金项目：吉林省科技发展计划项目 20190301062NY；国家燕麦现代农业技术产业体系（CARS-08-C-3）

** 第一作者：毕洪涛，副研究员，主要从事作物草害防治研究

*** 通信作者：冷廷瑞，研究员，主要从事作物草害防治研究；E-mail：ltrei@163.com

处理 2，丙草胺、吡嘧磺隆 2 倍剂量；

处理 3，五氟磺草胺、吡嘧磺隆 2 倍剂量；

处理 4，空白对照；

处理 5，乙氧氟草醚、苄嘧磺隆 2 倍剂量；

处理 6，乙草胺、五氟磺草胺正常剂量；

处理 7，异丙甲草胺、二甲戊灵正常剂量；

处理 8，人工除草；

处理 9，丙草胺、吡嘧磺隆正常剂量；

处理 10，五氟磺草胺、吡嘧磺隆正常剂量。

其中各类除草剂每公顷正常剂量分别为：72%异丙甲草胺 2 000mL；33%二甲戊灵 2 000mL；2.5%五氟磺草胺 500mL；23.5%乙氧氟草醚 750mL；50%丙草胺 1 000mL；90%乙草胺；10%吡嘧磺隆 500g；32%苄嘧磺隆 300g。

1.3 计算指标

观察并纪录不同处理下的燕麦生长规律，包括整地、播种、出苗等时间，还有用药处理时的苗龄，收获日期、收获产量，杂草调查日期，单位面积数量、平均株高、平均干重等情况，计算各处理综合草情指数、杂草防治效果（%）、产量损失挽回率（%）等各项指标。

各处理综合草情指数=该处理单位面积杂草株数 * 杂草平均株高 * 平均单株干重

各处理杂草防治效果（%）= 100 * （空白对照综合草情指数-该处理综合草情指数）/空白对照综合草情指数[5]

2 结果和分析

2.1 试验田间效果观察

处理 1：异丙甲草胺、二甲戊灵 2 倍剂量苗后草前处理 1 次，表现为苗多数正常，部分叶片着药后出现叶缘赤枯，新叶片生长正常，可见杂草表现萎蔫。

处理 2：丙草胺、吡嘧磺隆 2 倍剂量苗后草前处理 1 次，表现为苗正常，底部有少量灰菜、龙葵残存。

处理 3：空白对照，表现为苗正常，有灰菜、地肤、龙葵、苘麻等杂草生长健壮。

处理 4：五氟磺草胺、吡嘧磺隆 2 倍剂量苗后草前处理 1 次，苗多数正常，少部分出现叶缘赤枯现象，新叶片生长正常。

处理 5：乙氧氟草醚、苄嘧磺隆 2 倍剂量苗后草前处理 1 次，前期苗受害严重，自叶尖向下出现干枯，部分弱苗、小苗不能存活，2 周后开始逐渐恢复正常。

处理 6：乙草胺、五氟磺草胺正常剂量苗后草前处理 1 次，个别叶尖、叶缘出现干枯，多数苗表现正常，无杂草。

处理 7：异丙甲草胺、二甲戊灵正常剂量苗后草前 1 次，苗多数正常，个别叶尖出现干枯，苗稀处有本氏蓼、灰菜等杂草生长。

处理 8：人工除草封行前 1 次，苗正常，有少量矮小龙葵、荞麦、灰菜等生长。

处理 9：丙草胺、吡嘧磺隆正常剂量苗后草前 1 次，苗正常，龙葵较多。

处理 10：五氟磺草胺、吡嘧磺隆正常剂量苗后草前 1 次，苗多数正常，个别叶缘出现赤枯。

根据田间效果观察，初步判断处理 1、2、4、6、7、10 等 6 各处理表现较好，处理 5 表现对燕麦伤害严重，处理 9 表现对龙葵防效欠佳。

2.2 试验数据结果和分析

燕麦除草剂组合筛选试验综合草情指数和产量结果见表。

表　燕麦除草剂组合试验结果

处理号	禾本科杂草		非禾本科杂草		单位面积产量（g/m²）
	综合草情指数	防治效果（%）	综合草情指数	防治效果（%）	
1	0	100aA	0	100aA	143cCD
2	0	100aA	0	100aA	147cBCD
3	32.29	0cC	33.13	0cB	133cD
4	0.46	98.5767aA	0	100aA	177bB
5	0	100aA	0	100aA	147cBCD
6	0	100aA	0	100aA	173bBC
7	0	100aA	0	100aA	223aA
8	8.15	74.7 733bB	0.33	99abA	217aA
9	0	100aA	0	100aA	137cD
10	0	100aA	0	100aA	210aA

从表中的结果可知，处理 7 异丙甲草胺、二甲戊灵正常剂量和处理 10 五氟磺草胺、吡嘧磺隆正常剂量表现为没有杂草生长，单产结果与处理 8 人工除草对照无显著差异，表明这两个除草剂组合是燕麦田间草害防控的最佳组合，根据人工除草对照的综合草情指数和杂草防治效果来看，即便田间有一定数量的杂草存在，只要其发生程度即综合草情指数没有超过某一数值，也不会对燕麦产量造成显著影响。

处理 6 乙草胺、五氟磺草胺正常剂量处理虽然没有杂草存活，但产量结果不理想，不适合燕麦除草应用；处理 5 乙氧氟草醚、苄嘧磺隆 2 倍剂量，对杂草防治效果好，但对燕麦伤害严重，产量结果不佳；处理 1 和处理 7 组合相同，除草效果相同，但产量差异显著，表明异丙甲草胺、二甲戊灵 2 倍剂量对燕麦生长存在隐性伤害，最后产量结果收到显著影响；处理 2 和 9 组合相同，剂量不同，但效果无显著差异，二者均与人工除草对照差异显著；处理 4 和 10 组合相同，杂草防效相同，但产量结果差异显著，表明该组合 2 倍剂量对燕麦生长产生隐性伤害，不宜用于燕麦除草。

3 结论和讨论

3.1 结论

通过化学除草剂组合筛选试验可知，处理 7 异丙甲草胺、二甲戊灵正常剂量和处理 10 五氟磺草胺、吡嘧磺隆正常剂量在燕麦出苗以后，禾本科杂草 2 叶 1 心之前进行处理，可有效防控田间禾本科杂草和非禾本科杂草，其产量结果与人工除草对照无显著差异，是最好的防控燕麦杂草的除草剂组合。其他除草剂组合处理由于最终产量结果不理想，不适宜用于燕麦田草害防治应用。

3.2 讨论

除草剂组合筛选试验在白城农科院也开展多年，比较安全有效的除草剂主要有异丙甲草胺、二甲戊灵、五氟磺草胺、吡嘧磺隆、苄嘧磺隆、苯达松，这些除草剂在燕麦生长各个时期应用，都很安全。其他除草剂需要了解情况才能应用。比如乙草胺等，虽然都能有效防控燕麦田杂草，但如果用药时期不恰当，将会产生各种不同程度伤害，必须引起重视。

参考文献

[1] 冷廷瑞，刘伟，苏云凤，等．不同配比除草剂燕麦除草研究初探［J］．杂草科学，2013，31（4）：46-49.

[2] 冷廷瑞，卜瑞，孙孝臣，等．吉林省燕麦田草害药剂防治试验［J］．吉林农业科学，2012，37（4）：38-40.

[3] 冷廷瑞，高欣梅．吉林省燕麦田间杂草防控探索［C］//陈万权．植保科技创新与农业精准扶贫．北京：中国农业科学技术出版社，2016.

[4] 冷廷瑞，杨君，郭来春，等．几种除草剂在燕麦田的应用效果［J］．杂草科学，2011，29（1）：70-71.

[5] 高希武，郭艳春．新编实用农药手册（修订版）［M］．河南：中原农民出版社，2006.

我国黄胸鼠 *Vkorc1* 基因多态性分析*

陈 燕**，马晓慧，李 宁，王大伟，刘晓辉，宋 英***
（中国农业科学院植物保护研究所，植物病虫害生物学国家重点实验室，北京 100193）

摘 要：黄胸鼠（*Rattus tanezumi*）是我国主要家栖鼠之一，分布在长江流域及其以南地区，近年来有往北扩散的趋势。*Vkorc*1 是抗凝血类灭鼠剂作用的靶基因，杀鼠灵等抗凝血类灭鼠剂通过与 *Vkorc*1 基因结合阻碍维生素 K 循环导致鼠类凝血功能障碍，试鼠体内出血而亡。笔者前期对 1987—2011 年的生理抗性数据整理分析，发现我国福建、广东、贵州、湖南和四川等地区黄胸鼠抗药性发生情况严重。为了筛选抗性黄胸鼠分子标记，评估我国黄胸鼠抗性发生情况，本试验一共收集到全国 12 个地区 186 只黄胸鼠样品，通过 PCR 扩增和序列分析，在 *Vkorc*1 基因编码区检测到两个可以导致氨基酸变异的突变（A41A、Y139C），其中 Y139C 突变在多个鼠种中被证实能导致鼠类对第一代和第二代抗凝血类灭鼠剂抗性，可以作为检测抗性黄胸鼠的分子标记。该突变在湖南、四川、广东等地的黄胸鼠中均有发现，尤其是湖南和四川褐家鼠种群中的突变频率比较高，说明这些地区黄胸鼠抗药性发生严重，杀鼠灵、杀鼠醚、溴敌隆等抗凝血类灭鼠剂的灭鼠效率可能受到严重影响，需要及时采取针对抗性鼠的治理策略，防止抗性鼠继续向周围地区扩散。

关键词：黄胸鼠；*Vkorc*1；抗凝血类灭鼠剂；抗药性

---

* 基金项目：中央级公益性科研院所基本科研业务费专项（S2019XM03）

** 第一作者：陈燕，硕士，研究方向为鼠类分子生态学；E-mail：chenyan_ caas@ 163. com

*** 通信作者：宋英，研究员；E-mail：ysong@ ippcaas. cn

耐药性褐家鼠模型的构建*

马晓慧**，王大伟，李　宁，刘晓辉，宋　英***
（中国农业科学院植物保护研究所，植物病虫害生物学国家重点实验室，北京　100193）

摘　要：抗凝血类灭鼠剂是国内外鼠害控制中使用最广泛的一类灭鼠剂，鼠类很容易对其产生抗药性，抗药靶基因 *Vkorc*1（维生素 K 环氧化物还原酶复合体，亚单位 1）上的变异被认为是鼠类对抗凝血类灭鼠剂产生抗性的主要机制。褐家鼠是我国主要的家野两栖鼠类之一，分布于全国各地。笔者实验室前期实验发现有的褐家鼠对杀鼠灵表现出抗性的表型，但其 *Vkorc*1 基因不携带任何突变，且不同褐家鼠的耐药程度不同，说明有其他机制介导褐家鼠抗性产生，包括由表观遗传突变引起的表型可塑性。为了在实验室构建具有耐药表型的褐家鼠，我们用亚致死剂量的杀鼠灵对实验室敏感的褐家鼠（F_0代；不携带抗性 *Vkorc*1 突变）进行逐代筛选，连续筛选 6 代后，发现 F_5代的耐药性明显高于 F_0代，存活率由 F_0代的 0~30.8%提高到 F_5 代的 46.2%~82.1%，并且 5.7%~7.1%的 F_5代甚至表现出明显的抗性性状，说明褐家鼠可以通过诱导产生抗性，并且可以传递给后代，该实验成功构建了不含靶基因突变的耐药褐家鼠模型，将有助于深入研究除靶基因变异外褐家鼠抗性产生的其他遗传和表观遗传机制。

关键词：褐家鼠；耐药性；可塑性；抗凝血类灭鼠剂

---

* 基金项目：国家自然科学基金面上项目（31871986）

** 第一作者：马晓慧，博士，研究方向为鼠类分子生态学；E-mail：maxiaohui_ ipp@ sina. com

*** 通信作者：宋英，研究员；E-mail：ysong@ ippcaas. cn

启动子区甲基化不参与布氏田鼠下丘脑*Dio*3基因表达量的短光照上调[*]

乔妍婷[**]，王乐文，宋　英，李　宁，刘晓辉，王大伟[***]
（中国农业科学院植物保护研究所，中国农业科学院杂草鼠害生物学与治理重点开放实验室，北京　100193）

摘　要：日长对于季节性繁殖鼠类的性腺功能具有调节作用，短光照可以抑制雄鼠的性腺发育和活性，下丘脑中3型脱碘酶（Type3deiodinase，*Dio*3）在这一过程中起到关键性作用。对季节性繁殖的仓鼠类的研究表明，下丘脑*Dio*3的表达量受到光周期、褪黑素和甲状腺激素的调控，可能是其解析光周期信号的关键物质。笔者实验室前期研究发现，布氏田鼠（*Lasiopodomys brandtii*）表现出规律的季节性繁殖，但是表观遗传学机制是否对*Dio*3的表达起到调控作用还不清楚。因此，本实验在室内模拟渐长日照时长（12h+3min/day）和渐短日照时长（12h−3min/day），对出生后4周、8周、12周的雌雄布氏田鼠进行取样，监测其性腺发育、下丘脑*Dio*3基因表达，以及其启动子区的甲基化水平的变化过程。结果表明，渐短日照显著抑制雌性和雄性子代田鼠的性腺发育，而渐短日照在4周龄和8周龄显著上调下丘脑*Dio*3基因表达；但是，通过对*Dio*3基因281bp的启动子序列进行亚硫酸氢盐法（Bisulfite Genomic Sequence，BSP）测序，发现其中包含的23处CpG位点甲基化水平在3个时间点均无显著差异。这说明，*Dio*3基因该启动子区的甲基化水平未受到光周期变化的影响，不参与短光照表达量的上调，及其性腺的发育。结果说明，可能存在其他表观遗传学机制（如组蛋白修饰等）调控下丘脑*Dio*3基因上调，解析季节信号，调控布氏田鼠的性腺发育和季节性繁殖过程，具体机制还有待于深入研究。

关键词：季节性繁殖；*Dio*3基因；表观遗传学；甲基化；布氏田鼠

---

* 基金项目：国家自然科学基金面上项目（31471790；中央级公益性科研院所基本科研业务费（S2018XM18）

** 第一作者：乔妍婷，硕士，研究方向为鼠类神经生物学；E-mail：ytqiao1994@163.com

*** 通信作者：王大伟，副研究员；E-mail：dwwang@ippcaas.cn

其　他

高粱转录因子 *SbGRF4* 基因克隆及原核表达分析*

陈　俊[1**]，屈志广[1]，陈美晴[1]，蒋君梅[1]，李向阳[2***]，谢　鑫[1***]
（1. 贵州大学农学院，贵阳　550025；2. 贵州大学绿色农药与
农业生物工程教育部重点实验室，贵阳　550025）

摘　要：*GRF*（growth regulating factor）是一类植物特有的转录因子，其参与调节植物生长、发育以及抗逆等过程。本研究以高粱 BTx623 为材料，以 cDNA 为模板扩增全长 *SbGRF*4 基因，并对其进行生物信息学及原核表达分析。结果表明，*SbGRF*4 全长 1 221bp，编码 406 个氨基酸，蛋白理论分子大小约为 44kDa，蛋白质等电点为 7.05。进化树分析表明，*SbGRF*4 与玉米 *GRF*4 的亲缘性较高；蛋白质序列分析表明，SbGRF4 蛋白为亲水性蛋白，定位在细胞核中；二级结构预测发现其 α 螺旋和无规则卷曲占比最高，分别达到 25.37%和 64.04%。为获得 SbGRF4 可溶性蛋白，构建了 pET-28a-*SbGRF*4 重组质粒进行原核表达，分别对表达菌株、诱导温度以及 IPTG 诱导浓度进行优化。结果显示，*SbGRF*4 最佳表达菌株为 JM109（DE3）菌株，最佳诱导温度为 25℃，最佳 IPTG 诱导浓度为 0.6 mmol/L，最后用 Western blot 对表达的 SbGRF4 蛋白进行验证。本研究为进一步研究高粱 SbGRF4 蛋白的结构和功能奠定基础，通过对该基因的表达研究，可为后续研究高粱 *GRF* 转录因子提供一定的科学基础。

关键词：高粱；基因克隆；转录因子；*SbGRF*4；原核表达

高粱（*Sorghum bicolor* L. Moench）作为我国主要的谷类作物之一（梁俊杰等，2013），其产量与品质影响着我国的饲料（卢庆善等，2009 a）、酿酒（卢庆善等，2009 b）和生物乙醇（张彩霞等，2010）等产业的发展。高粱与大多数植物相比较不同之处是它作为一种 C_4植物（王新国，2005），其光合作用的效率较高，抗旱性强，同时也是目前地球上生物产量最高的农作物之一（赵通等，2014）。近年来，随着我国酿酒和饲料等产业的发展壮大，高粱的种植面积不断地增加，但随之而来的各种病害对高粱的危害也越来越严重。据报道，转录因子具有调节植物抗病的功能（禹阳等，2018 年）。

GRF（growth regulating factor）转录因子是植物中一类特有的转录因子（曹珂等，2018）。*GRF* 在植物的根尖、花芽和幼嫩的叶片中表达量较高，同时在调控细胞体积中也扮演着重要角色（Liang *et al.*，2013）。*GRF* 转录因子在 N 端区域主要包含两个保守的结构域，分别是 QLQ 结构域和 WRC 结构域，在有些植物的 C 端还存在 TQL、GGPL 和 FFD 结构域（袁岐等，2017），这说明 GRF 蛋白具有功能多样性。*GRF* 基因首先在水稻中报

---

* 基金项目：国家自然科学基金资助项目（31801691 和 31960546）；贵州省高层次留学人才创新创业择优资助项目（［2018］02 号）；贵州省科技计划项目（黔科合支撑［2019］2408 号）；贵州大学引进人才科研基金［贵大人基合字（2017）54 号］

** 作者简介：陈俊，主要从事高粱抗病基因功能研究；E-mail：chenjun9506@163.com

*** 通信作者：李向阳，副教授，主要从事植物保护研究；E-mail：xyli1@gzu.edu.cn
谢鑫，讲师，主要从事植物抗病基因功能研究；E-mail：xiexin2097757@163.com

道（袁岐等，2017），它编码具有调控赤霉素，诱导茎伸长的蛋白。研究发现，在植物中miR936的含量升高的同时，*GRF* 的表达会受到抑制（Rodriguez *et al.*，2009）。傅向东等人研究报道了GRF转录因子家族中 *GRF*4 基因是一个控制植物碳-氮代谢的正调控因子，不仅可促进氮素吸收、同化和转运，还可增强光合作用、糖类物质代谢和转运等，促进植物生长发育和农作物产量提升，同时 *GRF*4 对叶片及种子胚胎的发育也有一定的作用（鲍茂林，2011；马超等，2017），以及转基因烟草中 *SpGRF*4 基因参与疫病菌（*Phytophthora*）侵染的应答过程（Chen *et al.*，2015）。目前，人们已经从水稻、拟南芥、陆地棉和茶树等多种植物中克隆了 *GRF*4 基因（袁岐等，2017；张书芹等，2019；王鹏杰等，2019），但在国内外尚未见 *GRF*4 基因在高粱中研究报道。

本研究以高粱BTx236为实验材料，克隆了1个 *GRF*4 基因，命名为 *SbGRF*4。对该基因进行生物信息学分析以及蛋白的可溶性表达条件进行研究，确定其最佳表达菌株、IPTG诱导浓度和温度，并采用Western blot对所表达的蛋白进行鉴定。本研究结果为 *Sb-GRF*4 基因的功能研究以及结构解析奠定基础，为研究 *GRF* 家族基因提供一定的科学基础。

1　材料与方法

1.1　试验材料

1.1.1　高粱品种及处理方法

本研究所用的高粱BTx623种子来源于中国科学院植物研究所景海春老师赠送。健康的BTx623种子，在清水中浸种24h，随后用滤纸保湿48h进行催芽，发芽的种子播种在灭菌营养土中，在25℃光照和黑暗各12h交替的培养箱中培养到三叶期，取整株高粱用液氮速冻，置于-80℃保存备用。

1.1.2　大肠杆菌菌株和质粒载体

本研究所用的大肠杆菌JM109（DE3）、BL21（DE3）和Rosetta gami 2（DE3）感受态细胞（中国上海）来源于上海唯地生物技术有限公司；原核表达载体pET-28a为贵州大学农学院植物病理学教研室所保存。

1.1.3　试剂

本研究中所使用的反转录试剂盒（美国）采购于Promega公司，RNA提取试剂盒（中国北京）采购于天根生化科技（北京）有限公司；诱导剂异丙基-β-D-硫代吡喃半乳糖苷（IPTG）和聚丙烯酰胺凝胶电泳所使用的相关试剂（中国上海）采购于生工生物工程股份有限公司。

1.1.4　酶及抗体

本研究所使用的Pfu高保真酶（中国北京）采购于北京全式金生物技术有限公司，在Western blot实验中所使用的抗体Goat Anti-Mouse和Anti His（中国北京）采购于北京华大蛋白质研发中心有限公司。

1.2　*SbGRF*4 基因克隆

采用RNA提取试剂盒，提取高粱BTx623幼苗的总RNA，参照Promega反转录试剂盒说明书，以总RNA为模板反转录得到cDNA。根据已报道的水稻 *GRF*4 基因（基因号为LOC_ Os02g47280）的蛋白序列，在高粱基因组数据库中（https：//phytozome）比对，

找出高粱同源基因 *SbGRF*4（基因号为 Sb04g030770）。使用引物设计软件 Primer Premier 5.0 进行引物设计（表 1），以 cDNA 为模板对 *SbGRF*4 基因进行扩增，PCR 扩增体系及反应条件参考试剂盒说明书进行。PCR 产物经切胶回收后，采用酶切连接的方法连接到 pET-28a 克隆载体上。连接产物通过热激法（42℃，45s）转化到大肠杆菌 DH5α 感受态细胞中，37℃过夜培养后，挑选单克隆送至公司测序。

表 1　引物序列

引物	引物序列（5′~3′）	酶切位点
*SbGRF*4-F	GCGAATTCATGGCGATGCCGTATGCC	*Eco*R Ⅰ
*SbGRF*4-R	CGGTCGACTTAGTCATCGTTGGGCGACT	*Sal* Ⅰ

＊下划线部分为酶切位点

1.3　生物信息学分析

在 NCBI 的 Genebank 数据库中下载 *GRF*4 相关物种的同源序列，用 MEGA 5.0 软件，以邻接法（Neighbor-Joining，NJ；bootstrap = 1 000）构建 *GRF*4 系统进化树，采用 DNAMAN 软件进行 *GRF*4 氨基酸序列比对；用 ExPASy-ProtParam tool 预测 SbGRF4 蛋白的基本理化性质；选用 ExPasy ProtScale（https：//web. expasy. org/protscale/）和 Protparam 预测 SbGRF4 蛋白的亲疏水性；蛋白的亚细胞定位利用 Softberry-Protcomp 工具进行分析。利用 SOPMA（http：//pbil. ibcp. fr/）在线工具分析 SbGRF4 蛋白的二级结构；选用 TM-HMM Server（http：//www. cbs. dtu. dk/services/TMHMM/）对 SbGRF4 蛋白质跨膜区进行预测分析；利用 Pfam 和 SMART 对保守结构域进行预测分析；利用在线工具（http：//www. cbs. dtu. dk/services/SignalP-5. 0/index. php）对蛋白的信号肽进行预测。

1.4　pET-28a-*SbGRF*4 重组质粒的构建

以 1.2 中扩增正确的 *SbGRF*4 基因为模板，采用酶切连接的方法进行重组载体的构建。酶切反应体系按照说明书进行。酶切产物经电泳鉴定，用琼脂糖凝胶试剂盒回收。回收后的产物与经同样双酶切的 pET-28a 表达载体进行连接，构建 pET-28a-*SbGRF*4 重组质粒。

1.5　*SbGRF*4 蛋白的可溶性表达

将重组质粒 pET-28a-*SbGRF*4 转化到大肠杆菌菌株 JM109（DE3）、BL21（DE3）和 Rosetta gami 2（DE3）中，分别筛选最佳表达菌株，最佳表达诱导温度（16℃、20℃、25℃、30℃和 37℃）和最佳异丙基-β-D-硫代吡喃半乳糖苷诱导浓度（0. 21mmol/L、0. 4mmol/L、0. 6mmol/L、0. 8mmol/L 和 1. 0mmol/L）。4℃、12 000r/min 离心 2min 收集菌液，置于冰上在菌体中加入 400μL PBS，用超声破碎仪进行细胞破碎，4℃、12 000r/min 离心 2min，取上清，加入 5×Loading Buffer，金属浴（100℃，10min），最后用 12%聚丙烯酰胺凝胶电泳检测目标蛋白的表达情况，从而确定最佳表达条件。

1.6　蛋白的 Western blot 检测

取表达的重组蛋白和对照组的蛋白，进行 SDS-PAGE 电泳及转膜，PVDF 膜经 5%脱脂牛奶封闭 2 h 后，用 His 标签的单克隆抗体作为一抗与 PVDF 膜进行孵育 2 h，然后加入二抗孵育 1 h，最后在 PVDF 膜上加入 HRP 显色液孵育 5 min，用化学发光检测仪进行曝光，检测蛋白的表达信号。

2 结果与分析

2.1 高粱 *SbGRF4* 基因的克隆

以高粱 BTx623 幼苗的 cDNA 为模板，进行 PCR 扩增获得目的基因序列，测序结果表明高粱 *SbGRF4* 基因序列全长为 1 221bp，采用 1%琼脂糖凝胶电泳对获得的 PCR 产物进行检测，得到的条带大小与测序结果一致（图 1）。

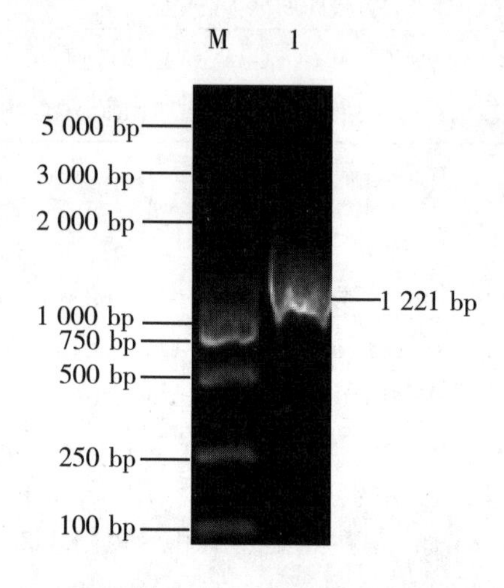

图 1 *SbGRF4* 基因的 PCR 扩增

注：1 泳道：*SbGRF4*；M：Marker。

2.2 生物信息学分析

2.2.1 SbGRF4 蛋白序列同源性分析

将 SbGRF4 的氨基酸序列在 NCBI 进行比对，其同源性结果如图 2 所示，SbGRF4 与玉米（*Zea mays*）同源性相对较高为 80.58%，与粟（*Setaria italica*）同源性达到了为 85.37%，与水稻（*Oryza sativa*）的同源性为 72.44%，与二穗短柄草（*Brachypodium distachyon*）的同源性为 69.83%，表明 *GRF*4 在单子叶植物中相对保守。

2.2.2 *SbGRF*4 基因系统进化分析

为进一步研究 *SbGRF*4 与其他植物 *GRF*4 的亲缘关系，使用 MEGA 5.0 软件，以邻接法（Neighbor-Joining，NJ；bootstrap = 1 000）构建 GRF4 蛋白的无根进化树，如图 3 所示，*SbGRF*4 与玉米 *GRF*4 的亲缘关系最近为 79%，与水稻、二穗短柄草、香蕉等其他植物的亲缘关系相对较远。

2.2.3 SbGRF4 蛋白的基本理化性质分析

通过在线工具 ExPASy-ProtParam tool 对 SbGRF4 蛋白进行理化性质分析。分析结果表明：*SbGRF*4 基因共编码 406 个氨基酸，其中丝氨酸占比最高（13.1%），其次是丙氨酸（12.3%）、亮氨酸（8.9%）、脯氨酸（8.9%）和甘氨酸（8.4%）。带负电荷氨基酸残基总数（Asp + Glu）和带正电残基总数（Arg + Lys）都为 34。SbGRF4 蛋白的理论等电点

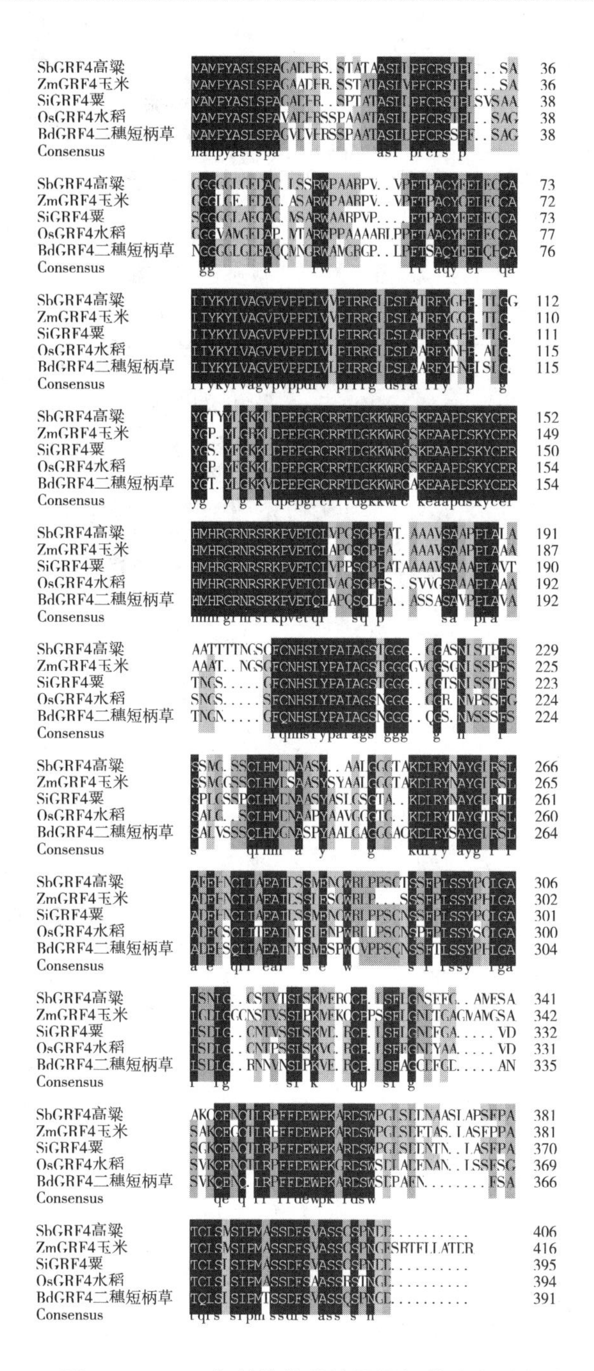

图 2　*SbGRF4* 与其他物种的同源氨基酸序列比对

注：黑色：5 条序列共有碱基；绿色：4 条序列共有碱基；蓝色：3 条序列共有碱基；白色：1~2 条序列共有碱基。

pI 为 7.05，呈中性。脂肪族氨基酸指数为 63.15，不稳定指数为 65.84，推测该蛋白为不稳定蛋白，其理论分子量约为 44 kDa（表 2）。

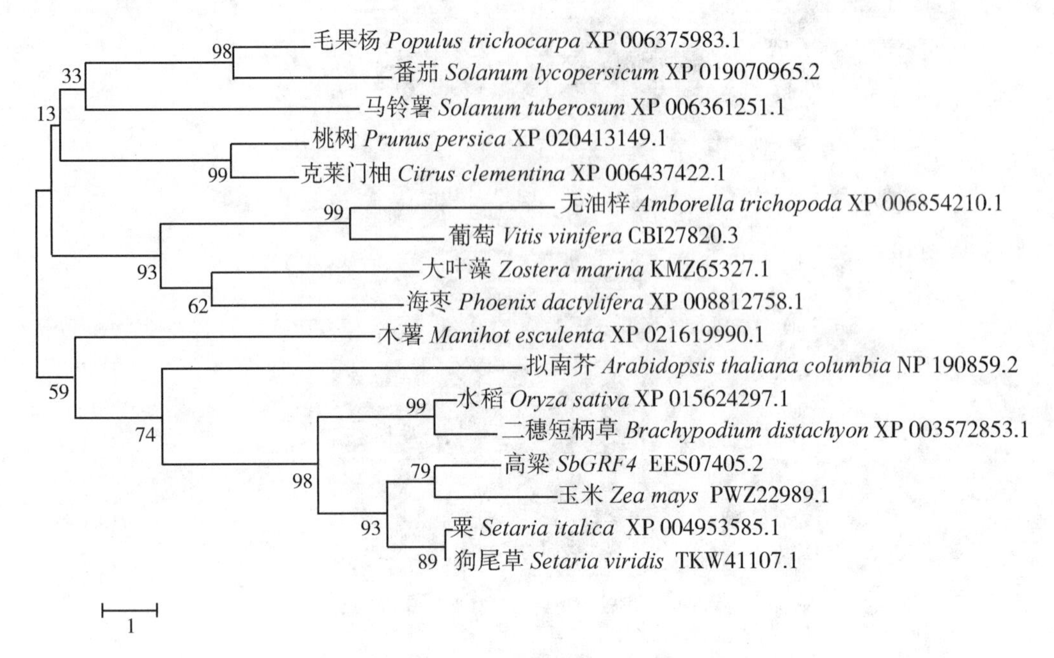

图 3 *SbGRF4* 与其他物种的系统进化树

注：标尺为底部的短线。

表 2 SbGRF4 蛋白的基本理化性质

蛋白名称	分子式	分子量	酸碱性氨基酸 Asp+Glu	酸碱性氨基酸 Arg+Lys	等电点	不稳定指数	脂溶指数	亲水指数
SbGRF4	$C_{1879}H_{2923}N_{537}O_{598}S_{15}$	43 085.02	34	34	7.05	68.54	63.51	-0.442

2.2.4 SbGRF4 蛋白的亚细胞定位及二级结构分析

利用 Softberry-Protcomp 进行分析 SbGRF4 蛋白的亚细胞定位，结果显示 SbGRF4 蛋白可能定位于细胞核中。利用 SOPMA（http://pbil.ibcp.fr/）在线工具分析 SbGRF4 蛋白的二级结构。结果表明，SbGRF4 蛋白的二级结构由 25.37%的 α-螺旋（Helix），7.14%的延伸链（Sheet），3.45%的 β-转角（Turn）和 64.04%的无规卷曲（Coil）组成，以 α-螺旋和无规卷曲结构为主（图 4，表 3）。

表 3 SbGRF4 蛋白的二级结构组成

蛋白质	α-螺旋（Helix）		延伸链（Sheet）		β-转角（Turn）		无规卷曲（Coil）	
	氨基酸长度	比例（%）	氨基酸长度	比例（%）	氨基酸长度	比例（%）	氨基酸长度	比例（%）
SbGRF4	103	25.37%	29	7.14%	14	3.45%	260	64.04%

2.2.5 SbGRF4 蛋白信号肽及跨膜区预测分析

结果分析发现 SbGRF4 不具有信号肽序列（图 5）。用 TMHMM 对 SbGRF4 蛋白跨膜区进行预测，结果显示 SbGRF4 蛋白无跨膜区域且为膜外蛋白（图 6）。

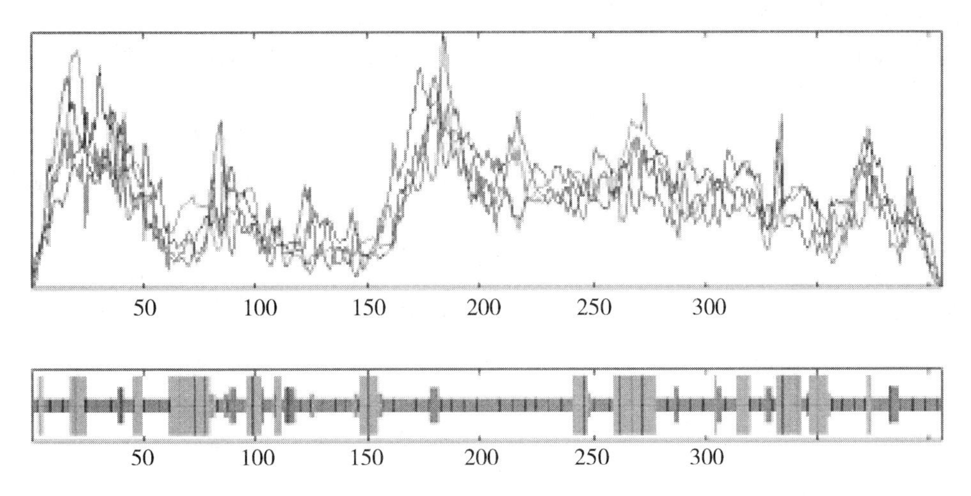

图 4　SbGRF4 蛋白的二级结构预测

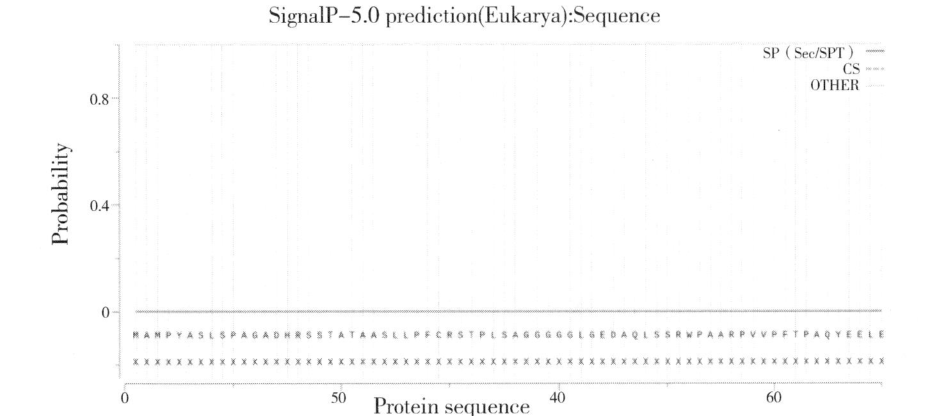

图 5　SbGRF4 蛋白信号肽预测

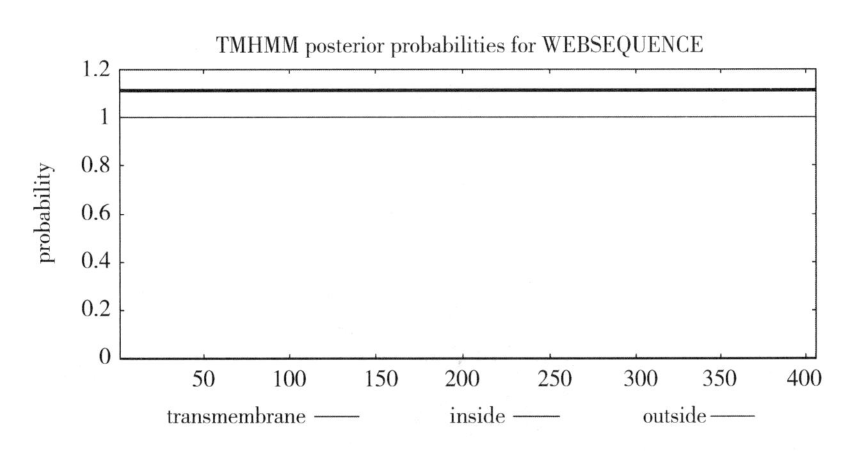

图 6　SbGRF4 蛋白跨膜区预测

2.2.6 SbGRF4蛋白的亲/疏水性及结构域分析

利用ExPasy ProtScale和Protparam对SbGRF4蛋白进行亲疏水性分析。结果表明：用Protparam分析得到此蛋白的亲水性的平均值（GRAVY）：-0.442，用Protscale分析显示与Protparam一致，该蛋白疏水性不强，为亲水性蛋白（图7）。用Pfam和SMART工具对SbGRF4蛋白的结构域进行预测，发现SbGRF4具有1个QLQ（59-95Aa）保守结构域。

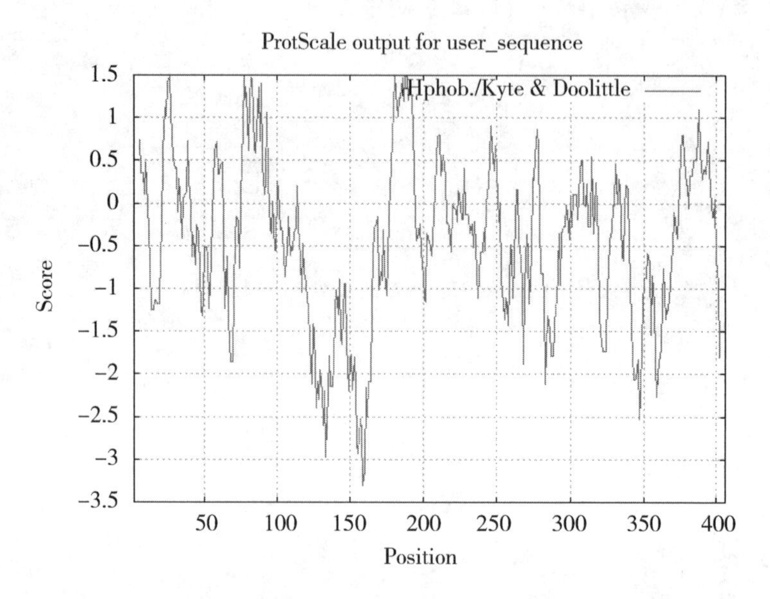

图7 SbGRF4蛋白的亲疏水性预测分析

2.3 pET-28a-*SbGRF*4原核表达载体的构建

将*SbGRF*4扩增产物与原核表达载体pET-28a分别采用*Eco*R Ⅰ和*Sal* Ⅰ酶进行酶切，回收酶切产物，将酶切产物进行连接，连接产物转化大肠杆菌感受态细胞，筛选、鉴定，由图8可看出，pET-28a-*SbGRF*4融合表达载体经*Eco*R Ⅰ和*Sal* Ⅰ双酶切后，得到一条约1.2kb的条带，说明*SbGRF*4已经成功构建到pET-28a载体上。

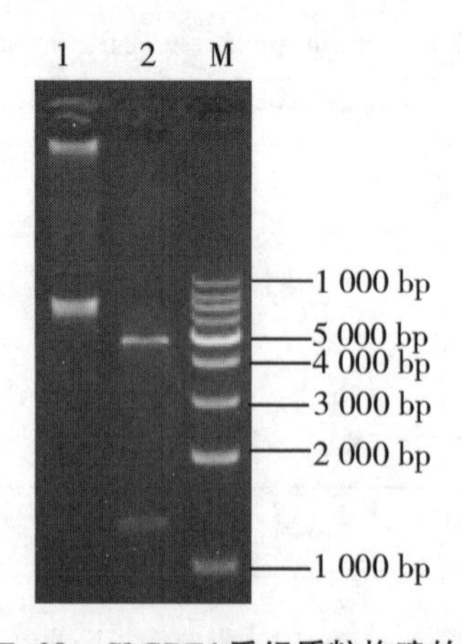

图8 pET-28a-*SbGRF*4重组质粒构建的电泳图谱

注：泳道1：质粒DNA；泳道2：经*Eco*R Ⅰ和*Sal* Ⅰ消化后的重组表达质粒；泳道M：DNA Marker。

2.4 SbGRF4 蛋白的可溶性表达

在 SbGRF4 蛋白可溶性表达过程中，使用不同的菌株 BL21（DE3）、Rosetta gami 2（DE3）和 JM109（DE3），来确定最佳表达菌株，同时筛选最佳诱导温度（16℃、20℃、25℃、30℃、37℃）以及 IPTG 浓度（0.2mmol/L、0.4mmol/L、0.6mmol/L、0.8mmol/L、1.0mmol/L）。

2.4.1 *SbGRF*4 表达菌株的分析

将重组质粒 pET-28a-*SbGRF*4 分别转化到 BL21（DE3）、Rosetta gami 2（DE3）和 JM109（DE3）表达菌株中，37℃培养，挑取单菌落进行小量诱导表达，用 0.6mmol/LIPTG，在 25℃诱导 12~16 h 后，经 12%SDS-PAGE 检测，结果显示在 44 kDa 处有一条明显条带，蛋白大小与预期一致，说明重组蛋白 SbGRF4 在大肠杆菌 BL21（DE3）、Rosetta gami 2（DE3）和 JM109（DE3）中均可以包涵体形式表达（图 9，泳道 2、4 和 6）。对于 SbGRF4 可溶性蛋白的表达，在 BL21（DE3）和 Rosetta（DE3）菌株中，只有少量的 SbGRF4 可溶性蛋白（图 9，泳道 5 和 1），而在 JM109（DE3）菌株中有大量表达（图 9，泳道 3），因此，JM109（DE3）菌株用于后续表达分析试验。

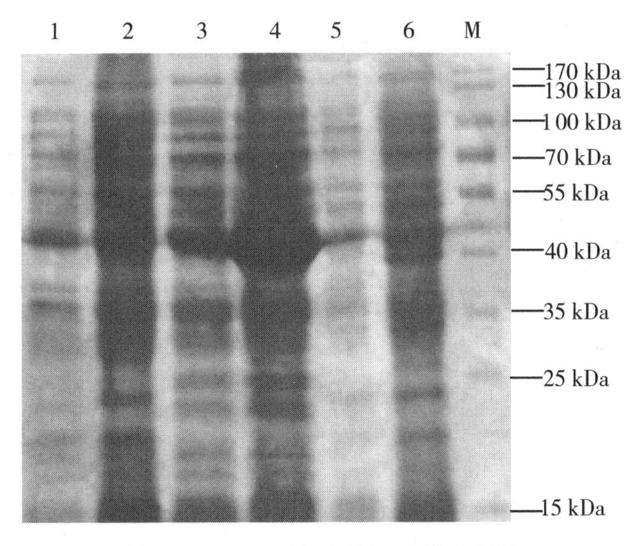

图 9 SbGRF4 蛋白不同菌株表达分析

注：1：Rosetta（DE3）裂解上清；2：Rosetta（DE3）裂解沉淀；3：JM109（DE3）裂解上清；4：JM109（DE3）裂解沉淀；5：BL21（DE3）裂解上清；6：BL21（DE3）裂解沉淀；M：蛋白 Marker。

2.4.2 SbGRF4 蛋白不同温度诱导表达分析

将重组质粒 pET-28a-*SbGRF*4 转化到 JM109（DE3）中，分别在 16℃、20℃、25℃、30℃和 37℃对其进行诱导表达，确定最佳诱导温度。用 12% SDS-PAGE 进行检测，结果显示，随着诱导温度的升高，SbGRF4 蛋白表达量呈先升后降的趋势，其中在 25℃诱导温度下蛋白表达量最高（图 10，泳道 3），随后逐渐下降。因此，25℃用于后续表达分析试验。

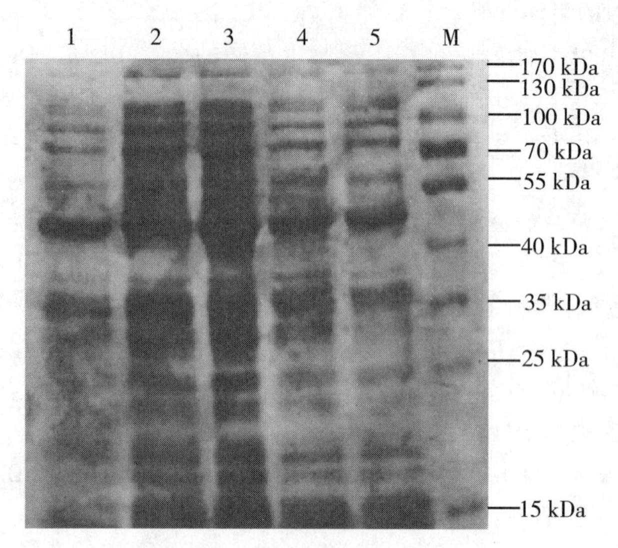

图 10　SbGRF4 蛋白不同温度诱导表达分析

注：1-5：分别为 SbGRF4 在 37℃、30℃、25℃、20℃、16℃诱导表达的细胞上清；M：蛋白 Marker。

2.4.3　SbGRF4 蛋白不同 IPTG 浓度诱导表达分析

将重组质粒 pET-28a-*SbGRF*4 转化到 JM109（DE3）中，在 25℃，分别采用 0.2 mmol/L、0.4 mmol/L、0.6 mmol/L、0.8 mmol/L、1.0 mmol/L IPTG 进行诱导表达，确定最佳诱导浓度。用 12%SDS-PAGE 进行电泳检测，结果发现，随着 IPTG 浓度的逐渐加大，SbGRF4 蛋白的表达逐步增加，当 IPTG 浓度为 0.6 mmol/L 时，SbGRF4 蛋白表达量最高（图 11，泳道 4），当浓度为 1.0 mmol/L 时，蛋白表达量无明显改变（图 11，泳道 2）。

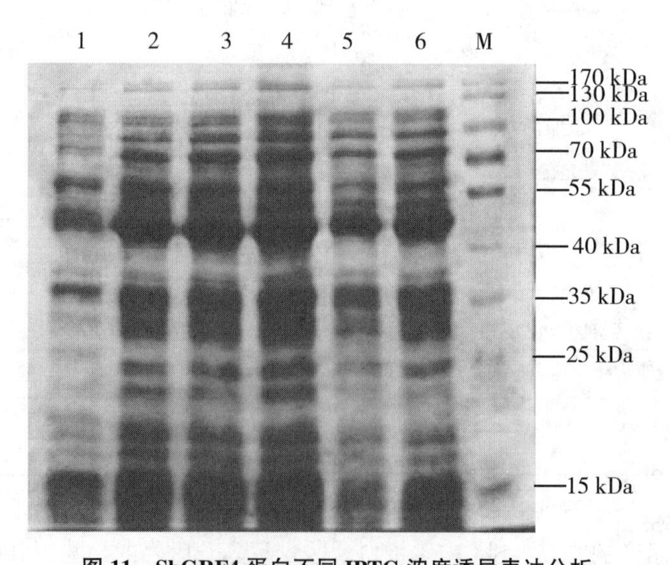

图 11　SbGRF4 蛋白不同 IPTG 浓度诱导表达分析

注：1 为重组菌株诱导前全细胞样品；2-6：分别为 SbGRF4 在 1.0、0.8、0.6、0.4、0.2 mmol/L IPTG 诱导表达的细胞上清；M：蛋白 Marker。

2.5 SbGRF4 蛋白的 Western blot 检测

为进一步确定诱导表达的 SbGRF4 蛋白，采用 Western blot 对重组蛋白进行检测。当用 Anti His 抗体对诱导的蛋白进行检测时，分别在上清（图 12，泳道 3）和沉淀（图 12，泳道 2）中观察到一条大约 44 kDa 左右的蛋白条带，并且条带单一，在空载体对照中未发现条带（图 12，泳道 1），说明 His-SbGRF4 蛋白诱导表达成功。

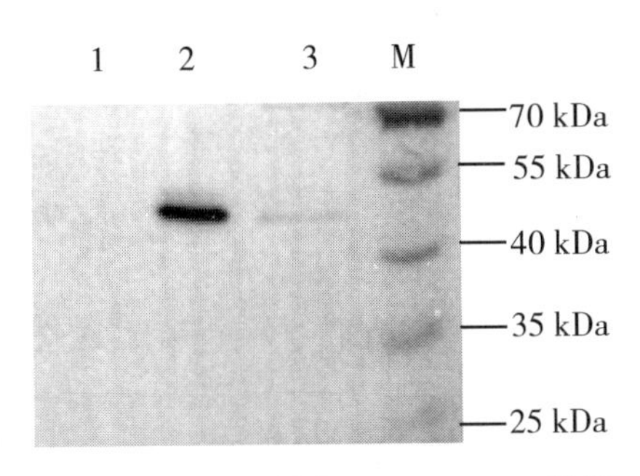

图 12　SbGRF4 蛋白 Western blot 检测

注：1：空载体诱导表达的细胞上清；2：SbSGRF4 表达细胞沉淀；3：SbSGRF4 表达细胞上清；M：蛋白 Marker。

3　讨论

高粱作为我国一种重要的酿酒和饲料的原料（朱晓茵和刘玉萍，1994），其品质和产量关系着我国多个产业的发展，对高粱转录因子的研究为进一步去改善其品质，提高产量具有重要意义。

据报道，GRF 是植物中正向调控细胞增殖特有的蛋白（张书芹等，2019 年），在植物衰老、生长发育和果实成熟以及在植物应对环境胁迫起着重要作用（陈娜等，2016；Wang *et al.*，2016）。*GRF* 广泛存在于各种植物中，水稻（Choi *et al.*，2004），玉米（Zhang *et al.*，2008），拟南芥（Kim *et al.*，2003），杨树（周厚君，2016），油菜（阮先乐等，2018），番茄（Sun *et al.*，2016）和桃（曹珂等，2018）等植物中均有报道。在 *GRF* 家族中，*GRF*4 基因具有重要的作用。研究发现，在拟南芥中，*AtGRF*4 可直接与拟南芥开花抑制因子 *TFL*1 发生相互作用，从而影响拟南芥的开花时间和花期（袁敏等，2017）；水稻 *OsGRF*4 基因能够控制水稻的粒形、穗长和种子萌发，根据这一特性可以把该基因用于水稻新品种的选育上，从而提高水稻产量，并且 *OsGRF*4 基因调控细胞分裂素的两种脱氢酶前体基因（*CKX*5 和 *CKX*1），导致细胞分裂素水平升高，从而影响穗部性状（Sun *et al.*，2016）。本研究发现，高粱中也存在 *GRF*4 的同源基因 *SbSGRF*4，其可能与高粱的生长发育以及抗病有着密切的联系。

大肠杆菌表达系统是目前应用范围最广的重组蛋白表达系统（刘开泉，2011），具有操作简单、繁殖快、污染率低等特点（祁浩和刘新，2016），因此，本研究采用大肠杆菌作为表达系统。原核表达菌株、IPTG 诱导浓度和不同的温度将会影响目标蛋白的表达（Bharat，Raj，2004）。据报道，*GRF* 家族中的 *GRF*7 已经在大肠杆菌 Rosetta（DE3）菌株中成功表达（June *et al.*，2012）。因此，综上所述，本试验测试了不同的表达菌株、IPTG 诱导浓度，以及不同的诱导温度，结果发现最佳表达菌株为 JM109（DE3）；最适 IPTG 诱导浓度为0.6 mmol/L；最适诱导温度为25℃。本试验中在包涵体中的蛋白表达量较多，这是由于诱导温度较高引起的，但在上清中我们也可以看到清晰表达的蛋白条带，而且我们通过Western blot检测也验证了该条带是本文研究的目的蛋白。本文讨论了*SbGRF*4蛋白的原核表达最适条件，而该蛋白在高粱生长发育过程中所担任的角色和与其他蛋白的相互作用机制还有待进一步研究。

4 结论

本研究首次从高粱BTX623中克隆*SbGRF*4基因，该基因全长1 221 bp，共编码406个氨基酸；该基因编码的蛋白质分子量为44 kDa，等电点为7.05，呈中性，为亲水性蛋白，无信号肽；主要定位在细胞核中，与玉米*ZmGRF*4同源性较高。原核表达结果显示，*SbGRF*4蛋白在JM109（DE3）菌株、25℃和0.6 mmol/L条件下表达最佳。本研究为研究*SbGRF*4转录因子在高粱生长发育及抗病性中的作用机制，以及生物学功能和晶体结构解析提供基础。

参考文献

鲍茂林.2011. 拟南芥*MIR*396家族对靶基因的调控及对根发育的影响［D］. 杭州：浙江大学.

曹珂，薛灵姿，王蛟，等.2018. 桃*GRF*基因家族的序列及其组织特异性表达分析［J］. 植物遗传资源学报，19（3）：578-586.

陈娜，迟晓元，程果，等.2016. 花生中低温胁迫相关转录因子基因的筛选［J］. 核农学报，30（1）：19-27.

梁俊杰，杨慧勇，张福耀.2013. 高粱耐盐种质筛选及耐盐种质多态性分析［J］. 山西农业科学，41（5）：401-406+411.

刘开泉.2011. 利用原核系统表达富含二硫键蛋白质的探索与改进［D］. 泰安：山东农业大学.

卢庆善，丁国祥，邹剑秋，等.2009，b. 试论我国高粱产业发展——二论高粱酿酒业的发展［J］. 杂粮作物，29（3）：174-177.

卢庆善，邹剑秋，石永顺.2009，a. 试论我国高粱产业的发展——四论高粱饲料业的发展［J］. 杂粮作物，29（5）：313-317.

马超，原佳乐，张苏，贾，等.2017. *GRF*转录因子对植物生长发育及胁迫响应调控的分子机制［J］. 核农学报，31（11）：2145-2153.

祁浩，刘新利.2016. 大肠杆菌表达系统和酵母表达系统的研究进展［J］. 安徽农业科学，44（17）：4-6+52.

阮先乐，王俊生，刘红占，等.2018. 油菜*GRF*基因家族的鉴定和基本特征分析［J］. 分子植物育种，16（8）：2420-2428.

王鹏杰，郑玉成，林浥，等.2019. 茶树*GRF*基因家族的全基因组鉴定及表达分析［J］. 西北植物学报，39（3）：413-421.

王新国.2005. 高粱高产优质栽培关键技术［J］. 吉林农业（10）：10-11.

袁敏，邢继红，王莉，等.2017. 拟南芥开花抑制因子*TFL*1与*GRFs*蛋白的相互作用［J］. 中国农业科学，50（10）：1772-1780.

袁岐，张春利，赵婷婷，等.2017. 植物中*GRF*转录因子的研究进展［J］. 基因组学与应用生物学，36（8）：3145-3151.

禹阳，贾赵东，马佩勇，等.2018. *WRKY*转录因子在植物抗病反应中的功能研究进展［J］. 分子植物育种，16（21）：7009-7020.

张彩霞，谢高地，李士美，等. 2010. 中国能源作物甜高粱的空间适宜分布及乙醇生产潜力［J］. 生态学报，30（17）：4765-4770.

周厚君. 2016. 杨树 *GRF* 基因家族分析及 *PtGRF*1/2*d* 功能研究［D］. 北京：中国林业科学研究院.

张书芹，乐愉，武斐. 2019. 陆地棉 *GRF* 基因家族的鉴定和生物信息学分析［J］. 分子植物育种，17（12）：3817-3824.

赵通，张喆，王延飞. 2014. 甜高粱作为能源作物的优势［C］//中国草学会. 2014 年能源草产业发展战略暨学术研讨会论文集，2014：6.

朱晓茵，刘玉萍. 1994. 高粱单宁含量与粒色的关系［J］. 园艺与种苗（2）：54-55+31.

Bharat H. Joshi，Raj K. Puri. 2004. Optimization of expression and purification of two biologically active chimeric fusion proteins that consist of human interleukin-13 and Pseudomonas exotoxin in *Escherichia coli*［J］. Protein Expression and Purification，39（2）：189-198.

Choi D，Kim J H，Kende H. 2004. Whole genome analysis of the *OsGRF* gene family encoding plant-specific putative transcription activators in rice（*Oryza sativa* L.）［J］. Plant and Cell Physiology，45（7）：897-904.

Chen L，Luan Y S，Zhai J M. 2015. *Sp-miR*396*a-5p* acts as a stress-responsive genes regulator by conferring tolerance to abiotic stresses and susceptibility to Phytophthora nicotianae infection in transgenic tobacco［J］. Plant Cell Reports，34（12）：2013-2025.

June SK，Junya M，Satoshi K et al. 2012. Arabidopsis growth - regulating factor7 functions as a transcriptional repressor of abscisic acid- and osmotic stress-responsive genes，including DREB2A（W）［J］. Plant Cell，24（8）：3393-3405.

Kim JH，Choi D，Kende H. 2003. The *AtGRF* family of putative transcription factors is involved in leaf and cotyledon growth in *Arabidopsis*［J］. The Plant Journal，36（1）：94-104.

Liang G，He H，Li Y，Wang F，Yu DQ. 2013. Molecular mechanism of micro*RNA*396 mediating pistil development in arabidopsis［J］. Plant Physiology，164（1）：249-258.

Rodriguez R E，Mecchia M A，Debernardi JM，Schommer C，Weigel D，Palatnik JF. 2009. Control of cell proliferation in *Arabidopsis thaliana* by *microRNA* miR396［J］. Development（Cambridge），137（1）：103-112.

Sun P Y，Zhang W H，Wang Y H et al. 2016. *OsGRF*4 controls grain shape，panicle length and seed shattering in rice［J］. Journal of Integrative Plant Biology，58（10）：836-847.

Wang H Y，Wang H L，Shao H B et al. 2016. Recent advances in utilizing transcription factors to improve plant abiotic stress tolerance by transgenic technology［J］. Frontiers in plant science，7.

Zhang D F，Li B，Jia G Q et al. 2008. Isolation and characterization of genes encoding *GRF* transcription factors and *GIF* transcriptional coactivators in Maize（*Zea mays* L.）［J］. Plant Science，175（6）：809-817.

国家出版基金深度解析
——以申报植物保护类出版项目为例

姚　欢*

（中国农业科学技术出版社，北京　100081）

摘　要：本文主要以2020年国家出版基金申报为例，介绍了申报的具体步骤及需要注意事项，以期为植物保护科研工作者及依托单位申请基金提供参考。

关键词：国家出版基金；植物保护；申请流程

植物保护学是研究植物病害、虫害、杂草、鼠害等有害生物的生物学特性和发生危害规律及其与环境因子的互作机制，以及监测预警和防控技术的一门综合性学科。

国家出版基金2007年经国务院批准正式设立，主要资助优秀公益性出版物的出版，包括图书、音像制品和电子出版物等。国家出版基金坚持“体现国家意志，传承优秀文化，推动繁荣发展，增强文化软实力”的基本宗旨，重点资助坚持党的出版方针、政策，坚持社会主义先进文化前进方向，服务党和国家工作大局，代表我国出版业发展水平，代表我国哲学社会科学、文学艺术、自然科学和工程技术发展水平，对推进社会主义文化强国建设、推动科学技术进步、实现“两个一百年”奋斗目标和中华民族伟大复兴中国梦具有重要意义的优秀出版项目。

中国农业科学技术出版社作为中央级出版社，为帮助科技人员申请国家出版基金，本文现将申请的流程及有关政策等归纳总结，以供读者和有需要人士参考。

该基金以单本或者套系申报，资助金额为根据出版规模而确定，万元至百万元级不等，申报的具体步骤以及需要注意的事项如下（以2020年申报指南为例）。

注：一旦申请基金，必须等基金结果公布后，才能正式出版。

1　申报时间

中央主管单位须在2019年7月31日前，对申报单位提交的项目纸质申报材料进行审核，并汇总报送国家出版基金规划管理办公室（由作者配合出版社填报材料，出版社选题论证时间一般在7月上旬，论证通过后，检查无误并逐级审批盖章送至基金办公室）。

2　资助重点

与植物保护相关的资质重点主要集中在自然科学与工程技术和对外交流类图书中。

2.1　自然科学与工程技术

（1）瞄准世界科技前沿，反映自然科学各领域具有国际领先水平或国内一流水平的

* 第一作者：姚　欢，硕士，副编审，主要从事植物保护领域的图书出版工作；E-mail：yaohuan@caas.cn

研究成果，对强化基础理论研究、前瞻性基础研究、引领性原创研究，实施创新驱动发展战略等具有重要意义的出版项目。

（2）围绕国家重大战略需求，反映工程技术各领域具有自主知识产权的重要成果，对加强应用基础研究，强化关键共性技术、前沿引领技术、现代工程技术、颠覆性技术创新研究，实现优势领域、关键技术重大突破，推动科技创新和经济社会发展深度融合具有重要价值的出版项目。

（3）对提高全民族科学素质，普及科学知识、弘扬科学精神、传播科学思想、倡导科学方法，在全社会形成讲科学、爱科学、学科学、用科学的良好氛围具有积极作用的科普读物。

2.2　对外交流

反映国际前沿最新学术成果，对推动我国科技进步、社会发展等具有重要借鉴意义的出版项目。

3　资助要求

国家出版基金资助的出版项目应当符合以下要求：

（1）坚持正确导向。国家出版基金资助的项目必须坚持马克思主义立场、观点、方法，符合社会主义先进文化前进方向，体现中华文化精髓；坚持以人民为中心的创作导向，反映中国人审美追求、传播当代中国价值观念。对于导向存在问题的项目，不予资助。

（2）代表国家水平。国家出版基金着力扶持精品力作出版，资助项目须充分体现我国出版业发展水准，代表我国哲学社会科学、文学艺术、自然科学和工程技术发展水平。列入国家重点出版物出版规划的出版项目可优先申报。

（3）体现创新创造。国家出版基金重点资助原创性、思想性、学术性较强并具有重要社会价值、文化价值、科学价值和出版价值的项目。文献资料集成、个人文集类等项目从严把握。

4　申报条件

国家出版基金资助出版项目以图书为主，同时资助少量科普、民族音乐和抢救性文化传承方面的音像制品、数字出版项目。系列或成套出版物按一个项目申报。

（1）图书项目原则上须提供不少于60%的书稿，辞书类项目提供不少于40%的书稿。

（2）音像制品、数字出版项目须提供完整的作品策划方案和能够据以判断项目总体质量的样片或演示版本。

暂不属于资助范围：

（1）在出版、制作环节已获得中央财政性资金资助的图书、音像制品及数字出版项目。

（2）系列或成套出版物项目中2019年7月31日前已出版的部分不可作为项目的组成部分申请基金资助。

5 申报项目数量

（1）符合申报条件的出版单位每家可申报3项。申报3项的，至少1项申请资助金额在50万元以下。

（2）有下列4种情形的出版单位，可获得增加申报项目数量的奖励：

①获得第十四届精神文明建设“五个一工程”奖的图书出版单位，可增加1个申报项目。②获得第四届中国出版政府奖正式奖、提名奖（仅限图书奖、音像电子网络出版物奖和先进出版单位奖）的出版单位，可增加1个申报项目（各奖项不重复奖励）。③申报项目中含1个及以上“十三五”国家重点出版物出版规划项目的出版单位，可增加1个申报项目。④在《国家出版基金资助项目2018年绩效考评结果通报》中获得申报名额奖励的出版单位，可增加1个申报项目。

6 申报与审批程序

国家出版基金资助项目立项遵循“自愿申请、公平竞争、专家评审、择优立项”的原则。

（1）由出版单位自主申报，省级新闻出版行政部门初审，并汇总报送国家出版基金规划管理办公室进行技术性复核，报基金委批准后进入专家评审程序。

（2）国家出版基金规划管理办公室组织专家进行初评、复评、终评三个阶段的评审。

（3）专家评审结果经国家出版基金规划管理办公室审批，以及公示、公告后，最终确定资助项目名单。

中国农业科学技术出版社可联系：

姚　欢，010-82106636；E-mail：yaohuan@ caas. cn

7 出版社优势

中国农业科学技术出版社在申请国家级学术著作出版基金的工作上，一直享有良好的信誉。

7.1 专业出版资质过硬

中国农业科学技术出版社是农业农村部主管、中国农业科学院主办的，由中央文化企业国有资产监督管理领导小组办公室直接管理的中央级出版社。先后被国家新闻出版广电总局授予“全国良好出版社”“全国服务‘三农’图书出版发行工作先进单位”等荣誉称号；有一支专业功底深厚的编辑、校对、设计队伍；背倚中国农业科学院、联合全国农业科研院所，有一大批专家型作者队伍和审稿队伍；出版图书先后荣获“中华优秀出版物奖图书奖”“中国出版政府奖提名奖”“‘三个一百’原创出版工程奖”“中华农业科技奖科普奖”等国家级奖励。

7.2 国家出版基金项目实施经验丰富

我社根据《国家出版基金资助项目管理办法》《图书质量管理规定》等相关规定，专门制定了《中国农业科学技术出版社国家出版基金项目管理办法》，为基金项目顺利实施提供了制度保障。近五年来承担了10项国家出版基金项目，其中2项已结题验收，8项正按计划顺利实施，期间积累了丰富的项目实施经验，已形成较为完善的管理体系。

国家科学技术学术著作出版基金深度解析
——以申报植物保护类出版项目为例

白姗姗*
（中国农业科学技术出版社，北京　100081）

摘　要：本文主要以2020年国家科学技术学术著作出版基金申报为例，介绍了申报的具体步骤及需要注意事项，以期为植物保护科研工作者及依托单位申请基金提供参考。

关键词：国家科学技术学术著作出版基金；植物保护；申请流程

植物保护学是研究植物病害、虫害、杂草、鼠害等有害生物的生物学特性和发生危害规律及其与环境因子的互作机制，以及监测预警和防控技术的一门综合性学科。

国家科学技术学术著作出版基金（以下简称“学术著作出版基金”）由科技部主办，是我国支持基础研究的主要渠道之一，是科技人员开展创新性基础研究的重要项目来源。近年来，学术著作出版基金不断突出“更加侧重基础、更加侧重前沿、更加侧重人才”的战略导向，把发现培养科技才俊、助力人才强国作为科学基金工作的根本使命，在稳定我国基础研究队伍、培养青年科研人才、造就科技领军人才、支持创新研究群体等方面做出了重要贡献。

中国农业科学技术出版社作为中央级出版社，为帮助科技人员申请学术著作出版基金，本文现将申请的流程及有关政策等归纳总结，以供读者和有需要人士参考。

该基金要求以单本申报，资助金额为1万元/10万字，申报的具体步骤以及需要注意的事项如下（以2020年申报指南为例）。

注：一旦申请基金，必须等基金结果公布后，才能正式出版。

1　申报时间

2019年8月1日至9月30日（通过出版社统一寄送材料的截止日期为9月10日，我们收到材料后会检查并盖章送至基金办公室）。

2　资助范围

学术著作出版基金面向全国，资助出版自然科学和技术科学方面优秀的和重要的学术著作。

2.1　资助范围

（1）学术专著：作者在某一学科领域内从事多年系统深入的研究，撰写的在理论上

* 第一作者：白姗姗，硕士，责任编辑，主要从事农学、植物保护领域的图书出版工作；E-mail：baishanshan1984@163.com

具有创新或实验上有重大发现的学术著作。

（2）基础理论著作：作者在某一学科领域基础理论方面从事多年深入探索研究，借鉴国内外已有资料和前人成果，经过分析论证，撰写的具有理论创新的，对科学发展或培养科技人才有重要作用的系统性理论著作。

（3）应用技术著作：作者把已有科学理论应用于生产实践的先进技术和经验，撰写的能促进产业进步并给社会带来较大经济效益的著作。

2.2 重点资助方向（2020年度）：

（1）在基础科学研究领域和重点领域（新一代信息通信技术、人工智能技术、量子科学与技术、生命科学与生物技术、智能机器人、先进材料及纳米技术、智能绿色制造技术、现代农业技术、现代能源技术、生态环保技术、海洋和空间先进适用技术、智慧城市和数字社会技术、现代服务技术和引领产业变革的颠覆性技术等领域）取得的重要研究成果形成的学术著作。

（2）有助于提高少数民族科技发展的优秀科技学术著作。

（3）英文版优秀科技学术著作。

2.3 暂不属于资助范围

（1）译著、论文集、再版著作。

（2）科普读物。

（3）教科书、工具书。

3 基本要求

（1）著作者须完成80%以上书稿。

（2）著作者一次只允许申报一个项目。丛书中的每一本著作，均须分别按单个项目独立申报。

（3）已出版的学术著作不能申报。

（4）上一年度申报学术著作出版基金但未获得资助的项目，不得在第二年度申报。申报者可根据专家意见对书稿认真修改后，于第三年度提出申报。

4 申报流程

学术著作出版基金申报程序由网上提交申报材料和邮寄纸质材两个环节组成。

4.1 联系编辑协助

中国农业科学技术出版社可联系：

白姗姗，010-82106638；E-mail：baishanshan1984@163.com

4.2 网上注册

详见家科学技术学术著作出版基金项目申报和管理系统，网址：http://168.160.18.201/pfp。

4.3 网上填报

系统注册完成1个工作日后，经学术著作出版基金办公室审核后，再登录进入申报系统填写《申报书》。

4.4　项目预算与申报意见

作者可要求编辑协助做好项目预算表以及出版社意见。

4.5　网上提交附件

（1）评审材料：前言、目录（至少到节一级）、主要参考文献，顺序合成 1 个 PDF 文件，文件总长度不超过 10MB；

（2）样章：书稿 80%以上（书稿的重要核心章节，50 页以上的 PDF 文件），文件总长度不超过 50MB；

（3）附录：可有可无，省部级以上奖励扫描文件，1 个 PDF 文件，文件总长度不超过 10MB。

4.6　查看申报项目状态

（1）按照以上要求在网上提交申报材料后，返回首页查看“申报项目列表”中的“状态”，项目状态为“待审查”时表示申报材料已提交成功。

（2）网上提交完成 3 个工作日后，再次查看申报项目状态。如果状态为“审查通过”，表示已完成网上申报；状态为“审查返回修改”，按照审查意见修改后重新提交。

4.7　邮寄提交（或直接送交）材料（用于存档）

（1）《申报书》1 份（含三位不同单位正高级职称专家推荐意见原件，需要经过出版社统一盖章）

（2）《国家科学技术学术著作出版基金出版意向协议书》3 份

（3）《国家科学技术学术著作出版基金申请人承诺书》1 份（填写作者基本信息）

（4）《国家科学技术学术著作出版基金出版单位承诺书》1 份

（5）《情况告知表》1 份

（6）80%以上或全部书稿光盘 1 份，稿件格式务必为 PDF 格式。

5　审批程序

（1）学术著作出版基金办公室组织项目形式审查和专家学术评审。

（2）学术著作出版基金委员会根据专家评审结果确定当年资助项目。

（3）学术著作出版基金办公室在科技部网站上公示当年资助项目。公示结束后，公布最终资助项目并书面通知申报者。

6　出版社优势

中国农业科学技术出版社在申请国家级学术著作出版基金的工作上，一直享有良好的信誉。

6.1　专业出版资质过硬

中国农业科学技术出版社是农业农村部主管、中国农业科学院主办的，由中央文化企业国有资产监督管理领导小组办公室直接管理的中央级出版社。先后被国家新闻出版广电总局授予“全国良好出版社”“全国服务‘三农’图书出版发行工作先进单位”等荣誉称号；有一支专业功底深厚的编辑、校对、设计队伍；背倚中国农业科学院、联合全国农业科研院所，有一大批专家型作者队伍和审稿队伍；出版图书先后荣获“中华优秀出版物奖图书奖”“中国出版政府奖提名奖”“‘三个一百’原创出版工程奖”“中华农业科技奖科普奖”等国家级奖励。

6.2 国家出版基金项目实施经验丰富

中国农业科学技术出版社根据《国家出版基金资助项目管理办法》《图书质量管理规定》等相关规定，专门制定了《中国农业科学技术出版社国家出版基金项目管理办法》，为基金项目顺利实施提供了制度保障。近五年来承担了10项国家出版基金项目，其中2项已结题验收，8项正按计划顺利实施，期间积累了丰富的项目实施经验，已形成较为完善的管理体系。